ein Ullstein Buch

Ullstein Buch Nr. 3532
im Verlag Ullstein GmbH,
Frankfurt/M – Berlin – Wien
Amerikanischer Originaltitel:
Set Theory and its Logic
Übersetzt von
Anneliese Oberschelp

Ungekürzte Ausgabe

Umschlagentwurf:
Kurt Weidemann

Printed in Germany 1978
Gesamtherstellung:
Ebner, Ulm
ISBN 3 548 03532 9

CIP-Kurztitelaufnahme
der Deutschen Bibliothek

Quine, Willard Van Orman:
Mengenlehre und ihre Logik/
Willard Van Orman Quine.
[Übers. von Anneliese Oberschelp].
– Ungekürzte Ausg. –
Frankfurt/M, Berlin, Wien:
Ullstein, 1978.
([Ullstein-Bücher]
Ullstein Buch; Nr. 3532)
Einheitssacht.:
Set theory and its logic ‹dt.›
ISBN 3-548-03532-9

Willard
Van Orman
Quine

Mengenlehre
und
ihre Logik

ein Ullstein Buch

Bertrand Russell

gewidmet, dessen Ideen überall
in diesem Stoff zu verspüren sind
und dessen Schriften mein Interesse
daran geweckt haben.

"How quaint the ways of paradox."

W. S. Gilbert

Vorwort zur ersten, amerikanischen Auflage

Das Vorwort ist in meinem Buch nicht eine Einführung. Solchen Lesern, die schon mit dem Gegenstand vertraut sind, muß an irgendeiner Stelle knapp gesagt werden, was das Buch enthält und wie es dargestellt ist. Das Buch selbst liefert diese Information auf langem Wege, indem es Begriffe expliziert und Behauptungen rechtfertigt. Das Vorwort liefert sie in kurzer Form und setzt dabei eine gewisse Beherrschung der *termini technici* und der Begriffe voraus.

Wie in der Einführung auseinandergesetzt wird, werden in dem Buch keine Vorkenntnisse in der Mengenlehre, jedoch gewisse Logikkenntnisse angenommen. Das erste Kapitel mit der Überschrift „Logik" baut auf diesen auf. Hauptsächlich baut es das auf, was ich an anderer Stelle die virtuelle Theorie der Klassen und Relationen genannt habe: ein partielles Abbild der Mengenlehre, das nur aus Logik angefertigt ist. Das dient späteren Kapiteln auf zweierlei Weise. Zunächst einmal schafft die virtuelle Theorie einen nützlichen Gegensatz zur späteren realen Theorie. Dieser Gegensatz trägt dazu bei herauszustellen, worauf die echte Annahme von Klassen hinausläuft, welche Macht den realen Klassen innewohnt und den Abbildern fehlt. Zum anderen wird die virtuelle Theorie gelegentlich mit der realen Theorie auf eine Weise vermischt, daß die Kombination zwar strenggenommen nicht machtvoller ist, als es die reale Theorie allein sein würde, doch in ihrem Verlauf weit ebenmäßiger wirkt.

Dieser zuletztgenannte Gesichtspunkt ist einer von mehreren, die für das Auge des Theoretikers bestimmt sind. Gleichzeitig soll das Buch aber eine allgemeine Einführung in die hauptsächlichen Gegenstände der abstrakten Mengenlehre sein und schließlich einen in gewisser Weise organisierten Überblick über die bestbekannten Axiomatisierungen dieses Gegenstandes ermöglichen. Paradoxerweise stellt gerade die Neuartigkeit unseres Zugangs ein Mittel dar, die kennzeichnenden Wesenszüge der einzelnen Theorien zu neutralisieren.

Da die in der Literatur vorhandenen axiomatischen Systeme der Mengenlehre weitgehend miteinander unverträglich sind und da keines von ihnen in offensichtlicher Weise als Standardsystem ausgezeichnet werden kann, scheint es weise zu sein, ein Panorama von Alternativen zu lehren. Das kann eine Unterstützung der Forschung sein, die vielleicht doch eines Tages eine Mengenlehre entwickelt, die ganz klar die beste ist. Doch der Autor, der diese liberale Politik verfolgt, hat seine Probleme. Er kann nicht gut mit einem solchen Panoramablick beginnen, denn der Leser wird zu Anfang weder den Stoff zu schätzen wissen, den die verschiedenen Systeme organisieren wollen, noch solche Überlegungen, die dem einen System in irgendeiner Hinsicht vor einem anderen den Vorzug geben. Es ist besser, zu Anfang den Leser mit einem vorläufigen informellen Überblick über den Gegenstand zu orientieren. Hier zeigen sich aber schon wieder Schwierigkeiten. Wenn solch ein Überblick über Trivialitäten hinausgehen soll, muß er auch eine ernstzunehmende und spitzfindige Argumentation zu Hilfe nehmen, die aber leicht in Antinomien einmünden und sich somit selbst in Mißkredit bringen kann, wenn man sie nicht auf eine von zwei möglichen Weisen vor diesen abbiegen läßt: Man könnte letzten Endes doch den informellen Zugang zu Gunsten eines axiomatischen aufgeben, oder man könnte listigerweise die Aufmerksamkeit des Lesers von gefährlichen Fragen ablenken, bis die informelle Orientierung zu Ende gebracht ist. Der letztgenannte Ausweg erfordert ein artistisches Können einer Art, auf das ein akademischer Lehrer nur mit Verachtung blicken kann, und letztlich führt er doch bei solchen Lesern zu nichts, die bei jemand anders von den Antinomien hören. Wenn sie einmal davon gehört haben, können sie sich nicht mehr der Disziplin komplizierter informeller Argumente in abstrakter Mengenlehre unterwerfen, denn sie wissen nicht mehr, welche intuitiven Argumente eigentlich zählen. Es hat schließlich seine Gründe, warum Mengentheoretiker sich zur axiomatischen Methode flüchten. Hier geht die Intuition wirklich bankrott, und dem Leser diese Tatsache durch ein halbes Buch hindurch zu verheimlichen, ist eine traurige Aufgabe, selbst wenn sie erfüllt werden kann.

In diesem Buch löse ich das Problem in der Weise, daß ich von Anfang an eine formale Linie einschlage, aber die Axiome schwach, einsichtig und daher fast neutral halte. Ich stelle, so gut ich kann, diejenigen Gegenstände zurück, die von stärkeren Axiomen abhängen, und wenn man diesen Gegenständen schließlich doch gegenübertreten muß, so stelle ich die stärkeren Axiome immer noch zurück und führe die notwendigen Annahmen lieber als explizite Voraussetzungen in die Theoreme ein, die sie erfordern. Auf diese Weise bringe ich es fertig, den Leser recht ausführlich zum Wesen der Mengenlehre hinzuführen, ohne die Neutralität ernsthaft zu verletzen, aber auch ohne gesucht informell zu sein oder die Unschuld des Lesers künstlich zu erhalten. Nach zehn solchen Kapiteln finde ich mich in der Lage, in den vier abschließenden Kapiteln, nachdem nun der Leser mit diesem Stoff vertraut ist, eine Vielfalt von gegenseitig unverträglichen Axiomatisierungen des Stoffes darzustellen und zu vergleichen.

Mehr ins einzelne gehend, kann man von den schwachen Axiomen, die in dieser Weise den Hauptteil des Buches beherrschen, sagen, daß sie nur die Existenz endlicher Klassen implizieren. Darüber hinaus postulieren sie auch in hypothetischer Weise keine einzige unendliche Klasse. Um zu sehen, was ich damit meine, wollen wir, im Gegensatz zu meinen Axiomen, ein Axiomenpaar betrachten, das für die Existenz der leeren Klasse Λ und für die Existenz von $x \cup \{y\}$ für alle x und y sorgt. Diese Axiome implizieren wie die meinen nur die Existenz von endlichen Klassen. Aber anders als meine gewährleisten sie auch folgendes: Wenn die unendliche Klasse x ixistiert, dann existiert auch die weitere unendliche Klasse $x \cup \{y\}$ für jedes y.

Meine Axiome gewährleisten die Existenz aller endlichen Klassen von jedweden Dingen. Infolgedessen sind sie zusammen nicht neutral gegenüber den Systemen in der Literatur. Sie geraten mit solchen Systemen in Konflikt, in denen man, wie in dem System von *von Neumann*, gewissen Klassen – „äußersten" Klassen, wie ich sie nenne – die Fähigkeit abspricht, Elemente von Klassen sein zu können. Obwohl ein solches System das meiner eigenen *Mathematical Logic* war, verteidige ich im vorliegenden Buch die endlichen Klassen gegenüber den äußersten Klassen.

Wie sich herausstellt, genügen meine Axiome der endlichen Klassen für die Arithmetik der natürlichen Zahlen. Eine geläufige Definition der natürlichen Zahlen bringt unendliche Klassen herein. Natürliche Zahlen sind die gemeinsamen Elemente aller Klassen, die 0 (irgendwie definiert) enthalten und gegenüber der Nachfolgeroperation (irgendwie definiert) abgeschlossen sind, und eine jede solche Klasse ist unendlich. Das Prinzip der vollständigen Induktion kann auf der Grundlage dieser Definition nur unter Annahme unendlicher Klassen bewiesen werden. Ich komme jedoch mit endlichen Klassen aus, indem ich die Definition der natürlichen Zahl wie folgt umkehre: x ist eine natürliche Zahl, wenn 0 ein gemeinsames Element aller Klassen ist, die x enthalten und bezüglich des Vorgängers abgeschlossen sind.

Klassisch gesprochen ist die Definition der natürlichen Zahl ein Spezialfall der Definition von *Freges* Vorfahrenrelation (engl.: ancestral) (Dedekinds Ketten); eine natürliche Zahl ist ein Ding, das in der Vorfahrenrelation der Nachfolgerrelation zu 0 steht. Die vollständige Induktion ist ein Spezialfall der Vorfahreninduktion. Die Notwendigkeit unendlicher Klassen im Spezialfall der natürlichen Zahlen durch Umkehrung wie oben zu umgehen, ist schön und gut, wie steht es aber mit dem allgemeinen Fall? Ich beantworte diese Frage, indem ich den allgemeinen Fall vom Spezialfall ableite: Ich definiere die n-te Iterierte einer Relation r für die Variable 'n' mit Hilfe der Zahlentheorie und definiere dann den Vorfahren von r effektiv als Vereinigung ihrer Iterierten. Auf diesem Weg wird das allgemeine Gesetz der Vorfahreninduktion von der vollständigen Induktion abgeleitet, die man gewöhnlich als Spezialfall der erstgenannten ansieht, und unendliche Klassen werden immer noch nicht benötigt. Zufällig leistet der Begriff der Iterierten auch Definition und Behandlung der arithmetischen Summe, des Produkts und der Potenz. Diese Entwicklungen stellen weitgehend eine Wiederaufnahme Dedekindscher Gedanken dar.

In diesen und den folgenden Entwicklungen wird eine Illusion von Reichhaltigkeit genährt, die von den Axiomen gar nicht geleistet wird. Der Trick dabei ist die Vermischung der virtuellen Theorie mit der realen. Der Klassenabstraktiomsterm ‚{x: Fx}' wird in solcher Weise durch Kontexdefinition eingeführt, daß wir von ihm viel Nutzen haben, auch wenn die Klasse gar nicht existiert; nur wenn wir ihn für Variable einsetzen wollen, ist Existenz erforderlich, und selbst diese Bedingung wird ein wenig durch den Gebrauch schematischer Buchstaben erleichtert, der die Existenz nicht fordert. Wir merken, daß wir einen großen Teil der Vorzüge einer Klasse genießen können, ohne daß ihre Existenz als Menge oder äußerste Klasse erforderlich ist.

Nach den natürlichen Zahlen kommen die rationalen und dann die übrigen reellen Zahlen. Die reellen Zahlen werden wie gewöhnlich im wesentlichen als Dedekindsche Schnitte konstruiert, doch die Einzelheiten der Entwicklung sind so ausgerichtet, daß sich die rationalen Zahlen als mit den rationalen reellen Zahlen identisch und nicht bloß isomorph erweisen; die reellen Zahlen werden Klassen von natürlichen Zahlen und nicht Relation oder Klassen von Relationen von diesen. Die klassischen Sätze über reelle Zahlen, insbesondere der Satz von der kleinsten oberen Schranke, erweisen sich natürlich als abhängig von Voraussetzungen über die Existenz unendlicher Klassen.

Dann kommen die Ordinalzahlen, die ich in *von Neumann*s Sinn auffasse. Meine frühere Behandlung der natürlichen Zahlen weicht von dieser Auffassung ab, denn ich definiere sie nach *Zermelo*. Mein Grund dafür ist der, daß ich auf diese Weise anscheinend eine Zeitlang mit einfacheren Existenzaxiomen auskomme. In der allgemeinen Theorie der Ordinalzahlen kommen wir nicht umhin, tiefliegenden Existenzannahmen gegenüberzutreten, doch auf dem Niveau der natürlichen Zahlen können wir tatsächlich mit sparsamen Annahmen auskommen. Daher lasse ich die natürlichen Zahlen und die Ordinalzahlen jeweils ihren eigenen Weg gehen.

Ich tröste mich mit dem Gedanken, daß es für die Leser ganz gut ist, wenn sie sowohl mit *Zermelo*s als auch mit *von Neumann*s Fassung der natürlichen Zahlen vertraut werden. Trotzdem hätte es mir gefallen, wenn ich mich von Anfang an an die von Neumannschen Zahlen hätte halten und dabei alle Vorteile der Zermeloschen Version gewinnen können, und ich erkenne dankbar die Hilfe meines Schülers *Kenneth Brown* an, die er bei der Erforschung dieser Alternative leistete. Bei seinen besten Resultaten zu bleiben und sich von vornherein an die von Neumannschen Zahlen zu halten, wäre fast so gut gewesen wie die Wahl, die ich getroffen habe.

Transfinite Rekursion besteht für mich wie für *von Neumann* und *Bernays* darin, eine transfinite Folge dadurch zu beschreiben, daß man jedes Ding in der Folge als eine Funktion des vorangegangenen Abşchnitts dieser Folge beschreibt. Das wird in den Kapiteln 25 bis 27 formalisiert und dazu benutzt, die arithmetischen Operationen über den Ordinalzahlen zu definieren. Sie wird auch dazu verwandt, die *Aufzählung* einer beliebigen Wohlordnung zu definieren. Aus der Existenz der Aufzählungen wird ihrerseits wieder die Vergleichbarkeit von Wohlordnungen abgeleitet. Diese Entwicklungen hängen von Existenzannahmen ab, die als Voraussetzung in die Theoreme hineingenommen werden. Dasselbe gilt für die Entwicklungen in den beiden nächsten Kapiteln, die dem Schröder-Bernstein-Theorem, den unendlichen Kardinalzahlen und den hauptsächlichen Äquivalenzen des Auswahlaxioms gewidmet sind.

Die abschließenden Kapitel (dritter Teil) gehören der Beschreibung und dem Vergleich verschiedener Systeme der axiomatischen Mengenlehre: *Russell*s Typentheorie, *Zermelo*s System, dem von *von Neumann*, zweien von mir und – skizzenhaft – einigen neueren Entwicklungen. Logische Zusammenhänge zwischen ihnen werden aufgespürt, so wird z.B. die Typentheorie im wesentlichen dadurch in Zermelos System transformiert, daß man sie in universelle Variable übersetzt und die Typen kumulativ nimmt. Die Systeme erscheinen im allgemeinen in einer ungewöhnlichen Form, da wir weiterhin die Möglichkeit der virtuellen Klassentheorie ausnützen.

Diese vier abschließenden Kapitel verkörpern den Ursprung des Buches. Eine meiner kurzen Vorlesungen, die ich 1953–1954 als George Eastman Gastprofessor in Oxford gehalten habe, war ein Vergleich axiomatischer Mengenlehren, und obwohl ich mich in Harvard wiederholt mit diesem Thema befaßt hatte, war es die Formulierung von Oxford, die mich dazu brachte, ein kleines Buch darüber in Aussicht zu nehmen. Nach Oxford ruhte das Projekt fünf Jahre lang, während ich ein anderes Buch fertigstellte. 1959 kehrte ich zu diesem zurück, und in jenem Sommer gab ich in einigen Vorträgen in Tokio eine Zusammenfassung des Stoffs. Das Buch sollte in einem Jahr fertig werden, und zwar als kurzes Buch, das den Vergleich der Mengenlehren und ein Minimum an vorangehenden Kapiteln zur Orientierung über den Gegenstand enthalten sollte. Doch beim Schreiben kamen mir Ideen, die schließlich die Präliminarien 75 Prozent des Buches ausmachen ließen und die Fertigstellung des Buches um zwei Jahre verzögerten.

Seit Oktober wurde das Manuskript von den Professoren *Hao Wang, Burton S. Dreben* und *Jean van Heijenoort* kritisch gelesen, was von unschätzbarem Wert für mich war. Ihre klugen Ratschläge veranlaßten mich, an einigen Stellen die Darstellung zu verbreitern, an anderen Stellen meine Analyse zu vertiefen, einige Unklarheiten der Ausführung zu beseitigen, verschiedene geschichtliche Anmerkungen zu korrigieren und zu ergänzen und – vor allem dank *Wang* – einige Arbeiten zutreffender zu interpretieren. Alle drei Leser halfen mir bei der asymptotischen Arbeit, Formulierungsfehler zu entdecken.

Ich bin auch den Professoren *Dreben* und *John R. Myhill* für hilfreiche frühere Bemerkungen und gegenwärtigen Schülern für verschiedene Details, die in Fußnoten genannt werden, zu Dank verpflichtet. Wegen der Bestreitung der Schreibkosten und anderer Hilfen bin ich der Harvard Foundation und der National Science Foundation (Grant GP-228) dankbar.

Boston, im Januar 1963 *W. V. Q.*

Aus dem Vorwort zur zweiten, veränderten amerikanischen Auflage

Die zuletzt vorgenommene größere Veränderung besteht darin, daß in Kapitel 23 ein Axiomenschema aufgenommen wird, das allgemein die Existenz einer Klasse sicherstellt, falls ihre Elemente auf die Ordinalzahlen, die kleiner als eine bestimmte Ordinalzahl sind, abgebildet werden können. Generell bin ich in dem Buch davon ausgegangen, möglichst wenig Existenzannahmen zu machen und sie zurückzustellen, doch der Kompromiß in Kapitel 23 lohnte sich. Während weiterhin die Annahme unendlicher Klassen hinausgeschoben wurde, konnten mit diesem Axiomenschema die meisten Existenzannahmen getilgt werden, die sich vordem in den Theoremen der Kapitel 23 bis 27 angehäuft hatten, und es ließ sich nun auch eine Reihe von Beweisen vereinfachen. Eine bemerkenswerte Auswirkung des Axiomenschemas ist der Beweis dafür, daß es keine letzte Ordinalzahl gibt (neu in 24.9).

Die Kapitel 25 bis 27 über transfinite Rekursion waren bereits von *Charles Parsons* einer größeren Veränderung unterworfen worden (siehe Bibliographie). Er bemerkte, daß einige meiner Theoremschemate zu diesem Thema Existenzannahmen enthielten, durch die einige offensichtlich wünschenswerte Interpretationen der schematischen Buchstaben ausscheiden müßten. Er zeigte, wie diese Situation in Ordnung zu bringen sei, und ich habe seine zentrale Idee übernommen.

Parsons wies auch noch auf eine zweite, kleinere Einschränkung in meiner Behandlung der transfiniten Rekursion hin und zeigte, wie sie zu überwinden sei. Das war aber eine Einschränkung, die nur dann zum Tragen kommt, wenn es eine letzte Ordinalzahl gibt, und diese Begrenzung ist nun, wie eben bemerkt, ausgeschlossen. In diesem Punkte folge ich also *Parsons* nicht.

Eine weitere beachtliche Veränderung wurde von *Burton Dreben* angeregt: die Umorganisation von Kapitel 30 über unendliche Kardinalzahlen. Erweiterungen und Berichtigungen, die mit dem Fundierungsaxiom und dem Ersetzungsschema zusammenhängen, wurden ebenfalls von *Dreben* und von *Kenneth Brown* vorgeschlagen. Weiterhin regten uns Entdeckungen von *Brown* und *Hao Wang* dazu an, in Kapitel 13 und an anderen Stellen noch einige weitere Anmerkungen über Axiome einzufügen. Kapitel 37 über Varianten der Typentheorie ist hauptsächlich auf Grund von Entdeckungen von *David Kaplan* verbessert worden, als Beispiel dafür sei genannt, daß '$\exists x\ T_0 x$' als Axiom an einer Stelle eliminiert wurde.

Kleinere Verbesserungen sind überall im ganzen Buch gemacht worden. Hier und da wurde ein Beweis abgekürzt, ein Theorem verschärft, ein Irrtum in der Theorie oder in der Formulierung korrigiert, ein raumsparendes Lemma eingefügt, eine Unklarheit beseitigt, ein historischer Irrtum korrigiert oder ausgelassen, eine neue Entdeckung angemerkt.

In diesem Zusammenhang bin ich *Burton Dreben, John Denton, Jean van Heijenoort, Henry Hiz, Saul Kripke, David K. Lewis, Donald Martin, Akira Ohe, Charles Parsons, Dale R. Samson, Thomas Scanlon, Leslie Tharp, Joseph S. Ullian* und *Natuhiko Yosida* zu mannigfachem Dank verpflichtet.

Als Unterstützung meiner Arbeit an dieser Neuauflage und der Arbeit des Korrekturenlesens und der Anfertigung des Index' der ersten Auflage von 1963 erkenne ich mit Dank einen Zuschuß (GP - 228) der National Science Foundation an.

April 1967 *W. V. Q.*

Inhaltsverzeichnis

Dritter Teil: Axiomensysteme

Vierter Teil: Anhang

Einführung

Mengenlehre ist die Mathematik der Klassen. Mengen sind Klassen. Der Begriff „Klasse" erscheint dem Denken so fundamental, daß wir nicht hoffen können, ihn mit Hilfe noch fundamentalerer Begriffe definieren zu können. Wir können sagen, daß eine Klasse eine Ansammlung, ein Haufen, eine Zusammenfasung von Objekten jedweder Art ist: Wenn das zum Verständnis beiträgt – schön und gut. Aber auch diese Vorstellung wird eher hinderlich als hilfreich sein, wenn wir uns nicht immer klar vor Augen halten, daß Ansammeln, Anhäufen oder Zusammenfassen hier keine wirkliche Verrückung der Objekte beinhalten soll und daß z.B. die Ansammlung, der Haufen oder die Zusammenfassung von sieben vorliegenden Schuhpaaren nicht mit der Ansammlung, dem Haufen oder der Zusammenfassung dieser 14 Schuhe oder der 28 Sohlen und Oberteile identifiziert werden darf. Kurz, man darf sich zwar unter 'Klasse' eine 'Ansammlung', einen 'Haufen' oder eine 'Zusammenfassung' von Objekten vorstellen, aber nur solange, wie man 'Ansammlung, 'Haufen' oder 'Zusammenfassung' genau in demselben Sinne wie 'Klasse' versteht.

Wir können die Funktion des Klassenbegriffs noch deutlicher machen. Man stelle sich eine Aussage über einen bestimmten Gegenstand vor. Dann setze man eine Leerstelle oder eine Variable an die Stellen, wo dieser Gegenstand erwähnt wird. Man hat dann nicht mehr eine Aussage über diesen bestimmten Gegenstand, sondern eine sogenannte Aussageform, die für verschiedene Dinge wahr und für andere falsch sein kann. Der Klassenbegriff ist nun derart, daß man annimmt, es gäbe zusätzlich zu den verschiedenen Dingen, für die die Aussage wahr ist, noch ein weiteres Ding, welches die Klasse ist, die jedes dieser Dinge und kein weiteres zu Elementen hat. Es handelt sich um die Klasse, die durch die Aussageform bestimmt ist.

Weitgehend dieselbe Charakterisierung könnte man für den Begriff des Attributs oder der Beifügung geben, denn der Begriff des Attributs oder der Beifügung ist derart, daß man annimmt, es gäbe zusätzlich zu den verschiedenen Dingen, für die eine vorliegende Aussageform wahr ist, ein weiteres Ding, das ein *Attribut* oder eine *Beifügung* eines jeden dieser Dinge und keines weiteren ist. Es ist die *Bei*fügung, die die Aussageform den Dingen bei*fügt.* Doch der Unterschied, der einzige erkennbare Unterschied, zwischen Klasse und Attribut (oder Beifügung) wird erkennbar, wenn wir zur obigen Charakterisierung des Klassenbegriffs diese notwendige Ergänzung hinzufügen: Klassen sind identisch, wenn ihre Elemente identisch sind. Man ist nicht der Ansicht, daß sich dieses *Extensionalitätsgesetz* auf Attribute ausdehnt. Wenn jemand Attribute immer dann als identisch ansieht, wenn sie Attribute derselben Dinge sind, dann sollte man ihn lieber als über Klassen sprechend ansehen. Ich beklage den Begriff des Attributs, und zwar zum Teil wegen der Unsicherheit der Umstände, unter denen Attribute, die von zwei Aussageformen beigefügt werden, identifiziert werden dürfen.[1])

Meine Charakterisierung des Klassenbegriffs ist keine Definition. Ich beschrieb die Funktion des Klassenbegriffs, aber ich habe eine Klasse nicht definiert. Die Beschreibung ist insofern unvollständig, als es für die Existenz einer Klasse nicht notwendig sein soll, daß es eine Aussageform gibt, die sie bestimmt. Natürlich, wenn wir die Klasse wirklich beschreiben können, dann können wir eine Aussageform hinschreiben, die sie bestimmt; es genügt z.B. die Aussageform '$x \in \alpha$', wobei '$\in$' 'ist ein Element von' bedeutet und α die Klasse ist. Entscheidend ist, daß der Klassenbegriff nicht die Annahme enthält, jede Klasse sei beschreibbar. Tatsächlich wird implizit das Gegenteil angenommen, wenn wir die klassische Gestalt der Theorie, die von *Cantor* herrührt, akzeptieren. Dort wird nämlich bewiesen, daß es kein systematisches Verfahren geben kann, jeder Klasse positiver ganzer Zahlen eine verschiedene positive ganze Zahl zuzuordnen, während es ein systematisches Verfahren gibt (siehe Kapitel 30), Aussageformen oder anderen Ausdrücken einer beliebigen Sprache paarweise verschiedene positive ganze Zahlen zuzuordnen.

Meine Charakterisierung der Klassen durch Aussageformen bringt nur eine Motivierung für diesen Begriff und seine unmittelbare Brauchbarkeit zum Ausdruck, doch nicht den vollen Umfang des Begriffs. Tatsächlich sieht die Situation sogar noch übler aus: Es gibt nicht nur Klassen, zu denen keine Aussageformen gehören, sondern auch umgekehrt. Eine Aussageform kann für manche Dinge wahr und für andere falsch sein, und doch überhaupt keine Klasse bestimmen können. So nehme man z.B. die Aussageform '$x \notin x$', die für ein Objekt genau dann wahr ist, wenn x keine Klasse ist, die ein Element von sich selbst ist. Wenn diese Aussageform eine Klasse y bestimmen würde, dann sollten wir für alle x dann und nur dann $x \in y$ haben, wenn $x \notin x$; dann ist aber insbesondere $y \in y$ dann und nur dann, wenn $y \notin y$, und das ist ein Widerspruch. Das ist die Russellsche Antinomie.[2]) Nachdem wir also gerade herausgefunden haben, daß nicht alle Klassen durch eine Aussageform bestimmt sind, stehen wir nun der Erkenntnis gegenüber, daß nicht alle Aussageformen Klassen bestimmen. (Diese mißlichen Umstände gelten nebenbei auch für Attribute.) Ein Hauptanliegen der Mengenlehre ist die Entscheidung, welche Aussageformen Klassen bestimmen, oder in der realistischen Sprechweise, welche Klassen existieren. Das ist eine Frage, von der wir uns im Verlaufe dieses Buches niemals weit entfernen werden.

Im vorletzten Satz kommt das Wort 'Menge' vor, zum ersten Mal, nachdem wir es im zweiten Satz dieser Einführung verlassen haben. Es ist nun an der Zeit, sich damit ein wenig weiter zu befassen. Schließlich kommt es auf dem Titelblatt vor.

---

[1]) In dem, was ich bezugnehmende Undurchsichtigkeit (referential opacity) nenne, liegt ein weiterer Grund, den Begriff des Attributs zu beklagen. Zu beiden Klagen siehe *Word and Object*, S. 209f.

[2]) *Russell* entdeckte sie im Jahre 1901. Er publizierte sie erst 1903, doch in der Zwischenzeit diskutierte er sie in einem Briefwechsel mit *Frege*. Die Briefe erscheinen bei *van Heijenoort* auf den Seiten 124 bis 128.

Im Grunde ist 'Menge' einfach ein Synonym für 'Klasse', das zufällig in mathematischen Kontexten geläufiger ist als 'Klasse'. Doch wird diese überflüssige Terminologie oft dazu benutzt, technische Unterscheidungen zum Ausdruck zu bringen. Wie sich herausstellen wird, gibt es Vorteile (und Nachteile), mit *von Neumann* und vielleicht auch *Cantor* daran festzuhalten, daß nicht alle Klassen Elemente von Klassen sein können. In Theorien, die daran festhalten, hat sich das überflüssige Wort bei der Unterscheidung als handlich erwiesen: Klassen, die Elemente sein können, werden Mengen genannt. Die übrigen sind gelegentlich 'eigentliche Klassen' genannt worden; ich nenne sie lieber *äußerste* Klassen (ultimate classes), in Anspielung darauf, daß sie ihrerseits nicht wieder Elemente von weiteren Klassen sein können.

Wir können diesen technischen Sinn von 'Menge' kennen und trotzdem die Begriffe 'Menge' und 'Klasse' in austauschbarer Weise benutzen. Ein Unterschied tritt ja nur in Systemen auf, die äußerste Klassen zulassen, und selbst in solchen Systemen sind die Klassen, mit denen wir zu tun haben, eher Mengen als äußerste Klassen, es sei denn, wir wagen uns sehr weit heraus. Als Namen für die gesamte Disziplin läßt sich 'Mengenlehre' ebenso gut verfechten wie 'Klassentheorie', sogar dann, wenn äußerste Klassen vorkommen, denn jede richtig allgemeine Behandlung der Mengen müßte sie sowieso bei Gelegenheit zu den äußersten Klassen in Beziehung setzen, falls es solche gibt, und würde somit doch den gesamten Bereich erfassen. Meine eigene Tendenz geht dahin, das Wort 'Klasse' vorzuziehen, wo 'Klasse' oder 'Menge' in Frage kämen, nur daß ich das Thema 'Mengenlehre' nenne. Das ist die gewöhnliche Bezeichnung dieses Themas, und ich möchte nicht den Anschein erwecken, als ob ich etwas anderes behandle.

In den ersten Kapiteln werden wir sehen, wie die Mengenlehre zum Teil einfach durch bezeichnungstechnische Konventionen simuliert werden kann, derart, daß wir scheinbar über Mengen (oder Klassen) reden und bis zu einem gewissen Grade die Vorteile genießen, darüber reden zu können, ohne daß wir tatsächlich von etwas derartigem reden. Diese Technik nenne ich die „virtuelle Theorie der Klassen". Wenn wir in späteren Kapiteln darüber hinaus zu der realen Theorie vorstoßen, werden wir diese Simulierungstechnik doch noch als ein Hilfsmittel beibehalten, denn in einer oberflächlichen Weise bietet sie weiter etwas von der Bequemlichkeit stärkerer Existenzannahmen, als wir tatsächlich machen. Hierin ist jedoch kein Unterschied zwischen Klasse und Menge zu suchen, denn die Simulierung bedeutet nicht, daß wir Dinge einer anderen Art benutzen, um Mengen zu simulieren, sie bedeutet, daß wir scheinbar von Mengen (oder Klassen) reden, ohne in Wirklichkeit von ihnen oder von irgend etwas an ihrer Stelle zu reden.

Ich definierte Mengenlehre als die mathematische Theorie der Klassen und fuhr fort, den Begriff der Klasse zu beschreiben. Doch gab ich dabei keinen Wink, welches Ziel die Mengenlehre verfolgt. Das drückt am besten das Zitat des einleitenden Satzes aus *Zermelo*s Arbeit von 1908 aus: „Die Mengenlehre ist derjenige Zweig der Mathematik, dem die Aufgabe zufällt, die Grundbegriffe der Zahl, der Anordnung und der Funktion in ihrer ursprünglichen Einfachheit mathematisch zu untersuchen und damit die logischen Grundlagen der gesamten Arithmetik und Analysis zu entwickeln."

Wegen der Antinomie von *Russell* und anderer Paradoxien muß ein großer Teil der Mengenlehre mit kritischerem Verstand verfolgt werden als viele andere Teile der Mathematik. Die natürliche Haltung zur Frage, welche Klassen existieren, besteht darin, daß jede Aussageform eine Klasse bestimmt. Da diese sich in Mißkredit gebracht hat, müssen wir uns unsere Axiome über Klassenexistenz wohl überlegen und unser Schließen aus ihnen offen darlegen; der Intuition darf man hier im allgemeinen nicht trauen. Da die bekannten Axiomensysteme mit dieser Zielrichtung eine Vielfalt interessanter Alternativen darbieten, von denen keine endgültig ist, wäre es darüber hinaus unklug, sich zum gegenwärtigen Zeitpunkt in genau ein solches System zu vertiefen mit der Absicht, die Intuition auf dieses System umzuschulen. Als Resultat ist der logische Apparat in diesem Teil der Mathematik offenbarer als in den meisten anderen.

Doch in dieser Hinsicht zerfällt die Literatur über Mengenlehre in auffälliger Weise in zwei Teile. Der Teil, der sich hauptsächlich mit den Grundlagen der Analysis befaßt, kommt mit demselben geringen Maß an Formalität aus, wie andere Teile der Mathematik. Die hier in Betracht kommenden Mengen sind hauptsächlich Mengen von reellen Zahlen oder Mengen von Punkten oder Mengen von solchen Mengen, usw. Hier drohen keine Antinomien, denn Fragen wie '$x \in x$' treten gar nicht auf.

Nur in dem, was *Fraenkel* im Gegensatz zur Punktmengenlehre abstrakte Mengenlehre genannt hat, müssen wir vorsichtig Schritt vor Schritt setzen. Ein Buch in dieser Richtung greift typischerweise nach und nach die folgenden Punkte auf. Zuerst kommen die allgemeinen Annahmen über Klassenexistenz und andere Klassen betreffende allgemeine Gesetze. Auf dieser Grundlage wird die Theorie der Relationen und insbesondere die Theorie der Funktionen aufgebaut. Dann werden die natürlichen Zahlen definiert, dann die rationalen und die reellen Zahlen, und es werden die arithmetischen Gesetze abgeleitet, die hier gelten. Schließlich kommt man zu unendlichen Zahlen: der Theorie der relativen Größen unendlicher Klassen und der relativen Längen unendlicher Ordnungen. Diese letztgenannten Themen sind in charakteristischster Weise das Anliegen der Mengenlehre. Sie sind eine Entdeckung oder Schöpfung von *Cantor* und somit im wesentlichen gleichaltrig mit der Mengenlehre.

Dieses hier ist ein Buch über abstrakte Mengenlehre, und generell folgt es der oben skizzierten Linie. Es gehört also zu dem Zweig der mengentheoretischen Literatur, die ihre Logik offenbar machen muß. Diese Forderung wird in diesem Buch noch durch zwei spezielle Umstände besonderer Nachdruck verliehen. Der eine ist der, daß ich im dritten Teil verschiedene Systeme vergleichen und miteinander in Zusammenhang bringen werde, und zwar in stärkerem Maße, als es gewöhnlich der Fall ist. Zum anderen möchte ich weiterhin die „virtuelle Theorie" ausnützen.

In Büchern, die derart stark von Begriffen und Bezeichnungen der modernen Logik abhängen, ist es üblich, ein einführendes Kapitel einem kurzen Logikkurs zu widmen und dort alles bereitzustellen, was man braucht. Heutzutage sind aber Kenntnisse der modernen Logik so weit verbreitet, daß man schließlich auch in einer Darstellung der Mengenlehre, die derart einführenden Charakter hat, wie dieses Buch ihn haben soll, auf solche langweiligen und immer recht oberflächlichen vorbereitenden Kapitel verzichten kann.

Zugegebenermaßen sind auch heute viele, die sich der Mengenlehre zuwenden, in Logik unbelesen, aber es ist wahrscheinlich, daß ein Leser, der sich heute mit Hilfe eines Buches in den Mengenlehre einarbeiten will, irgendwo sonst Logik studiert hat. Und wenn nicht, dann gibt es viele geeignete Lehrbücher, mit denen man diese Lücke auffüllen kann. [1]) Andererseits setze ich an Mathematik abseits der Logik nichts voraus, was nicht auch ein Studienanfänger mit einiger Wahrscheinlichkeit kennt.

Merkwürdig ist dann vielleicht, daß der erste Abschnitt „Logik" heißt. Es setzt aber ein Grundwissen in Logik voraus und baut darauf in einer Art auf, die für die Grundlagen der Mengenlehre besonders relevant ist. Sein Hauptanliegen ist insbesondere eine virtuelle Theorie der Klassen und eine virtuelle Theorie der Relationen.

Leser, die schon mit Mengenlehre vertraut sind, erfahren leicht mehr über die Ziele dieses Buches, wenn sie sich dem Vorwort zuwenden. Unterdessen habe ich, wie ich glaube, diese Einführung für Leser in jeder wahrscheinlichen Lebenslage verständlich gehalten. Sogar der Leser, der nur die bescheidensten Kenntnisse in logischer Theorie mitbringt, die erforderlich sind, um in dem Buch voranzukommen, wird das meiste von dem bisher über Klassen Gesagte bereits gekannt haben, aber ich hielt mich unter seinem Niveau um derer willen, die noch nicht genügend für die Lektüre des Buches vorbereitet sind. Denn sie dürfen ebensogut wissen, was es ist, in das sie noch nicht eindringen können. Einige von ihnen könnten sich entscheiden, ein wenig Logik zu lesen und dann zurückzukommen.

---

[1]) Der Stoff, der in meinen *Methods of Logic* gebracht wird, ist mehr als genug. Andere Lehrbücher auf diesem Niveau würden ebenso genügen, denn meine Anforderungen sind von allgemeiner Art.

Erster Teil: **Die Elemente**

I. Logik

1. Quantifizierung und Identität

Wir benötigen die üblichen Bezeichnungen der elementaren Logik: die Quantoren '∀x', '∃x', '∀y', '∃y', usw., die zugehörigen Variablen 'x', 'y' usw. und die Zeichen '¬', '∧', '∨', '→' und '↔' für aussagenlogische Verknüpfungen. Dieses Vokabular der elementaren Logik stellt das allgemeine Werkzeug dar, mit dessen Hilfe man aus atomaren Aussagen innerhalb einer speziellen Theorie, in der es um Objekte einer speziellen Art geht, zusammengesetzte Aussagen bilden kann. Die spezielle Theorie – welche es auch immer sein mag – liefert dann ihre eigenen besonderen Prädikate, die man zum Aufbau der atomaren Aussagen braucht, von denen jede aus einem solchen Prädikat und einer oder mehreren Variablen besteht, die die Rolle der zum Prädikat gehörenden Subjekte spielen.

Man beachte: Wenn ich in dieser Weise von Prädikaten spreche, dann spreche ich nur von Ausdrücken einer bestimmten Sorte, und zwar von solchen verbartigen Ausdrücken, die Aussagen hervorbringen, wenn man sie mit einer oder mit mehreren Variablen oder anderen Individuentermen vervollständigt. Wenn ich somit Prädikate rein als Bezeichnungen und nicht als Eigenschaften oder Attribute auffasse, bekenne ich mich damit nicht zu einer nominalistischen Art von Philosophie, sondern ich kläre nur die Terminologie. Eigenschaften oder Attribute wollen wir Attribute nennen.

Die schematischen Prädikatsbuchstaben 'F', 'G', ... fügen sich mit Variablen zusammen und bilden dabei symbolische Aussagen 'Fxy', 'Gx', 'Gy', usw. als Ausdruckshilfsmittel, wenn wir über die äußere Form einer zusammengesetzten Aussage sprechen wollen, ohne uns über einzelne Teilkomponenten dieser Aussage festzulegen. Jede tatsächlich vorkommende Aussage würde anstelle der symbolischen Aussagen 'Fxy', 'Gx', usw. gewisse echte Teilaussagen enthalten, die mit Hilfe des speziellen Vokabulars der gerade in Rede stehenden Theorie gebildet würden; '$x < y$', '$x < 5$', '$y < 5$' könnten z.B. solche Teilaussagen sein, wenn es um die Arithmetik ginge. Solange wir uns an die symbolischen Aussagen halten, anstatt explizite Gegenstände einzuführen, arbeiten wir nicht mit Aussagen, sondern mit *Aussageschemata.* Die Aussageschemata der elementaren Logik, die wir *Formelschemata der Quantorenlogik* nennen, umfassen die atomaren Aussageschemata 'p', 'q', 'Fx', 'Gx', 'Fxy', 'Gxyz' u.ä., ferner alle Zusammensetzungen, die man aus diesen mit aussagenlogischen Verknüpfungen und durch Quantifizierungen bilden kann.

So sollen die Buchstaben 'F', 'G', ... nie als Variablen angesehen werden, die etwa Attribute oder Klassen als Werte annehmen. Jedoch können abstrakte Objekte, diese oder andere, zu unserem Universum gehören, welches den Wertebereich unserer echten Variablen 'x', 'y', ..., über die quantifiziert werden darf, ausmacht. Die Buchstaben 'F',

'G', ... jedoch werden von Quantoren ferngehalten, sie treten überhaupt nicht in Aussagen auf und werden nur als Gerippe verwandt, um die Form nicht spezifizierter Aussagen zu skizzieren.

Die atomaren Schemata 'Fxy', 'Gx', 'Gy' usw. können beliebig komplexe Aussagen darstellen; sie stehen keineswegs nur für atomare Aussagen mit einfachen expliziten Prädikaten an Stelle von 'F' und 'G'.

Spezielle Theorien, die in Bezug auf ihren Gebrauch von Quantoren und aussagenlogischen Verknüpfungen übereinstimmen, unterscheiden sich gewöhnlich hinsichtlich ihres Universums und des zur Verfügung stehenden Vokabulars an Prädikaten voneinander. Aber wie auch immer diese beiden Charakteristika ausfallen mögen, wir können immer mit Aussagen rechnen, die eine bestimmte Form haben und sich jederzeit als wahr erweisen. Schemata, die solche Formen beschreiben, werden *gültig* genannt. Typische derartige Schemata sind

$$\forall y (\forall x Fx \rightarrow Fy), \quad \forall y (Fy \rightarrow \exists x Fx), \quad \forall x Fx \rightarrow \exists x Fx, \quad \forall x (Fx \rightarrow Gx) \rightarrow (\forall x Fx \rightarrow \forall x Gx).$$

Welches nichtleere Universum auch immer eine gegebene spezielle Theorie als Wertebereich der Variablen 'x' und 'y' haben mag und welche speziellen Aussagen, in denen 'x' und 'y' vorkommen, aus dem speziellen Vokabular der Theorie als Interpretationen von 'Fx', 'Fy' und 'Gx' zusammengefügt wurden, wir können uns darauf verlassen, daß alle Aussagen der oben angegebenen Form sich regelmäßig als wahr erweisen (für jeden Wert einer jeden außerdem noch in ihnen frei vorkommenden Variablen).

Die Theoreme oder Sätze jeder speziellen Theorie schließen zunächst einmal alle die Aussagen ein, die Spezialfälle gültiger Schemata sind. Zusätzlich gibt es dann noch spezielle Sätze, die zu der beabsichtigten Interpretation des Vokabulars dieser speziellen Theorie passen. Einige dieser Sätze können als Axiome postuliert werden. Andere *folgen* logisch, und zwar in diesem Sinne: Sie stehen für 'q' in der subjunktiven Form 'p → q', wobei die Stelle von 'p' von Axiomen eingenommen wird und die Subjunktion als Ganzes ein Spezialfall eines gültigen Schemas ist.

Die Literatur über moderne Logik ist reich an wirkungsvollen und vollständigen Techniken, um die Gültigkeit von Schemata zu beweisen. Ich werde annehmen, daß der Leser mit einer oder mit mehreren dieser Techniken vertraut ist, und hier keine besonders darstellen. Bei Gelegenheit, wenn es um die nicht so ganz leicht einsehbare Gültigkeit eines bestimmten Schemas geht oder wenn zu zeigen ist, daß eine bestimmte Aussage logisch aus einer anderen folgt, werde ich soweit anschaulich argumentieren, bis es fair erscheint, dem Leser den formalen Beweis nach dem logischen System seiner Wahl zuzumuten.

Ferner setze ich Vertrautheit mit den Konventionen voraus, die die Substitution oder Einsetzung von Aussagen für ‘p’, ‘Fx’, ‘Fy’, usw. regeln.[1]) Wenn z.B. in einer Aussage, die für ‘Fx’ substituiert wurde, freie Variablen außer ‘x’ vorkommen, dann dürfen es nicht solche sein, die in den Wirkungsbereich von Quantoren geraten, die in dem Schema, in dem die Substitution vorgenommen wurde, vorkommen. So wäre es in dem gültigen Schema[2])

$$\forall x \forall y(Fx \longleftrightarrow Gy) \rightarrow \forall x \forall y(Gx \longleftrightarrow Gy)$$

falsch, ‘$y = x - x$’ für ‘Fx’ zu substituieren, denn es käme etwas Falsches heraus:

$$\forall x \forall y(y = x - x \longleftrightarrow y = 0) \rightarrow \forall x \forall y(x = 0 \longleftrightarrow y = 0).$$

Wer sich mit Logik beschäftigt, dem sind auch gewisse Verallgemeinerungen der zweiten Stufe vertraut, die sich mit der Gültigkeit von Formelschemata der Quantorenlogik befassen. Unter ihnen fällt die *Substituierbarkeit der Bisubjunktion* auf, die man folgendermaßen darstellen kann:

$$\forall x_1 \ldots \forall x_n[((A \longleftrightarrow B) \wedge C_A) \rightarrow C_B].$$

Hier stellen ‘A’, ‘B’ ‘C_A’ und ‘C_B’ irgendwelche Formelschemata der Quantorenlogik dar, und zwar sind die beiden letzten gleich, außer daß sie als entsprechende Teile die jeweils von ‘A’ bzw. von ‘B’ dargestellten Schemata enthalten; ‘x_1’, ... , ‘x_n’ sind alle diejenigen Variablen, die in den von ‘A’ und ‘B’ dargestellten Schemata frei vorkommen, die aber in den von ‘C_A’ und ‘C_B’ dargestellten Schemata in den Bereich von Quantoren geraten sind.[3])

Soviel zur Quantorenlogik, der Logik der äußeren Form von Aussagen, die von allen tatsächlichen Prädikaten in näher spezifizierten Theorien abstrahiert. Wir wollen jetzt unsere Aufmerksamkeit einem besonderen Prädikat zuwenden, das man üblicherweise wegen seines ständigen Vorkommens in allen möglichen Theorien und wegen seiner Relevanz in Bezug auf alle möglichen Universa unter der Überschrift ‘Logik’ abhandelt. Es handelt sich um das zweistellige Prädikat ‘=’, um die *Identität*. ‘$x = x$’ und alle Spezialfälle des Schemas ‘$(x = y \wedge Fx) \rightarrow Fy$’ (der *Substitutierbarkeit der Identität*) sind adäquate Axiome für die Identität. Aus ihnen folgen mit der Quantorenlogik alle Gesetze der Identität.[4]) Zum Beispiel erhalten wir als ein Einsetzungsergebnis des obigen Schemas

$$[x = y \wedge (x = x \rightarrow x = x)] \longleftrightarrow [x = y \rightarrow y = x],$$

---

[1]) Siehe z.B. meine *Methods of Logic*, §§ 23, 25.

[2]) Einen mechanisch durchführbaren Gültigkeitstest kennt man für Schemata, die, wie dieses, nur einstellige Prädikatsbuchstaben haben. Siehe z.B. *Methods of Logic*, S. 107 bis 117, 192 bis 195.

[3]) Siehe z.B. meine *Mathematical Logic*, § 18.

[4]) *Gödel*, 1930, Satz VIII.

und das läßt sich mit der Aussagenlogik auf '$x = y \rightarrow y = x$' zurückführen.[1]) Ein weiteres Beispiel: Aus '$y = y$' erhalten wir, daß $Fy \rightarrow (y = y \wedge Fy)$, und somit

$$Fy \rightarrow \exists x (x = y \wedge Fx),$$

und aus '$(x = y \wedge Fx) \rightarrow Fy$' erhalten wir umgekehrt, daß

$$\exists x (x = y \wedge Fx) \rightarrow Fy;$$

und wenn wir beides kombinieren

$$Fy \leftrightarrow \exists x (x = y \wedge Fx).$$

Es zeigt sich nun, daß dieses letzte Schema allein genügt, um sowohl '$(x = y \wedge Fx) \rightarrow Fy$' als auch '$y = y$' und damit auch alle Gesetze der Identität zu liefern.[2]) Denn offensichtlich führt es zu '$(x = y \wedge Fx) \rightarrow Fy$', und ferner hat es den Spezialfall

$$y \neq y \leftrightarrow \exists x (x = y \wedge x \neq y),$$

der wegen des Widerspruchs auf seiner rechten Seite sich auf '$y = y$' reduziert.

Jede spezielle Theorie hat ihr Grundvokabular an Prädikaten. Diese nennt man *primitive* Prädikate, um sie von anderen zu unterscheiden, die vielleicht *per definitionem* eingeführt werden, um als Abkürzungen für kompliziert aufgebaute Aussagen zu dienen. Gewöhnlich gibt es nur endlich viele primitive Prädikate. In diesem Fall brauchen wir '=' nicht zu ihnen zu zählen; wir können dieses Prädikat immer mit Hilfe der übrigen definieren. Nehmen wir einmal an, das einzige primitive Prädikat einer bestimmten Theorie sei das zweistellige Prädikat 'φ'. Dann kann '=' für diese Theorie adäquat durch die folgende Erklärung von '$x = y$' definiert werden:

$$\forall z [(\varphi xz \leftrightarrow \varphi yz) \wedge (\varphi zx \leftrightarrow \varphi zy)]. \qquad (1)$$

Denn offensichtlich erweist sich '$x = x$' einfach als ein Beispiel für ein gültiges Formelschema der Quantorenlogik, wenn es nach dieser Definition erklärt wird. Dasselbe trifft ferner für alle Spezialfälle von '$(x = y \wedge Fx) \rightarrow Fy$' zu, insofern als sie Aussagen sind, die außer 'φ' kein weiteres Prädikat enthalten. Das sieht man folgendermaßen ein. Man betrachte zunächst alle Ergebnisse, bei denen die von 'Fx' und 'Fy' dargestellten Aussagen sich nur an einer Stelle voneinander unterscheiden. Der unmittelbare Kontext dieses einzigen Vorkommens von 'x' und 'y' muß entweder 'φxv' und 'φyv' oder 'φvx' und 'φvy' sein, wobei 'v' irgendeine Variable bezeichnet (vielleicht wieder 'x' oder 'y'). Wegen der Substituierbarkeit der Bisubjunktion erhalten wir

$$[\forall z (\varphi xz \leftrightarrow \varphi yz) \wedge Fx] \rightarrow Fy,$$

wenn der unmittelbare Kontext 'φxv' und 'φyv' ist; im anderen Fall erhalten wir

$$[\forall z (\varphi zx \leftrightarrow \varphi zy) \wedge Fx] \rightarrow Fy;$$

---

[1]) Dieser Beweis, der nicht das Axiom '$x = x$' verwendet, geht auf *Hilbert* und *Bernays*, vol. 1, S. 376 (Fußnote) zurück.

[2]) Diese Einsicht verdanke ich *Wang*.

in jedem Fall haben wir somit '$(x = y \wedge Fx) \rightarrow Fy$', wobei '$x = y$' wie in (1) definiert ist. Unser Schema ist also für den Fall bewiesen, in dem die von 'Fx' und 'Fy' dargestellten Aussagen sich nur in einer Stelle unterscheiden. Die Erweiterung auf den Fall von n Stellen lautet wie folgt: '$G_i y$' bezeichne für jedes $i \leqslant n$ das Ergebnis, das wir erhalten, wenn wir in der durch 'Fx' dargestellten Aussage an Stelle der ersten i der n in Rede stehenden Vorkommen von 'x' nun 'y' setzen. Dann liefert unser Theorem für den Fall einer Stelle '$(x = y \wedge G_i y) \rightarrow G_{i+1} y$' für jedes i von 0 bis $n - 1$, und diese zusammen implizieren '$(x = y \wedge G_0 y) \rightarrow G_n y$' oder '$(x = y \wedge Fx) \rightarrow Fy$'.

Wir sehen also, daß alle Gesetze der Identität ohne besondere Annahmen herauskommen, solange 'φ' das einzige primitive Prädikat ist; denn alle Gesetze der Identität ergeben sich aus '$x = x$' und '$(x = y \wedge Fx) \rightarrow Fy$', und wir haben gerade eingesehen, daß die Definition (1) für diese beiden hinreichend ist.

Wenn die primitiven Prädikate einer Theorie nicht nur gerade aus dem zweistelligen Prädikat φ, sondern etwa auch noch aus einem einstelligen Prädikat ψ und einem dreistelligen Prädikat χ bestehen, dann würden wir '$x = y$' für die Zwecke dieser Theorie nicht wie (1), sondern wie folgt definieren:

$$(\psi x \leftrightarrow \psi y) \wedge \forall z\, ((\varphi xz \leftrightarrow \varphi yz) \wedge (\varphi zx \leftrightarrow \varphi zy) \wedge \forall w[(\chi xzw \leftrightarrow \chi yzw) \wedge (\chi zxw \leftrightarrow \chi zyw) \wedge (\chi zwx \leftrightarrow \chi zwy))]. \quad (2)$$

Entsprechend für andere Theorien: Wir definieren '$x = y$', indem wir die atomaren Kontexte wie in (1) und (2) ausschöpfen, und gelangen dann zu '$x = x$' und '$(x = y \wedge Fx) \rightarrow Fy$' mit Hilfe von Schlüssen, die den obigen im wesentlichen ähnlich sind.

Der Sinn von '$x = y$', wie er sich bei dem in (1) und (2) illustrierten Definitionsplan ergibt, braucht nicht unbedingt wirklich die Identität zu sein; das hängt noch ab von den Interpretationen, die für die primitiven Prädikate und für das Universum, über das die Quantoren reichen, angenommen werden. Wenn z.B. als Grundmenge die Menge der reellen Zahlen genommen wird und 'φ' wie '$<$' interpretiert wird, dann impliziert (1) '$\forall z(z < x \leftrightarrow z < y)$', und somit wird '$x = y$' sicherlich den Sinn der echten Identität verliehen. Daß es nicht für jede reelle Zahl einen sprachlichen Ausdruck gibt, der diese bezeichnet, ist für dieses begrüßenswerte Ergebnis belanglos. Wenn aber als Universum die Menge der Menschen genommen wird und wenn die Prädikate so interpretiert werden, daß sie von nichts anderem als dem Einkommen der Leute abhängen, dann setzt die vorgeschlagene Art, '$x = y$' zu definieren, alle Personen einander gleich, die dasselbe Einkommen haben; hier haben wir also tatsächlich solch einen ungünstigen Fall, wo '$x = y$' nicht mit dem Sinn der echten Identität herauskommt. In solchen Fällen könnten wir einwenden, daß die Interpretation des Universums und der Prädikate schlecht gewählt ist und daß sie besser so einzurichten sei, daß als Elemente des Universums ganze Einkommensgruppen aufträten. Aber selbst im schlechtesten Fall, wenn wir nicht die Interpretation zurechtrücken, um die Gültigkeit unseres Verfahrens, '$x = y$' zu definieren, aufrechtzuerhalten, kann man innerhalb des Vokabulars dieser Theorie selbst keine Diskrepanz zwischen dieser Definition und der echten Identität zum Ausdruck bringen.

Sogar in solch einem perversen Fall definiert also unser Verfahren etwas, das für die Zwecke der betreffenden Theorie ebenso gut wie die Identität ist.[1])

Offensichtlich steht der in (1) und (2) illustrierte Plan immer dann zur Verfügung, wenn die Zahl der primitiven Prädikate, wie gewöhnlich, endlich ist. Selbst wenn ihre Zahl unendlich ist, ist ihre Interpretation im allgemeinen so, daß 'x = y' mit Hilfe einiger weniger von ihnen adäquat definiert werden kann. Aber auch das Gegenteil kann eintreten. Betrachten wir also eine Theorie mit den primitiven Prädikaten 'φ_1', 'φ_2', 'φ_3', ... , von denen jedes einstellig ist, derart daß für jedes i

$$\exists x (\varphi_1 x \wedge \varphi_2 x \wedge \ldots \wedge \varphi_{i-1} x \wedge \neg \varphi_i x).$$

Hier muß man '=' als primitives Prädikat einführen, wenn man darüber verfügen will.

2. Virtuelle Klassen

In den folgenden Kapiteln werden wir uns nicht mit Theorien im allgemeinen befassen, sondern speziell mit Klassentheorien; diese werden regelmäßig so konzipiert sein, daß in ihnen ein einziges primitives Prädikat auftritt; das zweistellige Prädikat '∈' der Elementbeziehung zu einer Klasse. Vieles jedoch von dem, was man gewöhnlich über Klassen mit Hilfe von '∈' aussagt, kann als reine *façon de parler* angesehen werden, die sich nicht wirklich auf Klassen bezieht und die auch '∈' nicht in irreduzibler Weise verwendet. Diesem Teil der Klassentheorie, den ich *virtuelle* Theorie der Klassen nenne, und einer analogen virtuellen Relationstheorie widme ich den Rest dieses Teils I. Für den Rest dieses Teils halten wir also denselben Standpunkt wie auf den vorangegangenen Seiten inne: Wir denken weiter an Theorien über irgendeinen Gegenstand, und jede hat ihre eigenen primitiven Prädikate, und wir denken nicht nur an Theorien mit dem primitiven Prädikat '∈'.

Wir wollen sehen, wie wir in einer jeden solchen Theorie *per definitionem* ein plausibles und nützliches '∈' einer offensichtlichen Elementbeziehung zu einer Klasse als reine Bezeichnungsweise einführen können. Die Grundidee besteht darin, '∈' zusammen mit der Bezeichnungsform '$\{x : Fx\}$' für die Klassenabstraktion zu definieren, die die Klasse aller Objekte x mit Fx bezeichnet.

In der eliminierbaren Kombination, die wir hier im Sinn haben, kommt '∈' nur vor einem Klassenabstraktionsterm vor, und Klassenabstraktionsterme kommen nur nach '∈' vor. Die gesamte Kombination '$y \in \{x : Fx\}$' reduziert sich nach einem Gesetz, das ich *Konkretisierungsgesetz*[2]) nenne, auf 'Fy', so daß kein Hinweis zurückbleibt, daß ein solches Ding wie die Klasse $\{x : Fx\}$ überhaupt existiert. Drehen wir den Standpunkt um und sprechen wir von Einführung anstatt von Eliminierung, so können wir '∈' und Klassenabstraktion einfach als Fragmente einer *in toto* wie folgt definierten Kombination ansehen:

2.1 '$y \in \{x : Fx\}$' steht für 'Fy'.

---

[1]) Diese Art und Weise, die Identität zu eliminieren, stammt von *Hilbert* und *Bernays*, vol. 1, S. 381f. Über ihre Beziehung zur Identität der Ununterscheidbaren vgl. mein *Word and Object*, S. 230.

[2]) 1934, S. 48. Es wurde von *Whitehead* und *Russell* (20.3) und von *Frege* (1893, S. 52) aufgestellt.

Würden wir unklugerweise zustimmen, beispielsweise '$*(Fx)$' für '$x = 1 \wedge \exists y\, Fy$' zu schreiben, so wäre es falsch '$*(F0) \leftrightarrow *(F1)$' aus '$F0 \leftrightarrow F1$' zu schließen. Im Hinblick auf solche Trugschlüsse müssen wir einer Definition mißtrauen, die wie 2.1 'Fx' im Definiendum, aber nicht im Definiens aufweist. Wir können aber 2.1 wie folgt zurechtrücken:

2.1′ '$y \in \{x: Fx\}$' steht für '$\exists x (x = y \wedge Fx)$'.

Die Definientia in 2.1 und 2.1′ wurden auf S. 10 als äquivalent erkannt.

Zusätzlich stellt 2.1′ den Status der Abstraktionsvariablen klar – des 'x' in '$\{x: Fx\}$' – und zwar ist sie einfach eine durch Quantifizierung gebundene Variable, wohingegen 2.1 diese Variable in einer ganz neuartigen Rolle einführt, die in dem Definiens 'Fy' kein Gegenstück hat.

Wenn ich eine Definition unter Benutzung von 'x', 'y', 'Fx' usw. formuliere, so meine ich das für jede Wahl von Variablen in den Stellen der 'x', 'y', usw. und für jede Wahl von Aussagen (in welcher Theorie auch immer wir uns befinden mögen) in der Stelle von 'Fx'. In 2.1 bestand natürlich der beabsichtigte Zusammenhang zwischen den von 'Fx' und 'Fy' dargestellten Aussagen darin, daß in der letzteren 'y' dort frei vorkommt, wo in 'Fx' das 'x' frei vorkommt. Wenn die von 'Fx' dargestellte Aussage zufällig einen Quantor enthält, der in der Lage ist, das 'y' in 'Fy' zu binden, dann denken wir uns eine diesen Mißstand beseitigende gebundene Umbenennung; z.B. sollen wir 2.1 so auffassen, daß es

$$y \in \{x: \exists y (x = y^2)\}$$

durch '$\exists z (y = z^2)$' erklärt und nicht durch '$\exists y (y = y^2)$'. Nun liegt ein dritter Vorteil von 2.1′ darin, daß die Notwendigkeit für eine solche gebundene Umbenennung entfällt; das Definiens von 2.1′ bleibt unberührt, wenn in der von 'Fx' dargestellten Aussage über 'y' quantifiziert wird.

Stattdessen bringt 2.1′ eine neue Schwierigkeit mit sich: Wir können nicht mehr 'x' für 'y' einsetzen. In 2.1 konnten wir; '$x \in \{x: Fx\}$' führt durchaus korrekt zu 'Fx'. Aber nach 2.1′ würde '$x \in \{x: Fx\}$' in sehr unkorrekter Weise zu '$\exists x (x = x \wedge Fx)$' oder '$\exists x\, Fx$' führen. Eine weitere Dosis derselben Medizin heilt jedoch auch diese Schwierigkeit. Wir können folgendes schreiben:

2.1″ '$y \in \{x: Fx\}$' steht für '$\exists z [z = y \wedge \exists x (x = z \wedge Fx)]$'.

Es muß allerdings sicher sein, daß 'z' in der von 'Fx' dargestellten Aussage nicht frei vorkommt. Das ist aber eine Standardkonvention; immer wenn wir eine Definition benutzen, in deren Definiens eine gebundene Variable vorkommt, die dem Definiendum fremd ist, sind wir darauf gefaßt, diese Variable durch einen in dem Kontext neuen Buchstaben darzustellen.

Nachdem ich diese Feinheiten festgestellt habe, werde ich mich der Kürze wegen an 2.1 halten.[1])

---

[1]) Wegen einer weiteren Bemerkung zu 2.1″ siehe Kapitel 4.

Unser beabsichtigtes Gespräch über Klassen wollen wir jetzt weiter vorantreiben, indem wir die geläufigen Bezeichnungen der Booleschen Klassenalgebra mittels der folgenden Konventionen einführen, wobei die von '∈' verschiedenen griechischen Buchstaben schematische Buchstaben sind, die für irgendwelche Klassenabstraktionsterme stehen.[1])

2.2 '$\alpha \subseteq \beta$' steht für '$\forall x (x \in \alpha \wedge x \in \beta)$', (Inklusion)

2.3 '$\alpha \subset \beta$' steht für '$\alpha \subseteq \beta \not\subseteq \alpha$', (echte Inklusion)[2])

2.4 '$\alpha \cup \beta$' steht für '$\{x: x \in \alpha \vee x \in \beta\}$', (Vereinigung)

2.5 '$\alpha \cap \beta$' steht für '$\{x: x \in \alpha \wedge x \in \beta\}$', (Durchschnitt)

2.6 '$\overline{\alpha}$' oder '$\neg\alpha$' steht für '$\{x: x \notin \alpha\}$'. (Komplement)[2])

Man beachte, daß alle diese Bezeichnungsweisen für Klassen auf frühere Ausdrücke reduziert werden können. Sie können als bezeichnungstechnische Vereinfachungen des Schematismus der Quantorenlogik oder als bezeichnungstechnische Vereinfachungen der Bezeichnungen einer beliebigen speziellen Theorie mit ihrem speziellen Vokabular an Prädikaten angesehen werden.

Die Definition von '$x = y$' auf der Grundlage eines solchen Vokabulars (vgl. (1) und (2) in Kapitel 1) kann nicht auf '$\alpha = \beta$' ausgedehnt werden, denn die Klassenabstraktionsterme, die von den schematischen Buchstaben 'α' und 'β' dargestellt werden, entstehen erst durch 2.1, und die Stellen der echten Variablen 'x' und 'y' stehen ihnen nicht offen. Durch ein ähnliches Verfahren kommt man jedoch zu einer unabhängigen Definition von '$\alpha = \beta$':

2.7 '$\alpha = \beta$' steht für '$\forall x (x \in \alpha \leftrightarrow x \in \beta)$' oder für '$\alpha \subseteq \beta \subseteq \alpha$'.

Das frühere '$x = y$' kann selbst zur Bildung einiger nützlicher Klassenausdrücke benutzt werden, und zwar wie folgt. Für die einelementige Klasse, die nur x enthält, und für andere endliche Klassen, die durch Aufzählung gegeben sind, definieren wir die folgenden Bezeichnungen:

'$\{x\}$' steht für '$\{z: z = x\}$',

'$\{x, y\}$' steht für '$\{x\} \cup \{y\}$',

usw.,[3]) und für die Nullklasse definieren wir

2.8 'Λ' oder 'ϕ' steht für '$\{z: z \neq z\}$'.

---

[1]) Wenn nach Kapitel 4 auf diese Definitionen zurückverwiesen wird, so können griechische Buchstaben sowohl für Abstraktionsterme als auch für Variablen stehen.

[2]) Einige offensichtliche Verkürzungen dürfen als erlaubt angesehen werden, ohne daß wir es eigens in numerierten Definitionen aussprechen. In diesem Sinne wollen wir das Durchstreichen in '$\not\subseteq$', '$\notin$' und '$\neq$' als abgeändertes Negationszeichen '$\neg$' ansehen, und '$x = y = z$', '$\alpha \subseteq \beta \not\subseteq \alpha$', '$x, y \in \alpha$' u.ä. wollen wir als verkürzte Konjunktionen anerkennen. Bedauerlicherweise ist '$\subset$' das alte Zeichen für '$\subseteq$', und es wurde in diesem Sinne in Publikationen von *Whitehead* und *Russell* bis auf den heutigen Tag verwendet (auch in einigen von mir). Heutzutage wird es aber von denen, die '$\subseteq$' in dem weiteren Sinne verstehen, im engeren Sinne benutzt. Ich habe mich entschlossen, diesem Trend zu folgen, da '$\subseteq$' in jedem Fall keine Konfusion hervorrufen wird.

[3]) Der Grund, warum diese Definitionen nicht numeriert sind, wird in Kapitel 7 offensichtlich.

Als Gegenstück zu Λ können wir auch die Allklasse definieren: [1])

2.9 'ϑ' steht für '$\{z: z = z\}$', oder '$\bar{\Lambda}$'.

In meinen brasilianischen Vorlesungen von 1942 habe ich der virtuellen Theorie der Klassen und Relationen diesen Namen gegeben. [2]) Bringt man diese Idee mit gewissen anderen in der Literatur durcheinander, so könnte das dem Verständnis gewisser Dinge, die in späteren Kapiteln auftreten, hinderlich sein. Daher möchte ich diese Ideen herausstellen. [3])

Die Definition 2.1 erinnert an *Russells* Einführung der Klassen mittels Kontextdefinition. [4]) Es gibt aber einen wesentlichen Unterschied. Das Gegenstück des schematischen 'F' in 2.1 ist bei *Russell* offenbar nicht ein schematischer Buchstabe, sondern eine quantifizierbare Variable, die Attribute als Werte hat. Dieser Punkt blieb *Russell* und einigen seiner Leser auf Grund einer unexakten Terminologie verborgen: Er benutzte den Terminus ‚propositional function', sowohl wenn er sich auf Attribute, als auch wenn er sich auf offene Aussagen oder Prädikate bezog. In Wahrheit reduzierte er nur die Theorie der Klassen auf eine nichtreduzierte Theorie der Attribute. Es wäre besser gewesen, wenn er geradewegs Klassen vorausgesetzt hätte, denn Attribute sind weder klarer noch ökonomischer, im Gegenteil (vgl. die Einführung).

Die verschiedenen Klassenoperationen und Relationen wurden von *Behmann* (1927) nur als andere Bezeichnungen für die aussagenlogischen Verknüpfungen eingeführt; '$\alpha \cap \beta$' und '$\alpha \cup \beta$' z.B. werden eingeführt, um '$x \in \alpha \cap \beta$' und '$x \in \alpha \cup \beta$' als Abkürzungen von '$x \in \alpha \wedge x \in \beta$' und '$x \in \alpha \vee x \in \beta$' zu erklären. In dieser Hinsicht folge ich *Behmann* in der Tat in meiner virtuellen Theorie der Klassen und Relationen. Doch wieder ist der Unterschied entscheidend: *Behmann* nimmt Klassen und Relationen als Werte quantifizierbarer Variablen an.

Der Unterschied zwischen Menge und äußerster Klasse (siehe Einführung) darf nicht mit dem zwischen realer und virtueller Klasse verwechselt werden. Äußerste Klassen sind in solchen Theorien, in denen sie zugelassen sind, real: Sie gehören zum Universum, sie sind Werte quantifizierbarer Variablen. Die virtuelle Klassentheorie dagegen sieht in Klassen keine Werte von Variablen; sie tut so, als gäbe es Klassen, und erklärt dieses Reden darüber, ohne sie vorauszusetzen.

Das Axiomensystem, das teilweise in *Cantors* historischem Brief von 1899 vorgeschlagen wurde, könnte in beiden Richtungen weiter entwickelt werden (S. 443 f). Er beschreibt eine Menge als eine Klasse oder Vielheit, von der man als „zusammenhängend"

---

[1]) Warum ich hier einen Skriptbuchstaben verwende, wird am Ende von Kapitel 6 begründet.

[2]) *O Sentido da nova logica*, § 51. Siehe auch *Martin*, der diese Idee gleichzeitig aufnahm; ebenfalls meine „Theory of classes presupposing no canons of type", S. 325.

[3]) Leser, die dem Gegenstand neu gegenüberstehen, sollen sich ruhig mit einem unvollkommenen Verständnis des restlichen Abschnitts zufriedengeben, da er eine Vertrautheit mit späteren Kapiteln voraussetzt.

[4]) 1908. Auch in *Whitehead* und *Russell*. Siehe Kapitel 35.

denken kann, als von einer „Einheit“, einem „fertigen“ Ding. Er fährt fort mit dem Postulat, daß eine Klasse oder Vielheit eine Menge ist, wenn sie von derselben Mächtigkeit wie eine Menge ist, oder wenn sie eine Teilklasse einer Menge ist, oder wenn sie die Klasse aller Elemente von Elementen einer Menge ist. Derartige Axiome könnten nun in beiden Richtungen formalisiert werden: indem man Klassen, die keine Mengen sind, den Status von äußersten Klassen einräumt, oder indem man sie als virtuelle ausscheidet. Es ist eine Entscheidung, die den Unterschied zwischen dem, was weiterhin gesagt oder nicht gesagt werden kann, ausmacht, denn es ist eine Frage, ob Quantifizierung über dem umfassenderen Bereich frei verfügbar sein soll. Jede von beiden Richtungen würde zu dem Abschnitt bei *Cantor* passen.

Was *Bernays* in seinem System von 1958 im Gegensatz zu Mengen Klassen nennt, das sind keine realen Klassen, weder äußerste Klassen noch andere. In diesem System gibt es (im Gegensatz zu seinem früheren) keine äußersten Klassen; seine Variablen haben nur Mengen als Werte. In dieser Hinsicht wird die Mengenlehre, die ich in den folgenden Abschnitten II bis X entwickeln werde, der seinigen ähneln. Allerdings verbinde ich die virtuelle Theorie mit der realen auf innigere Weise als er: Ungleich ihm werde ich die virtuelle Klasse mit der entsprechenden Menge identifizieren, falls eine solche existiert.

Zwischen der Annahme äußerster Klassen und der Forderung nach virtuellen gibt es, wie ich hervorheben möchte, einen Unterschied hinsichtlich der zur Verfügung stehenden Maschinerie, um weitere Dinge sagen zu können. Wenn diese zusätzliche Maschinerie nicht ausgenutzt wird, schwindet der Unterschied. Daher kommt es, daß wir im Fall von *Cantor*s Brief nicht zwischen den beiden Gesichtspunkten wählen können. In dem Fall von *Bernays'* früherem System (1937 bis 1954) ist die Situation in gewissem Sinne ähnlich; da war in der Tat seine Annahme äußerster Klassen explizit, und trotzdem hat er darauf, wie er seitdem angemerkt hat (1958, S. 43), wenig Gewicht gelegt. In dem System meiner *Mathematical Logic* haben sie eine zentralere Rolle gespielt.[1])

3. Virtuelle Relationen

Analog zu dieser virtuellen Klassentheorie und im Zusammenhang mit ihr gibt es eine virtuelle *Relationen*theorie. Parallel zu dem Begriff der Klassenabstraktion gibt es den Begriff '$\{xy: Fxy\}$' der Relationenabstraktion, der die Beziehung eines gewissen x zu einem gewissen y, derart daß Fxy, bezeichnen soll. Parallel zum Gebrauch von 'α', 'β', ... als schematischer Buchstaben für Klassenabstraktionsterme benutze ich 'P', 'Q', 'R', ... als schematische Buchstaben für Relationenabstraktionsterme. Parallel zu dem Begriff '$x \in \alpha$' für die Elementbeziehung zu einer Klasse gibt es den Begriff des Zutreffens einer Relation: 'xRy' bedeutet, daß x zu y in der Relation R steht. So wie das Konkretisierungsgesetz für Klassen in 2.1 dazu benutzt wurde, eine gleichzeitige Definition von Elementbeziehung und Klassenabstraktion zu erzielen, liefert uns das Konkretisierungsgesetz für Relationen eine gleichzeitige Definition von relationentheoretischem Zutreffen und Relationenabstraktion:

'$z\{xy: Fxy\}w$' steht für 'Fzw'.

---

[1]) Mehr über diese Dinge findet sich in den Kapiteln 42 bis 44.

Parallel zu 2.2 bis 2.7 können wir definieren:

‘$Q \subseteq R$’ steht für ‘$\forall x \forall y(xQy \rightarrow xRy)$’,
‘$Q \subset R$’ steht für ‘$Q \subseteq R \nsubseteq Q$’,
‘$Q \cup R$’ steht für ‘$\{xy: xQy \vee xRy\}$’,
‘$Q \cap R$’ steht für ‘$\{xy: xQy \wedge xRy\}$’,
‘$\overline{}R$’ steht für ‘$\{xy: \neg xRy\}$’,
‘$Q = R$’ steht für ‘$\forall x \forall y(xQy \rightarrow xRy)$’.

Parallel zu ‘Λ’ und ‘ϑ’ haben wir ‘$\Lambda \times \Lambda$’ und ‘$\vartheta \times \vartheta$’; beide ergeben sich aus der folgenden allgemeinen Definition des *cartesischen Produktes* zweier Klassen:

‘$\alpha \times \beta$’ steht für ‘$\{xy: x \in \alpha \wedge y \in \beta\}$’.

Dieser letzte Begriff ist typisch für eine Vielzahl nützlicher Begriffe, die nur bei Relationen vorkommen und keine Analoga in der Klassenalgebra haben. Dazu gehören u.a.

‘$\breve{R}$’ oder ‘$^{\cup}R$’ steht für ‘$\{xy: yRx\}$’, (Konverse)
‘$Q \mid R$’ steht für ‘$\{xz: \exists y(xQy \wedge yRz)\}$’, (Verknüpfung)
‘$R``\alpha$’ steht für ‘$\{x: \exists y(xRy \wedge y \in \alpha)\}$’, (Bild)
‘I’ steht für ‘$\{xy: x = y\}$’. (Identität als Relation)

Es könnten noch viele andere angegeben werden. Einige der weiteren nützlichen Begriffe können jedoch kurz und knapp mit Hilfe der bereits eingeführten Symbole ausgedrückt werden. So wird $\{x: \exists y\, xRy\}$, was man den *linken Bereich* von R nennen könnte, mit ‘$R``\vartheta$’ bezeichnet; der *rechte Bereich* ist $\breve{R}``\vartheta$; das *Feld* ist $(R \cup \breve{R})``\vartheta$. Ein weiterer nützlicher Begriff ist $\{x: xRy\} = R``\{y\}$.

Die Lesbarkeit wird durch die gebräuchliche und nützliche Benennung gewisser Arten von Relationen erhöht:

R ist konnex: $\forall x \forall y\,[x, y \in (R \cup \breve{R})``\vartheta \rightarrow x(R \cup \breve{R} \cup I)y]$,
reflexiv: $\forall x\,[x \in (R \cup \breve{R})``\vartheta \rightarrow xRx]$,
irreflexiv: $R \subseteq \overline{}I$,
symmetrisch: $R = \breve{R}$,
asymmetrisch: $R \subseteq \overline{}\breve{R}$,
antisymmetrisch: $R \cap \breve{R} \subseteq I$,
transitiv: $R \mid R \subseteq R$,
intransitiv: $R \mid R \subseteq \overline{}R$.

Bisher haben wir nur zweistellige Relationen behandelt. Analog kann man es für dreistellige Relationen ‘$\{xyz: Fxyz\}$’ und für höherstellige Relationen machen.

Eine wichtige Verwendung der Relationen ist ihre Verwendung als Funktionen, denn eine Funktion kann als Relation interpretiert werden. Die Funktion „Quadrat von“ kann beispielsweise als die Relation $\{xy: x = y^2\}$ zwischen Quadrat und Wurzel erklärt werden. Natürlich ist nicht jede Relation eine Funktion; das entscheidende Wesensmerkmal von Funktionen besteht darin, daß wir, wenn R eine Funktion ist, von *dem* R von x sprechen können, falls es überhaupt eins gibt: von *dem* Quadrat von n. Eine zweistellige Relation ist eine Funktion, wenn nicht zwei Dinge aus dem linken Bereich zu demselben Ding des rechten Bereichs führen. So können wir definieren:

'Funk R' steht für '$R|\breve{R} \subseteq I$' oder '$\forall x \forall y \forall z[(xRz \wedge yRz) \rightarrow x = y]$'.

Das bedeutet, daß wir 'Funktion' im Sinne von 'einwertige Funktion' verwenden. Was man manchmal als mehrwertige (oder mehrdeutige) Funktion anspricht, sollte einfach als eine Relation angesehen werden. In der algebraischen Geometrie und in der Funktionentheorie ist es in der Tat von Stetigkeitsbetrachtungen her sinnvoll, zwischen sogenannten mehrwertigen Funktionen und anderen Relationen zu unterscheiden, aber hier nicht.

Eine typische Funktion in dem angestrebten Sinne ist die folgende:

$$\{xy: \exists z \exists w(w \neq 0 \wedge x = \tfrac{z}{w} \wedge y = 2^z \cdot 3^w)\}.$$

Man beachte, daß diese Funktion denselben Bruch $\frac{2}{3}$ sowohl der Zahl 108 ($= 2^2 \cdot 3^3$) als auch der Zahl 11 664 ($= 2^4 \cdot 3^6$) zuordnet, ferner, daß es Zahlen gibt, z.B. 5 oder auch 0, denen nichts zugeordnet wird. Diese Schwächen ändern nichts daran, daß es sich um eine Funktion handelt. Was aus dieser Relation eine Funktion macht, ist, daß niemals mehr als ein Ding ein und demselben Ding zugeordnet wird.

Außer daß wir 'Funk R' schreiben können (was bedeutet, daß nicht zwei Dinge zu demselben Ding in der Relation R stehen), ist es auch im Fall einer Nicht-Funktion R bequem, sagen zu können, daß genau ein Ding zu einem Ding x in der Relation R steht. Derartige Dinge x nennen wir Argumente von R, und die Klasse dieser Dinge kann somit wie folgt definiert werden:

'arg R' steht für '$\{x: \exists y(R``\{x\} = \{y\})\}$'.

Wenn z.B. R die Sohnrelation ist, dann ist arg R die Klasse aller der Personen, die genau einen Sohn haben. Offensichtlich gilt

$$\text{Funk } R \leftrightarrow (\text{arg } R = \breve{R}``\mathfrak{V}). \tag{1}$$

Solange wir Funktionen als zweistellige Relationen auffassen, erhalten wir nur Funktionen wie Vater, Quadrat, Hälfte, Zweifaches, d.h. Funktionen eines einzigen Argumentes. Eine parallele Überlegung verschafft uns aber allgemeiner Funktionen von n Argumenten als (n + 1)-stellige Relationen. So können z.B. die Potenz- und die Summenfunktion, aufgefaßt als Funktionen von zwei Argumenten, als die folgenden dreistelligen Relationen erklärt werden:

$$\{xyz: x = y^z\}, \qquad \{xyz: x = y + z\}.$$

So wie ich hier Funktionen aufgefaßt habe, bin ich *Peano* (1911) gefolgt, und ich stimme auch mit *Gödel* (1940) überein. In den letzten Jahrzehnten wurde aber in dieser Angelegenheit noch ein anderer Stil entwickelt, der logisch inkonsequent ist und in der Praxis Verwirrung stiftet. Anstatt die Werte aus dem linken und die Argumente aus dem rechten Bereich zu nehmen, findet man nicht weniger häufig das genaue Gegenteil. Die Quadratfunktion ist dann beispielsweise nicht die Relation zwischen Quadrat und Wurzel, sondern die zwischen Wurzel und Quadrat.

Mein Weg (und der Peanosche, der Gödelsche) ist insofern der natürliche, als es natürlich ist – falls wir Funktionen mit gewissen Relationen identifizieren wollen – die Quadrat-(oder Vater-)funktion mit der Quadrat-(oder Vater-)relation zu identifizieren, und gewiß ist die Quadratrelation die Relation zwischen Quadrat und Wurzel und die Vaterrelation ist die zwischen Vater und Kind. Dieser Weg ist außerdem insofern natürlich, als Q von R von x, wenn Q und R in unserem Sinne verstandene Funktionen sind, sich als $Q|R$ von x erweist; in der anderen Version ist es $R|Q$ von x.

Der umgekehrte Weg kann in einer Beziehung für natürlicher gehalten werden: Eine Funktion bildet das Argument auf den Wert ab, führt also vom Argument zu dem Wert, und wird somit auf natürliche Weise mit der Relation zwischen Argument und Wert identifiziert, wo also das Argument vor dem Wert steht. Diese Begründung kommt mir allerdings recht lahm vor.

Der umgekehrte Weg wurde zufällig auch von dem folgenden terminologischen Begleitumstand gestützt. In der englischsprachigen Literatur wurde mindestens seit 1903 (*Russell*) für $R``\mathcal{V}$ das Wort „domain“ der Relation benutzt, und für $R``\mathcal{V}$ „converse domain“. Andererseits sagt man gewöhnlich, daß die Argumente einer Funktion ihren „domain“ bilden, und die Werte ihren „range“. Faßt man Funktionen in der zu mir (und *Peano*) entgegengesetzten Weise auf, so wird aus dem „domain“ der Funktion der „domain“ der Relation.

Es könnte scheinen, als solle über einen so willkürlichen Punkt die von der Mehrheit übernommene Art und Weise entscheidend sein. Es häufen sich jedoch die Ungeschicklichkeiten. Was sollen wir mit $R``\alpha$ machen, wenn R eine Funktion ist? Wenn wir die obige Definition des Bildes $R``\alpha$ beibehalten, aber die Richtung der Funktion umkehren, dann wird aus $R``\alpha$ *nicht* die Klasse der *Werte* von R für Argumente aus $\alpha$. So finden wir Autoren, die die Definition von $R``\alpha$ umdrehen, damit sie paßt; $R``\alpha$ wird zu

$$\{y: \exists x(xRy \wedge x \in \alpha)\}.$$

Danach ist $R``\alpha$ wieder, wie gewünscht, das Bild von $\alpha$ unter der Funktion R, Funktion jetzt im umgekehrten Sinne verstanden. Dann kann $R``\alpha$ für allgemeine Relationen R nicht mehr die Klasse derjenigen Dinge sein, derart daß zwischen diesen Dingen und Elementen von α die Relation R besteht, und die Verwendung dieses Begriffes ist schon wieder uneinheitlich.

Diese letztgenannte betrübliche Angelegenheit und die durchschlagende Perversität des $R|Q$-Phänomens haben mich zu der Entscheidung veranlaßt, entgegen dem Strom der Zeit zusammen mit *Gödel* die alte Peanosche Konvention beizubehalten. Mein erstes Argument zur Verteidigung ihrer Natürlichkeit hat auch Gewicht, doch wäre ich froh gewesen, darauf verzichten zu können.

Ich habe hier einer logisch trivialen Frage der Konvention so viel Platz eingeräumt, weil sie in der Praxis so irritierend ist. Die Mühsal, sich durch Beweise und Theoreme hindurchzudenken, die unter günstigen Umständen schon beträchtlich ist, wird weiterhin noch durch die Notwendigkeit vergrößert, darüber nachzudenken, auf welche Weise die Funktionen nun aufzufassen sind und was dann aus 'R“α' und 'Q|R' zu machen ist. Der Mathematiker, der in einer scheinbar unbedeutenden Frage des Gebrauchs die umgekehrte Richtung einschlug, kann sich nicht im klaren darüber gewesen sein, welch eine Bürde er damit schuf.

Eine Fülle von Bezeichnungsweisen liegt nun vor uns, die mit Klassen und Relationen zu tun hat, und wir haben gesehen, wie wir in den Definitionen vorgehen müssen, um in Dingen wie Klassen und Relationen nichts anderes als eine in einer bestimmten Weise definierte Sprechweise zu erkennen. Ein Beweggrund dafür, auf derart scheinbare und eliminierbare Weise von Klassen und Relationen zu reden, ist die Kürze der Ausdrucksweise. Nehmen wir uns noch einmal unsere jüngste Bemerkung (1) vor. Wie jedes gültige Schema der virtuellen Theorie der Klassen und Relationen läuft sie auf ein gültiges Schema der Quantorenlogik mit Identität hinaus. Aber auf welches Schema? Verstehen wir 'R' in (1) als '{xy: Fxy}' und schreiben wir das Ganze gemäß unseren Definitionen ausführlich hin, so erhalten wir das überlange und unübersichtliche Schema

$$\forall x \forall y \forall z[(Fxz \wedge Fyz) \rightarrow x = y] \leftrightarrow$$
$$\forall x[\exists y \forall z(\exists w(Fzw \wedge w = x) \leftrightarrow z = y) \leftrightarrow \exists y(Fxy \wedge y = y)].$$

(1) ist nur eines der zahllosen Gesetze, die an Kürze und Durchschaubarkeit gewinnen, wenn man sie aus dem Schematismus reiner Quantifizierung und Identität in den Schematismus der virtuellen Klassen und Relationen übersetzt. Andere Beispiele sind die bekannten Gesetze der Booleschen Algebra:

$$\overline{}(\alpha \cap \beta) = \bar{\alpha} \cup \bar{\beta},\ \alpha \cap \beta \subseteq \alpha \subseteq \alpha \cup \gamma,\ \Lambda \subseteq \alpha \subseteq \vartheta,$$

und die folgenden Gesetze der Relationenalgebra:

$$R``(\alpha \cup \beta) = R``\alpha \cup R``\beta,\ {}^{\smile}\breve{R} = R,$$
$$R``\alpha \subseteq \alpha \leftrightarrow \breve{R}``\bar{\alpha} \subseteq \bar{\alpha},\quad R \subseteq R``\vartheta \times \breve{R}``\vartheta,$$
$$Q|(R|S) = (Q|R)|S,\quad R|I = I|R = R,$$
$${}^{\smile}(Q|R) = \breve{R}|\breve{Q},\quad (Q|R)``\alpha = Q``(R``\alpha),$$

R ist transitiv und symmetrisch → R ist reflexiv,

R ist asymmetrisch → R ist irreflexiv.

Diese Art bequemer Handhabung war sicher durch viele Jahre hindurch ein Hauptmotiv dafür, Objekte wie Relationen und Klassen oder Attribute anzunehmen. Nun sehen wir, daß zu dieser Art von Bequemlichkeit auch eine virtuelle Theorie verhelfen kann, die letztlich solche Dinge in keiner Weise voraussetzt.

Aber es gibt auch noch andere Beweggründe, solche Objekte anzunehmen, Beweggründe, die mit einer virtuellen Theorie nicht befriedigt werden. Diesen wenden wir uns jetzt zu.

II. Reale Klassen

4. Realität, Extensionalität und Individuen

In der virtuellen Theorie der Klassen und Relationen kommen Klassen und Relationen nicht als Werte von Variablen vor, über die quantifiziert wird. Die Ausdrücke, die sich rechts von '∈' oder in der Mitte von relationentheoretischen Zuordnungen befanden, waren ohne Ausnahme Klassenabstraktionsterme oder Relationenabstraktionsterme (bzw. Abkürzungen oder schematische Darstellungen davon), aber niemals Variablen. Lassen wir erst einmal Klassen und Relationen auf nichtreduzierbare Weise als Werte von quantifizierbaren Variablen zu, dann und nur dann sind wir verpflichtet, sie als reale Objekte anzuerkennen. Der Wertebereich der quantifizierbaren Variablen einer Theorie ist das Universum dieser Theorie.

Lassen wir in das Universum einer Theorie Klassen echt als Werte von Variablen zu, so können wir oft die Möglichkeiten dessen, was über die restlichen Objekte dieses Universums innerhalb der Theorie gesagt werden kann, wesentlich erweitern. Eine gute Veranschaulichung dieses Effektes liefert uns die Definition der Vorfahrenrelation mit Hilfe der Elternrelation. Zur Vereinfachung dieser Veranschaulichung wollen wir den Begriff 'Vorfahr' ein wenig über das Übliche hinaus erweitern und jedermann zu seinen eigenen Vorfahren hinzunehmen. Dann erfüllen die Vorfahren von y als Klasse diese beiden Bedingungen: die *Anfangsbedingung*, daß y ein Element der Klasse ist, und die *Abgeschlossenheitsbedingung*, daß alle Eltern von Elementen Elemente sind. Darüber hinaus bilden die Vorfahren von y die kleinste derartige Klasse, und sie sind die gemeinsamen Elemente aller derartigen Klassen. So können wir 'x ist ein Vorfahr von y' dadurch erklären, daß wir sagen, x gehöre zu allen Klassen, die diese Anfangs- und Abgeschlossenheitsbedingung erfüllen; daß wir also sagen, daß

$$\forall z\,[y \in z \wedge \forall u \forall w(w \in z \wedge u \text{ ist ein Elternteil von } w) \rightarrow u \in z) \rightarrow x \in z].$$ [1]

Stünde uns das Prädikat 'ist ein Elternteil von' und der Kalkül der aussagenlogischen Verknüpfungen und der Quantifizierung, aber nicht das Prädikat '∈' der Klassenzugehörigkeit und nicht das Recht, über Klassen z zu quantifizieren, zur Verfügung, so müßten wir darauf verzichten, 'x ist ein Vorfahr von y' in dieser Weise ausdrücken zu können.

Weitere Motive, über Klassen zu quantifizieren, treten in Abschnitt IV im Zusammenhang mit dem Zahlbegriff auf. In gleicher Weise gibt es Motive, über Relationen zu quantifizieren, aber wir wollen uns für eine Weile nicht um Relationen kümmern.

Wenn wir nun diesen Schritt tun und Klassen als real annehmen, dann können wir uns nicht länger damit zufrieden geben, '∈' nur als Fragment eines Komplexes '$y \in \{x\colon Fx\}$' zu definieren, denn wir brauchen '$y \in z$' ebenfalls, und zwar mit quantifizierbarem 'z'. Wir müssen also '∈' als primitives zweistelliges Prädikat anerkennen.

---

[1]) Diese Konstruktion, die auf *Frege* zurückgeht, wird uns noch in den Kapiteln 11 und 15 beschäftigen.

Haben wir '$\in$' erst einmal als primitiv anerkannt, so gewinnen wir weit mehr als das Recht, hinter '$\in$ quantifizierbare Variablen zu verwenden; wir erhalten auch das Recht, links von '$\in$' Klassen zu erwähnen, und damit zum Ausdruck zu bringen, daß sie selbst Elemente irgendwelcher anderer Klassen sind. Denn wenn Klassen zu den Werten von Variablen gerechnet werden sollen, dann kann das 'y' in '$y \in z$' sich ebenso gut auf Klassen beziehen wie das 'z'. Wir könnten allerdings auf diesen zusätzlichen Gewinn verzichten, indem wir zwei Sorten quantifizierbarer Variablen annehmen, eine für Klassen und eine für Individuen, und die Variablen der ersten Sorte nur hinter dem '$\in$' und die der anderen Sorte nur vor dem '$\in$' verwenden. Wie jedoch in den späteren Kapiteln reichlich illustriert werden wird, erhöht die Annahme von Klassen als Elemente in weiteren Klassen beträchtlich die Möglichkeiten dessen, was über Zahlen und andere mathematische Objekte ausgesagt werden kann; sie ist kaum weniger dringend als die ursprüngliche Erlaubnis, über Klassen von Individuen zu quantifizieren. Wir wollen also fortfahren mit einer einzigen Sorte von Variablen 'x', 'y', 'z', ... und mit unserem primitiven Prädikat '$\in$', und wir akzeptieren '$y \in z$' als bedeutungsvoll, ganz gleich, ob Individuen oder Klassen als Werte von 'y' und 'z' auftreten.

Jetzt erhebt sich natürlich die Frage, wie man '$y \in z$' interpretieren soll, wenn z ein Individuum ist. Eine Übereinkunft, die sich als erstes anbietet und die gemeinhin Eingang in die Literatur gefunden hat, besagt, daß '$y \in z$' in solch einem Fall einfach für alle y falsch ist; Individuen haben keine Elemente. Es gibt jedoch noch eine andere Übereinkunft, die sich, wie wir eine Seite später sehen werden, als viel geeigneter erweist.

Wenn nun '$\in$' als primitives Prädikat gelten soll, müssen wir darüber nachdenken, welche Axiome wir heranziehen müssen, um seine Verwendung zu regeln. Ein Axiom, das wir sicher in der einen oder anderen Form wünschen, ist das der *Extensionalität*, auch als Axiom der *Bestimmtheit* bekannt: Klassen, die in ihren Elementen übereinstimmen, sind gleich. Eine natürliche Formulierung ist die folgende:

$$\forall x(x \in y \land x \in z) \rightarrow y = z.$$

Hier kann man annehmen, daß '$y = z$' gemäß Plan (1) von Kapitel 1 definiert ist, mit '$\in$' als einzigem primitiven Prädikat, also als Abkürzung für

$$\forall x[(x \in y \leftrightarrow x \in z) \land (y \in x \leftrightarrow z \in x)]. \qquad (1)$$

Etwas später werden wir die Frage nach der Definition noch einmal aufgreifen. Unterdessen wollen wir den folgenden etwas unglückseligen Punkt bedenken: Wenn y und z elementlos sind, dann erhalten wir auf Grund des Extensionalitätsgesetzes, so wie es formuliert ist, $y = z$. Das bedeutet, daß es nur ein einziges elementloses Ding gibt. Wenn es die leere Klasse ist, dann sind Individuen nicht elementlos; wenn Individuen elementlos sind und wenn es sie überhaupt gibt, dann gibt es nur ein einziges Individuum und keine leere Klasse.

Wir könnten diese Schlußfolgerung abwenden, wenn wir in das Extensionalitätsgesetz die weitere Bedingung '$\exists x(x \in y)$' einfügten, dann würden wir aber einen Anwendungsfall dieses Gesetzes verlieren, den wir beibehalten müssen, denn wir möchten immer noch sagen, daß es eine einzige leere Klasse gibt. Offensichtlich möchten wir als weitere

Bedingung in dem Extensionalitätsgesetz haben, daß y und z Klassen sind und keine Individuen, und nicht, daß es Elemente von y (und z) gibt. Wie kann man das aber hinschreiben?

Das wäre kein Problem, wenn wir über Individuen und Klassen mit unterschiedlichen Variablensorten quantifizieren würden. Dieses Problems halber könnten wir uns für diese beiden Sorten entscheiden und dabei trotzdem beide Sorten von Variablen vor dem '∈' zulassen (im Gegensatz zu obigem vorübergehenden Impuls). Oder wir könnten eine einzige Sorte von Variablen beibehalten, aber zusätzlich zu '∈' das einstellige Prädikat 'ist ein Individuum' (oder 'ist eine Klasse') als primitives Prädikat hinzunehmen. Die Hinzunahme des zusätzlichen Prädikats ist in der Theorie vielleicht der Zulassung zweier Sorten von quantifizierbaren Variablen vorzuziehen, weil dabei die zugrunde liegende Logik unverändert bleibt. Es ist jedesmal eine echte Alternative: Anstatt n verschiedene Variablensorten einzuführen, können wir immer $n-1$ einstellige Prädikate hinzunehmen, eines für jeden der Bereiche, für den man sonst eine eigene Variablensorte eingeführt hätte. Eines wird eingespart, und zwar dadurch, daß es durch die Negation der restlichen definierbar ist (siehe ferner die Kapitel 33 und 37).

Allerdings ist auch die Hinzunahme eines einzigen primitiven Prädikats, ein Individuum (oder eine Klasse) zu sein, ein unerwünschtes Opfer an Eleganz, und glücklicherweise kann man es vermeiden. Man braucht nämlich gar nicht Individuen als elementlos anzusehen. Wir sind zunächst nur für Klassen y an '$x \in y$' interessiert, das sind die einzigen Fälle von '$x \in y$', über die man sich im voraus Gedanken machen sollte. Wenn wir bequemer Systematisierung wegen einen Gewinn darin sehen, auch weiteren Fällen eine Bedeutung beizumessen, so wollen wir die Bedeutung so auswählen, daß diese Bequemlichkeit größtmöglich wird. Der erste Vorschlag, die Bedeutung so auszuwählen, daß all die weiteren Fälle sich als falsch erweisen, war zu grob. Wir wollen stattdessen '$x \in y$', wenn y ein Individuum ist, als wahr oder falsch ansehen, je nachdem, ob $x = y$ oder $x \neq y$. Das Problem, das Extensionalitätsgesetz auf Individuen y und z anzuwenden, verschwindet dann; wenn y und z Individuen sind und '∈' vor Individuen die Eigenschaft von '=' hat, erweist sich dieses Gesetz als wahr.

Was aber, wenn y ein Individuum ist und z die Klasse mit dem einzigen Element y? Nach unserer neuen Interpretation des '∈' vor Individuen wird '$x \in y$' dann und nur dann wahr, wenn x das Individuum y ist; aber auch '$x \in z$' ist dann und nur dann wahr, wenn x das Individuum y ist; also $\forall x(x \in y \leftrightarrow x \in z)$, und daher $y = z$. Dieses Resultat sieht zunächst unannehmbar aus, da y ein Individuum und z eine Klasse ist. In Wirklichkeit ist es aber harmlos; der Nutzen der Klassentheorie wird in keiner Weise dadurch herabgesetzt, daß man ein Individuum, seine Einerklasse, die Einerklasse dieser Einerklasse usw. als ein und dasselbe Ding ansieht. Natürlich ist es jetzt ratsam für uns, unsere Terminologie soweit zurechtzurücken, daß Individuum nicht mit Nichtklasse synonym ist. Wir wollen von jetzt an sagen, daß das, was Individuen als solche auszeichnet, nicht die Eigenschaft ist, keine Klasse zu sein, sondern die Identität mit ihrer Einerklasse (oder, was auf dasselbe hinausläuft, die Identität mit ihrem einzigen Element). Individuen galten solange als Nichtklassen, bis wir uns entschieden, dem '∈' vor ihnen die

Kraft von ‘=’ zu verleihen; nun werden sie am besten als Klassen angesehen. Alles erweist sich nun als Klasse; die Individuen unter ihnen sind jedoch dadurch ausgezeichnet, daß sie ihre einzigen Elemente sind.

Ich möchte nämlich keineswegs den Unterschied zwischen y und seiner Einerklasse hinwegwischen, falls y kein Individuum ist. Wenn y eine Klasse mit mehreren Elementen oder mit keinem Element ist, dann muß man zwischen y und seiner Einerklasse unterscheiden, denn letztere hat genau ein Element. Wenn y die Einerklasse einer Klasse mit mehreren Elementen oder mit keinem Element ist, dann muß man ebenfalls zwischen y und seiner Einerklasse unterscheiden, denn das eine Element von y ist nach dem vorangegangenen Satz verschieden von dem einen Element der Einerklasse von y. Im allgemeinen ist also die Unterscheidung zwischen Klassen und ihren Einerklassen lebenswichtig, und ich respektiere sie auch weiterhin. Die Unterscheidung zwischen Individuen und ihren Einerklassen hat jedoch keine erkennbaren Vorzüge, und die Schwerfälligkeit in der Formulierung des Extensionalitätsgesetzes kann einfach dadurch aufgelöst werden, daß man diesen Unterschied aufgibt.

Es ist nicht notwendig, die Existenz von Individuen in dem Sinne ‘$x = \{x\}$’ (oder in einem anderen Sinne) sicherzustellen. Es genügt für unsere Zwecke, sowohl jetzt als auch in fortgeschritteneren Stadien der Mengenlehre, festzulegen, daß ‘$x = \{x\}$’ Individuen charakterisiert, falls solche existieren. Wie ***Fraenkel*** im Hinblick auf Zermelos Mengenlehre bemerkte, können alle formalen Ansprüche in einer Grundmenge erfüllt werden, in der es nur reine Klassen gibt, wie er sie nennt: Λ, $\{\Lambda\}$, $\{\Lambda, \{\Lambda\}\}$, und weitere Klassen, die nur aus derartigen Bestandteilen und nicht aus Individuen in irgendeinem Sinne zusammengesetzt sind.[1]) Jedoch, wenn man Mengenlehre außerhalb der reinen Mathematik anwenden will, könnte man alle möglichen Dinge als Elemente von Klassen haben wollen. Meine Version der Individuen soll alle solchen Wünsche mit den formalen Vorzügen in Einklang bringen, alles in einem gewissen Sinne zu einer Klasse zu machen.

Diese formalen Vorzüge bestehen bis jetzt darin, ein primitives Prädikat ‘ist ein Individuum’ zu vermeiden und das Extensionalitätsgesetz zu vereinfachen. Weitere Vorzüge werden an verstreuten Stellen in den Kapiteln 5, 7, 8 und 38 angemerkt werden. Und ein weiterer Vorzug, den wir jetzt angeben wollen, besteht darin, daß wir nun in der Lage sind, unsere Definition der Identität zu vereinfachen: anstatt ‘$y = z$’ wie in (1) zu definieren, können wir nun definieren

‘$y = z$’ steht für ‘$\forall x(x \in y \leftrightarrow x \in z)$’.

Denn diese Art von Definition, die wir schon in 2.7 für ‘$\alpha = \beta$’ ausgewählt hatten, erweist sich nun auch für Individuen als richtig, nachdem wir die Individuen mit ihren Einerklassen identifiziert haben.

Anstatt dieser Definition eine Nummer zu geben, werde ich eine Konvention einführen, die bewirkt, daß diese Definition von 2.7 umfaßt wird. Die Konvention besagt, daß alle Definitionen 2.1 bis 2.9 beibehalten werden und daß ‘α’ und ‘β’ dort und in

[1]) *Fraenkel,* Einleitung, S. 355f. Von meinem System NF (Kapitel 40, unten) bewies *Scott,* daß es, sofern es widerspruchsfrei ist, so bleibt, wenn ein Axiom, ‘$\exists x(x = \{x\})$’ oder ‘$\forall x(x \neq \{x\})$’, hinzugefügt wird, das die Existenz von Individuen in meinem Sinne sicherstellt oder ausschließt.

Zukunft als schematische Buchstaben verstanden werden, die nicht nur für Vorkommen von Klassenabstraktionstermen stehen, sondern in gleicher Weise für Vorkommen von Klassenabstraktionstermen und gewöhnlichen freien Variablen. Wenn 'α' einen Klassenabstraktionsterm darstellen soll, dann zählt das '$x \in \alpha$' in jeder der Definitionen 2.2 bis 2.7 als das, was in 2.1 definiert wurde; wenn 'α' dagegen 'y' darstellen soll, dann kommt in dem '$x \in \alpha$' in denselben Definitionen 2.2 bis 2.7 eher das primitive Prädikat '$\in$' vor. So verwende ich das Zeichen '$\in$', ohne einen äußeren Unterschied zu machen, in zwei sehr unterschiedlichen Bedeutungen. Dieser Gebrauch führt, wie wir sehen werden, zu einigen eleganten Techniken, und jede Mehrdeutigkeit wird durch den Kontext unmöglich gemacht, dadurch nämlich, ob hinter dem '$\in$' eine Variable oder ein Abstraktionsterm steht.

Das '=' wird in 2.8 und 2.9 noch als vorläufiger Ausrüstungsgegenstand nicht spezifizierter Herkunft angesehen. Nach unserer neu gewonnenen Haltung versteht sich '=' so, wie es sich aus 2.7 ergibt.

Ähnliches gilt in der Tat für das '=' in 2.1″, wenn wir als Puristen 2.1″ dem 2.1 vorziehen; hier müssen wir allerdings etwas dagegen unternehmen, einen auf der Hand liegenden Zirkelschluß zu vermeiden, denn 2.7 kommt notwendig erst nach 2.1″. Eine Lösung liegt natürlich einfach darin, mit 2.1″ in erweiterter Form zu beginnen:

'$y \in \{x: Fx\}$' steht für '$\exists z[\forall w(w \in z \leftrightarrow w \in y) \wedge \exists x(\forall w(w \in x \leftrightarrow w \in z) \wedge Fx)]$'.

Wenn wir allerdings eher im Sinne von 2.1 denken (was wir tun werden), dann entfällt dieses Detail.

Da nun '$y = z$' als '$\forall x(x \in y \leftrightarrow x \in z)$' anstatt als (1) definiert ist, wird das Extensionaltitäsaxiom, so wie es bisher formuliert wurde, inhaltsleer und muß neu hingeschrieben werden. Was es tatsächlich aussagt, war – wenn man Abkürzungen außer Acht läßt – das folgende

$$\forall x(x \in y \leftrightarrow x \in z) \rightarrow \forall x[(x \in y \leftrightarrow x \in z) \wedge (y \in x \leftrightarrow z \in x)],$$

oder, dazu logisch äquivalent

$$\forall x(x \in y \leftrightarrow x \in z) \rightarrow \forall w(y \in w \leftrightarrow z \in w).$$

Offensichtlich genügt die einfachere Formel

$$[\forall x(x \in y \leftrightarrow x \in z) \wedge y \in w] \rightarrow z \in w$$

als ein Axiom für diesen Zweck, da '$\forall x(x \in y \leftrightarrow x \in z)$ symmetrisch in 'y' und 'z' ist. Hier haben wir nun, Abkürzungen beiseite, das gewünschte *Extensionalitätsaxiom*. 2.7 kürzt es ab auf

4.1 *Axiom.* $(y = z \wedge y \in w) \rightarrow z \in w$.

In diesem Axiom sehen wir einen Fall der Substituierbarkeit der Identität (siehe Kapitel 1). Das Axiom wird benötigt, weil '$\forall x(x \in y \leftrightarrow x \in z)$', ungleich (1), selbst nicht adäquat ist, um das Substituierbarkeitsgesetz mit Hilfe der Logik allein sicherzustellen.

5. Das Virtuelle unter dem Realen

Ursprünglich definierte 2.7 das Zeichen '=' nur zwischen Klassenabstraktionstermen. Da wir nun zulassen, daß 'α' und 'β' ebensogut für freie Variablen wie für Klassenabstraktionsterme stehen können, haben wir, wie oben ausgeführt, erreicht, daß 2.7 das Zeichen '=' auch zwischen Variablen definiert. Tatsächlich haben wir sogar noch mehr erreicht: Wir haben 2.7 veranlaßt, das Zeichen '=' auch zwischen einer Variablen und einem Abstraktionsterm zu definieren. Nach 2.7 und 2.1

5.1 $\alpha = \{x\colon Fx\} \leftrightarrow \forall x(x \in \alpha \leftrightarrow Fx)$,

ganz gleich, ob 'α' eine Variable oder einen Abstraktionsterm darstellt.

Verstehen wir 'Fx' insbesondere als '$x \in \alpha$', so erhalten wir aus 5.1, daß

5.2 $\alpha = \{x\colon x \in \alpha\}$.

Man beachte, daß darunter als Theoreme alle Aussagen der Form

$\{z\colon Fz\} = \{x\colon x \in \{z\colon Fz\}\}$

fallen, und zusätzlich '$y = \{x\colon x \in y\}$'. Das y in dieser letzten Form kann alles sein, sogar ein Individuum; hier ist eine weitere Illustration der Einfachheit, die wir in Kapitel 4 dadurch gewonnen haben, daß wir Individuen als Elemente von sich selbst auffaßten.

In 5.1 wird das Bindeglied geschmiedet zwischen dem primitiven '$\in$' und der nachfolgenden Variablen 'y' auf der einen Seite und dem definierten '$\in$' mit dem nachfolgenden Abstraktionsterm '$\{x\colon Fx\}$' der virtuellen Klassentheorie; wir setzen nun das 'y' und das '$\{x\colon Fx\}$' gleich, um, wenn wir wollen, damit auszusagen, daß $\forall x(x \in y \leftrightarrow Fx)$. Vielleicht ist es irreführend, von unserem Abstraktionsterm '$\{x\colon Fx\}$' weiterhin als von etwas Virtuellem zu sprechen, da wir nun die virtuelle und die reale Theorie derart zusammengefügt haben.

Diese Fusion ist gleichermaßen ein Ergebnis aus *O Sentido* und dem Bernaysschen Verfahren von 1958. Für *Bernays* ist $\{x\colon Fx\}$ unverändert virtuell und unreal, selbst dann, wenn eine Menge mit denselben Elementen existiert (vgl. Kapitel 2). Für mich andererseits *ist* $\{x\colon Fx\}$ diese Menge, falls eine solche existiert. Es wäre demnach vielleicht angebracht, den Abstraktionsterm '$\{x\colon Fx\}$' nicht als virtuell, sondern als *unverbindlich* („noncommittal") anzusehen: Seine Verwendung beinhaltet keine allgemeine Annahme über die Existenz der Klasse (und auch keine Annahme über ihre eventuelle Eigenschaft, eine Menge zu sein, falls sie existiert).

Ob wir nun im Einzelfall sagen können, daß eine Klasse $\{x\colon Fx\}$ existiert, hängt davon ab, als was für eine Aussage wir 'Fx' interpretieren und für welche Axiome über die Existenz von Klassen wir uns unter Umständen entscheiden. Es könnte scheinen, daß man das letzte Thema befriedigend durch ein einziges Axiomenschema erledigen könnte:

$$\exists y \forall x(x \in y \leftrightarrow Fx), \tag{1}$$

welches uns für jede formulierbare Bedingung (schematisch: 'Fx') eine Klasse y garantiert, deren Elemente gerade diejenigen Dinge sind, die diese Bedingung erfüllen. Das ist das *Gesetz der Abstraktion* oder das *Komprehensionsgesetz* in seiner naiven Form.

Dank 5.1 können wir es noch kompakter formulieren:

$\exists y(y = \{x: Fx\})$, d.h. $\exists y(y = \alpha)$.

In jedem Fall ist es unhaltbar; es gibt zahllose Beispiele für das Gegenteil, die einfach auf Grund der Quantorenlogik wahr sein müssen. Das einfachste unter ihnen, in der Einführung als *Russellsche Antinomie* zitiert, lautet wie folgt:

5.3 $\neg \forall x(x \in y \leftrightarrow x \notin x)$.

Beweis: Wenn $\forall x(x \in y \leftrightarrow x \notin x)$, so $y \in y \leftrightarrow y \notin y$.

Ein anderes ist das folgende, wobei '$x \in^2 x$' eine Abkürzung für '$\exists z(x \in z \in x)$ ist:

5.4 $\neg \forall x[x \in y \leftrightarrow \neg(x \in^2 x)]$.

Beweis: Wir nehmen im Gegenteil an, daß

$$\forall x(x \in y \leftrightarrow \neg(x \in^2 x)). \qquad \text{(I)}$$

Da $y \in y \in y \rightarrow y \in^2 y$ und da auch, nach (I), $y \notin y \rightarrow y \in^2 y$, folgt, daß $y \in^2 y$. Also gibt es ein x, so daß $y \in x \in y$. Aber dann ist im Widerspruch zu (I) $x \in^2 x \in y$.

5.3 und 5.4 besagen einfach, daß $\{x: x \notin x\}$ und $\{x: \neg(x \in^2 x)\}$ nicht existieren. Entsprechend können wir die Annahme der Existenz von $\{x: \neg(x \in^3 x)\}$, $\{x: \neg(x \in^4 x)\}$ usw. zum Widerspruch führen.[1])

Von diesen Beispielen her könnte man vielleicht zu der Vermutung gelangen, daß das zyklische Muster '$x \in z_1 \in z_2 \in ... \in x$', eventuell zusammen mit seiner Negation, für die Ausnahmen von (1) typisch ist. Das ist nicht der Fall. Ein Beispiel für das Gegenteil:

$\exists z[\forall w(w \in z \leftrightarrow w \in x) \wedge z \notin z]$.

Seine atomaren Komponenten '$w \in z$, '$w \in x$', '$z \in x$' können nämlich nicht so miteinander verbunden werden, daß sie einen Zyklus bilden; das Ganze läßt sich jedoch nach 2.7 auf '$\exists z(z = x \wedge z \notin x)$' reduzieren, was schließlich auf das '$x \notin x$' von 5.3 hinausläuft.

Ein weiteres Paradoxon in derselben Richtung ist das von *Mirimanoff*; es ergibt sich, wenn man als y in (1) die Klasse aller *fundierten* Klassen nimmt: alle Klassen x, für die es keine unendliche Folge $z_1, z_2, ...$ gibt, derart, daß $... \in z_2 \in z_1 \in x$. Denn wenn y selbst fundiert ist, dann ist $y \in y$, und also $... \in y \in y \in y$ im Widerspruch zur Fundiertheit von y. Wenn y auf der anderen Seite nicht fundiert ist, dann gibt es $z_1, z_2, ...$, derart, daß $... \in z_2 \in z_1 \in y$; dann aber ist z_1 seinerseits auch nicht fundiert, im Widerspruch zu '$z_1 \in y$'.

Können wir vielleicht (1) dadurch auf befriedigende Weise abgrenzen, daß wir die Regel postulieren, jeden Einzelfall von (1), dessen Negation nicht logisch gültig ist, als Axiom aufzustellen? Hier könnte man entgegnen, daß es kein allgemeines Verfahren gibt, die Annahme logischer Gültigkeit zum Widerspruch zu führen, wohingegen es ein Verfahren gibt, die logische Gültigkeit zu beweisen. Eine solche Entgegnung ist unwesentlich. Es gibt aber auch eine Entgegnung, die alles zunichte macht: Die so ausgezeichneten Axiome sind zwar einzeln widerspruchsfrei, als Gesamtheit jedoch widerspruchsvoll.

[1]) *Mathematical Logic*, § 24. Die Zusammenziehungen '$\in^2$', '$\in^3$' usw. scheinen ebenso wie die in Fußnote 2 von Seite 14 erwähnten, nicht die Zeremonie einer numerierten Definition zu verdienen.

Betrachten wir jetzt das *Aussonderungsprinzip*: [1])

$$\exists y \forall x (x \in y \leftrightarrow (x \in z \wedge Gx)), \tag{2}$$

oder kompakter

$$\exists y (y = z \cap \{x\colon Gx\}), \quad \text{d.h.} \quad \exists y (y = z \cap \alpha).$$

Das ist eine Spezialisierung von (1), die gerade die Fälle von (1) umfaßt, bei denen 'Fx' so interpretiert wird, daß '$x \in z$' impliziert wird. Alle derartigen Fälle können simultan und für alle z als wahr angenommen werden, ohne daß ein logischer Widerspruch erzeugt wird. (*Beweis*: Man interpretiere '$x \in y$' trivialerweise als falsch für alle x und y, und (2) wird trivialerweise wahr ohne Bezug auf 'G'.) Darüber hinaus kann der abgesonderte Fall

$$\exists y \forall x (x \in y \leftrightarrow x = x) \tag{3}$$

von (1) einzeln als wahr angenommen werden; er läßt sich nämlich zurückführen auf '$\exists y \forall x (x \in y)$', oder auf '$\exists y (y = \vartheta)$'. Die Kombination von (2) und (3) führt jedoch zu einem Widerspruch. Denn wenn wir für z in (2) das y aus (3) nehmen, also ϑ, dann kann '$x \in z$' aus (2) fortgelassen werden, und zurück bleibt die volle Aussage von (1) selbst.

Die Zermelosche Theorie akzeptiert (2) vollständig und weist somit (3) zurück. Die Theorie in meinen „New Foundations" akzeptiert (3) und muß folglich Abstriche an (2) machen (siehe Kapitel 38 und 40). Noch andere Theorien weisen (3) zurück und machen außerdem noch Abstriche an (2). Wegen dieser Unverträglichkeit von Spezialfällen von (1), die einzeln genommen durchaus vertretbar sind, sind viele untereinander radikal nicht äquivalente Mengenlehren entwickelt worden; es gibt kein ersichtliches Optimum.

Meine Strategie bezüglich der Komprehensionsaxiome – Fällen von (1) – besteht darin, derartige Axiome Stück für Stück und unter Zögern, wenn die Not es gebietet, einzuführen. In Kapitel 7 setze ich alle Klassen mit weniger als drei Elementen voraus. In Kapitel 13 setze ich allgemein endliche Klassen, aber keine weiteren voraus. In späteren Kapiteln werden die Konsequenzen, die sich aus der Annahme weiterer Klassen auf verschiedenen möglichen Wegen ergeben, gegeneinander abgewogen. Im vorliegenden Kapitel setze ich keine Fälle von (1) voraus, also überhaupt keine Komprehensionsaxiome.

Wir wollen diese ontologische Haltung mit der von Abschnitt I vergleichen. In Abschnitt I trat die Frage, ob es tatsächlich Klassen gibt, überhaupt nicht auf. Reden über Klassen war, soweit es in Abschnitt I ging, nur als Redensart erklärt, die definitionsgemäß einer gewissen speziellen Theorie mit eigenen Prädikaten für ihren eigenen speziellen Gegenstand, was immer das sein mochte, aufgeprägt wurde. Im gegenwärtigen Kapitel zögern wir zwar immer noch vor Annahmen über die Existenz von Klassen, doch mit dem Unterschied, daß die Frage danach sehr entschieden auftritt: Wir haben nun '$\in$' als primitives Prädikat, und das ist trivial und witzlos, es sei denn, es gibt Klassen, und zwar zahlreiche. Sogar die vielen Theoreme, die wir, weil sie mit Allquantoren und nicht mit Existenzquantoren beginnen, ohne Existenzaxiome oder -prämissen beweisen

[1]) Von *Cantor* (1899) und *Zermelo* (1908). Siehe Kapitel 37.

können, würden allen potentiellen Inhalt und alles Interesse verlieren, wenn Klassen ausgeschlossen wären. Ganz gewiß wünschen wir also, daß es Klassen gibt, wir können nur noch nicht recht sagen, welche.

Man könnte argumentieren, daß wir auf jeden Fall zumindest eine Klasse zulassen müßten. Wir setzen nämlich die klassische Quantorenlogik voraus, die – wie wohlbekannt ist – voraussetzt, daß mindestens ein Ding existiert (da '$\exists x(Fx \rightarrow Fx)$' u.ä. als gültig angenommen werden), und in unserer Version der Individuen ist jedes Ding eine Klasse, und Individuen sind Klassen von sich selbst.

Die Notwendigkeit, über dieses technische Minimum hinaus Existenzannahmen zu machen, ist kein so ständiger Druck, wie man erwarten könnte, und das dank unserer unverbindlichen Version der Klassenabstraktion, die ich noch weiter ausnutzen werde. Unsere Kontextdefinition 2.1 der Klassenabstraktion gestattet uns nämlich, ohne weiteres vom Elementsein in $\{x: Fx\}$ zu sprechen, und das gelegentlich sogar, ohne die Existenz irgendeiner solchen Klasse wie $\{x: Fx\}$ vorauszusetzen. Bei diesem Vorgehen besteht keine Gefahr, daß wir uns in logische Widersprüche verwickeln, denn das Vorgehen beruht nur auf der Definition 2.1 und auf keiner Annahme; jeder auftretende Widerspruch müßte unabhängig von der definierten Bezeichnungsweise vorhanden sein. Wir können sogar insoweit von der Klasse $\{x: x \notin x\}$ der Russellschen Antinomie sprechen, als wir von einem Ding behaupten, daß es Element dieser Klasse ist, oder nicht, denn nach 2.1

$$y \in \{x: x \notin x\} \leftrightarrow y \notin y.$$

Dürften wir hier '$\{x: x \notin x\}$' durch 'y' ersetzen, so kämen wir zu einem Widerspruch; aber bisher gibt es noch keine Erlaubnis, Klassenabstraktionsterme durch Variablen zu ersetzen, auch ist bisher noch nicht definiert worden, was es heißt, links von '$\in$' einen Klassenabstraktionsterm hinzusetzen.

Diese letzte Lücke werden wir jetzt allerdings schließen. Wie wir dabei vorgehen, ist nach 5.1 evident.

5.5 '$\{x: Fx\} \in \beta$' steht für '$\exists y(y = \{x: Fx\} \wedge y \in \beta)$'.

Behaupten wir, daß etwas Element in $\{x: Fx\}$ ist, so nehmen wir damit nicht an, daß $\{x: Fx\}$ existiert. Behaupten wir aber, daß $\{x: Fx\}$ Element von etwas ist, so impliziert das *per definitionem* nach 5.5, daß $\{x: Fx\}$ existiert: daß $\exists y(y = \{x: Fx\})$.

2.1 und 5.5 sind für das Vorkommen von Klassenabstraktionstermen an all den Stellen zuständig, an denen freie Variablen auftreten können. Denn sie sind zuständig für Abstraktionsterme auf beiden Seiten von '$\in$', und '$\in$' ist unser einziges primitives Prädikat. Hiernach können unsere Schemata also genausogut '$F\alpha$' und '$F\{x: Gx\}$' wie 'Fy' zulassen. 'Fy' steht für eine beliebige Aussage, die, abgesehen von Definitionen, aus '$\in$', aus Variablen, Quantoren und aussagenlogischen Verknüpfungen aufgebaut ist; '$F\alpha$' und '$F\{x: Gx\}$' steht für dasselbe mit 'α' oder '$\{x: Gx\}$' an Stelle von 'y'.

Aber wir dürfen jetzt nicht zu der Folgerung gelangen, wir könnten als Schlußregel ohne weiteres Abstraktionsterme für Variablen einsetzen. Eine solche Einsetzung ändert den Status von '$\in$', und zwar wechselt er von dem Status eines primitiven Prädikats wie in '$y \in z$' zu dem Status eines durch Kontext definierten Zeichens wie in '$y \in \{x\colon Fx\}$' oder in '$\{x\colon Fx\} \in \beta$'; und diese beiden Arten von '$\in$' sind in erster Linie nur höchst zufällig gleichlautend. Unsere tendenziöse Bezeichnungswahl hat es gewiß darauf abgesehen, gelegentliche Schlüsse durch Einsetzen von Abstraktionstermen für Variable – zumindest in gewissen Grenzen – zu gestatten; aber jede Regel mit dieser Wirkungsweise bedarf der Rechtfertigung im Licht der Definitionen und vorangegangenen Voraussetzungen. Das ist der Gegenstand des nächsten Kapitels.

6. Identität und Einsetzung

Das Gesetz '$(x = y \wedge Fx) \rightarrow Fy$' der Substituierbarkeit der Identität läßt sich in dem vorliegenden System wie folgt aufrechterhalten. Nach 4.1, $(x = y \wedge x \in z) \rightarrow y \in z$ und $(y = x \wedge y \in z) \rightarrow x \in z$. Nach 2.7 aber $x = y \leftrightarrow y = x$. So

$$x = y \rightarrow (x \in z \leftrightarrow y \in z).$$

Also wegen 2.7

$$x = y \leftrightarrow \forall z((z \in x \leftrightarrow z \in y) \wedge (x \in z \leftrightarrow y \in z)).$$

Aus diesem schließen wir nach demselben Argument, das im Zusammenhang mit (1) in Kapitel 1 auftrat, $(x = y \wedge Fx) \rightarrow Fy$.

Ferner wegen 2.7 $y = y$. Aus diesen beiden Ergebnissen folgen, wie in Kapitel 1 erwähnt, alle Identitätsgesetze. Insbesondere können wir jetzt hinschreiben:

6.1 $Fy \leftrightarrow \exists x(x = y \wedge Fx)$,

denn die Ableitung dieser Formel aus '$(x = y \wedge Fx) \rightarrow Fy$' und '$y = y$' findet sich explizit in Kapitel 1. Als Korollar dazu haben wir weiter die duale Formel

6.2 $Fy \leftrightarrow \forall x(x = y \rightarrow Fx)$.

Einsetzen in 6.1 ergibt nämlich

$$\neg Fy \leftrightarrow \exists x(x = y \wedge \neg Fx)$$
$$\leftrightarrow \neg \forall x(x = y \rightarrow Fx).$$

Wenn ich sage, daß alle Identitätsgesetze herauskommen, dann setze ich voraus, daß in ihnen wie in 6.1 und 6.2 echte Variablen auftreten und keine griechischen Buchstaben oder Abstraktionsterme. Mit letzteren erleiden wir nämlich auf der Stelle Schiffbruch. Beispielsweise ist '$\exists y(y = z)$' ein gültiges Identitätsgesetz, das aus '$z = z$' folgt; '$\exists y(y = \alpha)$' geht jedoch schief, denn nach 5.3 $y \neq \alpha$ für alle y, falls α gleich $\{x\colon x \notin x\}$ ist. Wegen dieses Umstands kann sogar 6.1 und 6.2 mit 'α' für 'y' mißglücken; denn wenn $\neg \exists x(x = \alpha)$, so definitionsgemäß $\neg \exists x(x = \alpha \wedge Fx)$ und $\forall x(x = \alpha \wedge Fx)$, während sicher nicht gleichzeitig $\neg F\alpha$ und $F\alpha$.

Mit 'α' an Stelle von 'y' erhalten wir aber den folgenden Spezialfall von 6.1, der gültig ist:

6.3 $\alpha \in \beta \leftrightarrow \exists x(x = \alpha \wedge x \in \beta)$.

Beweis nach 5.5 oder 6.1, je nachdem ob 'α' einen Abstraktionsterm oder eine Variable darstellt.

Daß '$\exists y(y = \alpha)$' und 6.1 und 6.2 – letztere mit 'α' an Stelle von 'y' – zu einem Mißerfolg führen, veranschaulicht uns, daß die Einsetzung von Abstraktionstermen (oder griechischen Buchstaben) an die Stelle von Variablen keine generell zu rechtfertigende Schlußweise ist. Viele Gesetze der Identität behalten, anders als 6.1 und 6.2, ihre Gültigkeit bei einer solchen Einsetzung; aber um dies zu zeigen, bedarf es mehr als nur der Einsetzung. So können wir beispielsweise nicht geradewegs aus '$x = x$' und '$x = y \leftrightarrow y = x$' schließen, daß

6.4 $\alpha = \alpha$,

6.5 $\alpha = \beta \leftrightarrow \beta = \alpha$.

Wir *sind jedoch in der Lage*, diese beiden Formeln schnell zu beweisen, und zwar indem wir beachten, daß sie gemäß 2.7 nur Abkürzungen von

$$\forall x(x \in \alpha \leftrightarrow x \in \alpha),$$
$$\forall x(x \in \alpha \leftrightarrow x \in \beta) \leftrightarrow \forall x(x \in \beta \leftrightarrow x \in \alpha)$$

sind, welche ausschließlich auf Grund der Quantorenlogik und der aussagenlogischen Verknüpfungen wahr sind. Wir könnten '$(\alpha = \beta \wedge \beta = \gamma) \rightarrow \alpha = \gamma$' in ähnlicher Weise beweisen, das ist aber auch weiter unten in 6.7 enthalten.

Das Gesetz der Substituierbarkeit der Identität gilt wieder auch dann, wenn an der Stelle einer oder beider Variablen Abstraktionsterme auftreten, also:

6.6 $(\alpha = \beta \wedge F\alpha) \rightarrow F\beta$,

aber wir müssen dies aufs neue beweisen, und zwar wie folgt. Zuerst betrachten wir den Fall, daß '$F\alpha$' und '$F\beta$' Aussagen darstellen, die sich nur in einer Stelle voneinander unterscheiden. Der unmittelbare Kontext dieses einen Vorkommens von 'α' muß entweder '$\gamma \in \alpha$' (Unterfall 1) oder '$\alpha \in \gamma$' (Unterfall 2) lauten; wir dürfen nämlich annehmen, daß alle eventuell in der Aussage vorkommenden Definitionen durch ihr ausführliches Gegenstück ersetzt werden.

Unterfall 1: '$G\alpha$' stelle diejenige Aussage dar, die aus '$F\alpha$' dadurch entsteht, daß wir '$\exists x(x = \gamma \wedge x \in \alpha)$' an die Stelle des Vorkommens von '$\gamma \in \alpha$' setzen. Dann $F\alpha \leftrightarrow G\alpha$ auf Grund von 6.3 und der Substituierbarkeit der Bisubjunktion.

Unterfall 2: '$G\alpha$' stelle diejenige Aussage dar, die aus '$F\alpha$' dadurch entsteht, daß wir

$$\exists z(\forall x(x \in z \leftrightarrow x \in \alpha) \wedge z \in \gamma)$$

an die Stelle des Vorkommens von '$\alpha \in \gamma$' setzen. Dann $F\alpha \leftrightarrow G\alpha$ auf Grund von 2.7, 6.3 und der Substituierbarkeit der Bisubjunktion.

In beiden Fallen: $F\alpha \leftrightarrow G\alpha$. Ähnlich $F\beta \leftrightarrow G\beta$. Die von '$G\alpha$' und '$G\beta$' dargestellten Aussagen sind jedoch gleich, außer daß in der einen '$x \in \alpha$' dort vorkommt, wo in der anderen '$x \in \beta$' auftritt; also wegen der Substituierbarkeit der Bisubjunktion

$$(\forall x(x \in \alpha \leftrightarrow x \in \beta) \wedge G\alpha) \rightarrow G\beta.$$

Das bedeutet wegen 2.7 $(\alpha = \beta \wedge G\alpha) \rightarrow G\beta$. Also $(\alpha = \beta \wedge F\alpha) \rightarrow F\beta$.

Damit ist 6.6 für den Fall bewiesen, daß die von '$F\alpha$' und '$F\beta$' dargestellten Aussagen sich nur an einer Stelle unterscheiden. Der Übergang zu n Stellen geht dann wie in dem Beweis von (1) in Kapitel 1 vor sich.

Eine noch nützlichere Variante von 6.6 ist die folgende:

6.7 $\alpha = \beta \to (F\alpha \leftrightarrow F\beta)$,

sie folgt aus 6.6 auf Grund von 6.5.

In 6.4 und 6.6 sahen wir, daß '$x = x$' und '$(x = y \wedge Fx) \to Fy$' auch dann noch gelten, wenn wir griechische Buchstaben an die Stelle der freien Variablen setzen. Alle Gesetze der Identität folgen jedoch kraft der Quantorenlogik aus '$x = x$' und '$(x = y \wedge Fx) \to Fy$' (vgl. Kapitel 1). Andererseits wurden einige Gesetze der Theorie der Identität offensichtlich ungültig, als griechische Buchstaben an die Stelle von Variablen eingesetzt wurden. Wie ist so etwas möglich? Die Antwort besteht darin, daß die deduktiven Schritte der Quantorenlogik sich nicht auf den Fall griechischer Buchstaben übertragen lassen. Daß sich griechische Buchstaben gewöhnlich nicht als Einsetzungen für quantifizierbare Variablen rechtfertigen lassen, ist schließlich im wesentlichen der Inhalt dessen, was wir besprochen haben. Der Beweis von 6.1 z.B. benutzte die Quantorentheorie wie folgt:

$(y = y \wedge Fy) \to \exists x(x = y \wedge Fx)$.

Mit 'α' an Stelle von 'y' ließe sich dieser Schritt nicht rechtfertigen.

Allgemein ist es das Schema '$\forall x\, Fx \to F\alpha$' der Einsetzung von Klassenabstraktionstermen für Variable, das zusammen mit seinem dualen '$F\alpha \to \exists x\, Fx$' nicht gültig ist. Diese sind im allgemeinen nur unter einer tragenden Komprehensionsprämisse zu rechtfertigen, die besagt, daß α existiert, $\exists x(x = \alpha)$. Natürlich werden wir viel Verwendung für derartige Prämissen haben.

'$\alpha \in \vartheta$' ist eine bequemere Bezeichnungsweise für solche Prämissen als '$\exists x(x = \alpha)$'. Denn wir haben nach 6.4, daß $x = x$, und somit auf Grund der Definitionen 2.1 und 2.9, daß

6.8 $x \in \vartheta$,

woraus wir wegen

$\alpha \in \vartheta \leftrightarrow \exists x(x = \alpha \wedge x \in \vartheta)$

nach 6.3 schließen können, daß

6.9 $\alpha \in \vartheta \leftrightarrow \exists x(x = \alpha)$.

Dieses liefert uns mit 5.1 drei verschiedene Möglichkeiten auszudrücken, daß $\{x: Fx\}$ existiert:

$\{x: Fx\} \in \vartheta, \quad \exists y(y = \{x: Fx\}), \quad \exists y \forall x(x \in y \leftrightarrow Fx)$.

Insbesondere können wir jetzt 5.3 und 5.4 wie folgt umschreiben:

6.10 $\{x: x \notin x\}, \quad \{x: \neg(x \in^2 x)\} \notin \vartheta$. [1])

Das in geeigneter Weise abgegrenzte Schema der Substitution von Klassenabstraktionstermen für Variable läßt sich nun zusammen mit seinem dualen leicht beweisen.

6.11 $(\alpha \in \vartheta \wedge \forall x\, Fx) \to F\alpha, \quad (\alpha \in \vartheta \wedge F\alpha) \to \exists x\, Fx$.

---

[1]) Zu '$\alpha, \beta, \in \gamma$' siehe Fußnote Seite 14.

Beweis: Nach Voraussetzung und nach 6.9 gibt es ein y, so daß $y = \alpha$. Nach 6.7 dann $Fy \leftrightarrow F\alpha$. Somit $\forall x\, Fx \rightarrow F\alpha$ und $F\alpha \rightarrow \exists x\, Fx$.

Daß '$\alpha \in \beta$' die Existenz von α impliziert, wurde bereits angemerkt und wird oft gebraucht.

6.12 $\alpha \in \beta \rightarrow \alpha \in \vartheta$.

Beweis: Nach 6.3, 6.9.

Etwas vollständiger haben wir

6.13 $\alpha \in \{x: Fx\} \leftrightarrow \alpha \in \vartheta \wedge F\alpha$.

Beweis: Nach 2.1 $\forall y(y \in \{x: Fx\} \leftrightarrow Fy)$. Also nach 6.11 $\alpha \in \{x: Fx\} \leftrightarrow F\alpha$. Ebenfalls, und zwar nach 6.12

$\alpha \in \{x: Fx\} \rightarrow \alpha \in \vartheta$.

6.13 folgt dann nach aussagenlogischen Schlüssen.

Setzen wir 'y' für 'α' in 6.13 ein, so entfällt nach 6.8 die Existenzklausel. Übrig bleibt dann gerade 2.1.

Wir können hier das Duale von 6.8 anfügen. Es erlaubt jedoch einen schematischen Buchstaben.

6.14 $\alpha \notin \Lambda$.

Beweis: Nach 6.13 und 2.8 $\alpha \in \Lambda \leftrightarrow (\alpha \in \vartheta \wedge \alpha \neq \alpha)$. Also nach 6.4 $\alpha \notin \Lambda$.

6.8 und 6.14 können beide verschärft werden, also:

6.15 $\forall x(x \in \alpha) \leftrightarrow \alpha = \vartheta, \quad \forall x(x \notin \alpha) \leftrightarrow \alpha = \Lambda$.

Beweis: Nach 6.8 und 6.14 gilt jeweils

$\forall x(x \in \alpha) \leftrightarrow \forall x(x \in \alpha \leftrightarrow x \in \vartheta)$,

$\forall x(x \notin \alpha) \leftrightarrow \forall x(x \in \alpha \leftrightarrow x \in \Lambda)$,

q.e.d. (vgl. 2.7).

Oder, wenn man als α in 6.15 $\{x: Fx\}$ oder $\{x: \neg Fx\}$ nimmt und 2.1 beachtet,

6.16 $\forall x\, Fx \leftrightarrow \{x: Fx\} = \vartheta \leftrightarrow \{x: \neg Fx\} = \Lambda$.

Wir müssen noch einmal unsere Warnung von Kapitel 2, nicht Existenz mit der Eigenschaft, eine Menge zu sein, und virtuelle Klassen mit äußersten Klassen zu verwechseln, wiederholen und noch bestärken, nachdem sich nun '$\alpha \in \vartheta$' als unsere Art, die Existenz von α auszudrücken, herausgestellt hat. Existenz von α bedeutet, Element von ϑ zu sein, und die Eigenschaft von α, eine Menge zu sein, bedeutet, daß α Element von etwas ist; der springende Punkt ist, daß man nicht weiß, ob ϑ ein Etwas ist. Postulieren wir die Existenz von ϑ, d.h. daß $\vartheta \in \vartheta$, dann werden in der Tat alle Dinge Mengen; Existenz bedeutet dann die Eigenschaft, Menge zu sein. Wenn es überhaupt äußerste Klassen gibt, dann ist ϑ nicht real; $\vartheta \notin \vartheta$.

Wenn es äußerste Klassen gibt, d.h. wenn nicht alle Klassen Mengen sind, dann ist es nützlich, generell zwischen der Klasse $\{u: Fu\}$ aller Klassen u mit Fu (also aller beliebigen Objekte u mit Fu) und der Klasse $\hat{u}Fu$, die nur alle Mengen u mit Fu enthält, zu unterscheiden.[1]) Letzteres läßt sich mit Hilfe der ersteren wie folgt definieren:

'$\hat{u}Fu$' steht für '$\{u: \exists z(u \in z) \wedge Fu\}$'.

Sind $\hat{u}Fu$ und $\{u: Fu\}$ verschieden, so gibt es eine äußerste Klasse x mit Fx. Dann haben wir $x \notin \hat{u}Fu$, aber doch $x \in \{u: Fu\}$, und somit $\{u: Fu\} \notin \mathcal{V}$ (da $\forall x \notin y$)), obwohl möglicherweise $\hat{u}Fu \in \mathcal{V}$. (In der Tat empfiehlt sich '$\hat{u}Fu \in \mathcal{V}$' kategorisch als Axiomenschema, und zwar für solche Theorien, die äußerste Klassen zulassen.[2])

Nachdem nun diese Unterscheidung zwischen $\{u: Fu\}$ und $\hat{u}Fu$ aufgetaucht ist, muß man aufpassen, nicht $\{x\}$, $\mathcal{V}$, usw. in unserem Sinne von $\{u: u = x\}$, $\{u: u = u\}$, usw. mit, sagen wir, ιx, V, usw. im Sinne von $\hat{u}(u = x)$, $\hat{u}(u = u)$, usw. zu verwechseln. Wenn x eine äußerste Klasse ist, dann

$$x \in \{u: u = x\} \notin \mathcal{V}, \qquad x \notin \hat{u}(u = x) = \Lambda.$$

Ferner gehört alles zu $\mathcal{V}$ in unserem Sinne von $\{u: u = u\}$, während ausschließlich Mengen zu V im Sinne von $\hat{u}(u = u)$ gehören;

$$\forall x(x \in \{u: u = u\}), \qquad \forall x(x \in \hat{u}(u = u) \leftrightarrow \exists z(x \in z)).$$

In meiner *Mathematical Logic* war kein Gedanke an unverbindliche Abstraktion, daher ist das V jenes Buches $\hat{u}(u = u)$ und nicht $\{u: u = u\}$; folglich ist '$x \in V$' in jenem Buch die angemessene Art und Weise, die Eigenschaft von x, Menge zu sein, auszudrücken. Bei uns dagegen gilt '$x \in \mathcal{V}$' für alle x, und '$\alpha \in \mathcal{V}$' ist für uns die angemessene Art und Weise, die Existenz von α auszudrücken, wobei wir die Mengeneigenschaft ganz unberührt lassen. Leser, die mit *Mathematical Logic* vertraut sind, sollten ganz besonders auf diesen Gegensatz achten. Ich habe ihn typographisch kenntlich gemacht, indem ich das lateinische 'V' wie in jenem Buch für die solidere Klasse verwende und den Scriptbuchstaben '$\mathcal{V}$' für die weniger wahrscheinlich existente Klasse, zu der absolut alles gehört.

---

[1]) Die Verschiedenheit der Bezeichnungen '$\hat{u}Fu$' und '$\{u: Fu\}$' sollte ursprünglich nicht diesen Unterschied widerspiegeln. Die eine Bezeichnung geht auf *Whitehead* und *Russell* zurück, die andere ist jüngeren Datums und erfreut sich steigender Beliebtheit. Zufällig benutzte ich das alte '$\hat{u}Fu$' in *Mathematical Logic*, und ich gab ihm die Bedeutung 'die Klasse aller Mengen mit Fu' nur, weil verbindliche Abstraktion diesen Sinn haben soll, und unverbindliche Abstraktion kam mir nicht in den Sinn. Zufällig zog *Bernays* (1958) lieber die Bezeichnung '$\{u: Fu\}$' vor und beschränkte aus anderen Gründen ihre Verwendung als Abstraktion auf virtuelle Klassen. Nun erweist es sich als recht, diesen zufälligen Unterschied in der Bezeichnungsweise auszunutzen, um die zufällig unterschiedliche Nebenbedeutung zum Ausdruck zu bringen. Da diese neue Unterscheidung (wie die zwischen Menge und Klasse) in Systemen ohne äußerste Klassen leer ist, kommt sie möglicherweise mit keiner Literatur in Konflikt, in der entweder '$\hat{u}Fu$' oder '$\{u: Fu\}$' aufgetaucht sind.

[2]) *Von Neumann* nahm es nicht kategorisch an, ich aber in *Mathematical Logic*. Daß ich dies sage, wird Lesern, die dieses Buch kennen, merkwürdig vorkommen, das aber nur wegen der abweichenden Verwendung von 'V', die in den nächsten Sätzen erläutert wird.

In den vielen Systemen ohne äußerste Klassen entfällt natürlich diese Unterscheidung; dort sind alle Klassen Mengen, ûFu ist gleich {u: Fu} und insbesondere ist V gleich $\mathcal{V}$ (ob es nun existiert oder nicht). Zu derartigen Systemen gehören die von *Russell, Zermelo, Bernays* (1958), meiner „New Foundations", *Rosser*. Im vorliegenden Buch soll uns dieser Unterschied zwischen Mengen und Klassen vor den beiden letzten Kapiteln nicht bekümmern, es sei denn in vorsichtshalber eingefügten Abschnitten wie diesem. Wenn es dazu kommt, daß wir uns darum kümmern müssen, brauchen wir uns nicht auf den typographischen Unterschied zwischen 'V' und '$\mathcal{V}$' zu stützen; denn in Kapitel 8 wird '$\bigcup\mathcal{V}$' als angemessene Bezeichnung für 'V' auftauchen.

III. Klassen von Klassen

7. Einerklassen

Jedes Ding ist für uns eine Klasse, da wir durch das Reglement von Kapitel 4, Individuen zu ihren eigenen Elementen zu erklären, auch das, was so aussieht, als könnte es etwas anderes sein, auf diesen Nenner gebracht haben. Hieraus folgt, daß jede Klasse eine Klasse von Klassen ist, und somit, daß jedes Ding eine Klasse von Klassen ist.

Ein großer Vorteil aus der Tatsache, daß jedes Ding eine Klasse ist, ist der folgende: Überall, wo eine freie Variable einen Sinn ergibt, ist auch ein Klassenabstraktionsterm sinnvoll. Intuitiver Sinn ist hier gemeint; formal resultiert der Sinn aus 2.1 und 5.5 und daraus, daß wir fortan in den Definitionen griechische Buchstaben anstatt Variablen in den freien Stellen verwenden.

Griechische Buchstaben an Stellen, die für Variablen bestimmt sind, waren aus den beiden folgenden Gründen eine Unmöglichkeit für Kapitel 2: Griechische Buchstaben standen dort nur für Abstraktionsterme und nicht auch für Variablen, bis dann in Kapitel 4 die rückwirkende gegenteilige Konvention auftauchte; ferner hatten Abstraktionsterme nur zu solchen Stellungen Zutritt, die Variablen verwehrt wurden, nämlich zu den Stellungen nach '$\in$' (und zu Abkürzungen davon). Im Grunde genommen besagte die ursprüngliche Situation in Kapitel 2 also, daß Klassen nur virtuell und nur ihre Elemente real seien; Klassen von Klassen traten noch nicht einmal mit einem virtuellen Status auf.

Insbesondere konnten wir in Kapitel 2 zwar '$\{x\}$' und '$\{x, y\}$', aber nicht '$\{\alpha\}$' oder '$\{\alpha,\beta\}$' definieren. Deshalb weigerte ich mich, die Definitionen von '$\{x\}$' und '$\{x, y\}$' in Kapitel 2 durchzunumerieren. Zu jenem Zeitpunkt standen '$z = x$' und '$\gamma = \alpha$' zur Verfügung, '$z = \alpha$' jedoch nicht; so konnten wir nicht '$\{\alpha\}$' als '$\{z\colon z = \alpha\}$' definieren, und wir mußten uns damit zufrieden geben, '$\{x\}$' als '$\{z\colon z = x\}$' zu definieren. Das entsprechende gilt für '$\{x, y\}$' im Gegensatz zu '$\{\alpha,\beta\}$'. In Kapitel 4 machte es schließlich die revidierte Konvention bzgl. griechischer Buchstaben möglich, daß 2.7 auch (wie in 5.1) '$z = \alpha$' einen Sinn gibt. So wollen wir nun '$\{\alpha\}$' und '$\{\alpha,\beta\}$' definieren.

7.1. '$\{\alpha\}$' steht für '$\{z\colon z = \alpha\}$', '$\{\alpha,\beta\}$' steht für '$\{\alpha\} \cup \{\beta\}$'.

Daß wir nun den griechischen Buchstaben in '$\{\alpha\}$' hineinbekommen, macht noch nicht die Tatsache aus, daß es nun sinnvoll wird, von Einerklassen von Klassen zu reden. Da wir '$\in$' in Kapitel 4 als primitives Prädikat anerkannt und somit Klassen als real angesehen haben, verstehen wir 'x' so, daß es Klassen als Werte zuläßt, und zwar beliebige Klassen (solche, die existieren, natürlich); somit kann schon '$\{x\}$' die Einerklasse irgendeiner Klasse sein. '$\{\alpha\}$' liefert nur ein wenig mehr als die formale Erlaubnis, daß man auf die Klasse x in dieser Stelle auch mit einem Abstraktionsterm an Stelle einer Variablen Bezug nehmen kann. Das 'ein wenig mehr' besteht darin, daß wir in der Definition von '$\{\alpha\}$' auch dem Fall '$\{\{x: Fx\}\}$', wenn es keine Klasse $\{x: Fx\}$ gibt, einen Sinn geben. Der Gewinn ist klein, $\{\{x: Fx\}\}$ ist in diesem Fall einfach Λ. In der Tat

7.2 $\alpha \notin \vartheta \leftrightarrow \{\alpha\} = \Lambda$

Beweis: Nach 6.9 $\alpha \notin \vartheta \leftrightarrow \forall x(x \neq \alpha)$,
(nach 2.1, 7.1) $\leftrightarrow \forall x(x \notin \{\alpha\})$,
(nach 6.15) $\leftrightarrow \{\alpha\} = \Lambda$.

In weiteren Schemata von Theoremen im Gegensatz zu Definitionen ist es daher gewöhnlich witzlos, 'α' in '$\{\alpha\}$' zu verwenden; 'x' erfüllt diese Aufgabe angemessen. 'α' läßt sich nämlich wegen 6.11 immer ohne weiteres für 'x' einsetzen, sofern $\alpha \in \vartheta$, und in anderen Fällen ist das Interesse an $\{\alpha\}$ wegen 7.2 gering.

Ähnlich ist es in weiteren Schemata von Theoremen im Gegensatz zu Definitionen gewöhnlich witzlos, 'α' vor '$\in$' zu benutzen; auch hier kommen wir mit 'x' aus. Denn 'α' läßt sich, sofern $\alpha \in \vartheta$, für 'x' einsetzen, und in den anderen Fällen werden Ausdrücke mit 'α' vor '$\in$' einfach falsch wegen 6.12. Kurz, wegen 6.12 und 6.11

7.3 $(\alpha \in \beta \wedge \forall x\, Fx) \rightarrow F\alpha$.

Um zu Einerklassen zurückzukommen: Wir geben hier einige Theoreme und Schemata von Theoremen an, bei deren Formulierung, wie vorgeschlagen, in den geschweiften Klammern gewöhnliche Variablen auftreten.

7.4 $\{x\} \subseteq \alpha \leftrightarrow x \in \alpha$.

Beweis: Per definitionem $\{x\} \subseteq \alpha \leftrightarrow \forall y(y = x \rightarrow y \in \alpha)$
(nach 6.2) $\leftrightarrow x \in \alpha$.

7.5 $\{x, y\} \subseteq \alpha \leftrightarrow x, y \in \alpha$.

Beweis: $\{x\} \cup \{y\} \subseteq \alpha \leftrightarrow (\{x\} \subseteq \alpha \wedge \{y\} \subseteq \alpha)$
(nach 7.4) $\leftrightarrow x, y \in \alpha$.

7.6 $x \in \{x\}$, $\quad x, y \in \{x, y\}$.

Beweis nach 7.4, 7.5.

7.7 $\{x\} = \{y\} \leftrightarrow x = y$.

Beweis: Nach 7.4 und der Definition $\{x\} \subseteq \{y\} \leftrightarrow x = y$. Also definitionsgemäß

$$\{x\} = \{y\} \leftrightarrow (\{x\} \subseteq \{y\} \subseteq \{x\})$$
$$\leftrightarrow x = y = x.$$

7.8 $\{x, y\} = \{z\} \leftrightarrow x = y = z$.

Beweis: Per definitionem $\{x, x\} = \{x\}$. Also nach 6.7

$$x = y = z \rightarrow \{x, y\} = \{z\}.$$

Umgekehrt, *per definitiomen* $\{x, y\} = \{z\} \rightarrow \{x, y\} \subseteq \{z\}$

(nach 7.5) $\rightarrow x, y \in \{z\}$

(*per def.*) $\rightarrow x = y = z$.

7.9 $\{x, y\} = \{x, w\} \leftrightarrow y = w$.

Beweis: Wenn $\{x, y\} = \{x, w\}$, so nach Definition $\{x, y\} \subseteq \{x, w\}$, und somit nach 7.5 $y \in \{x, w\}$. Das bedeutet aber *per definitionem* $y = x \vee y = w$. Entsprechend $\{x, w\} \subseteq \{x, y\}$, und somit $w = x \vee w = y$. Kombination liefert $y = x = w \vee y = w$, also $y = w$. Wenn umgekehrt $y = w$, so $\{x, y\} = \{x, w\}$ nach 6.7 und 6.4.

Ich werde nicht alle die elementaren Theoreme oder Schemata von Theoremen aufführen, die in den nachfolgenden Schlüssen auftreten werden. Dazu gehören '$x \in \overline{\alpha} \leftrightarrow x \notin \alpha$' oder '$x \in \{\alpha\} \leftrightarrow x = \alpha$', die wegen 2.1 und anderen Definitionen einfach Fälle von '$p \leftrightarrow p$' sind; wir nehmen sie nicht in eine numerierte Liste auf, sondern verwenden sie einfach, wenn nötig. Entsprechendes gilt für Gesetze der Booleschen Algebra – '$\alpha \subseteq \alpha$', '$\alpha \cap \beta = \beta \cap \alpha$. u.ä.; sie lassen sich im wesentlichen auf aussagenlogische Betrachtungen zurückführen, wenn man die Definitionen hinzuzieht. Ein solches Boolesches Gesetz, nämlich

$$\beta \cup \gamma \subseteq \alpha \leftrightarrow (\beta \subseteq \alpha \wedge \gamma \subseteq \alpha),$$

wurde gerade eben in dem Beweis von 7.5 als gültig angenommen; ein anderes, '$\alpha \cup \alpha = \alpha$', im ersten Schritt des Beweises von 7.8.

Bis hierher sind wir gekommen, ohne spezielle Klassen vorauszusetzen; tatsächlich haben wir noch nicht einmal angenommen, daß überhaupt welche existieren, abgesehen von einer (vgl. Kapitel 5). Diesen guten Eindruck werde ich nun zerstören und für den Anfang einige bescheidene Klassen postulieren, nämlich alle Klassen mit weniger als drei Elementen.

7.10 *Axiom.* $\Lambda, \{x, y\} \in \mathfrak{V}$.

Das ist also das Axiom der *Paarmengen* und der Nullklasse. Es fordert, daß Λ existiert und daß $\{x, y\}$ für beliebige Objekte x und y aus unserem Universum existiert, ferner daß $\{x\}$ existiert (denn $\{x, x\}$ ist gleich $\{x\}$).

Dieses Axiom bewahrt uns bei all seiner Bescheidenheit vor äußersten Klassen. Eine äußerste Klasse ist nämlich eine Klasse x, derart daß $\forall y (x \notin y)$; wir haben dagegen nun nach 7.6 und 7.10, daß $x \in \{x\} \in \mathfrak{V}$, und somit nach 6.11, daß

7.11 $\exists y (x \in y)$.

Das bedeutet, daß es ausschließlich Mengen gibt.

Ich möchte den Grundgedanken, der hinter dieser Entscheidung liegt, skizzieren. Nur wegen der Russellschen Antinomie und ähnlicher Paradoxien halten wir uns nicht an das naive und in keiner Weise eingeschränkte Komprehensionsschema, kurz an '$\alpha \in \mathfrak{V}$'.

Wenn wir auch wegen der Paradoxien zurückstecken müssen, so tun wir doch gut daran, nicht mehr wegzunehmen, als im Hinblick auf die Paradoxien gerechtfertigt erscheint. So verstümmele ich also nicht die Aussagenlogik (indem ich z.B. das Gesetz vom ausgeschlossenen Dritten zurückweise), auch nicht die Quantorenlogik, sondern nur die Mengenlehre, die Gesetze des '$\in$'. In der Mengenlehre gibt es aber wiederum die auf der Hand liegende Unterscheidung zwischen endlichen und unendlichen Klassen; die gefährlichen Klassen sind die unendlichen, nur unendliche Klassen geben Anlaß zu Paradoxien. Unser Maximum minimisierter Verstümmelung begünstigt nun die Zulassung *aller* endlichen Klassen, welche Elemente auch immer wir erlauben; und das werde ich in dem Axiomenschema 13.1 tun. Unterdessen ist 7.10 ein kleiner Schritt in dieser Richtung.

Die obige Argumentation ist in einem kritischen Punkte unscharf, und es soll nichts damit bewiesen werden. Aber vielleicht verhilft es dazu, den von mir eingeschlagenen Kurs in einer gewissen Weise für vernünftig zu halten.

Äußerste Klassen können zugegebenermaßen willkommen sein, wie wir in den abschließenden Kapiteln sehen werden. Dort werde ich die Alternative behandeln und äußerste Klassen zulassen, 7.10 und 13.1 dagegen widerrufen. Ich werde dort auch mit einem Kompromiß spekulieren, bei dem man einerseits 7.10 und 13.1 und somit alle endlichen Klassen beibehalten könnte und der so etwas wie äußerste Klassen liefert: Klassen, die nur in Klassen, die kleiner sind als sie selbst, Element sein können.

Im Augenblick aber und während des ganzen Buches, mit Ausschluß der beiden letzten Kapitel, ist jedes Ding eine Menge. Der Unterschied zwischen $\hat{u}Fu$ und $\{u\colon Fu\}$, auf den am Ende von Kapitel 6 hingewiesen wurde, entfällt dann, ferner der dort angegebene Unterschied zwischen V und $\mathcal{V}$, ιx und $\{x\}$.

Jetzt wollen wir zu unserem Axiom zurückkehren und zwei bescheidene Komprehensionsschemata herleiten, die sich als geeignet erweisen werden.

7.12 $\{\alpha\} \in \mathcal{V}$.

Beweis: $\{x\} = \{x\} \cup \{x\} = \{x, x\}$ nach Definition. Also nach 7.10 $\forall x(\{x\} \in \mathcal{V})$.
Also nach 6.11 $\alpha \in \mathcal{V} \rightarrow \{\alpha\} \in \mathcal{V}$. Nach 7.2 gilt aber auch

$$\alpha \notin \mathcal{V} \rightarrow \{\alpha\} = \Lambda$$

(nach 7.10, 6.7) $\rightarrow \{\alpha\} \in \mathcal{V}$.

7.13 $\{\alpha, \beta\} \in \mathcal{V}$.

Beweis:

Fall 1: $\alpha, \beta \in \mathcal{V}$. Aber nach 7.10

$$\forall x \forall y(\{x, y\} \in \mathcal{V}).$$

Also nach 6.11

$$\forall y(\{\alpha, y\} \in \mathcal{V}).$$

Nochmals nach 6.11:

$$\{\alpha, \beta\} \in \mathcal{V}.$$

Fall 2: $\beta \notin \mathcal{V}$. Dann nach 7.2 $\{\beta\} = \Lambda$.

Dann nach Definition

$$\{\alpha, \beta\} = \{\alpha\} \cup \Lambda = \{\alpha\},$$

und somit nach 7.12 und 6.7

$$\{\alpha, \beta\} \in \vartheta.$$

Fall 3: $\alpha \notin \vartheta$. Ähnlich.

Im Hinblick auf 7.10, 7.12 und 7.13 können wir die folgende willkommene Konvention übernehmen: Danach werden wir 'Λ' und alle Ausdrücke der Art '$\{\alpha\}$' und '$\{\alpha, \beta\}$' und Abkürzungen davon nach Belieben für Variablen einsetzen ohne Rücksicht auf spezielle Umstände. Das ist eine Angelegenheit stillschweigenden Gebrauchs von 7.10 oder 7.12 oder 7.13 zusammen mit 6.11. Auch wenn die Variable frei ist, ist 6.11 natürlich passend; wir denken uns einen Allquantor hinzu.

Im ersten Schritt des folgenden Beweises wird diese Konvention angewandt.

7.14 $\alpha = z \leftrightarrow \forall x(z \in x \rightarrow \alpha \in x)$.

Beweis: $\forall x(z \in x \rightarrow \alpha \in x) \rightarrow (z \in \{z\} \rightarrow \alpha \in \{z\})$

(nach 7.6) $\rightarrow \alpha \in \{z\}$

(nach 6.13 und 7.1) $\rightarrow \alpha = z$.

Die Umkehrung gilt nach 6.6, da $\forall x(\alpha \in x \rightarrow \alpha \in x)$.

Unsere Definition 2.7 der Identität erklärt '$y = z$' als '$\forall x(x \in y \leftrightarrow x \in z)$'. Eine frühere und schwerfälligere Version von '$y = z$' war (1) von Kapitel 4. Jetzt erhalten wir aus 7.14 die weitere Version '$\forall x(z \in x \rightarrow y \in x)$'. Daraus erkennen wir leicht, daß auch '$\forall x(y \in x \rightarrow z \in x)$' und '$\forall x(y \in x \leftrightarrow z \in x)$' genommen werden könnten. Es ist aber interessant, daß diese drei letzten Versionen von dem Existenzaxiom 7.10 oder seinem Korollar 7.12 abhängen. Daß 7.12 in dem Beweis von 7.14 eine Rolle spielt, fällt wegen der gerade vorher getroffenen Konvention nicht auf.

8. Vereinigungen, Durchschnitte, Kennzeichnungen

Solang wir nicht von Klassen von Klassen reden konnten, stand uns der nützliche Begriff, den wir jetzt definieren wollen, noch nicht zur Verfügung.

8.1 '$\cup\alpha$' steht für '$\{x: x \in^2 \alpha\}$'.

Die Formel '$x \in^2 \alpha$' ist eine Abkürzung für '$\exists y(x \in y \in \alpha)$' und hat somit eine Variable hinter '$\in$'; auf diese Weise wird sie ebenso wirkungsvoll wie die Kon struktion der Vorfahrenrelation, mit dem Abschnitt II begann, aus der Reichweite der virtuellen Theorie von Abschnitt I herausgeholt.

$\cup\alpha$ ist die Klasse aller Elemente von Elementen von α, also die *Vereinigung über die Elemente* von α. Oft wird sie auch *Summe* von α genannt. Hat α endlich viele Elemente $x_1, x_2, \ldots, x_n$, dann ist $\cup\alpha$ im gewohnten Booleschen Sinne die Vereinigung $x_1 \cup x_2 \cup \ldots \cup x_n$; vgl. 8.4 unten. $\cup\alpha$ verallgemeinert jedoch den Booleschen Vereinigungsbegriff insofern, als $\cup\alpha$ auch für α mit unendlich vielen Elementen sinnvoll ist.

Ferner gibt es hier den Entartungsfall

8.2 $\bigcup\{x\} = x.$

Beweis: $y \in x \leftrightarrow \exists z(y \in z = x)$ nach 6.1
(nach 2.1, 7.1) $\leftrightarrow y \in^2 \{x\}$
für alle y, d.h. nach 5.1 und 8.1: $x = \bigcup\{x\}$.

Daß wir 8.2 kategorisch behaupten und beweisen können, ohne irgendwie dafür sorgen zu müssen, daß x eine Klasse von Klassen ist, illustriert wieder einmal, wie angenehm es ist, daß jedes Ding eine Klasse und also auch eine Klasse von Klassen ist.

8.3 $\bigcup(\alpha \cup \beta) = \bigcup\alpha \cup \bigcup\beta.$

Beweis: Nach 2.1 und 2.4

$$x \in^2 \alpha \cup \beta \leftrightarrow \exists y(x \in y \wedge (y \in \alpha \vee y \in \beta))$$
$$\leftrightarrow \exists y(x \in y \in \alpha) \vee \exists y(x \in y \in \beta)$$
$$\leftrightarrow (x \in^2 \alpha \vee x \in^2 \beta).$$

Das bedeutet nach 2.1 und 8.1

$$x \in \bigcup(\alpha \cup \beta) \leftrightarrow (x \in \bigcup\alpha \vee x \in \bigcup\beta)$$

für alle x, d.h. nach 5.1 und 2.4, daß $\bigcup(\alpha \cup \beta) = \bigcup\alpha \cup \bigcup\beta$.

Als Korollar ergibt sich das Theorem

8.4 $\bigcup\{x, y\} = x \cup y.$

Beweis: Nach 7.1

$$\bigcup\{x, y\} = \bigcup(\{x\} \cup \{y\})$$
(nach 8.3) $= \bigcup\{x\} \cup \bigcup\{y\}$
(nach 8.2) $= x \cup y.$

Ein sehr wesentlicher Satz über Vereinigungen ist der folgende:

8.5 $\bigcup\alpha \subseteq \beta \leftrightarrow \forall x(x \in \alpha \rightarrow x \subseteq \beta).$

Beweis: $\forall y(y \in^2 \alpha \rightarrow y \in \beta) \leftrightarrow \forall y \forall x(y \in x \in \alpha \rightarrow y \in \beta)$
$\leftrightarrow \forall x[x \in \alpha \rightarrow \forall y(y \in x \rightarrow y \in \beta)].$

Nach 2.1 und anderen Definitionen ist das 8.5.

Wir dürfen β eine *obere Schranke* von α bzgl. der Klasseninklusion nennen, wenn jedes Element von α eine Teilklasse von β ist. Dann besagt 8.5, daß $\bigcup\alpha$ die kleinste obere Schranke von α ist.

Nehmen wir $\bigcup\alpha$ als β, so erhalten wir als Korollar

8.6 $x \in \alpha \rightarrow x \subseteq \bigcup\alpha.$

Die Vereinigung aller Elemente von Λ ist erwartungsgemäß:

8.7 $\bigcup\Lambda = \Lambda.$

Beweis: Nach 6.14 $\forall x \neg (x \in^2 \Lambda)$; d.h. nach 6.16 und 8.1, daß $\bigcup\Lambda = \Lambda$. Das dazu symmetrische Gesetz

8.8 $\bigcup\vartheta = \vartheta$

gilt ebenfalls.

Beweis: Nach 7.11 und 6.8 $\forall x(x \in^2 \vartheta)$, d.h. nach 6.16 und 8.1, daß $\bigcup\vartheta = \vartheta$.

8.8 ist jedoch nicht so trivial, wie es aussieht. Durch 7.11 hindurch hängt es von unserem Existenzaxiom 7.10 ab ('$\{x\} \in \vartheta$'). Hätten wir bei 7.10 den anderen Weg eingeschlagen und äußerste Klassen zugelassen, wäre 8.8 falsch geworden. Absolut genommen ist $\bigcup\vartheta$ gleich $\{x: \exists y(x \in y)\}$ nach 8.1 und 6.8, also gleich der Klasse aller Mengen, die am Ende von Kapitel 6 $\hat{u}(u = u)$ genannt wurde. 8.8 gilt für uns nur deshalb, weil nach 7.11 jedes Ding eine Menge ist.[1]) 8.8 wiederholt einfach noch einmal diese Aussage, denn in 8.8 wird die Klasse $\bigcup\vartheta$ aller Mengen mit der Klasse ϑ aller Dinge identifiziert.

Dual zu dem Gedanken, die Vereinigung über alle Elemente von α zu bilden, ist der des *Durchschnitts* $\bigcap\alpha$ über die Elemente von α.

8.9 '$\bigcap\alpha$' steht für '$\{x: \forall y(y \in \alpha \rightarrow x \in y)\}$'.

Dieser Durchschnitt umfaßt die gemeinsamen Elemente aller Elemente von α. Sind wieder $x_1, \ldots, x_n$ die Elemente von α, so ist $\bigcap\alpha$ gleich $x_1 \cap x_2 \cap \ldots \cap x_n$. So wie $\bigcup\alpha$ die kleinste obere Schranke von α bzgl. der Inklusion war, ist $\bigcap\alpha$ die größte untere Schranke. Parallel zu 8.2 bis 8.7 erhalten wir

8.10 $\bigcap\{x\} = x$,

8.11 $\bigcap(\alpha \cup \beta) = \bigcap\alpha \cap \bigcap\beta$,

8.12 $\bigcap\{x, y\} = x \cap y$,

8.13 $\beta \in \bigcap\alpha \leftrightarrow \forall x(x \in \alpha \rightarrow \beta \subseteq x)$,

8.14 $x \in \alpha \rightarrow \bigcap\alpha \subseteq x$,

8.15 $\bigcap\Lambda = \vartheta$,

die Beweise hierzu überlasse ich jedoch dem Leser. Schließlich erhalten wir noch parallel zu 8.8

8.16 $\bigcap\vartheta = \Lambda$.

Beweis: Nach 7.10 $\Lambda \in \vartheta$. Also nach 8.14 $\bigcap\vartheta \subseteq \Lambda$.

Während der Beweis von '$\bigcup\vartheta = \vartheta$' das Korollar 7.11 von 7.10 benötigte, hängt interessanterweise dieser Beweis von '$\bigcap\vartheta = \Lambda$' nur von dem Teilstück '$\Lambda \in \vartheta$' von 7.10 ab. Tatsächlich erfordert '$\bigcap\vartheta = \Lambda$' sogar noch weniger als '$\Lambda \in \vartheta$'; auch wenn $\Lambda \notin \vartheta$, erhalten wir immer noch '$\bigcap\vartheta = \Lambda$', sofern es zwei zueinander fremde Klassen gibt. Wir können '$\bigcap\vartheta = \Lambda$' nicht ohne das eine oder andere Komprehensionsaxiom erhalten, aber

---

[1]) 8.8 gilt somit nicht in *Mathematical Logic.* Der Kenner dieses Buches, den diese Bemerkung überrascht, muß sich an die am Ende von Kapitel 6 angegebene Unterscheidung erinnern. Was in *Mathematical Logic* 'V' genannt wird, nämlich $\hat{u}(u = u)$, ist genau unser $\bigcup\vartheta$.

keine vernünftige Mengenlehre würde ein geeignetes vermissen lassen. Ungleich dem dualen '$\bigcup \vartheta = \vartheta$', das nur in Mengenlehren ohne äußerste Klassen gilt, ist '$\bigcap \vartheta = \Lambda$' ein gemeinsames Stück aller Mengenlehren.

Dieser Umstand ruht auf dem Dilemma von Kapitel 7 zwischen 7.11 ('$\exists y(x \in y)$') und äußersten Klassen, dadurch daß es 7.11 als die symmetrischere Entscheidung begünstigt. Wir sind daran gebunden, '$\bigcap \vartheta = \Lambda$' zu haben, und die duale Aussage '$\bigcup \vartheta = \vartheta$' läuft auf 7.11 hinaus.

Als Folgerung aus den Theoremen '$\bigcup\{x\} = x$' und '$\bigcap\{x\} = x$' ergibt sich, daß die Bezeichnungsform '$\bigcup\{x\colon Fx\}$', oder in gleicher Weise '$\bigcap\{x\colon Fx\}$', die einstellige Kennzeichnung '$\iota x\, Fx$' ('dasjenige Objekt x mit Fx') beschreiben kann, falls es in der Tat genau ein Objekt x mit Fx gibt. Das heißt

8.17 $\quad \forall x(Fx \leftrightarrow x = y) \rightarrow \bigcup\{x\colon Fx\} = \bigcap\{x\colon Fx\} = y.$

Beweis: Nach Voraussetzung und nach Definitionen $\{x\colon Fx\} = \{y\}$. Also ist y nach 8.2 gleich $\bigcup\{x\colon Fx\}$ und nach 8.10 gleich $\bigcap\{x\colon Fx\}$.

Das fundamentale Gesetz und die erwünschte Eigenschaft der eindeutigen Kennzeichnung ist

$$\forall x(Fx \leftrightarrow x = y) \rightarrow \iota x\, Fx = y,$$

und dies wäre nach Aussage von 8.17 erfüllt, wenn '$\iota x\, Fx$' als '$\bigcup\{x\colon Fx\}$' oder als '$\bigcup\{x\colon Fx\}$' definiert würde. Es gibt aber noch einen anderen Weg, der sich im Zusammenhang mit Komprehensionsprämissen als geeigneter erweisen wird. Wenn wir '$\iota x\, Fx$' so definieren, daß immer dann, wenn $\neg \exists y \forall x(Fx \leftrightarrow x = y)$, willkürlich und konstant Λ herauskommt, dann erhalten wir '$\iota x\, Fx \in \vartheta$' für alle Klassen. Das ist der Grund für die kompliziertere Definition.

8.18 $\quad$ '$\iota x\, Fx$' $\quad$ steht für $\quad$ '$\bigcup\{y\colon \forall x(Fx \leftrightarrow x = y)\}$'.

Nun erhalten wir das Fundamentalgesetz wie folgt:

8.19 $\quad \forall x(Fx \leftrightarrow x = y) \rightarrow \iota x\, Fx = y.$

Beweis: Nach Voraussetzung

$$\begin{aligned}\forall x(Fx \leftrightarrow x = z) &\rightarrow \forall x(x = y \leftrightarrow x = z)\\ &\rightarrow (z = y \leftrightarrow z = z)\\ &\rightarrow z = y.\end{aligned}$$

Umgekehrt haben wir nach Voraussetzung und nach 6.7

$$z = y \rightarrow \forall x(Fx \leftrightarrow x = z).$$

Durch Kombination

$$\forall z(\forall x(Fx \leftrightarrow x = z) \leftrightarrow z = y).$$

Also nach 8.17

$$\bigcup\{z\colon \forall x(Fx \leftrightarrow x = z)\} = y.$$

Nach 8.18 also

$$\iota x\, Fx = y.$$

Ferner folgt, daß

8.20 $\forall x(Fx \leftrightarrow x = y) \rightarrow (Fz \leftrightarrow z = \iota x Fx)$.

Beweis: Nach Voraussetzung $Fz \leftrightarrow z = y$. Nach Voraussetzung und nach 8.19 ist aber $y = \iota x Fx$.

Zugleich

8.21 $y = \iota x(x = y)$.

Beweis nach 8.19, da

$$\forall x(x = y \leftrightarrow x = y).$$

Schließlich noch den leeren Fall:

8.22 $\neg \exists y \forall x(Fx \leftrightarrow x = y) \rightarrow \iota x Fx = \Lambda$.

Beweis: Nach Voraussetzung und nach 6.16

$$\{y: \forall x(Fx \leftrightarrow x = y)\} = \Lambda.$$

Also nach 8.18 $\iota x Fx = \bigcup \Lambda$. D.h. nach 8.7 $\iota x Fx = \Lambda$.

Kennzeichnungen sind für alle möglichen Objekte erwünscht, $\iota x Fx$ ist aber nach 8.18 eine Klasse. Daß diese Definition trotzdem ausreicht – man hätte sogar '$\bigcup\{x: Fx\}$' oder '$\bigcup\{x: Fx\}$' nehmen können – ist ein erfreuliches Ergebnis aus dem Umstand, daß wir Individuen zu Klassen gemacht haben.

Schließlich wollen wir noch die Früchte dessen ernten, daß wir 8.18 an Stelle des einfacheren '$\bigcup\{x: Fx\}$' oder '$\bigcap\{x: Fx\}$' herangezogen haben.

8.23 $\iota x Fx \in \mathfrak{V}$.

Beweis: Nach 8.22 und 8.19

$$\iota x Fx = \Lambda \vee \exists y(\iota x Fx = y).$$

Also nach 7.10 bzw. 6.9

$$\iota x Fx \in \mathfrak{V}.$$

Die zeitsparende Konvention, zu der wir am Ende von Kapitel 7 gekommen waren, kann nun entsprechend auf Kennzeichnungen ausgedehnt werden. Wir werden also danach 'Λ' und alle Ausdrücke der Form '$\{\alpha\}$', '$\{\alpha, \beta\}$' und '$\iota x Fx$', ferner Abkürzungen davon ohne weiteres für Variablen einsetzen.

Als Beispiel können wir '$\iota x Fx$' für 'z' in 8.20 einsetzen und somit schließen, daß

8.24 $\forall x(Fx \leftrightarrow x = y) \rightarrow F\iota x Fx$.

9. Relationen als Klassen von Klassen

Ein weiterer Vorzug aus dem Umstand, daß wir von Klassen von Klassen reden dürfen, besteht darin, daß wir einen einfachen und handlichen Begriff des *geordneten Paares* $\langle x, y\rangle$ zur Verfügung bekommen. Erwünscht ist von einem Begriff des geordneten Paares, daß das Paar die zu einem Paar zusammengenommenen Elemente eindeutig und in einer bestimmten Reihenfolge festlegt. Die Klasse $\{x, y\}$ legt zwar x und y fest, sagt aber nicht, was welches ist, d.h. $\{x, y\} = \{y, x\}$. Die fundamentale Eigenschaft, die man von geordneten Paaren erwartet, besagt, daß $\langle x, y\rangle = \langle z, w\rangle$ nicht bereits dann, wenn $\{x, y\} = \{z, w\}$, sondern nur dann, wenn $x = z$ und $y = w$. Jede Definition von '$\langle x, y\rangle$', so willkürlich und künstlich sie auch aussehen mag, soll einzig und allein den Zweck erfüllen, diese fundamentale Eigenschaft zu liefern. *Wiener* löste das Problem, indem er $\langle x, y\rangle$ als eine gewisse Klasse von Klassen erklärte. Eine Variante dieser Definition, die wir *Kuratowski* verdanken, lautet:

9.1 '$\langle\alpha, \beta\rangle$' steht für '$\{\{\alpha\}, \{\alpha, \beta\}\}$'.

$\langle x, y\rangle$ ist also diejenige Klasse, deren Elemente die Klassen $\{x\}$ und $\{x, y\}$ sind. Glücklicherweise kann jeder Ausdruck für geordnete Paare ohne weiteres dank der am Ende des vorigen Kapitels zusammengefaßten Konvention frei für Variablen eingesetzt werden. '$\langle\alpha, \beta\rangle$' ist nämlich als Abkürzung für einen Ausdruck der Form '$\{\gamma, \delta\}$' definiert worden.

Wir können nun die fundamentale Eigenschaft geordneter Paare beweisen.

9.2 $\langle x, y\rangle = \langle z, w\rangle \rightarrow (x = z \wedge y = w)$.

Beweis: [1]) Nach 7.6 und 9.1 $\{x\} \in \langle x, y\rangle$. Also nach Voraussetzung $\{x\} \in \langle z, w\rangle$. Das bedeutet nach 2.1 und anderen Definitionen

$$\{x\} = \{z\} \vee \{x\} = \{z, w\}.$$

Das heißt aber nach 7.7 und 7.8: $x = z \vee x = z = w$. Also $x = z$. Also nach Voraussetzung: $\langle x, y\rangle = \langle x, w\rangle$. Das bedeutet nach 7.9 und 9.1: $\{x, y\} = \{x, w\}$. Daraus folgt nach 7.9, $y = w$.

Eine nützliche Variante von 9.2 ist

9.3 $\langle x, y\rangle = \langle z, w\rangle \leftrightarrow (x = z \wedge y = w)$.

Beweis: $\langle x, y\rangle = \langle x, y\rangle$,

also nach zweimaliger Anwendung von 6.6

$$(x = z \wedge y = w) \rightarrow \langle x, y\rangle = \langle z, w\rangle.$$

Die Umkehrung gilt nach 9.2.

Der Hauptvorteil der geordneten Paare liegt darin, daß sie es ermöglichen, innerhalb der Theorie der Klassen Relationen zu simulieren, und zwar wird die Relation $\{xy\colon Fxy\}$ durch die Klasse aller Paare $\langle x, y\rangle$ mit Fxy simuliert.

Bis hierher haben wir Relationen nur als virtuell angesehen (Kapitel 3). 'R' und ähnliche Buchstaben für Relationen standen nur als schematische Buchstaben für Relationenabstraktionsterme der Form '$\{xy\colon Fxy\}$' und waren nur in der Stellung 'zRw' relationentheoretischer Zuordnung definiert. Wir werden aber in den nachfolgenden Kapiteln merken, daß wir, wenn wir so etwas wie Relationen als reale Elemente unseres Universums, also auch als Werte echter quantifizierbarer Variablen 'x', 'y' usw. zulassen, in die Lage versetzt werden, einige wichtige Dinge zu formulieren, für die die virtuelle Theorie der Relationen aus sich selbst heraus nicht adäquat ist. Als wir uns der realen Theorie der Klassen zuwandten, gingen wir über das im Kontext definierte '$\in$' hinaus und nahmen

[1]) Gekürzt von *John. C. Torrey.*

ein primitives Prädikat '$\in$' an, das zwischen echten Variablen benutzt werden sollte; auf diese Weise könnten wir nun über das im Kontext definierte 'xRy' hinausgehen und einen primitiven Begriff relationentheoretischen Zutreffens, der eine echte Variable 'z' an der Stelle des 'R' in 'xRy' zuläßt, annehmen. Dank der geordneten Paare ist solch ein weiterer primitiver Begriff nicht notwendig; '$\langle x, y\rangle \in z$' leistet denselben Dienst.

Wir sahen in Kapitel 5, daß es wegen aufkommender Widersprüche unmöglich ist, eine reale Klasse $z = \{x: Fx\}$ für jede Aussageform in der Rolle des 'Fx' vorauszusetzen; die Russellsche Antinomie taucht beispielsweise auf, wenn als 'Fx' der Ausdruck '$x \notin x$' genommen wird. Nun entsteht, wie *Russell* ebenfalls bemerkt hat, die entsprechende Situation für Relationen: Es ist wegen aufkommender Widersprüche unmöglich, für jede Aussageform an der Stelle des 'Fxy' eine Klasse von Paaren zuzulassen, derart, daß

$$\forall x \forall y (\langle x, y\rangle \in z \leftrightarrow Fxy). \tag{1}$$

Nehmen wir nämlich '$\langle x, y\rangle \notin x$' für 'Fxy', so wird aus (1)

$$\forall x \forall y (\langle x, y\rangle \in z \leftrightarrow \langle x, y\rangle \notin x),$$

und das impliziert den Widerspruch

$$\forall y (\langle z, y\rangle \in z \leftrightarrow \langle z, y\rangle \notin z).$$

So muß die Frage, welche Fälle von (1) zuzulassen sind, wie bei dem entsprechenden Problem für Klassen, nach und nach durch die Annahme gewisser selektiver Existenzaxiome beantwortet werden. In der Tat wird das eine Problem sogar von dem anderen umfaßt, wenn man es als Frage nach der Existenz von Klassen von geordneten Paaren formuliert. Dank des Begriffes des geordneten Paares und des tragenden Existenzaxiomes 7.10 können wir nun die virtuelle Theorie der Relationen (Kapitel 3) zu Gunsten von Klassen, virtuellen und realen Klassen, von geordneten Paaren zur Seite legen.

Als Vorbereitung möchte ich ein bezeichnungstechnisches Hilfsmittel einführen, das in diesem und in späterem Zusammenhang nützlich sein wird. '$\ldots x_1 \ldots x_2 \ldots x_n \ldots$' sei für den Augenblick ein Klassenabstraktionsterm, dessen freie Variable sich aus obigem ergeben. Ich definiere

9.4 '$\{\ldots x_1 \ldots x_2 \ldots x_n \ldots: Fx_1x_2 \ldots x_n\}$' steht für
'$\{z: \exists x_1 \exists x_2 \ldots \exists x_n(Fx_1x_2 \ldots x_n \wedge z = \ldots x_1 \ldots x_2 \ldots x_n \ldots)\}$'.

Nehmen wir z.B. '$\langle x, y\rangle$' (was eine Abkürzung eines Klassenabstraktionsterms ist) für '$\ldots x_1 \ldots x_2 \ldots x_n \ldots$', so erhalten wir

'$\{\langle x, y\rangle: Fxy\}$' steht für '$\{z: \exists x \exists y(Fxy \wedge z = \langle x, y\rangle)\}$'.

Also ist $\{\langle x, y\rangle: Fxy\}$ die Klasse aller geordneten Paare $\langle x, y\rangle$ mit Fxy. Entsprechend ist $\{\{x\}: Fx\}$ die Klasse aller Einerklassen von Dingen x mit Fx; entsprechend für $\{\bar{x}: Fx\}$ oder wieder $\{\langle x, \Lambda\rangle: Fx\}$. Letztere ist die Klasse aller Paare $\langle x, \Lambda\rangle$ mit Fx. Man beachte die folgende Einschränkung: Während

$$\{\langle x, \Lambda\rangle: Fx\} = \{z: \exists x(Fx \wedge z = \langle x, \Lambda\rangle)\},$$

dürfen wir $\{\langle x, y\rangle: Fx\}$ mit der Variablen y nicht als

$$\{z: \exists x(Fx \wedge z = \langle x, y\rangle)\}$$

auffassen, sondern als

$$\{\langle x, y\rangle\colon Fx\} = \{z\colon \exists x \exists y(Fx \wedge z = \langle x, y\rangle)\}.$$

Wenn der andere Ausdruck gemeint ist, so muß er explizit genannt werden. Der Witz liegt darin, daß alle Variablen links vom Doppelpunkt als gebundene Variablen des Ganzen gelten.[1])

9.4 ist für uns im Augenblick so wesentlich, weil es die Bezeichnung '$\{\langle x, y\rangle\colon Fxy\}$' liefert, die von nun an jeden Zweck von '$\{xy\colon Fxy\}$' (und sogar noch mehr) erfüllt. Wir erhalten das Konkretisierungsgesetz:

9.5 $\langle z, w\rangle \in \{\langle x, y\rangle\colon Fxy\} \leftrightarrow Fzw.$

Beweis: Nach 9.4 und 2.1

$$\langle z, w\rangle \in \{\langle x, y\rangle\colon Fxy\} \leftrightarrow \exists x \exists y(Fxy \wedge \langle z, w\rangle = \langle x, y\rangle)$$

(nach 9.3) $\leftrightarrow \exists x \exists y(Fxy \wedge z = x \wedge w = y)$

(nach 6.1) $\leftrightarrow Fzw.$

Dieses Gesetz nimmt in Zukunft die Stelle der Kontextdefinition aus Kapitel 3 ein, die die Bezeichnungsformen '$\{xy\colon Fxy\}$' und 'zRw' in die virtuelle Theorie der Relationen einführte. Diese Bezeichnungsformen werden von jetzt ab zu Gunsten von '$\{\langle x, y\rangle\colon Fxy\}$' und '$\langle z, w\rangle \in \alpha$' fallengelassen, und die schematischen Relationsbuchstaben 'Q', 'R' usw. werden von unseren allgemeinen 'α', 'β' usw. verdrängt. Natürlich kann $\{\langle x, y\rangle\colon Fxy\}$ weiterhin in dem Sinne real oder nichtreal sein, als es Element von ϑ ist oder nicht.

Die Definitionen von Inklusion, Vereinigung und Durchschnitt von Relationen können nun ohne Ersatz fallengelassen werden, denn die dazu parallelen Definitionen für Klassen (2.2 bis 2.5) umfassen nun alles. Dagegen hat in Kapitel 3 die Definition des relationentheoretischen Komplements kein Gegenstück in dem Klassenkomplement 2.6, denn wenn α eine Klasse von Paaren ist, dann gehören auch alle Nichtpaare zu den Elementen von $\overline{\alpha}$. Diese Angelegenheit kann allerdings zusammen mit anderen leicht dadurch bereinigt werden, daß wir als ***Relationenteil*** ${}^{\cdot}\alpha$ einer Klasse α die Klasse aller geordneten Paare in α definieren, also:

9.6 '${}^{\cdot}\alpha$' steht für '$\{\langle x, y\rangle\colon \langle x, y\rangle \in \alpha\}$'.

Unter dem Relationenkomplement von α verstehen wir nun ${}^{\cdot}\overline{\alpha}$ im Gegensatz zum Klassenkomplement $\overline{\alpha}$.

Die Klasse aller geordneten Paare erweist sich als ${}^{\cdot}\vartheta$. Also

9.7 ${}^{\cdot}\alpha = \alpha \cap {}^{\cdot}\vartheta.$

Beweis: Nach 6.7

$$\{z\colon \exists x \exists y(z = \langle x, y\rangle \in \alpha)\} = \{z \in \alpha \wedge \exists x \exists y(z = \langle x, y\rangle)\}.$$

Das bedeutet nach 2.1 und anderen Definitionen ${}^{\cdot}\alpha = \alpha \cap {}^{\cdot}\vartheta$ (da $\langle x, y\rangle \in \vartheta$).

Ein Analogon für die Definition der Inklusion von Relationen aus Kapitel 3 ist es wert, noch als Theoremschema zitiert zu werden.

9.8 ${}^{\cdot}\alpha \subseteq \beta \leftrightarrow \forall x \forall y(\langle x, y\rangle \in \alpha \rightarrow \langle x, y\rangle \in \beta).$

---

[1]) *Rossers* Konvention in *Logic for Mathematicians*, S. 221 ff. ist ein wenig anders.

Beweis: Nach Definitionen

$$\dot{\alpha} \subseteq \beta \leftrightarrow \forall z[\exists x \exists y(\langle x, y\rangle \in \alpha \wedge z = \langle x, y\rangle) \to z \in \beta]$$

$$\leftrightarrow \forall x \forall y \forall z[z = \langle x, y\rangle \to (\langle x, y\rangle \in \alpha \to z \in \beta)]$$

(nach 6.2) $$\leftrightarrow \forall x \forall y(\langle x, y\rangle \in \alpha \to \langle x, y\rangle \in \beta).$$

Der Definition der Identität von Relationen (Kapitel 3) geht es wie der Definition der Inklusion. Sie weicht dem allgemeinen 2.7, soweit wie die Definition geht, und dem folgenden Theoremschema:

9.9 $\dot{\alpha} = \dot{\beta} \leftrightarrow \forall x \forall y(\langle x, y\rangle \in \alpha \leftrightarrow \langle x, y\rangle \in \beta).$

Beweis: Auf Grund der Booleschen Algebra

$$\alpha \cap \dot{\vartheta} \subseteq \beta \cap \dot{\vartheta} \leftrightarrow \alpha \cap \dot{\vartheta} \subseteq \beta.$$

Das bedeutet nach 9.7 $\dot{\alpha} \subseteq \dot{\beta} \leftrightarrow \dot{\alpha} \subseteq \beta$. Ähnlich für $\dot{\beta} \subseteq \dot{\alpha}$. Also nach 2.7

$$\dot{\alpha} = \dot{\beta} \leftrightarrow \dot{\alpha} \subseteq \beta \wedge \dot{\beta} \subseteq \alpha$$

(nach 9.8) $$\leftrightarrow \forall x \forall y(\langle x, y\rangle \in \alpha \leftrightarrow \langle x, y\rangle \in \beta).$$

Nach 9.5 und 9.6

9.10 $\dot{\{}\langle x, y\rangle\colon Fxy\} = \{\langle x, y\rangle\colon Fxy\},\quad \langle x, y\rangle \in \dot{\alpha} \leftrightarrow \langle x, y\rangle \in \alpha.$

So können wir den Punkt ignorieren, wenn er vor einem Paarklassenabstraktionsterm (oder einer Abkürzung eines solchen) oder nach einem Epsilon auftritt, dem ein Ausdruck über geordnete Paare vorausgeht. Wir werden von jetzt an ohne Kommentar in dieser Weise verfahren.

Weitere Definitionen aus Kapitel 3 können *mutatis mutandis* ohne Schwierigkeiten wieder aufgenommen werden. Hinzugefügt werden Zeichen für die *Beschränkung* des rechten und linken Bereichs.

9.11 '$\alpha \times \beta$' steht für '$\{\langle x, y\rangle\colon x \in \alpha \wedge y \in \beta\}$',

9.12 '$\breve{\alpha}$' steht für '$\{\langle x, y\rangle\colon \langle y, x\rangle \in \alpha\}$',

9.13 '$\alpha|\beta$' steht für '$\{\langle x, z\rangle\colon \exists y(\langle x, y\rangle \in \alpha \wedge \langle y, z\rangle \in \beta)\}$',

9.14 '$\alpha``\beta$' steht für '$\{x\colon \exists y(\langle x, y\rangle \in \alpha \wedge y \in \beta)$',

9.15 'I' steht für '$\{\langle x, y\rangle\colon x = y\}$',

9.16 '$\alpha \upharpoonright \beta$' steht für '$\alpha \cap (\vartheta \times \beta)$',

9.17 '$\beta \upharpoonleft \alpha$' steht für '$\alpha \cap (\beta \times \vartheta)$'.

Ähnlich geht es mit den Begriffen 'konnex', 'reflexiv' usw. Auch die verschiedenen Sätze aus der Relationenalgebra, die exemplarisch am Ende von Kapitel 3 angegeben wurden, bleiben nach der Übersetzung bestehen, nur erfordert es in einigen wenigen von ihnen den Punkt für den Relationenteil; also

$$\dot{\alpha} \subseteq \alpha``\vartheta \times \alpha``\vartheta,\quad \breve{\breve{\alpha}} = \dot{\alpha},\quad \alpha | I = I | \alpha = \dot{\alpha}.$$

Es erscheint mir in diesem Stadium nicht notwendig, einen grundlegenden Vorrat an Theoremschemata explizit bereitzustellen, denn die Beweise verlaufen immer ähnlich. Es geht immer darum, Definitionen zu übernehmen, das Konkretisierungsgesetz 9.5 und vielleicht auch 9.10 anzuwenden, und dann stellt man fest, daß das betreffende Theoremschema ein ganz geläufiges oder evidentes Schema der Quantoren- und Aussagenlogik, vielleicht auch der Identität (oft 6.1 oder 6.2) ist. So werde ich die typischen Sätze der Relationenalgebra in Beweisen ebenso informell verwenden, wie ich die Sätze der Booleschen Klassenalgebra benutzt habe. Ich werde voraussetzen, daß dem Leser die in Kapitel 3 dargestellten Äquivalenzen und Subjunktionen (ebenfalls andere von diesem Niveau) und die Definitionen 9.11 bis 9.17 vertraut sind. Ohne daß man darüber nachzudenken braucht, sollte einem klar sein, daß jedes x ein Element von $\alpha``\{y\}$ oder $\breve{\alpha}``\{y\}$ oder $\alpha``\vartheta$ oder $\breve{\alpha}``\vartheta$ ist, je nachdem ob $\langle x, y\rangle \in \alpha$ oder $\langle y, x\rangle \in \alpha$ oder $\exists y(\langle x, y\rangle \in \alpha)$ oder $\exists y(\langle y, x\rangle \in \alpha)$, ferner daß $\alpha \cap (\beta \times \beta)$ gleich α ist, wobei jedoch das Feld auf β beschränkt ist, ferner daß $\alpha``\beta$ der linke Bereich von $\alpha \restriction \beta$ und daß $\alpha``(\breve{\alpha}``\vartheta)$ gleich $\alpha``\vartheta$ ist.

10. Funktionen

Ein Teil dessen, was über Funktionen zu sagen ist, wurde schon in Kapitel 3 gesagt. Ein weiterer Teil wäre in der virtuellen Theorie weniger bequem zu handhaben gewesen; diese und einige Kleinigkeiten, die sowohl in das Kapitel 3 als auch in das jetzige Kapitel passen, blieben diesem Abschnitt vorbehalten.

Der Begriff der Funktion und der des Argumentbereichs (oder der Argumentklasse) sollen nun dadurch definiert werden, daß wir versuchen, die Definitionen aus Kapitel 3 der jetzigen Situation anzupassen. Der bequemen Rückverweisung wegen gebe ich die Definitionen sowohl in ihrer Kurzform, als auch in einer ausführlicheren Form an. Im Fall der Funktionen ist es auf die Dauer das beste, die Klausel '$\alpha = \dot{\alpha}$' hinzuzufügen; so werden die unnützen Elemente, die Nichtpaare, abgeschnitten, und man verlangt von Funktionen, reine Relationen zu sein. Zu einer solchen Anforderung konnte man auf dem Niveau von Kapitel 3 überhaupt nicht gelangen.

10.1 'Funk α' steht für '$\alpha | \breve{\alpha} \subseteq I \wedge \alpha = \dot{\alpha}$'
oder für '$\forall x \forall y \forall z(\langle x, z\rangle, \langle y, z\rangle \in \alpha \rightarrow x = y) \wedge \alpha = \dot{\alpha}$'.

10.2 'arg α' steht für '$\{x\colon \exists y(\alpha``\{x\} = \{y\})\}$',
oder für '$\{x\colon \exists y \forall z(\langle z, x\rangle \in \alpha \leftrightarrow z = y)\}$'.

Offensichtlich sind Λ, I und $\{\langle x, y\rangle\}$ Funktionen.

10.3 Funk Λ.

Beweis: $\Lambda | \breve{\Lambda} = \Lambda \subseteq I$. Nach 9.7 ferner $\Lambda = \dot{\Lambda}$.

10.4 Funk I, arg I = ϑ.

Beweise sind nach den Definitionen evident.

10.5 Funk $\{\langle x, y\rangle\}$.

Beweis: Nach 2.1 und 7.1

$$\langle v, z\rangle, \langle w, z\rangle \in \{\langle x, y\rangle\} \rightarrow \langle v, z\rangle = \langle x, y\rangle = \langle w, z\rangle$$

(nach 9.2) $\rightarrow v = w.$

Auf Grund der Definitionen

$$\{\langle x, y\rangle\} = \{\langle z, w\rangle : \langle z, w\rangle = \langle x, y\rangle\}$$

(nach 9.3) $= \{\langle z, w\rangle : z = x \wedge w = y\}$

(nach 9.4) $= \{v : \exists z \exists w(v = \langle z, w\rangle \wedge z = x \wedge w = y)$

(nach 6.1, 7.1) $= \{\langle x, y\rangle\}$.

Nun kommen sechs Theoremschemata.

10.6 $(\mathrm{Funk}\,\alpha \wedge \mathrm{Funk}\,\beta) \rightarrow \mathrm{Funk}\,\alpha|\beta$.

Beweis: x, y, z seien so ausgewählt, daß

$$\langle x, z\rangle, \langle y, z\rangle \in \alpha|\beta. \quad \text{(I)}$$

Nach Definition gibt es dann u und v mit

$$\langle x, u\rangle, \langle y, v\rangle \in \alpha, \quad \text{(II)}$$

$$\langle u, z\rangle, \langle v, z\rangle \in \beta. \quad \text{(III)}$$

Wegen der Voraussetzung und wegen 10.1 können wir aus (III) schließen, daß $u = v$. Also nach (II) $\langle x, v\rangle, \langle y, v\rangle \in \alpha$. Somit nach Voraussetzung und nach 10.1 $x = y$. x, y und z waren aber beliebige Objekte, die (I) erfüllten. Also nach 10.1 $\mathrm{Funk}\,\alpha|\beta$.

10.7 $(\mathrm{Funk}\,\alpha \wedge y \notin \breve{\alpha}``\vartheta) \rightarrow \mathrm{Funk}\,\alpha \cup \{\langle x, y\rangle\}$.

Beweis: u, v, w seien so ausgewählt, daß $\langle u, w\rangle, \langle v, w\rangle \in \alpha \cup \{\langle x, y\rangle\}$. Falls $w \neq y$, so liegen $\langle u, w\rangle$ und $\langle v, w\rangle$ beide in α; wegen $\mathrm{Funk}\,\alpha$ gilt dann $u = v$. Falls $w = y$, so liegen $\langle u, w\rangle$ und $\langle v, w\rangle$ wegen $y \notin \breve{\alpha}``\vartheta$ beide in $\{\langle x, y\rangle\}$; dann $u = x$ und $v = x$, so daß wieder $u = v$. Was den Punkt angeht, wird dem Leser überlassen.

10.8 $\mathrm{Funk}\,\alpha \rightarrow \mathrm{Funk}\,\alpha \cap \beta$.

Beweis aus 10.1 evident.

10.9 $\arg\alpha \subseteq \breve{\alpha}``\vartheta$.

Beweis: Nach Definition

$$x \in \arg\alpha \rightarrow \exists y(\{y\} \subseteq \alpha``\{x\})$$

(nach 7.4) $\rightarrow \exists y(y \in \alpha``\{x\})$

$\rightarrow \exists y(\langle y, x\rangle \in \alpha)$.

10.10 $\mathrm{Funk}\,\alpha \leftrightarrow \breve{\alpha}``\vartheta \subseteq \arg\alpha$

$\leftrightarrow \breve{\alpha}``\vartheta = \arg\alpha$.

Beweis: Wir nehmen an, daß $\mathrm{Funk}\,\alpha$ und $x \in \breve{\alpha}``\vartheta$. Dann gibt es also ein Ding y, derart daß $\langle y, x\rangle \in \alpha$. Nach 10.1 $\langle z, x\rangle \in \alpha \rightarrow y = z$ für jedes z; die Umkehrung nach 6.7. Also

$$\forall z(\langle z, x\rangle \in \alpha \leftrightarrow z = y),$$

und daraus ergibt sich nach 10.2 $x \in \arg\alpha$. Also

$$\mathrm{Funk}\,\alpha \rightarrow \breve{\alpha}``\vartheta \subseteq \arg\alpha. \quad (1)$$

Jetzt nehmen wir umgekehrt an, daß $\breve{\alpha}``\mathcal{V} \subseteq \arg\alpha$, und betrachten beliebige x, y, z mit $\langle x, z\rangle, \langle y, z\rangle \in \alpha$. Dann $z \in \breve{\alpha}``\mathcal{V}$, und somit $z \in \arg\alpha$; also gibt es nach 10.2 ein w mit

$$\forall u(\langle u, z\rangle \in \alpha \leftrightarrow u = w).$$

Dann haben wir wegen $\langle x, z\rangle, \langle y, z\rangle \in \alpha$, daß $x = w$ und $y = w$ und somit $x = y$. Also nach 10.1 Funk $\dot{\alpha}$. Die Umkehrung von (1) ist damit bewiesen. Die Kombination ergibt

$$\text{Funk } \dot{\alpha} \leftrightarrow \breve{\alpha}``\mathcal{V} \subseteq \arg\alpha$$

(nach 10.9) $\qquad \leftrightarrow \breve{\alpha}``\mathcal{V} = \arg\alpha.$

10.10a $\quad (\text{Funk } \alpha \land \breve{\alpha}``\mathcal{V} \subseteq \breve{\beta}``\mathcal{V} \land \beta \subseteq \alpha) \rightarrow \alpha = \beta.$

Beweis: Wenn $\langle x, z\rangle \in \alpha$, so gibt es nach der zweiten Voraussetzung ein y mit $\langle y, z\rangle \in \beta$. Dann $\langle y, z\rangle \in \alpha$ wegen $\beta \subseteq \alpha$. Dann $x = y$ wegen Funk α. Dann $\langle x, z\rangle \in \beta$. Also nach 9.8 $\dot{\alpha} \subseteq \beta$, d.h. nach 10.1 $\alpha \subseteq \beta$.

Wenn $x \in \arg\alpha$, so gibt es genau ein Objekt y mit $\langle y, x\rangle \in \alpha$; dieses Objekt werden wir kurz mit 'α'x' bezeichnen. Das ist die *funktionale Zuordnung*, die wie folgt zu definieren ist:

10.11 $\quad$ 'α'β' $\quad$ steht für $\quad$ '$(\iota y(\langle y, \beta\rangle \in \alpha))$'.

'α'x' kann man dem Sprachgebrauch folgend als 'α von x' lesen, denn darauf läuft es im interessanten Fall, wenn $x \in \arg\alpha$, hinaus. Im Hinblick auf das gebräuchliche 'f(x)' der Mathematiker ist man versucht, lieber 'α(x)' zu schreiben; die Form 'α'x' jedoch, die von *Peano* über *Whitehead* und *Russell* herrührt, ist die eindrucksvollere von beiden, wenn kein ausgesprochener Funktionsbuchstabe wie 'f' daran erinnert, worum es geht.

Da 'α'x' definitionsgemäß die Form '$\iota x Fx$' hat, ist die bereits eingeführte Praxis, Kennzeichnungen durch Variable zu ersetzen, insbesondere auch auf Ausdrücke der Form 'α'β' anwendbar.

Nun kommen wir zu einer Reihe von Theoremschemata. Die Beweise von 10.13 und 10.14 sind Illustrationen der obigen Konvention.

10.12 $\quad w \in \arg\alpha \rightarrow (\langle z, w\rangle \in \alpha \leftrightarrow z = \alpha`w).$

Beweis: Nach Voraussetzung und 10.2 gibt es ein y mit

$$\forall x(\langle x, w\rangle \in \alpha \leftrightarrow x = y).$$

Also nach 8.20

$$\langle z, w\rangle \in \alpha \leftrightarrow z = \iota x(\langle x, w\rangle \in \alpha),$$

q.e.d. (vgl. 10.11).

10.13 $\quad w \in \arg\alpha \leftrightarrow \alpha``\{w\} = \{\alpha`w\}.$

Beweis: Nach 10.12

$$w \in \arg\alpha \rightarrow \forall z(z \in \alpha``\{w\} \leftrightarrow z = \alpha`w)$$
$$\rightarrow \alpha``\{w\} = \{\alpha`w\}.$$

Umkehrung nach 10.2.

10.14 $\quad w \in \arg\alpha \rightarrow \langle \alpha`w, w\rangle \in \alpha.$

Beweis: Man nehme in 10.12 α‘w für z.

10.15 $w \notin \arg\alpha \rightarrow \alpha\text{‘}w = \Lambda$.

Beweis: Nach Voraussetzung und 10.12

$$\neg\, \exists y \forall x(\langle x, w\rangle \in \alpha \leftrightarrow x = y).$$

Also nach 8.22 und 10.11 $\alpha\text{‘}w = \Lambda$.

10.16 $(\mathrm{Funk}\,\alpha \wedge \langle z, w\rangle \in \alpha) \rightarrow z = \alpha\text{‘}w$.

Beweis: Nach der zweiten Voraussetzung $w \in \breve{\alpha}\text{“}\mathfrak{V}$. Somit nach der ersten Voraussetzung und nach 10.10 $w \in \arg\alpha$. Folglich nach der zweiten Voraussetzung und 10.12 $z = \alpha\text{‘}w$.

In 10.13 sehen wir eine prägnante Charakterisierung von arg α vor uns. Hier bringen wir noch etwas, was damit zusammenhängt.[1])

10.17 $\mathrm{Funk}\,\breve{\alpha} \leftrightarrow \forall x(\alpha\text{“}\{x\} \in \{\alpha\text{‘}x\})$.

Beweis: Vorausgesetzt sei Funk $\breve{\alpha}$. Für jedes $x \in \breve{\alpha}\text{“}\mathfrak{V}$ gilt nach 10.10, daß $x \in \arg\alpha$, und somit nach 10.13 $\alpha\text{“}\{x\} = \{\alpha\text{‘}x\}$. Für jedes x mit $x \notin \breve{\alpha}\text{“}\mathfrak{V}$ gilt $\alpha\text{“}\{x\} = \Lambda$. In jedem Fall $\alpha\text{“}\{x\} \subseteq \{\alpha\text{‘}x\}$. Umgekehrt, wenn

$$\forall x(\alpha\text{“}\{x\} \subseteq \{\alpha\text{‘}x\}),$$

dann

$$\begin{aligned}\forall x \forall y \forall z(\langle y, x\rangle, \langle z, x\rangle \in \alpha \rightarrow y, z \in \{\alpha\text{‘}x\})\\ \rightarrow y = \alpha\text{‘}x = z)\\ \rightarrow y = z),\end{aligned}$$

und somit nach 10.1 Funk $\breve{\alpha}$.

Als nächstes führen wir noch einige Dinge von geringerer Allgemeinheit an.

10.18 $x \in \arg\beta \rightarrow (\alpha|\beta)\text{‘}x = \alpha\text{‘}(\beta\text{‘}x)$.

Beweis: Nach 10.11

$$(\alpha|\beta)\text{‘}x = \iota y(\langle y, x\rangle \in \alpha|\beta)$$

(nach 9.13, 9.5) $\quad = \iota y \exists z(\langle y, z\rangle \in \alpha \wedge \langle z, x\rangle \in \beta)$

(nach Voraussetzung und 10.12) $\quad = \iota y \exists z(\langle y, z\rangle \in \alpha \wedge z = \beta\text{‘}x)$

(nach 6.1) $\quad = \iota y(\langle y, \beta\text{‘}x\rangle \in \alpha)$

(nach 10.11) $\quad = \alpha\text{‘}(\beta\text{‘}x)$.

10.19 $I\text{‘}x = x$.

Beweis: Nach 9.15 und 9.5 $\langle x, x\rangle \in I$. Somit nach 10.4 und 10.16 $x = I\text{‘}x$.

10.20 $\Lambda\text{‘}\alpha = \Lambda$.

Beweis: Nach 6.14 $\langle y, \alpha\rangle \notin \Lambda$. Somit $\neg\, \forall x(\langle x, \alpha\rangle \in \Lambda \leftrightarrow x = y)$. Somit nach 10.11 und 8.22 $\Lambda\text{‘}\,\alpha = \Lambda$.

---

[1]) Es stammt von *William C. Waterhouse.*

Das Hilfsmittel der eindeutigen Kennzeichnung, auf dem die funktionale Zuordnung beruht, ließe sich durchaus auch im Rahmen der virtuellen Theorie der Klassen und Relationen einführen. Ich definierte es mittels eines Begriffs, der außerhalb dieses Rahmens liegt, nämlich mittels der Vereinigung über die Elemente einer Klasse von Klassen. Es kann jedoch auch im Kontext mit den Ausdrücken einer beliebigen Theorie, in der Quantoren, aussagenlogische Verknüpfungen und Identität zur Verfügung stehen, definiert werden. Eine solche Art der Definition wurde 1905 von *Russell* angegeben, und sie ist den meisten Logikstudenten geläufig. Ich bediente mich der aufwendigeren Methode von Kapitel 8, weil sie einfacher ist, und die dazu notwendigen Hilfsmittel sowieso bereitstanden. Nur deshalb fand die funktionale Zuordnung noch keine vorläufige Erwähnung in Kapitel 3.

Der Begriff, dem wir uns jetzt zuwenden, wurde aus einem triftigeren Grunde aus dem Kapitel 3 herausgelassen: Fast alles, was darunter fällt, wäre (wie wir gleich sehen werden) in der virtuellen Theorie sinnlos. Es ist der Begriff des *Funktionenabstraktionsterms,* der vielleicht von *Frege* als erstem aufgedeckt wurde. Wie die Quantifizierung, die Kennzeichnung und die Klassenabstraktion verwendet die Funktionenabstraktion ein Präfix, das Variablen bindet. Ich übernehme das Präfix 'λ_x' und folge damit *Church.* Aber während die Präfixe der Quantifizierung vor Aussagen gesetzt werden und dabei Aussagen erzeugen, während die Präfixe der Kennzeichnung und Klassenabstraktion vor Aussagen gesetzt werden, und dabei Terme erzeugen, wird das Präfix der Funktionenabstraktion vor Terme gesetzt und erzeugt dabei ebenfalls Terme.[1]) Wenn '... x ...' für einen Term steht, der 'x' als freie Variable enthält, so ist $\lambda_x(\ldots x \ldots)$ diejenige Funktion, deren Wert für jedes Aurgument x gleich ... x ... ist. Also ist $\lambda_x(x^2)$ die Funktion "Quadrat von". Allgemein

10.21 '$\lambda_x(\ldots x \ldots)$' steht für '$\{\langle y, x\rangle : y = \ldots x \ldots\}$'

Vorangegangene Definitionen erklären 'y =' nur für die Fälle, wenn anschließend eine quantifizierbare Variable oder ein Klassenabstraktionsterm steht. So umfaßt 10.21 im wesentlichen drei Fälle:

$$\lambda_x x = \{\langle y, x\rangle : y = x\} = I, \qquad \lambda_x z = \{\langle y, x\rangle : y = z\} = \{z\} \times \vartheta$$

und den allgemeinen Fall

$$\lambda_x \{z : Fxz\} = \{\langle y, x\rangle : y = \{z : Fxz\}\}.$$

Dieser letzte beinhaltet natürlich die meisten Anwendungen dieses Begriffs, und wir erkennen daran, warum dieser Begriff erst jetzt und nicht schon in Kapitel 3 eingeführt wurde. Zu diesem Zeitpunkt war dem '=' zwischen der Variable 'y' und einem Klassenabstraktionsterm noch kein Sinn zuerkannt worden.

---

[1]) Bei *Frege* und *Church* kann man es auch vor Aussagen setzen (und damit ein zweites Mal Klassenabstraktion erlangen); das ist nur deshalb möglich, weil diese beiden Autoren einen besonderen Zugang zur Logik und Mengenlehre gewählt haben, bei dem Aussagen unter Terme und Klassen unter Funktionen subsumiert werden.

Aus folgendem Grund haben wir bei der Formulierung der allgemeinen Konvention 10.21 den unschönen Rückgriff auf die Pünktchen gemacht: Hätten wir stattdessen

'$\lambda_x \alpha$' steht für '$\{\langle y, x\rangle: y = \alpha\}$'

geschrieben, wären wir nicht berechtigt gewesen, darin als 'α' einen Term zu wählen, der 'x' als freie Variable enthält (vgl. Kapitel 1). So wie 10.21 dort steht, können wir unter '... x ...' einen Term verstehen, der 'x' (aber nicht 'y') als freie Variable enthält.

Es folgen einige wenige Theoremschemata.

10.22 Funk $\lambda_x(\ldots x \ldots)$.

Beweis: Nach 6.7

$$\forall y \forall z \forall w((y = \ldots w \ldots \wedge z = \ldots w \ldots) \rightarrow y = z).$$

Das besagt nach 10.21 und 9.5

$$\forall y \forall z \forall w(\langle y, w\rangle, \langle z, w\rangle \in \lambda_x(\ldots x \ldots) \rightarrow y = z),$$

q.e.d. (vgl. 10.1).

10.23 $\ldots y \ldots \in \vartheta \leftrightarrow y \in \arg \lambda_x(\ldots x \ldots)$.

Beweis: [1]) Nach 6.9

$$\ldots y \ldots \in \vartheta \leftrightarrow \exists z(z = \ldots y \ldots)$$

(nach 10.21, 9.5) $\leftrightarrow \exists z[\langle z, y\rangle \in \lambda_x(\ldots x \ldots)]$

$\leftrightarrow y \in \breve{}\lambda_x(\ldots x \ldots)``\vartheta$

(nach 10.22, 10.10) $\leftrightarrow y \in \arg \lambda_x(\ldots x \ldots)$.

Unübersichtliche Anhäufungen von Klammern können vermieden werden, wenn man diese einfache Regel beachtet: Ein einstelliger Operator, z.B. das Zeichen für Negation oder Komplement, das Zeichen für das Konverse, der Punkt für den Relationenteil, das 'λ_x' der Funktionenabstraktion, versteht sich im allgemeinen so, daß sein Geltungsbereich so wenig nachfolgenden Text umfaßt wie grammatisch möglich ist. So soll der lange Term in der vorletzten Zeile des obigen Beweises den rechten Bereich der Funktion $\lambda_x(\ldots x \ldots)$ bedeuten. Von den drei nachfolgenden Termen hat jeder einen anderen Sinn:

$$\breve{}\lambda_x(\ldots x \ldots)``\vartheta, \quad \breve{}\lambda_x[(\ldots x \ldots)``\vartheta], \quad \breve{}[\lambda_x(\ldots x \ldots)``\vartheta].$$

Dieselbe Regel bestimmt die Lesart der folgenden Theoremschemata, die Anwendungen von $\lambda_x(\ldots x \ldots)$ auf y betreffen.

10.24 $\ldots y \ldots \in \vartheta \rightarrow \lambda_x(\ldots x \ldots)`y = \ldots y \ldots$.

Beweis: Nach Voraussetzung und 10.23

$$y \in \arg \lambda_x(\ldots x \ldots).$$

Somit wegen 10.14

$$\langle \lambda_x(\ldots x \ldots)`y, y\rangle \in \lambda_x(\ldots x \ldots).$$

Das bedeutet nach 10.21 und 9.5

$$\lambda_x(\ldots x \ldots)`y = \ldots y \ldots .$$

---

[1]) Abgekürzt von *Charles L. Getchell.*

Ein nützlicher Fall von Funktionenabstraktion, außerdem vielleicht der einfachste nach $\lambda_x x (= I)$ und $\lambda_x z (= \{z\} \times \vartheta)$ ist die Einerklassenfunktion:

10.25 'ι' steht für '$\lambda_x \{x\}$'.

Einige Eigenschaften dieser Funktion:

10.26 $\iota`x = \{x\} \neq \Lambda$.

Beweis nach 10.24, 7.12, 7.6.

10.27 $x \in \arg \iota$.

Beweis nach 10.23 und 7.12.

10.28 $\langle \{x\}, y \rangle \in \iota \leftrightarrow x = y$.

Beweis: Nach 9.5 und den Definitionen 10.21 und 10.25

$\langle \{x\}, y \rangle \in \iota \leftrightarrow \{x\} = \{y\}$

(nach 7.7) $\leftrightarrow x = y$.

10.29 $\breve{\iota}`\{x\} = x$.

Beweis: Nach Definition

$\breve{\iota}`x = \iota y (\langle \{x\}, y \rangle \in \iota)$

(nach 10.28) $= \iota y (x = y)$

(nach 8.21) $= x$.

IV. Natürliche Zahlen

11. Zahlen – naiv

Wie nützlich es ist, über Klassen – einschließlich Klassen von Paaren – quantifizieren zu können, zeigt sich immer häufiger und eindringlicher, wenn wir uns nun der Behandlung der Zahlen zuwenden. Die Forderungen des Zahlbegriffs an die Klassen sind so tiefgehend, daß die moderne Geschichte der Mengenlehre in weitem Maße eine Geschichte der Schwierigkeiten mit dem Zahlbegriff ist. Wir wollen jetzt sehen, wie Klassen zur Behandlung der Zahlen herangezogen werden können.

Unter *Zahlen* verstehe ich in diesem Kapitel einfach die natürlichen Zahlen: 0 und die positiven ganzen Zahlen. Wir wollen sie eine Zeitlang als gewisse nicht näher spezifizierte Dinge ansehen. Wir wollen annehmen, daß uns 0 mit Namen gegeben ist und daß wir über die Nachfolgerfunktion S verfügen, bei der für jede Zahl x der Wert S'x gleich x + 1 ist. Ferner wollen wir annehmen, daß alle Zahlen als Werte unserer quantifizierbaren Variablen zugelassen sind, daß aber die Werte unserer Variablen nicht allein auf Zahlen beschränkt sind. Aufgabe: Die Klasse $\mathbb{N}$ der natürlichen Zahlen ist zu definieren.

Frege (1879, 1884) löste diese Aufgabe mit Hilfe der realen Klassentheorie, und zwar nach der Art und Weise, wie er 'x ist Vorfahr von y' formulierte (wir haben es in Kapitel 4 beschrieben). Die Vorfahren von y waren die gemeinsamen Elemente aller Klassen z, die die Anfangsbedingung '$y \in z$' und eine Abgeschlossenheitsbedingung, die auf 'α"$z \subseteq z$' hinauslief, erfüllten (wobei α die Elternrelation ist). Nun sind die Zahlen in entsprechender Weise als die gemeinsamen Elemente aller Klassen z beschreibbar, die die Anfangsbedingung '$0 \in z$' und die Abgeschlossenheitsbedingung 'S"$z \subseteq z$' erfüllen. $\mathbb{N}$ ist also

$$\{x: \forall z[(0 \in z \wedge S``z \subseteq z) \rightarrow x \in z]\}, \tag{1}$$

oder noch prägnanter

$$\bigcap\{z: 0 \in z \wedge S``z \subseteq z\}.$$

Bis jetzt sagen wir noch nicht, daß Zahlen Klassen sind, außer in dem Sinne, in dem jedes Ding als Klasse angesehen werden kann (wobei Individuen als ihre eigenen Einerklassen gezählt werden). Wir sagen auch nicht, daß $\mathbb{N}$ eine reale Klasse ist; sie könnte nach (1) auch nur virtuell sein. Worauf es ankommt, ist, daß wir '$x \in \mathbb{N}$' dargestellt haben, indem wir uns auf Klassen als Werte der gebundenen Variablen 'z' beriefen. Hier sind wir wie in dem Beispiel mit den Vorfahren, wie bei den geordneten Paaren und bei vielen anderen mehr mit der realen Theorie der Klassen wieder fein heraus.

Es werden hier jedoch schwerwiegende Anforderungen an Klassen gestellt. Wenn die Formulierung (1) ihren Zweck erfüllen soll, sind unendliche Klassen erforderlich. Wenn es keine unendlichen Klassen gibt, dann gibt es keinerlei z, derart daß $0 \in z$ und S"$z \subseteq z$ (denn eine jede solche Klasse wäre unendlich), und – eine leere Aussage – jedes Ding x würde zu jeder solchen Klasse z gehören, von denen es keine gibt. Die in (1) beschriebene Klasse wäre ϑ ($= \bigcap \Lambda$); vgl. 8.15, eine armselige Annäherung an $\mathbb{N}$. In dem Beispiel des Vorfahren tritt die dazu parallele Schwierigkeit nicht auf, wenn generell die Existenz endlicher Klassen sichergestellt ist, denn die Klasse der Vorfahren eines Menschen ist endlich.

In Kapitel 12 werden wir sehen, daß die einzelnen natürlichen Zahlen selbst als endliche Klassen konstituiert werden können. Verdruß bereitet nur, daß die Version (1) von $\mathbb{N}$, falls wir nicht zusätzlich unendliche Klassen voraussetzen, beinhaltet, daß $\mathbb{N}$ die natürlichen Zahlen, aber auch alles mögliche andere, enthält. Außerdem ist es dann nicht der Fall, daß $\mathbb{N}$ selbst eine unendliche Klasse ist, denn $\mathbb{N}$ ist virtuell. Natürlich $\mathbb{N} \notin \vartheta$, wenn es keine unendlichen Klassen gibt.

Glücklicherweise kann hier das Bedürfnis nach unendlichen Klassen noch einmal umgangen werden (in anderen Fällen, die noch auftreten werden, ist das nicht möglich). Wir brauchen nur (1) wie folgt umzukehren:

$$\{x: \forall z[(x \in z \wedge \breve{S}``z \subseteq z) \rightarrow 0 \in z]\}. \tag{2}$$

Klassen z, die hier relevant werden, brauchen nicht unendlich zu sein. Eine Klasse z wie in (1), die 0 enthält und im Hinblick auf S abgeschlossen ist, muß immer weiter gehen.

Eine Klasse z wie in (2) braucht jedoch für eine natürliche Zahl x nicht mehr als x positive Elemente und 0 zu enthalten, also x + 1 Elemente. Wenn jede natürliche Zahl x in $\mathbb{N}$ (definiert durch (2)) eingehen soll, dann muß es als Werte für 'z' immer größere und größere Klassen geben; sie können jedoch alle endlich sein.[1])

Beim Beweisen arithmetischer Sätze begegnen wir der Frage nach der Existenz endlicher oder unendlicher Mengen an der Stelle, wo es darum geht, das Prinzip der *vollständigen Induktion* zu begründen. Wenn etwas für 0 wahr ist und wenn es immer dann, wenn es für eine Zahl wahr ist, auch für die nächstfolgende wahr ist, dann ist es für alle Zahlen wahr; so lautet das Prinzip, das das wichtigste Beweisverfahren in der Theorie der natürlichen Zahlen darstellt. Schematisch:

$$\begin{aligned}&(F0 \wedge \\ &\forall y[Fy \rightarrow F(S`y)] \wedge \\ &x \in \mathbb{N}) \\ &\qquad \rightarrow Fx.\end{aligned}$$

Wenn wie gewöhnlich $\mathbb{N}$ wie in (1) definiert ist, lautet die Begründung dieses Prinzips folgendermaßen: Nach der dritten Prämisse $x \in \mathbb{N}$. Also ist x nach der Definition (1) ein Element einer jeden Klasse z, die 0 enthält (was nach der ersten Prämisse $\{y\colon Fy\}$ tut) und die im Hinblick auf S abgeschlossen ist (das ist $\{y\colon Fy\}$ auf Grund der zweiten Prämisse). Also $x \in \{y\colon Fy\}$, q.e.d. Dieser Schluß beruht allerdings auf der Existenz von $\{y\colon Fy\}$, und nach den Prämissen muß $\{y\colon Fy\}$ unendlich sein.

Sehen wir uns im Gegensatz dazu nun an, wie dasselbe Prinzip der vollständigen Induktion begründet wird, wenn $\mathbb{N}$ durch (2) definiert ist. Auf Grund der dritten Prämisse ('$x \in \mathbb{N}$') und wegen (2) gehört 0 zur Klasse z mit $x \in z$ und $S``z \subseteq z$. Als z nehmen wir jetzt die *endliche* Klasse derjenigen Zahlen y von 0 bis x, für die $\neg Fy$. Die zweite Prämisse des Induktionsschemas impliziert dann, daß

$$\forall y[\neg F(S`y) \rightarrow \neg Fy],$$

und impliziert somit für unser neu gewähltes z, daß

$$\forall y(S`y \in z \rightarrow y \in z),$$

d.h. $\breve{S}``z \subseteq z$. Also müssen wir $0 \in z$ erhalten, wenn $x \in z$. Aber $0 \notin z$ auf Grund der ersten Prämisse ('F0'); somit $x \notin z$, und das besagt Fx, q.e.d. Endliche Klassen genügen also.

---

[1]) Es sind verschiedene Wege bekannt, wie man ohne unendliche Klassen zur Zahlentheorie gelangen kann. Die Konstruktionen der Zahlentheorie nach *Martin* und *Myhill* sind vielleicht Randfälle, denn sie setzen voraus, daß der Begriff der Vorfahrenrelation einer Relation (Kapitel 15) Gesetzen unterliegt, die man gewöhnlich auf unendliche Klassen gründet. Aber die von *Gödel*, 1940, S. 31f. angegebene Methode qualifiziert sich ganz klar in diesem Sinne, ebenso *Zermelos* Methode von 1909, die von *Grelling*, S. 12ff. geklärt wurde, ferner *Dummetts* Methode, die von *Wang* 1958, S. 491 erklärt wurde. Von meinem hier benutzten Hilfsmittel der Umkehrung möchte ich nur sagen, daß es einfacher als diese verschiedenen Alternativen zu sein scheint. Nebenbei bedarf meine Veröffentlichung von 1961 hierüber einer Korrektur: Unaufmerksamerweise stellte ich etwas als Axiom dar, was ein Axiomenschema war, nämlich 13.1 unten.

Ich habe die Funktion S noch nicht definiert; ich habe nur gesagt, daß sie, angewandt auf eine natürliche Zahl, die nächstfolgende Zahl ergibt. Eine Definition könnte ihr möglicherweise noch eine zusätzliche Deutung außerhalb der natürlichen Zahlen geben, derart daß man 0 oder andere natürliche Zahlen auch zu gewissen Dingen, die keine natürlichen Zahlen sind, in der Relation S stehen läßt. Wenn dies geschieht, dann ist die Conclusio des vorangegangenen Kapitels ungerechtfertigt. Hier gibt es jedoch eine simple Richtschnur zu verfolgen: Man definiere S nicht so, daß eine natürliche Zahl zum Nachfolger von etwas werden kann, was keine natürliche Zahl ist. In der Tat halten sich die drei am besten bekannten Verfahren, S zu erklären, an diese Richtschnur, selbst wenn sie S in Anwendung auf alle möglichen Dinge, numerische und nicht-numerische, definieren. Wir werden diesen Versionen in Kapitel 12 begegnen.

$\mathbb{N}$ durch (2) zu definieren, ist in einer Hinsicht unnötig speziell. Wenn wir 'y' an der Stelle von '0' verwenden, dann dient die quantifizierte Formel in (2) als Definition von '$\leq$' für natürliche Zahlen:

$$y \leqslant x \leftrightarrow \forall z[(x \in z \wedge \breve{S}``z \subseteq z) \rightarrow y \in z]. \tag{3}$$

Dann erhalten wir insbesondere

$$\mathbb{N} = \{x\colon 0 \leqslant x\}. \tag{4}$$

Dann können wir auch '$y < x$' als '$S`y \leqslant x$', '$x \geqslant y$' als '$y \leqslant x$' und '$x > y$' als '$y < x$' definieren.

In erster Linie werden natürliche Zahlen als Maß für Vielfachheiten benutzt. Eine derartige Verwendung einer natürlichen Zahl x kommt treffend in der Redeweise 'α hat x Elemente' zum Ausdruck. Das Schema

$$\alpha \text{ hat } 0 \text{ Elemente} \leftrightarrow \alpha = \Lambda,$$

$$\alpha \text{ hat } S`x \text{ Elemente} \leftrightarrow \exists y(y \in \alpha \wedge \alpha \cap {}^{-}\{y\} \text{ hat } x \text{ Elemente}),$$

das auf *Frege* zurückgeht, gestattet uns nun, Schritt für Schritt 'α hat $S`0$ Elemente', '$\alpha$ hat $S`(S`0)$ Elemente' und weiter hinauf bis zu jeder speziellen natürlichen Zahl zu übersetzen; es versetzt uns aber nicht in die Lage, 'α hat x Elemente' mit quantifizierbarer Variable 'x' zu eliminieren. Wie schon *Frege* wußte, kann auch dieses eliminiert werden, aber nur nach einem anderen Schema. Ein Weg, der schnell zum Ziel führt, geht wie folgt.

Nach *Cantor* können wir '$\alpha \leqq \beta$' oder 'α hat nicht mehr Elemente als β' so deuten, daß sich sämtliche Elemente von α denen von β zuordnen lassen, und zwar so, daß nicht zwei Elemente von α demselben Element von β zugeordnet werden. D.h.

11.1 '$\alpha \leqq \beta$' steht für '$\exists x(\text{Funk}\, x \wedge \alpha \subseteq x``\beta)$.

Daß α und β der Größe nach gleich sind, bedeutet dann, daß $\alpha \leqq \beta$ und $\beta \leq \alpha$.

11.2 '$\alpha \simeq \beta$' steht für '$\alpha \leqq \beta \leqq \alpha$'.

Der verbleibende Schritt, die Größe von Klassen durch Zahlen zu messen, wird nun durch Zählen nahegelegt: Eine Klasse hat x Elemente, wenn sie genauso groß ist wie die Klasse aller Zahlen $< x$. (Das traditionelle Verfahren, bis x zu zählen, wird hier in dem unwesentlichen Punkte abgeändert, daß man mit 0 beginnt und unmittelbar vor x aufhört.)

So erhalten wir '$\alpha \simeq \{y: y < x\}$' als unsere Version des 'α hat x Elemente'.[1]) Man beachte, daß ich mich auch in dieser gekürzten Version auf die Annahme stütze, daß jede letzten Endes in Betracht gezogene Definition von 'S' immer verhindert, daß eine natürliche Zahl zu etwas in der Relation S steht, was keine natürliche Zahl ist; im anderen Fall würde ich die Bedingung '$y \in \mathbb{N}$' in '$\{y: y < x\}$' benötigen, selbst wenn x seinerseits eine natürliche Zahl ist.

Um für 'α hat x Elemente' die Formulierung '$\alpha \simeq \{y: y < x\}$' zu erhalten, mußten wir die reale Theorie der Klassen auf zweierlei Weise ausnutzen. Zwar ist es nicht erforderlich, daß α selbst real ist, auch nicht, daß S, welches zur Definition von '$<$' benutzt wurde, real ist; die Definition von '$<$' benutzt jedoch auch '$\leqslant$', und in der Definition dieser Relation kommt, wie in (3) zu sehen, Quantifizierung über Klassen vor; ferner benutzt die Definition von '$\simeq$' auch '$\lesssim$', und bei der Definition der letzteren Relation ist Quantifizieren über Klassen von geordneten Paaren erforderlich. Immerhin sind es nur endliche Klassen, die hier gefordert werden. Im Zusammenhang mit (2) haben wir das schon eingesehen, und im Fall von '$\lesssim$' ist es auch leicht einsichtig; damit nämlich $\alpha \simeq \{y: y < x\}$, braucht man nach 11.1 und 11.2 nur eine Funktion, die x Paare $[a_1, 0]$, $[a_2, 1], \ldots, [a_x, x-1]$ mit $a_1, \ldots, a_x \in \alpha$ enthält, und die Funktion, die die x entgegengesetzten Paare umfaßt.

Wie steht es nun um Summe, Produkt und Potenz? Dafür gibt es die geläufigen rekursiven Definitionen, oder *Rekursionsschemata*:

$$x + 0 = x, \qquad x + S`y = S`(x + y);$$
$$x \cdot 0 = 0, \qquad x \cdot (S`y) = x + x \cdot y;$$
$$x^0 = S`0\ (= 1), \qquad x^{S`y} = x \cdot x^y.$$

Das obere Gleichungspaar setzt uns in die Lage, '+' vollständig aus 'x + 3' zu eliminieren; 'x + 3' bedeutet 'x + S'(S'(S'0))', und in vier Schritten läuft das Ganze auf 'S'(S'(S'x))' hinaus. Entsprechend geht es für '3 +', wenn irgendeine bestimmte Ziffer folgt. Dieses Gleichungspaar setzt uns jedoch nicht in die Lage, '+' aus 'x + y' mit quantifizierbarer Variablen 'y' zu eliminieren. Das zweite Paar dient dazu, '·' in vier Schritten vollständig aus 'x · 3' zu eliminieren; wir erhalten dann 'x + (x + (x + 0))', was wiederum auf 'x + (x + x)' zu reduzieren ist; das '+' können wir allerdings hieraus nicht eliminieren. Mit dem zweiten Paar kann man auch nicht '·' aus 'x · y' eliminieren. Diese Rekursionsschemata sind echte eliminative Definitionen, wenn man die Buchstaben als schematische Buchstaben für Ziffern versteht, nicht aber dann, wenn man in ihnen quantifizierbare Variablen sieht.

Echte Definitionen in dem zuletzt erwähnten Sinne, werden jedoch zur Verfügung stehen, sobald wir *Iterierte* oder *Potenzen von Relationen* definiert haben. Ich meine Iterierte in dem Sinne, in dem die Relation des Urgroßelternteils die dritte Iterierte der Elternrelation ist. Die nullte Iterierte, $z^{|0}$, einer jeden Relation z ist gleich I; die erste Iterierte, $z^{|1}$, ist z selbst; die zweite Iterierte, $z^{|2}$, ist $z|z$; die dritte, $z^{|3}$, ist $z|z|z$, usw.

---

[1]) Ebenso *Dedekind,* 1888, Kapitel 14.

Ist dieser Begriff einmal bereitgestellt, dann können wir die obigen Rekursionsschemata wie folgt auf direkte Definitionen reduzieren:

$$x + y = S^{|y}`x, \qquad x \cdot y = (\lambda_z(x + z))^{|y}`0, \qquad x^y = (\lambda_z(x \cdot z))^{|y}`1. \tag{5}$$

Wie können wir aber Iterierte definieren? Wir haben es oben selbst wieder durch eine Rekursion erreicht:

$$x^{|0} = I, \qquad z^{|S`y} = z|z^{|y}. \tag{6}$$

Der Begriff der Iterierten verhalf uns dazu, die Rekursionsschemata für Summe, Produkt und Potenz in direkte Definitionen überzuführen; was aber wird uns in die Lage versetzen, das Rekursionsschema der Iterierten durch eine direkte Definition zu ersetzen? Antwort: Der Begriff der *endlichen Folge*.

Was eine endliche Folge anbetrifft, so hat sie ein erstes (oder lieber nulltes) Ding, dann ein nächstes, noch ein nächstes, usw. bis zu einem letzten, wobei Wiederholungen nicht ausgeschlossen sind. So können wir uns eine solche Folge einfach als eine Funktion w vorstellen, deren Argumente die 'Indexzahlen' von 0 bis zu einem gewissen n und deren Werte – w'0, w'1, ..., w'n – die Dinge „innerhalb" der Folge sind. Also

$$\mathrm{Seq} = \{ w\colon \mathrm{Funk}\, w \wedge \exists y (\breve{w}``\mathcal{V} = \{ z\colon z \leqslant y \})\}. \tag{7}$$

Folgen werden zu endlichen Klassen geordneter Paare. Nunmehr können wir die y-te Iterierte $z^{|y}$ geradewegs definieren. Sie ist die Relation, die von h nach k führt, wenn in einer gewissen Folge w h gleich w'y und k gleich w'0 ist und wenn jedes nachfolgende Ding „innerhalb" der Folge w die Relation z zu dem Ding vor ihr trägt. Das bedeutet kurz:

$$z^{|y} = \{ \langle h, k \rangle\colon \exists w (w \in \mathrm{Seq} \wedge \langle h, k\rangle, \langle k, 0\rangle \in w \wedge w|S|\breve{w} \subseteq z)\}.^{1)} \tag{8}$$

Die in (3) bis (5), (7) und (8) angedeuteten Definitionen erhalten ihre endgültige Formulierung in 12.1, 12.3, 16.1 bis 16.3, 14.1 und 14.2.

12. Zahlen – konstituiert

Unsere fortlaufend numerierten Definitionen haben Bezeichnungsweisen eingeführt, die Abkürzungen letztlich solcher Ausdrücke sind, die in eine primitive Sprache, die nur Quantifizierung, aussagenlogische Verknüpfungen und das Prädikat '∈' zuläßt, eingebettet sind. Die Definitionen in Kapitel 11 mit der Numerierung (1) bis (8) beruhten auf '0' und 'S' als zusätzlicher undefinierter Terminologie; sie erweisen sich als adäquat für die arithmetischen Operationen, für den Zahlbegriff ('ℕ') und für die Vorstellung von Klassengröße. Als nächstes werden wir sehen, daß diese Grundbezeichnungsweisen so reduziert werden können, daß wir '0' und 'S' loswerden.

---

[1]) Die gesamte Konstruktion (5) bis (8) findet sich bei *Dedekind*, 1888, §§ 9, 11–13, nur daß er seine Schritte an anderen Stellen unterbricht, so daß sich bei ihm nicht die Begriffe $z^{|y}$ und Seq herauskristallieren. Diese Version mit den endlichen Folgen geht auf *Whitehead*, 1903, S. 158 f. zurück.

Wir haben die Zahlen zum Wertebereich unserer quantifizierbaren Variablen zugelassen, aber wir haben noch nicht darüber nachgedacht, was für eine Art von Dingen Zahlen sein sollen. Wir haben gesehen, wie '$\mathbb{N}$' zu definieren ist, wenn '0' und 'S' gegeben sind; jetzt müssen wir ihrerseits '0' und 'S' konstituieren, um den Zahlbegriff festzulegen.

Als Zahlen können alle möglichen Objekte dienen, sofern die arithmetischen Operationen für sie definiert sind und die Gesetze der Arithmetik gelten. Manchmal wurde vorgebracht, daß noch mehr erwünscht ist: Es genügt nicht, wenn wir der reinen Arithmetik Rechnung tragen, wir müssen auch bedenken, daß wir die Zahlen als Maß für Vielfachheiten verwenden wollen. Diese Position ist jedoch, sofern sie der anderen entgegengesetzt sein soll, falsch. Wir haben gesehen, wie man nicht nur die arithmetischen Operationen, sondern auch den *Anzahlbegriff*, 'α hat x Elemente', definieren kann, bevor wir uns darüber festgelegt haben, was Zahlen sind.

Es steht in unserem Belieben, als 0 irgend etwas, was wir gern möchten, zu nehmen und S als irgendeine Funktion nach unserem Geschmack zu definieren, sofern diese Funktion die Eigenschaft hat, daß sie, iteriert auf 0 angewandt, bei jeder Anwendung etwas Neues ergibt. Mit *Zermelo* (1908) könnten wir Λ als 0 nehmen und dann $\{x\}$ als S'x für jedes x. Als Zahlen erhalten wir dann Λ, $\{\Lambda\}$, $\{\{\Lambda\}\}$usw. Ein anderer Vorschlag stammt von *von Neumann* (1923); er faßt jede natürliche Zahl als die Klasse der früheren Zahlen auf: 0 wird wieder Λ, aber S'x wird nicht $\{x\}$, sondern $x \cup \{x\}$. Insbesondere ist dann wie bei *Zermelo* 1 gleich $\{\Lambda\}$, aber 2 wird zu $\{0, 1\}$ oder $\{\Lambda, \{\Lambda\}\}$; 3 wird zu $\{0, 1, 2\}$ oder $\{\Lambda, \{\Lambda\}, \{\Lambda, \{\Lambda\}\}\}$, usw. Für *von Neumann* gilt also allgemein $x = \{y: y < x\}$, oder $y < x \leftrightarrow y \in x$ für alle natürlichen Zahlen x.

Die von Neumannsche Version der Zahlen wird als natürlicher angesehen als die von *Zermelo*, weil sie stärker mit dem Zählen verwandt ist. Wenn wir die x Elemente von α zählen, so ordnen wir sie einzeln den ersten x Zahlen zu, und diese sind für *von Neumann* einfach die Elemente von x. Für *von Neumann* besagt die Redeweise, daß α x Elemente hat, daß $\alpha \simeq x$. Man beachte, daß das tatsächlich gerade das '$\alpha \simeq \{y: y < x\}$' von Kapitel 11 ist, denn für *von Neumann* $x = \{y: y < x\}$.

1884 konstituierte *Frege*, der sich ausschließlich mit Zahlen als Maßzahlen von Vielfachheiten befaßte, jede Zahl in der Tat als die Klasse aller Klassen, die diese Zahl von Elementen haben.[1]) Für ihn ist daher 0 lieber $\{\Lambda\}$ als Λ, und S'x ist gleich

$$\{z: \exists y(y \in z \wedge z \cap \overline{\ }\{y\} \in x)\}.$$

Für *Frege* wird wie für jeden 'α hat x Elemente' adäquat durch '$\alpha \simeq \{y: y < x\}$' wiedergegeben, für *Frege* kann es aber noch knapper durch '$\alpha \in x$' wiedergegeben werden, sofern $\alpha \in \mathfrak{V}$ (vgl. 6.12).

---

[1]) Erst nach *Russells* Vereinfachung lief *Freges* Version tatsächlich hierauf hinaus. Die zusätzliche Kompliziertheit von *Freges* Version ging auf allgemeine Züge seines logischen Systems zurück, und sie fiel dann ganz natürlich fort; so glaube ich, daß wir diese Version fairerweise *Frege* zuschreiben sollten. Dasselbe tat *Russell* (1919, S. 11).

Unter diesen drei Zahlversionen müssen wir nur auf geeignete Weise Mehrdeutigkeiten vermeiden. Jede von ihnen kann den Zweck dessen erfüllen, was gewöhnlich Zahlen genannt wird; und dasselbe kann man von jeder der unendlich vielen anderen Versionen sagen.

In Kapitel 11 fanden wir es notwendig, über Klassen, jedenfalls über endliche, quantifizieren zu können, um '$\mathbb{N}$' zu formulieren, wenn '0' und 'S' gegeben sind. Dieselbe Notwendigkeit tauchte wieder bei der Definition der Iterierten oder relationentheoretischen Potenz auf, die ihrerseits zur Definition von '$x + y$', '$x \cdot y$' und 'x^y' benutzt wurde. Wir quantifizierten auch über endliche Klassen von Paaren, als wir 'α hat x Elemente' formulierten, denn dies hing von 11.1 ab. Jetzt sehen wir aber, daß reale Klassen, und zwar endliche, nicht nur einfach ein notwendiges Hilfsmittel für die Zahlentheorie sind, sondern daß sie insgesamt adäquat sind (es sei denn, wir verstehen Zahlen nach *Freges* Weise, der sie zu unendlichen Klassen machte).

So wird unser Inventar an Zeichen nun wieder auf die Quantoren und Variablen, auf die aussagenlogischen Verknüpfungszeichen und auf '$\in$' reduziert. Das ist die primitive Sprache der Theorie der Klassen, und wir haben gesehen, daß sie auch den Grundanforderungen der Arithmetik entspricht.

Wir wollen jetzt die Definitionen für spätere Bezugnahme sortieren. Ich verwende *Zermelos* Version für 0 und S, nämlich Λ und ι. Übernehmen wir (3) und (4) und was sich daran anschließt, so erhalten wir

12.1 '$\beta \leqslant \alpha$' oder '$\alpha \geqslant \beta$' steht für '$\forall z[(\alpha \in z \wedge \breve{\iota}``z \subseteq z) \rightarrow \beta \in z]$',

12.2 '$\beta < \alpha$' oder '$\alpha > \beta$' steht für '$\{\beta\} \leqslant \alpha$',

12.3 '$\mathbb{N}$' steht für '$\{x\colon \Lambda \leqslant x\}$'.

Als nächstes bemerken wir, daß die durch '$\leqslant$' ausgedrückte Relation reflexiv und transitiv ist.

12.4 $x \leqslant x$.

Beweis nach 12.1.

12.5 $x \leqslant y \leqslant z \rightarrow x \leqslant z$.

Beweis: Auf Grund der Voraussetzungen und wegen 12.1

$$\forall w([(y \in w \wedge \breve{\iota}``w \subseteq w) \rightarrow x \in w] \wedge [(z \in w \wedge \breve{\iota}``w \subseteq w) \rightarrow y \in w]).$$

Somit

$$\forall w(\breve{\iota}``w \subseteq w \rightarrow [(z \in w \rightarrow y \in w) \wedge (y \in w \rightarrow x \in w)] \rightarrow (z \in w \rightarrow x \in w)).$$

Das bedeutet nach 12.1 $x \leqslant z$.

Das nächste besagt, daß x nicht größer als S'x sein kann (was für uns $\{x\}$ ist).

12.6 $x \leqslant \{x\}$.

Beweis: Wegen der Definitionen $\langle x,\{x\}\rangle \in \breve{\iota}$. Somit

$$\{x\} \in z \rightarrow x \in \breve{\iota}``z$$
$$\rightarrow (\breve{\iota}``z \subseteq z \rightarrow x \in z),$$

q.e.d. (vgl. 12.1).

Tatsächlich gilt sogar das '$<$'-Zeichen.

12.7 $x < \{x\}$.

Beweis: Beachte 12.2 und ersetze in 12.4 'x' durch ' x '.

Weitere einfache Folgerungen:

12.8 $x < y \leqslant z \rightarrow x < z$.

Beweis ähnlich wie in 12.5.

12.9 $x < y \rightarrow x \leqslant y$.

Beweis: Nach 12.6 und 12.5 $\{x\} \leqslant y \rightarrow x \leqslant y$, q.e.d. (vgl. 12.2).

12.10 $x < y < z \rightarrow x < z$.

Beweis nach 12.8 und 12.9.

Ein etwas inhaltsreicheres Theorem besagt, daß $x = y$, wenn $x \leqslant y$, es sei denn, y ist ein Nachfolger (d.h. eine Einerklasse).

12.11 $x \leqslant y \rightarrow [x = y \vee \exists z(y = \{z\})]$.

Beweis: Wir nehmen an, daß $x \leqslant y$ und $\forall z(y \neq \{z\})$; zu beweisen ist $x = y$. Wegen 12.1, da $x \leqslant y$,

$$\forall w[(y \in w \wedge \breve{\iota}``w \subseteq w) \rightarrow x \in w]. \qquad [I]$$

Da $\forall z(y \neq \{z\})$, ist y kein Wert von ι. Also $\breve{\iota}``\{y\} = \Lambda$, somit $\breve{\iota}``\{y\} \subseteq \{y\}$. Aber auch $y \in \{y\}$. Also nach [I] $x \in \{y\}$. D.h. $x = y$.

Bevor wir zu Theoremen über $\mathbb{N}$ gelangen, ist es zunächst angebracht, sowohl '$w \leqslant x$' als auch '$x \in \mathbb{N}$' etwas ausführlicher auszusprechen:

12.12 $w \leqslant x \leftrightarrow \forall z([x \in z \wedge \forall y(\{y\} \in z \rightarrow y \in z)] \rightarrow w \in z)$.

Beweis: Nach den Definitionen

$$w \leqslant x \leftrightarrow \forall z\ (x \in z \wedge \forall u \forall y[(u = \{y\} \wedge u \in z) \rightarrow y \in z]) \rightarrow w \in z$$

Nach 6.2 läßt sich das auf 12.12 reduzieren.

12.13 $x \in \mathbb{N} \leftrightarrow \forall z([x \in z \wedge \forall y(\{y\} \in z \rightarrow y \in z)] \rightarrow \Lambda \in z)$.

Beweis nach 12.12, 12.3.

Jetzt folgen Theoreme mit den Aussagen, daß 0 eine Zahl ist, daß die Nachfolger von Zahlen Zahlen sind und daß jede Zahl außer 0 ein Nachfolger ist.

12.14 $\Lambda \in \mathbb{N}$.

Beweis: Nach 12.4 $\Lambda \leqslant \Lambda$, q.e.d. (vgl. 12.3).

12.15 $x \in \mathbb{N} \rightarrow \{x\} \in \mathbb{N}$ (d.h. $\iota``\mathbb{N} \subseteq \mathbb{N}$).

Beweis: [1]) Nach 12.5 und 12.6 $\Lambda \leqslant x \to \Lambda \leqslant \{x\}$, q.e.d. (vgl. 12.3).

12.16 $x \in \mathbb{N} \to [x = \Lambda \vee \exists y(x = \{y\})]$.

Beweis nach 12.11, 12.3.

Weiteres über 0:

12.17 $x \leqslant \Lambda \leftrightarrow x = \Lambda$.

Beweis: Nach 10.26 $\neg \exists z(\Lambda = \{z\})$. Also nach 12.11 $x \leqslant \Lambda \to x = \Lambda$. Umkehrung nach 12.4.

12.18 $\neg (x < \Lambda)$.

Beweis: Nach 12.17 und 12.2 $x < \Lambda \leftrightarrow \{x\} = \Lambda$. Also nach 10.26 $\neg (x < \Lambda)$.

Es wird angenehm sein, eine knappe Bezeichnung für $\{x\colon x \leqslant y\}$ zu haben. Ob nun y eine Zahl ist oder nicht, diese Klasse enthält nach 12.1 y, ferner das einzige Element von y, falls ein solches existiert, ferner das einzige Element dieses Elements, falls ein solches existiert, und so geht es weiter nach unten. Wenn y eine Zahl ist, und das ist der Fall, der für uns in erster Linie interessant ist, ist $\{x\colon x \leqslant y\}$ die Klasse aller Zahlen bis zu y einschließlich. Ich schreibe dafür '$\{,,, y\}$'; das soll an die schematische Bezeichnung '$\{\ldots, y\}$' erinnern, selbst aber nicht schematisch sein.

12.19 '$\{,,, \alpha\}$' steht für '$\{x\colon x \leqslant \alpha\}$'.

Sofort können wir 12.4 und 12.17 wie folgt umschreiben:

12.20 $x \in \{,,, x\}$,

12.21 $\{,,, \Lambda\} = \{\Lambda\}$.

13. Induktion

Die Umkehrung der Definition von $\mathbb{N}$ versetzte uns eine Zeitlang in die Lage, auf unendliche Klassen verzichten zu können (Kapitel 11). Obwohl nämlich eine Klasse, die 0 und ferner auch alle Nachfolger ihrer eigenen Elemente enthält, notwendig unendlich sein muß, braucht eine Klasse, die x und alle Vorgänger ihrer Elemente enthält, nicht mehr als $x + 1$ Elemente zu enthalten. So viele Elemente muß sie allerdings auch enthalten. Wenn es also eine *endliche* Schranke gibt, wie groß eine Klasse sein kann, dann verfehlt auch unsere umgekehrte Definition ihren Zweck, ebenso wie die gewöhnliche Definition ihren Zweck verfehlt, wenn es gar keine unendlichen Klassen gibt. Unser mageres Axiom 7.10, das gerade Klassen mit bis zu zwei Elementen garantiert, muß also ergänzt werden, um die Existenz noch größerer Klassen sicherzustellen.

Diese Notwendigkeit tritt erstmals ganz spezifisch bei der Begründung der vollständigen Induktion auf. Die Begründung, die sich der Umkehrung der Definition von $\mathbb{N}$ anschloß, hing ab von der Existenz der Klasse derjenigen Zahlen y von 0 bis x mit $\neg$ Fy (vgl. Kapitel 11), kurz von der Existenz von $\{,,, x\} \cap \{y\colon \neg Fy\}$. Diese Klasse ist in der

---

[1]) Abgekürzt von Miss *Joyce Friedman*.

Tat endlich. Sie muß jedoch für jede Zahl x und für jede Formel in der Rolle des 'Fy' existieren; nur dann kann es eine allgemeine Begründung der Induktion sein. Wir benötigen also

$$x \in \mathbb{N} \rightarrow \{,,, x\} \cap \alpha \in \vartheta$$

als Axiomenschema oder ein anderes Axiomenschema, aus dem wir dieses ableiten können.

Aus Gründen der Eleganz werde ich von jetzt an die Voraussetzung '$x \in \mathbb{N}$' unterschlagen. Man darf nämlich annehmen, daß $\{,,, x\}$ endlich ist, ganz gleich, ob $x \in \mathbb{N}$ oder nicht. Sie hat als Elemente nur x und das einzige Element von x, falls ein solches existiert, ferner das einzige Element hiervon, falls existent, usw., bis wir entweder auf Λ oder auf eine Klasse mit mehr als einem Element stoßen. Könnte es sein, daß es ein solches Ende gar nicht gibt? Ja, und zwar dann, wenn x ein Individuum ist, d.h. wenn $x = \{x\}$ (vgl. Kapitel 4); in diesem Fall ist aber $\{,,, x\}$ gleich x und damit endlich, denn es hat nur ein Element.

Man könnte sich auch vorstellen, daß man von x aus zwar nicht in einem einzigen ι-Schritt, aber doch immerhin nach endlich vielen Schritten wieder zu x zurückkehrt; x ist dann die Einerklasse von der Einerklasse von ... von sich selbst. Alle derartigen in nichtplausibler Weise zyklischen Fälle werden zusammen mit dem Fall der Individuen $x = \{x\}$ durch die Formel '$x < x$' charakterisiert (vgl. 12.2, 12.1). In all solchen Fällen bleibt $\{,,, x\}$ immer noch endlich. Unendlichkeit von $\{,,, x\}$ bedeutet vielmehr die ungewöhnliche Situation, in der

$$x = \{y\}, \quad y = \{z\}, \quad z = \{w\}, \ldots$$

ad infinitum und die x, y, z, w, ... alle voneinander verschieden sind. Das ist kurz gesagt der Fall, wenn $\{,,, x\} \subseteq \iota\text{“}\vartheta$ und dennoch $\neg(x < x)$.

Man könnte ein Axiom hinzunehmen, das die Existenz eines solchen x ausschließt. Aber das dient nicht meinen Absichten. Ich wünsche kein Theorem, das besagt, daß es keine unendlichen Klassen gibt; im Gegenteil, in Abschnitt VI und später werden wir sehen, daß unendliche Klassen aus gutem Grund benötigt werden. Mir geht es nur darum, die Grundlagen der Zahlentheorie bereits zu erhalten, bevor positiv die Existenz unendlicher Klassen angenommen wird. '$\{,,, x\} \cap \alpha \in \vartheta$' als Axiomenschema der Komprehension anzunehmen, ist deswegen durchaus zufriedenstellend, falls wir ein für allemal damit zufrieden sind, daß es nicht irgendein ausgefallenes x mit $\{,,, x\} \subseteq \iota\text{“}\vartheta$ und $\neg(x < x)$ geben kann, und das sind wir in der Tat. Wir sind nicht in Gefahr, die Existenz eines solchen x beweisen zu können, und in keinem Axiom steckt der Vorsatz drin, daß es ein solches x nicht gibt.

Das so weit verteidigte Schema '$\{,,, x\} \cap \alpha \in \vartheta$' ist in anderer Hinsicht nicht adäquat. Es liefert nur Klassen von Zahlen, wenn x eine Zahl ist. Auch wenn x keine Zahl ist, sind $\{,,, x\}$ und $\{,,, x\} \cap \alpha$ Klassen einer sehr speziellen Art, seltsam ineinandergewachsene Klassen mit höchstens einem Element, das keine Einerklasse ist. Wir brauchen aber auch Klassen von anderer Art, wenn auch immer noch endliche, die den Teil der Folgen am Ende von Kapitel 11 und einiger der Funktionen in 11.1 übernehmen.

Infolgedessen ist nicht '$\{,,, x\} \cap \alpha \in \vartheta$' das Axiomenschema der Komprehension, das ich zu diesem Zeitpunkt übernehme, sondern

13.1 *Axiomenschema* $\text{Funk}\,\alpha \rightarrow \alpha``\{,,, x\} \in \vartheta$.

Diese erweiterte Version fordert immer noch keine Klassen, die größer als $\{,,, x\}$ sind, denn da α eine Funktion ist, ordnet sie jedem Element von $\{,,, x\}$ höchstens ein Ding zu. Es soll aber daran erinnert werden, daß unsere Definition (11.1) von '$\beta \leq \alpha$' nach *Cantor* besagte, daß $\beta \subseteq z``\gamma$ für eine gewisse Funktion z. Man beachte, in 13.1 steckt keine Forderung, daß irgendein z gleich α *ist*, daß $\alpha \in \vartheta$.

Das Axiomenschema 13.1 wird von einem wohlbekannten Schema der *Ersetzungsaxiome* (kurz: *Ersetzungsschema*) nahegelegt; es besagt in der Tat, daß $\text{Funk}\,\alpha \rightarrow \alpha``y \in \vartheta$.[1]) Wenn irgendeine Klasse y als Ausgangsklasse gegeben ist, dann postuliert dieses letztgenannte Schema die Existenz derjenigen Klasse, die man aus y erhält, indem man jedes Element durch ein beliebiges Ding, dasselbe oder ein verschiedenes, ersetzt, daher der Name 'Ersetzung'. Wir könnten 13.1 erhalten, indem wir das Ersetzungsschema und zur Verstärkung noch '$\{,,, x\} \in \vartheta$' annehmen. Aber aus 13.1 selbst erhalten wir nichts, was an Stärke dem Ersetzungsschema vergleichbar wäre. Das letztere sagt, in Form von Subjunktionen, viel über unendliche Klassen aus: Wenn es eine unendliche Klasse y gibt, dann gibt es endlos viele andere derselben Größe. In dieser Hinsicht ist 13.1 sogar noch bescheidener als '$x \cup \{y\} \in \vartheta$'.[2])

Das Teilstück '$\Lambda \in \vartheta$' von 7.10 kann aus 13.1 bewiesen werden; man setze einfach Λ statt α. '$\Lambda \in \vartheta$' wurde vor 13.1 nur der bequemen Erläuterungen wegen angenommen. Die großzügige Erlaubnis auf S. 43, die gestattet, für 'Λ', '$\{\alpha\}$', '$\{\alpha, \beta\}$' und '$\iota x\,Fx$' frei Variablen einzusetzen, hängt wesentlich von '$\Lambda \in \vartheta$' ab; man beachte die Rolle von Λ in 8.22 und beim Beweis von 7.12 und 7.13.

Das ganze 7.10, also sowohl '$\{x, y\} \in \vartheta$' als auch '$\Lambda \in \vartheta$', wird überflüssig, wenn wir anstatt 13.1 diese Variante übernehmen:

$$\text{Funk}\,R \rightarrow R``\{,,, x\} \in \vartheta. \tag{1}$$

---

[1]) Es wurde von *Fraenkel* (1922) und unabhängig davon von *Skolem* (1923 für 1922) vorgeschlagen. Der Name *Ersetzung* stammt von *Fraenkel*. Die Idee dazu wurde teilweise schon von *Mirimanoff* (1917) in einem informellen Axiom angesteuert, das besagte, daß eine Klasse existiert, falls sie von derselben Größe wie eine existierende ist. Ein Axiom von *Mirimanoff*s Art erschien auch schon 1899 in einem Brief von *Cantor*, der bis 1932 unveröffentlicht blieb (S. 444). Um aber von diesem Axiom zu dem Ersetzungsschema zu gelangen, braucht man nicht nur das *Aussonderungs*prinzip (das ebenfalls in *Cantor*s Brief vorkam), sondern auch das Auswahlaxiom (das sich nicht bei *Cantor* findet). Schließlich waren *Fraenkel* und *Skolem*, insbesondere *Skolem*, die ersten, die den subtilen Status ihres Prinzips als ein Axiomen*schema* klar definierten; dieser Punkt ist wesentlich, wenn Existenz dem, was ich α genannt habe, nicht zugeschrieben werden soll. Ihre Versionen waren nicht so knapp und prägnant wie '$\text{Funk}\,\alpha \rightarrow \alpha``y \in \vartheta$', denn ihnen fehlte die Methode der virtuellen Klassen; sie waren jedoch dazu äquivalent.

[2]) Vgl. S. VIII '$\{,,, x\} \in \vartheta$' ist immer noch nicht trivial. *Brown* hat gezeigt, daß es nicht bewiesen werden kann, selbst wenn man an das Ersetzungsschema sämtliche Axiome von *Zermelo* (wie die in Kapitel 38) anhängt; es bedarf des Axiomenschemas der *Fundierung* (S. 209), aus dem es, wie *Brown* gezeigt hat, folgt.

Das wurde mir von *Brown* und auch von *Wang* mitgeteilt. In (1) kommt statt 'α' das 'R' von Kapitel 3 vor; so verstehen wir jetzt 'Funk' und 'R" ... ' wie auf S. 17ff. und nicht wie auf S. 47ff., und wir trennen '$\{,,, x\}$' von Paaren, indem wir nun 'ι"z' in 12.1 als '$\{w: \{w\} \in z\}$' lesen.

Um '$\Lambda \in \vartheta$' aus (1) zu beweisen, nehme man als R das $\Lambda \times \Lambda$ von Kapitel 3 oder $\{zw: z \neq z\}$. Als nächstes beweise man '$\{\Lambda\} \in \vartheta$', und man nehme dabei für x und R in (1) $\{\Lambda\}$ und das I aus Kapitel 3 oder $\{zw: z = w\}$. Schließlich beweise man '$\{x, y\} \in \vartheta$', indem man $\{\Lambda\}$ als x von (1) und

$$\{zw: (z = x \land w = \Lambda) \lor (z = y \land w = \{\Lambda\})\}$$

als R nimmt.

Die entsprechende Schlußweise führt nicht zum Erfolg, wenn wir von 13.1 aus anfangen zu arbeiten, denn wir sind dann von 9.5 abhängig, und 9.5 hängt von 7.13 und damit von 7.10 ab. 7.13 geht stillschweigend mit 2.1 in den Beweis von 9.5 ein, nämlich nach der Konvention, die auf S. 39 oben angenommen wurde.

Vom Standpunkt einer axiomatischen Theorie aus sieht unsere gegenwärtige rudimentäre Grundlegung der Mengenlehre so aus, daß sie gerade das Extensionalitätsaxiom 4.1 und das Schema (1) umfaßt. Da geordnete Paare auf jeden Fall kommen sollten, taten wir andererseits aus praktischen und pädagogischen Gründen gut daran, uns frühzeitig nach Relationen als Klassen von geordneten Paaren umzusehen und nicht länger bei virtuellen Relationen wie in Kapitel 3 zu verweilen. Daher die Arbeitsversionen 4.1, 7.10, 13.1.

Oberflächlich gesehen erscheint die Definition von '$\beta \leq \gamma$' nach 11.1 umfassender als daß β gleich z"γ für eine gewisse Funktion z ist; es ist so, daß $\beta \subseteq$ z"γ für eine gewisse Funktion z. Eine entsprechende Erweiterung von 13.1 kommt gelegen und kann wie folgt erreicht werden:

13.2 $(\text{Funk}\,\alpha \land \beta \subseteq \alpha``\{,,, x\}) \to \beta \in \vartheta$.

Beweis: Wegen 10.8, 9.17 und der Voraussetzung Funk $\beta \upharpoonleft \alpha$. Somit nach 13.1 $(\beta \upharpoonleft \alpha)``\{,,, x\} \in \vartheta$. Aber $(\beta \upharpoonleft \alpha)``\{,,, x\}$ ist gleich $\beta \cap \alpha``\{,,, x\}$ und somit nach Voraussetzung gleich β.

Das Schema, das vor 13.1 betrachtet wurde, läßt sich auch leicht ableiten:

13.3 $\{,,, x\} \cap \alpha \in \vartheta$.

Beweis: $\{,,, x\} \cap \alpha \subseteq \{,,, x\}$.

Folglich $\{,,, x\} \cap \alpha \subseteq \text{I}``\{,,, x\}$.

Somit nach 10.4 und 13.2

$$\{,,, x\} \cap \alpha \in \vartheta.$$

Noch eine Folgerung, die die Existenz von Funktionen betrifft:

13.4 $(\text{Funk}\,\alpha \land \breve{\alpha}``\vartheta \subseteq \{,,, x\}) \to \alpha \in \vartheta$.

Beweis: Wegen der zweiten Voraussetzung

$$\forall y \forall z(\langle y, z\rangle \in \alpha \to z \in \{,,, x\}). \qquad (1)$$

Nach der ersten Voraussetzung gibt es zu jedem z höchstens ein y, und somit auch höchstens ein $\langle y, z\rangle$ mit $\langle y, z\rangle \in \alpha$. Folglich Funk β, wobei

$$\beta = \{\langle\langle y, z\rangle, z\rangle : \langle y, z\rangle \in \alpha\}.$$

Also nach 13.1 $\beta``\{,,, x\} \in \mathfrak{V}$. Aber

$$\beta``\{,,, x\} = \{\langle y, z\rangle : z \in \{,,, x\} \wedge \langle y, z\rangle \in \alpha\}$$

(nach (1)) $\qquad = \{\langle y, z\rangle : \langle y, z\rangle \in \alpha\}$

(nach 9.6) $\qquad = \breve{\alpha}.$

Also $\breve{\alpha} \in \mathfrak{V}$. Nach Voraussetzung und nach 10.1 aber $\breve{\alpha} = \alpha$.

In der folgenden Form läßt sich das Prinzip der vollständigen Induktion am leichtesten aus 13.1 gewinnen:

13.5 $\qquad [x \in \alpha \wedge \forall y(\{y\} \in \alpha \rightarrow y \in \alpha)] \rightarrow \{,,, x\} \subseteq \alpha.$

Beweis: Wegen der ersten Voraussetzung und wegen 12.20

$$x \in \{,,, x\} \cap \alpha. \tag{1}$$

Wegen 12.9 und auf Grund der Definitionen

$$\{y\} \in \{,,, x\} \rightarrow y \in \{,,, x\};$$

somit auf Grund der zweiten Voraussetzung

$$\forall y(\{y\} \in \{,,, x\} \cap \alpha \rightarrow y \in \{,,, x\} \cap \alpha). \tag{2}$$

Für jedes $w \in \{,,, x\}$ gilt nach 12.19 $w \leqslant x$, daher wegen 12.12

$$\forall z([x \in z \wedge \forall y(\{y\} \in z \rightarrow y \in z)] \rightarrow w \in z).$$

Nehmen wir für z hier $\{,,, x\} \cap \alpha$ im Vertrauen auf 13.3 und 6.11, so können wir aus (1) und (2) folgern, daß $w \in \{,,, x\} \cap \alpha$, und somit $w \in \alpha$.

Schalten wir von dem schematischen Buchstaben 'α' für einen Klassenabstraktionsterm um auf den schematischen Prädikatsbuchstaben 'F', so können wir den Sachverhalt so darstellen:

13.6 $\qquad [Fx \wedge \forall y(F\{y\} \rightarrow Fy) \wedge w \leqslant x] \rightarrow Fw.$

Beweis: Wenn wir '$\{z: Fz\}$' für 'α' in 13.5 einsetzen und nach 2.1 reduzieren, so können wir aus unseren ersten beiden Voraussetzungen schließen, daß $\{,,, x\} \subseteq \{z: Fz\}$. Nach der letzten Voraussetzung und nach 12.19 gilt aber $w \in \{,,, x\}$, somit Fw.

Das Induktionsprinzip in seiner üblichen oder „nach vorn gerichteten" Form folgt jetzt ebenfalls:

13.7 $\qquad [Fw \wedge \forall y(Fy \rightarrow F\{y\}) \wedge w \leqslant x] \rightarrow Fx.$

Beweis: Substitution in 13.6 liefert

$$[\neg Fx \wedge \forall y(\neg F\{y\} \rightarrow \neg Fy) \wedge w \leqslant x] \rightarrow \neg Fw.$$

Das ist äquivalent zu 13.7.

Wenn wir die zweite Prämisse in 13.7 verlängern, dabei aber abschwächen, so können wir die stärkere Form der Induktion erhalten:

13.8 $\qquad (Fw \wedge \forall y[(w \leqslant y \wedge Fy) \rightarrow F\{y\}] \wedge w \leqslant x) \rightarrow Fx.$

Beweis: Nach 12.4 bis 12.6 $w \leqslant w$ und $w \leqslant y \rightarrow w \leqslant \{y\}$. Somit auf Grund der ersten beiden Voraussetzungen

$$w \leqslant w \wedge Fw, \quad \forall y[(w \leqslant y \wedge Fy) \rightarrow (w \leqslant \{y\} \wedge F\{y\})].$$

Hieraus und aus der letzten Voraussetzung '$w \leqslant x$' folgt nach Induktion gemäß 13.7, daß $w \leqslant x \wedge Fx$.

Aus 13.7 und 13.8 erhalten wir die explizit zahlenmäßigen Formulierungen:

13.9 $[F\Lambda \wedge \forall y(Fy \rightarrow F\{y\}) \wedge x \in \mathbb{N}] \rightarrow Fx$,

13.10 $(F\Lambda \wedge \forall y[(y \in \mathbb{N} \wedge Fy) \rightarrow F\{y\}] \wedge x \in \mathbb{N}) \rightarrow Fx$

der vollständigen Induktion, indem wir Λ als w nehmen und 12.3 beachten.

Die berühmten fünf Peanoschen Axiome für S und $\mathbb{N}$ ergeben sich nun als Theoreme, bzw. als ein Theoremschema.[1]) Seine ersten beiden besagen, daß jede Zahl einen und nur einen Nachfolger hat; wenn S als ι verstanden wird, so stecken diese Dinge in 10.27 ($x \in \arg \iota$). Sein drittes Axiom besagt für alle Zahlen x und y: wenn $S\text{`}x = S\text{`}y$, so $x = y$; das steht für uns in 7.7. Sein viertes Axiom besagt, daß es eine Zahl gibt, die kein Nachfolger ist; das erhalten wir aus 10.26 und 12.14 ($\{x\} \neq \Lambda \in \mathbb{N}$). Sein fünftes Axiom ist die Induktion, 13.10. So haben wir nun dieses alles ohne unendliche Klassen erhalten.

Die Sammlung klassischer arithmetischer Sätze über '$\leqslant$', mit der in Kapitel 12 begonnen wurde, wird nun mit Hilfe der vollständigen Induktion fortgesetzt.

13.11 $x \leqslant y \leftrightarrow (x = y \vee x < y)$.

Beweis: Nach 12.7 $z < \{z\}$. Somit $x = z \rightarrow x < \{z\}$, und weiterhin nach 12.10 $x < z \rightarrow x < \{z\}$. Kombination liefert

$$\begin{aligned} &\forall z[(x = z \vee x < z) \rightarrow x < \{z\}] \\ &\qquad \rightarrow (x = \{z\} \vee x < \{z\}). \end{aligned} \tag{1}$$

Ferner $x = x \vee x < x$, da $x = x$. Aus diesem und (1) folgt nach Induktion gemäß 13.7, daß

$$x \leqslant y \rightarrow (x = y \vee x < y).$$

Die Umkehrung erhält man mit 12.4 und 12.9.

13.12 $x < \{y\} \leftrightarrow x \leqslant y$.

Beweis: Nach 12.9 und 12.2 $\{x\} \leqslant z \rightarrow x \leqslant z$. Somit *a fortiori*

$$\forall z((\{x\} \leqslant z \wedge x \leqslant \breve{\iota}\text{`}z) \rightarrow x \leqslant z)$$

(nach 10.29) $\rightarrow x \leqslant \breve{\iota}\text{`}\{z\})$.

Nach 10.29 und 12.4 gilt aber auch $x \leqslant \breve{\iota}\text{`}\{x\}$. Aus diesen beiden Resultaten folgt nach Induktion gemäß 13.8 (wenn man für w und x in 13.8 $\{x\}$ und $\{y\}$ und für '$Fz$' '$x \leqslant \breve{\iota}\text{`}z$' nimmt), daß

$$\{x\} \leqslant \{y\} \rightarrow x \leqslant \breve{\iota}\text{`}\{y\}.$$

---

[1]) *Peano*, 1889. Sie finden sich auch bei *Dedekind*, 1888, § 6, in einer Arbeit, die *Peano* in seinem Vorwort zitiert; inzwischen aber ist *Peano*s Name untrennbar mit diesen Axiomen verbunden. Siehe ferner *Wang*, 1957.

Das bedeutet nach 12.2 und 10.29 $x < \{y\} \rightarrow x \leqslant y$. Umgekehrt gilt nach 12.7 und 12.10

$$\forall u (x < \{u\} \rightarrow x < \{\{u\}\}),$$

hieraus und aus 12.7 können wir mit Induktion nach 13.7 schließen, daß $x \leqslant y \rightarrow x < \{y\}$.

13.13 $x \leqslant \{y\} \leftrightarrow (x = \{y\} \vee x \leqslant y)$ (d.h. $\{,,,\{y\}\} = \{,,, y\} \cup \{\{y\}\}$).

Beweis: Nach 13.11

$$x \leqslant \{y\} \leftrightarrow (x = \{y\} \vee x < \{y\})$$

(nach 13.12) $\leftrightarrow (x = \{y\} \vee x \leqslant y)$.

13.14 $(z \leqslant x \wedge z \leqslant y) \rightarrow (x \leqslant y \vee y \leqslant x)$.

Beweis: Nach 13.11 und 12.2

$$w \leqslant x \rightarrow (w = x \vee \{w\} \leqslant x)$$

(nach 12.6) $\rightarrow (x \leqslant \{w\} \vee \{w\} \leqslant x)$.

Weiterhin gilt nach 12.5 und 12.6 $x \leqslant w \rightarrow x \leqslant \{w\}$. Kombination liefert

$$\forall w [(x \leqslant w \vee w \leqslant x) \rightarrow (x \leqslant \{w\} \vee \{w\} \leqslant x)].$$

Nach der ersten Voraussetzung $x \leqslant z \vee z \leqslant x$. Aus diesen beiden Ergebnissen und aus der zweiten Voraussetzung können wir mit Induktion gemäß 13.7 schließen, daß $x \leqslant y \vee y \leqslant x$.

Obwohl wir Induktion anwandten, gelten die Theoreme 13.11 bis 13.14 nicht nur für Zahlen, sondern wie 12.4 bis 12.12 für beliebige Objekte. Es handelt sich dabei um allgemeine Gesetze von '$\leqslant$' im Sinne eines iterierten $\breve{\iota}$ (dieser Sinn wurde in 12.1 festgelegt). Sie wurden nicht mit Hilfe der speziellen vollständigen Induktion 13.9 und 13.10 für Zahlen bewiesen, sondern mit den Induktionsgesetzen 13.7 und 13.8, die '$\leqslant$' oder das iterierte $\breve{\iota}$ ganz allgemein regeln. An diese Allgemeinheit wurden wir plötzlich erinnert, als die Voraussetzung in 13.14 erforderlich wurde. Konnexheit gilt für '$\leqslant$' im allgemeinen Sinne nicht; wir können nicht von jeder Klasse zu jeder beliebigen anderen Klasse gelangen, indem wir ι oder $\breve{\iota}$ iterieren. Die erforderliche Voraussetzung in 13.14 wird bedacht, wenn wir uns an Zahlen halten, da Null oder Λ dann die Rolle von z spielt, also

13.15 $x, y \in \mathbb{N} \rightarrow (x \leqslant y \vee y \leqslant x)$.

Beweis nach 13.14, 12.3.

Wir geben noch einige weitere Theoreme an, die speziell für Zahlen gelten.

13.16 $x \in \mathbb{N} \leftrightarrow (x = \Lambda \vee \Lambda < x)$.

Beweis nach 13.11, 12.3.

13.17 $x \in \mathbb{N} \rightarrow (\Lambda < x \leftrightarrow x \neq \Lambda)$.

Beweis: Nach Voraussetzung und nach 13.16 $x \neq \Lambda \rightarrow \Lambda < x$. Umgekehrt nach 12.18 $\neg (\Lambda < \Lambda)$, und somit $\Lambda < x \rightarrow x \neq \Lambda$.

13.18 $x \leqslant y \in \mathbb{N} \rightarrow x \in \mathbb{N}$.

Beweis: [1]) Nach 13.16

$$\forall z[\{z\} \in \mathbb{N} \rightarrow (\{z\} = \Lambda \vee \Lambda < \{z\})]$$

(nach 10.26) $\rightarrow \Lambda < \{z\})$

(nach 13.12, 12.3) $\rightarrow z \in \mathbb{N})$.

Hieraus und aus den Voraussetzungen folgt mit vollständiger Induktion nach 13.6, daß $x \in \mathbb{N}$.

13.19 $x \in \mathbb{N} \leftrightarrow \{x\} \in \mathbb{N}$.

Beweis: Nach 12.6 und 13.18 $\{x\} \in \mathbb{N} \rightarrow x \in \mathbb{N}$. Umkehrung nach 12.15.

13.20 $x \in \mathbb{N} \rightarrow \neg (x < x)$.

Beweis: Nach 13.12 und 12.2 $\{y\} < \{y\} \rightarrow y < y$, d.h.

$$\forall y[\neg (y < y) \rightarrow \neg (\{y\} < \{y\})].$$

Nach 12.18 gilt ebenfalls $\neg (\Lambda < \Lambda)$. Also folgt 13.20 mit Induktion gemäß 13.9.

Wir schließen dieses Kapitel mit zwei Folgerungen aus 13.20 ab.

13.21 $x \in \mathbb{N} \rightarrow (x \leqslant y \leqslant x \leftrightarrow x = y)$.

Beweis: Nach 12.8 $x < y \leqslant x \rightarrow x < x$. Also nach Voraussetzung und nach 13.20 $\neg (x < y \leqslant x)$. Aber nach 13.11

$$x \leqslant y \leqslant x \rightarrow (x = y \vee x < y \leqslant x).$$

Also $x \leqslant y \leqslant x \rightarrow x = y$. Umkehrung nach 12.4.

13.22 $x, y \in \mathbb{N} \rightarrow (x \leqslant y \leftrightarrow \neg (y < x))$.

Beweis: Nach 13.11 und 12.4

$$y \leqslant x \rightarrow (x \leqslant y \vee y < x).$$

Nach Voraussetzung und nach 13.15 $x \leqslant y \vee y \leqslant x$. Wie in dem vorangegangenen Beweis $\neg (y < x \leqslant y)$. Aus diesen drei Ergebnissen läßt sich in der Aussagenlogik ableiten, daß $x \leqslant y \leftrightarrow \neg (y < x)$.

V. Iteration und Arithmetik

14. Folgen und Iterierte

Wir wollen jetzt geradewegs die Definitionen von Summe, Produkt und Potenz ansteuern, die wir in (5) von Kapitel 11 betrachtet haben, und dazu wenden wir uns zunächst den Definitionen von Seq und $z^{|w}$ zu, die wir in (7) und (8) desselben Paragraphen erörtert haben.

---

[1]) Abgekürzt von *David Hemmendinger*.

14.1 'Seq' steht für '$\{x: \text{Funk}\, x \wedge \exists y(x``\mathfrak{V} = \{,,, y\})\}$',

14.2 '$\alpha^{|\beta}$' steht für '$\{\langle x, y\rangle: \exists z(z \in \text{Seq} \wedge \langle x, \beta\rangle, \langle y, \Lambda\rangle \in z \wedge z|\iota|\breve{z} \subseteq \alpha)\}$'.

Die beiden grundlegenden Eigenschaften der Iterierten konnte man in dem Rekursionsschema (6) von Kapitel 11 erkennen.

14.3 $\alpha^{|\Lambda} = \text{I}.$

Beweis: Wir betrachten beliebige x, y mit $\langle x, y\rangle \in \alpha^{|\Lambda}$. Nach 14.2 gibt es eine Folge z mit $\langle x, \Lambda\rangle, \langle y, \Lambda\rangle \in z$. Nach 14.1 Funk z. Also $x = y$. Also $\alpha^{|\Lambda} \subseteq \text{I}$. Umgekehrt sei nun $z = \{\langle x, \Lambda\rangle\}$. Dann nach 10.5 Funk z, nach 12.21 $\breve{z}``\mathfrak{V} = \{\Lambda\} = \{,,, \Lambda\}$, und somit nach 14.1 $z \in \text{Seq}$. Da nach 10.26 $\forall x(\Lambda \neq \iota`x)$, $z|\iota = \Lambda$; also $z|\iota|\breve{z} = \Lambda$; also $z|\iota|\breve{z} \subseteq \alpha$. Ferner $\langle x, \Lambda\rangle, \langle x, \Lambda\rangle \in z$. All dieses läuft zusammen darauf hinaus, daß $\langle x, x\rangle \in \alpha^{|\Lambda}$; vgl. 14.2. Also $\text{I} \subseteq \alpha^{|\Lambda}$.

Die zweite Eigenschaft beweisen wir in zwei Hälften.

14.4 $\alpha^{|\{x\}} \subseteq \alpha|\alpha^{|x}$.

Beweis: Wir betrachten beliebige y, z mit $\langle y, z\rangle \in \alpha^{|\{x\}}$. Nach 14.2 gibt es eine Folge w mit

$\langle y, \{x\}\rangle, \langle z, \Lambda\rangle \in w,$ [I]

$w|\iota|\breve{w} \subseteq \alpha.$ [II]

Nach 14.1 Funk w; [III]

ferner gibt es ein v mit

$\breve{w}``\mathfrak{V} = \{,,, v\}.$ [IV]

Nach [I] $\{x\} \in \breve{w}``\mathfrak{V}$. Also $x < v$ nach [IV] und nach den Definitionen. Somit nach 12.9 und nach Definition $x \in \{,,, v\}$. Folglich gibt es nach [IV] ein u mit

$\langle u, x\rangle \in w.$ [V]

Wenn wir wieder [I] hinzuziehen, so erfüllt unsere Folge w die Bedingung '$\langle u, x\rangle, \langle z, \Lambda\rangle \in w$', die zusammen mit [II] $\langle u, z\rangle$ gemäß 14.2 als Element von $\alpha^{|x}$ ausweist. Darüber hinaus wegen [I] und [V] $\langle y, u\rangle \in w|\iota|\breve{w}$, und somit nach [II] $\langle y, u\rangle \in \alpha$. Zusammen ergibt das $\langle y, z\rangle \in \alpha|\alpha^{|x}$. $\langle y, z\rangle$ war jedoch ein beliebiges Element von $\alpha^{|\{x\}}$.

Nun zu der Umkehrung von 14.4, die ich mit 14.4 selbst zusammennehme. Der Beweis ist lang, und seine Darstellung erfordert beträchtlichen Platz. Aus ihm erhalten wir dann in ein oder zwei Schritten die geläufigen Rekursionsgesetze:

$$x + S`y = S`(x + y), \quad x \cdot (S`y) = x + x \cdot y, \quad x^{S`y} = x \cdot x^y$$

für alle $y \in \mathbb{N}$; siehe 16.6, 16.8 und 16.10 auf Seite 79.

14.6 $\alpha^{|\{x\}} = \alpha|\alpha^{|x}$.

Beweis: Wir betrachten beliebige y, z mit $\langle y, z\rangle \in \alpha|\alpha^{|x}$. D.h. es gibt ein u mit

$\langle y, u\rangle \in \alpha$ [I]

und $\langle u, z\rangle \in \alpha^{|x}$, d.h. es gibt eine Folge w mit

$\langle u, x\rangle, \langle z, \Lambda\rangle \in w,$ [II]

$w|\iota|\breve{w} \subseteq \alpha.$ [III]

Nach 14.1 $\quad \mathrm{Funk}\, w$; [IV]

ferner gibt es ein v mit

$$\breve{w}``\,\mathfrak{V} = \{,,, v\}. \qquad [V]$$

Nach [V] und [II] $x, \Lambda \in \{,,, v\}$. Das bedeutet auf Grund der Definitionen

$$x \leqslant v \in \mathbb{N}. \qquad [VI]$$

Somit nach 13.18

$$x \in \mathbb{N}. \qquad [VII]$$

Auf Grund der Definitionen heißt das

$$\Lambda \in \{,,, x\}. \qquad [VIII]$$

Wegen [VI], 12.5 und der Definition $\{,,, x\} \subseteq \{,,, v\}$. Das bedeutet nach [V]

$$\{,,, x\} \subseteq \breve{w}``\,\mathfrak{V}. \qquad [IX]$$

Nach [IV] und 10.8 $\mathrm{Funk}\, w \restriction \{,,, x\}$. Ferner nach [VII] und 13.20

$$\neg\,(x < x), \qquad [X]$$

d.h. nach den Definitionen $\{x\} \in \{,,, x\}$. Somit nach 10.7

$$\mathrm{Funk}\, w \restriction \{,,, x\} \cup \{\langle y, \{x\}\rangle\}.$$

Darüber hinaus ist der rechte Bereich dieser Funktion gleich $\{,,, x\} \cup \{\{x\}\}$, d.h. nach 13.13 gleich $\{,,, \{x\}\}$. Also ist die Funktion nach 13.4 ein gewisses t. Somit

$$t = w \restriction \{,,, x\} \cup \{\langle y, \{x\}\rangle\}. \qquad [XI]$$

Wie schon bemerkt, Funk t und $\breve{t}``\,\mathfrak{V} = \{,,, \{x\}\}$. Also nach 14.1

$$t \in \mathrm{Seq}. \qquad [XII]$$

Nach [II] und [VIII] $\langle z, \Lambda\rangle \in w \restriction \{,,, x\}$. Also nach [XI]

$$\langle y, \{x\}\rangle, \langle z, \Lambda\rangle \in t. \qquad [XIII]$$

Schließlich nehmen wir noch beliebige q und s mit $\langle q, s\rangle \in t|\iota|\breve{t}$. Nach [XI] sind vier Möglichkeiten in Betracht zu ziehen:

Fall 1: $\quad \langle q, s\rangle \in w \restriction \{,,, x\}|\iota|\breve{\ }(w \restriction \{,,, x\})$.

Dann $\langle q, s\rangle \in w|\iota|\breve{w}$. Dann wegen [III] $\langle q, s\rangle \in \alpha$.

Fall 2: $\quad \langle q, s\rangle \in w \restriction \{,,, x\}|\iota|\{\langle \{x\}, y\rangle\}$.

Dann trägt q $w \restriction \{,,, x\}$ nach $\{\{x\}\}$. Dann $\{\{x\}\} \in \{,,, x\}$. Nach den Definitionen bedeutet das $\{x\} < x$. Nach 12.9 und nach Definition $x < x$, im Gegensatz zu [X]. Also ist Fall 2 ausgeschlossen.

Fall 3: $\quad \langle q, s\rangle \in \{\langle y, \{x\}\rangle\}|\iota|\breve{\ }(w \restriction \{,,, x\})$.

Dann $q = y$ und $\langle s, x\rangle \in w$. Dann $s = u$ nach [II] und [IV]. Also nach [I] $\langle q, s\rangle \in \alpha$.

Fall 4: $\quad \langle q, s\rangle \in \{\langle y, \{x\}\rangle\}|\iota|\{\langle \{x\}, y\rangle\}$.

Dann $\langle \{x\}, \{x\}\rangle \in \iota$. Dann nach 10.28 $x = \{x\}$, und somit nach 12.7 $x < x$, im Gegensatz zu [X]. Also ist Fall 4 ausgeschlossen.

Folglich gilt $\langle q, s\rangle \in \alpha$ in den beiden möglichen Fällen von $\langle q, s\rangle \in t|\iota|\breve{t}$. Also $t|\iota|\breve{t} \subseteq \alpha$. Dieses besagt zusammen mit [XII] und [XIII] im Hinblick auf 14.2, daß $\langle y, z\rangle \in \alpha^{|\{x\}}$. $\langle y, z\rangle$ war aber ein beliebiges Element von $\alpha|\alpha^{|x}$. Also $\alpha|\alpha^{|x} \subseteq \alpha^{|\{x\}}$. Also nach 14.4 $\alpha^{|\{x\}} = \alpha|\alpha^{|x}$.

Aus 14.6 und 14.3 erhalten wir insbesondere, daß $\alpha^{|\{\Lambda\}} = \alpha|\mathrm{I}$.

14.7 $\qquad \alpha^{|\{\Lambda\}} = \dot{\alpha}$.

Aus diesem wiederum erhalten wir nach 14.6

14.8 $\qquad \alpha^{|\{\{\Lambda\}\}} = \alpha|\alpha$,

usw.

Als nächstes wollen wir uns von dem leeren Fall trennen.

14.9 $\qquad x \notin \mathbb{N} \to \alpha^{|x} = \Lambda$.

Beweis: Wir nehmen an, $\langle y, z\rangle \in \alpha^{|x}$. Dann gibt es nach den Definitionen v und w mit $\langle y, x\rangle, \langle z, \Lambda\rangle \in w$ und $\breve{w}``\vartheta = \{,,, v\}$. Dann $x, \Lambda \in \{,,, v\}$. Das bedeutet nach den Definitionen $x \leqslant v \in \mathbb{N}$. Dann gilt aber nach 13.18 $x \in \mathbb{N}$, im Gegensatz zur Voraussetzung.

Da die Verknüpfung von Relationen zu einer resultierenden Relation $\alpha|\beta$ eine assoziative Operation ist, sollte $\alpha^{|y}$ gleich $\alpha|\alpha \ldots |\alpha$ (mit y Vorkommen) sein, unabhängig von speziellen Klammerungen. Daher sollte $\alpha^{|\{x\}}$ ebensogut gleich $\alpha^{|x}|\alpha$ wie gleich $\alpha|\alpha^{|x}$ sein. Das wird nun bewiesen.

14.10 $\qquad \alpha^{|\{x\}} = \alpha^{|x}|\alpha$.

Beweis: Nach 14.6 $\alpha^{|\{\{y\}\}} = \alpha|\alpha^{|\{y\}}$. Also

$$\forall y(\alpha^{|\{y\}} = \alpha^{|y}|\alpha \to \alpha^{|\{\{y\}\}} = \alpha|\alpha^{|y}|\alpha)$$

(nach 14.6) $\qquad = \alpha^{|\{y\}}|\alpha)$.

Nach 14.7 $\qquad \alpha^{|\{\Lambda\}} = \dot{\alpha} = \mathrm{I}|\alpha$

(nach 14.3) $\qquad = \alpha^{|\Lambda}|\alpha$.

Aus diesen beiden Ergebnissen folgt mit vollständiger Induktion gemäß 13.9, daß $\alpha^{|\{x\}} = \alpha^{|x}|\alpha$, falls $x \in \mathbb{N}$. Wenn $x \notin \mathbb{N}$, dann $\alpha^{|x} = \Lambda$ nach 14.9, und somit $\alpha^{|x}|\alpha = \Lambda$; ebenfalls $\{x\} \notin \mathbb{N}$ nach 13.19, und somit $\alpha^{|\{x\}} = \Lambda$ nach 14.9.

Wir beschließen dieses Kapitel mit einigen Sätzen über Iterierte von Funktionen.

14.11 $\qquad (x \in \mathbb{N} \wedge \arg\alpha = \vartheta) \to \arg\alpha^{|x} = \vartheta$.

Beweis: Wenn $\arg\alpha^{|w} = \vartheta$, so gibt es zu jedem z genau ein Ding y, das $\alpha^{|w}$ nach z trägt; also wird dieses Ding allein $\alpha|\alpha^{|w}$ nach z tragen. Folglich

$$\forall w[\arg\alpha^{|w} = \vartheta \to \arg(\alpha|\alpha^{|w}) = \vartheta\ ]$$

(nach 14.6) $\qquad \to \arg\alpha^{|\{w\}} = \vartheta\ ]$.

Nach 14.3 und 10.4 gilt aber auch, daß $\arg\alpha^{|\Lambda} = \vartheta$. So können wir mit Induktion gemäß 13.9 schließen, daß $\arg\alpha^{|x} = \vartheta$, da $x \in \mathbb{N}$.

14.12 $\qquad \mathrm{Funk}\,\alpha \to \mathrm{Funk}\,\alpha^{|x}$.

Beweis: Falls $x \in \mathbb{N}$, ist es der vorhergehende Beweis, wenn man 'genau ein' durch 'höchstens ein' und 'arg ... = ϑ' durch 'Funk ... ' ersetzt. Falls $x \notin \mathbb{N}$, erfolgt der Beweis nach 14.9 und 10.3.

14.13 $I^{|x}`\Lambda = \Lambda$.

Beweis: Nach 14.6 $I^{|\{y\}} = I|I^{|y} = I^{|y}$. Also $I^{|y} = I \rightarrow I^{|\{y\}} = I$. Ferner gilt nach 14.3 $I^{|\Lambda} = I$. Also nach 13.9 $I^{|x} = I$ für $x \in \mathbb{N}$. Falls $x \notin \mathbb{N}$, $I^{|x} = \Lambda$ nach 14.9. Beides zusammen ergibt 14.13.

15. Die Vorfahrenrelation

Jetzt sind wir soweit, um zu Summen, Produkten und Potenzen von natürlichen Zahlen übergehen zu können. Ich schiebe jedoch noch ein Zwischenspiel über die *Vorfahrenrelation* einer Relation ein. Es handelt sich dabei nicht um einen Begriff, der an irgendeiner Stelle der nachfolgenden Behandlung der natürlichen Zahlen oder gar der reellen Zahlen vorkommen wird. Trotzdem ist es ein wichtiger Begriff. Wir werden ihn an späteren Stellen (Kapitel 22, 24, 29) verwenden, und gewöhnlich wird er in den Grundlagen der Theorie der natürlichen Zahlen gebraucht. Ich füge die Erörterung dieses Begriffes hier ein, weil er unmittelbar auf Iterierten beruht.

Der Begriff ist uns schon zweimal in exemplarischer Weise begegnet: Einmal, als wir zu Beginn von Kapitel 4 den Vorfahren mittels des Elternteils definierten, das andere Mal, als wir '$\geqslant$' mit Hilfe von S (oder '$\in \mathbb{N}$' mit Hilfe von S und 0) definierten. Allgemein wollen wir unter der Vorfahrenrelation einer Relation w diejenige Relation $*w$ verstehen, in der ein beliebiges x dann und nur dann zu einem y steht, wenn x gleich y ist, oder wenn x zu y in der Relation w steht, oder wenn x zu etwas in der Relation w steht, was seinerseits zu y in der Relation w steht, oder wenn ... . Wenn w die Elternrelation ist, dann ist $*w$ also die Vorfahrenrelation (im verwandtschaftlichen Sinne). Wenn w die Nachfolgerfunktion ist, dann ist $*w$ gleich $\{\langle x, y\rangle: x \geqslant y\}$, und $\mathbb{N}$ ist gleich $*w``0$. Die klassische Art, $*w$ zu definieren, die auf *Frege* [1]) zurückgeht, haben wir schon in den beiden Anwendungsbeispielen kennengelernt; allgemein

$$*\alpha = \{\langle x, y\rangle: \forall z[(y \in z \wedge \alpha``z \subseteq z) \rightarrow x \in z]\}. \tag{1}$$

Wir sahen aber auch im Fall, in dem α die Nachfolgerfunktion ist (Kapitel 11), daß der Erfolg dieses Vorgehens von der Existenz unendlicher Klassen abhängt. Wir sahen gleichfalls, wie man diese Abhängigkeit in dem Nachfolgerbeispiel durch eine Umkehrung vermeiden kann.

---

[1]) Die Methode wird beharrlich unter dem Namen „Ketten" *Dedekind* (1888) zugeschrieben; bei *Frege* taucht sie jedoch schon früher auf (1879, §§ 26, 29). Er definierte sowohl den gewöhnlichen Vorfahren als auch das, was ich ein paar Seiten später den ***eigentlichen*** Vorfahren nennen werde. In 1884 (s. 94) definierte er noch einmal den gewöhnlichen Vorfahren. *Dedekind* erkannte *Freges* Priorität in einem Brief aus dem Jahre 1890 an, der übersetzt in *Wangs* Arbeit von 1957 erscheint.

Diese Umkehrung verdankte ihren Erfolg einer speziellen Eigenschaft des Nachfolgers: Der Eigenschaft nämlich, daß er zu einer Folge Anlaß gibt, die zwar kein Ende, jedoch einen Anfang besitzt. Klassen, die hinsichtlich des Nachfolgers abgeschlossen sind, sind unendlich, falls nicht trivial; das ist nicht der Fall bei Klassen, die hinsichtlich des Vorgängers abgeschlossen sind. Die Wendung zur Umkehrung hätte uns auch überhaupt nichts eingebracht, wenn wir es mit dem Nachfolger unter den ganzen Zahlen (einschließlich der negativen) zu tun gehabt hätten. Eine Klasse, die ganze Zahlen als Elemente enthält, muß unendlich sein, wenn sie hinsichtlich des Nachfolgers *oder* des Vorgängers in diesem Bereich abgeschlossen sein soll.

Eine allgemeine Lösung steht uns jedoch zur Verfügung. Schließlich ist $*\alpha$ einfach die Relation, die ein Paar $\langle x, y\rangle$ enthält, wenn x in einer Iterierten von α zu y steht. Die Vorfahrenrelation ist die Vereinigung aller Iterierten.

15.1 '$*\alpha$' steht für '$\{w: \exists z(w \in \alpha^{|z})\}$'. [1]

In der Reihenfolge der üblichen Darstellung wird zuerst die allgemeine Theorie der Vorfahrenrelation entwickelt, und dann erhält man $\mathbb{N}$ anschließend, indem man den allgemeinen Begriff der Vorfahrenrelation auf S im besonderen anwendet. Bei diesem üblichen Zugang ist (1) die allgemeine Definition der Vorfahrenrelation, und die Theoreme über sie hängen weitgehend davon ab, daß unendliche Klassen geeigneter Art existieren. Wir fanden heraus, wie der Spezialfall der Vorfahrenrelation, der für $\mathbb{N}$ erfordert wurde, dank einer speziellen Eigenschaft der Nachfolgerfunktion ohne die Annahme unendlicher Klassen behandelt werden konnte. Und dann leiteten wir in den Definitionen 14.1, 14.2 und 15.1 aus diesem günstigen Spezialfall der Vorfahrenrelation eine Version des allgemeinen Begriffes ab, die der klassischen Version äquivalent ist, wenn unendliche Klassen garantiert sind, die aber selbst keine unendlichen Klassen fordert. Anstatt wie gewöhnlich ein *Prolegomenon* zur Arithmetik zu sein, ist für uns die Theorie der Vorfahrenrelation eine Anwendung der Arithmetik.

Wir wollen jetzt die verschiedenen klassischen Sätze über die Vorfahrenrelation ableiten.

15.2 $\langle x, x\rangle \in *\alpha$ (d.h. $I \subseteq *\alpha$). [2]

Beweis: Nach 14.3 $\langle x, x\rangle \in \alpha^{|\Lambda}$. Also $\exists z(\langle x, x\rangle \in \alpha^{|z})$, q.e.d.

15.3 $\langle x, y\rangle \in \alpha \rightarrow \langle x, y\rangle \in *\alpha$ (d.h. $\alpha \subseteq *\alpha$).

Beweis ähnlich, nach 14.7.

15.4 $(\langle x, y\rangle \in *\alpha \wedge \langle y, z\rangle \in \alpha) \rightarrow \langle x, z\rangle \in *\alpha$ (d.h. $*\alpha|\alpha \subseteq *\alpha$).

---

[1] Eine Verbesserung von Miss *Constance Leuer* an meinem '$\{\langle x, y\rangle: \exists z(\langle x, y\rangle \in \alpha^{|z})\}$'.

[2] In diesem Punkt stimmt meine Version der Vorfahrenrelation mit *Freges* überein und weicht von der von *Whitehead* und *Russell* ab; für letztere gehört $\langle x, x\rangle$ nicht zur Vorfahrenrelation von α, es sei denn, x gehört zum Feld von α. Sie versichern sich dieser Einschränkung, indem sie eine entsprechende Klausel in (1) einfügen. Sie schränken auch ihre Version von $\alpha^{|0}$ so ein, daß sie dazu paßt.

Beweis: Nach der ersten Voraussetzung und nach 15.1 gibt es ein w mit $\langle x, y\rangle \in \alpha^{|w}$. Also nach der zweiten Voraussetzung $\langle x, z\rangle \in \alpha^{|w}|\alpha$. Also nach 14.10 $\langle x, z\rangle \in \alpha^{|\{w\}}$. Also nach 15.1 $\langle x, z\rangle \in {*\alpha}$.

15.5 $(\langle x, y\rangle \in \alpha \wedge \langle y, z\rangle \in {*\alpha}) \rightarrow \langle x, z\rangle \in {*\alpha}$ (d.h. $\alpha|{*\alpha} \subseteq {*\alpha}$).

Beweis ähnlich, nach 14.6.

15.6 $\alpha|{*\alpha} = {*\alpha}|\alpha$.

Beweis: Nach 14.6 und 14.10 $\alpha|\alpha^{|w} = \alpha^{|w}|\alpha$. Das bedeutet

$$\exists y(\langle x, y\rangle \in \alpha \wedge \langle y, z\rangle \in \alpha^{|w}) \leftrightarrow \exists y(\langle x, y\rangle \in \alpha^{|w} \wedge \langle y, z\rangle \in \alpha).$$

Was noch fehlt, ist aus den Definitionen evident.

15.7 $\alpha``\beta \subseteq \beta \leftrightarrow {*\alpha}``\beta = \beta$.

Beweis: Nach 15.3 ($\alpha \subseteq {*\alpha}$) gilt offensichtlich die Richtung von rechts nach links. So wollen wir umgekehrt annehmen, daß $\alpha``\beta \subseteq \beta$; zu beweisen ist, daß ${*\alpha}``\beta = \beta$. Wegen $\alpha``\beta \subseteq \beta$ können wir folgern, daß $\gamma``(\alpha``\beta) \subseteq \gamma``\beta$, und somit insbesondere

$$\alpha^{|x}``(\alpha``\beta) \subseteq \alpha^{|x}``\beta.$$

Das bedeutet nach 14.10 $\alpha^{|\{x\}}``\beta \subseteq \alpha^{|x}``\beta$. Also

$$\forall x(\alpha^{|x}``\beta \subseteq \beta \rightarrow \alpha^{|\{x\}}``\beta \subseteq \beta).$$

Nach 14.3 aber auch $\alpha^{|\Lambda}``\beta \subseteq \beta$. Mit vollständiger Induktion gemäß 13.9 erhalten wir dann für jedes $z \in \mathbb{N}$, daß $\alpha^{|z}``\beta \subseteq \beta$. Nach 14.9 aber auch $\alpha^{|z}``\beta \subseteq \beta$ für jedes $z \notin \mathbb{N}$. Also $\forall z(\alpha^{|z}``\beta \subseteq \beta)$, d.h.

$$\forall z \forall x \forall y[(\langle x, y\rangle \in \alpha^{|z} \wedge y \in \beta) \rightarrow x \in \beta],$$

somit nach 15.1 ${*\alpha}``\beta \subseteq \beta$. Umgekehrt $\beta = I``\beta \subseteq \alpha``\beta$ nach 15.2.

Neben 15.7 gilt ferner

15.8 $\alpha|\beta \subseteq \beta \leftrightarrow {*\alpha}|\beta = \beta$.

Beweis: Einsetzen in 15.7 ergibt

$$\alpha``(\beta``\{y\}) \subseteq \beta``\{y\} \leftrightarrow {*\alpha}``(\beta``\{y\}) = \beta``\{y\}.$$

Das bedeutet

$$(\alpha|\beta)``\{y\} \subseteq \beta``\{y\} \leftrightarrow ({*\alpha}|\beta)``\{y\} = \beta``\{y\}.$$

Also

$$\forall x \forall y(\langle x, y\rangle \in \alpha|\beta \rightarrow \langle x, y\rangle \in \beta) \leftrightarrow \forall x \forall y(\langle x, y\rangle \in {*\alpha}|\beta \leftrightarrow \langle x, y\rangle \in \beta).$$

Nach 9.8 und 9.9 reduziert sich dieses auf 15.8.

Jetzt erhalten wir schnell die Transitivität von $*\alpha$.

15.9 $\langle x, y\rangle, \langle y, z\rangle \in {*\alpha} \rightarrow \langle x, z\rangle \in {*\alpha}$ (in der Tat sogar ${*\alpha}|{*\alpha} = {*\alpha}$).

Beweis: Nach 15.5 $\alpha|{*\alpha} \subseteq {*\alpha}$. Das bedeutet nach 15.8 ${*\alpha}|{*\alpha} = {*\alpha}$

Der harte Kern von 15.7 ist 'α"$\beta \subseteq \beta \rightarrow *\alpha$"$\beta \subseteq \beta$'. Es schließt in sich das allgemeine Gesetz der *Vorfahreninduktion* ein:

15.10 $(Fz \wedge$
$\forall x \forall y [(\langle y, x\rangle \in \alpha \wedge Fx) \rightarrow Fy] \wedge$
$\langle w, z\rangle \in *\alpha$
$\rightarrow Fw.$

Beweis: Nach der zweiten Voraussetzung

$$\alpha``\{x: Fx\} \subseteq \{x: Fx\}.$$

Somit nach 15.7

$$*\alpha``\{x: Fx\} = \{x: Fx\}. \quad (1)$$

Nach der ersten Prämisse $z \in \{x: Fx\}$. Also nach der dritten Prämisse

$$w \in *\alpha``\{x: Fx\}.$$

Folglich Fw nach (1).

Die vollständige Induktion in ihrer üblichen Form 13.9 ist eine Spezialisierung dieses Gesetzes, die entsteht, wenn man α als Nachfolger auffaßt. Wir haben jedoch, entgegen dem Brauch, die allgemeine Form aus der speziellen abgeleitet; man beachte, wie 13.9 in dem Beweis von 15.7 verwendet wird.

Es wurde schon in Kapitel 4 darauf hingewiesen, daß 'Vorfahr' so, wie er mittels des Elternteils definiert wurde, in einem erweiterten Sinn verstanden wird: Jedes Ding wird sein eigener Vorfahr. Entsprechend haben wir 15.2: $I \subseteq *\alpha$. Es ist aber leicht herzuleiten, was dem Vorfahren in seinem eigentlichen Sinne entspricht; in seiner allgemeinen Formulierung wird es der *eigentliche* Vorfahr von α genannt. Es ist die Relation, zu der ein Paar $\langle x, y\rangle$ gehört, wenn x eine *positive* Iterierte von α zu y trägt, und nicht einfach $\alpha^{|\Lambda}$ (= I). Es ist einfach $\alpha | *\alpha$, oder, was nach 15.6 dasselbe ist, $*\alpha | \alpha$. Was nicht weiter verwundert, ist, daß $*\alpha$ gleich der Vereinigung von I und der eigentlichen Vorfahrenrelation ist. Das werden wir jetzt beweisen.

15.11 $*\alpha = I \cup (\alpha | *\alpha)$.

Beweis:[1] Sei

$$\beta = I \cup (\alpha | *\alpha). \quad (1)$$

Nach 15.2 und 15.5 gilt dann

$$\beta \subseteq *\alpha\,. \quad (2)$$

Also $\alpha|\beta \subseteq \alpha | *\alpha$. Somit nach (1) $\alpha|\beta \subseteq \beta$. Das bedeutet nach 15.8

$$*\alpha|\beta = \beta. \quad (3)$$

Nach (1) $I \subseteq \beta$. Also $*\alpha|I \subseteq *\alpha|\beta$. Das bedeutet $*\alpha \subseteq *\alpha|\beta$. Das bedeutet nach (3) $*\alpha \subseteq \beta$. Also nach (2) $*\alpha = \beta$.

Ein weiteres Gesetz, das erwähnenswert ist:

15.12 $*\breve{\alpha} = {}^{\cup}*\alpha$.

---

[1]) Abgekürzt von *William C. Waterhouse.*

Beweis: Nach 15.4

$$\forall z \forall y [(\langle y, z\rangle \in \breve{\alpha} \wedge \langle x, z\rangle \in {*\alpha}) \rightarrow \langle x, y\rangle \in {*\alpha}].$$

Hieraus und aus 15.2 können wir mittels Vorgängerrelation gemäß 15.10 schließen, daß $\langle x, w\rangle \in {*\alpha}$ für jedes w mit $\langle w, x\rangle \in {*\breve{\alpha}}$; also $\langle w, x\rangle \in {}^{\cup}{*\alpha}$. x war aber beliebig. Also

$${*\breve{\alpha}} \subseteq {}^{\cup}{*\alpha}. \qquad (1)$$

Das bedeutet ${}^{\cup}{*\breve{\alpha}} \subseteq {*\alpha}$. Ähnlich erhalten wir mit '$\breve{\alpha}$' für 'α' ${}^{\cup}{*\alpha} \subseteq {*\breve{\alpha}}$. Also nach (1) ${*\breve{\alpha}} = {}^{\cup}{*\alpha}$.

Endlich wollen wir den Kreis schließen, indem wir zeigen, daß $\{\langle x, y\rangle : x \geqslant y\}$ schließlich die Vorfahrenrelation der Nachfolgerfunktion oder von ι ist und daß $\mathbb{N}$ gleich ${*S}``\{0\}$ oder ${*\iota}``\{\Lambda\}$.

15.13 $\quad x \geqslant y \leftrightarrow \langle x, y\rangle \in {*\iota}.$

Beweis: $\langle \{z\}, z\rangle \in \iota$. Also nach 15.5

$$\forall z (\langle z, y\rangle \in {*\iota} \rightarrow \langle \{z\}, y\rangle \in {*\iota}).$$

Ebenfalls, nach 15.2, $\langle y, y\rangle \in {*\iota}$. Also nach Induktion gemäß 13.7

$$y \leqslant x \rightarrow \langle x, y\rangle \in {*\iota}. \qquad (1)$$

Umgekehrt

$$\forall z \forall w (\langle z, w\rangle \in \iota \wedge z = \{w\})$$

(nach 12.6) $\qquad \rightarrow z \geqslant w)$

(nach 12.5) $\qquad \rightarrow (w \geqslant y \rightarrow z \geqslant y).$

Nach 12.4 auch $y \geqslant y$. Also nach Induktion gemäß 15.10

$$\langle x, y\rangle \in {*\iota} \rightarrow x \geqslant y.$$

Das ergibt zusammen mit (1) 15.13.

15.14 $\quad \mathbb{N} = {*\iota}``\{\Lambda\}.$

Beweis: Nach 12.3 und 15.13 ist $\mathbb{N}$ gleich $\{x : \langle x, \Lambda\rangle \in {*\iota}\}$, q.e.d.

Noch mehr ins einzelne gehend gilt sogar

15.15 $\quad x \in \mathbb{N} \rightarrow \langle x, \Lambda\rangle \in \iota^{|x}.$

Beweis: $\langle \{y\}, y\rangle \in \iota$. Somit

$$\forall y (\langle y, \Lambda\rangle \in \iota^{|y} \rightarrow \langle \{y\}, \Lambda\rangle \in \iota | \iota^{|y})$$

(nach 14.6) $\qquad \rightarrow \langle \{y\}, \Lambda\rangle \in \iota^{|\{y\}}).$

Nach 14.3 gilt auch $\langle \Lambda, \Lambda\rangle \in \iota^{|\Lambda}$. Also erhalten wir 15.15 durch Induktion gemäß 13.9.

Hier endet das Zwischenspiel über die Vorfahrenrelation, und wir kehren zurück zur Theorie der natürlichen Zahlen, in der wir von der Vorfahrenrelation keinen Gebrauch machen werden.

16. Summe, Produkt, Potenz

Jetzt kommen wir zu den Definitionen von Summe, Produkt und Potenz, die wir schon in Kapitel 11 vorweggenommen hatten.

16.1 ‘$\alpha + \beta$’ steht für ‘$\iota^{|\beta}$‘α.

16.2 ‘$\alpha \cdot \beta$’ steht für ‘$[\lambda_x(\alpha + x)]^{|\beta}$‘$\Lambda$’.

16.3 ‘α^β’ steht für ‘$[\lambda_x(\alpha \cdot x)]^{|\beta}$‘$\{\Lambda\}$’.

Da diese Ausdrücke letzten Endes alle als eindeutige Kennzeichnungen definiert sind, fallen sie unter die angenehme Vereinbarung, die schon für Kennzeichnungen gilt: Ungehinderte Einsetzung für Variablen.

Jetzt wollen wir uns von den leeren Fällen trennen.

16.4 $x \notin \mathbb{N} \rightarrow \alpha + x = \alpha \cdot x = \alpha^x = \Lambda$.

Beweis: Nach Voraussetzung und nach 14.9 reduzieren sich die drei Ausdrücke, so wie sie in 16.1 bis 16.3 definiert sind, auf

$$\Lambda‘\alpha,\ \Lambda‘\Lambda,\ \Lambda‘\{\Lambda\}.$$

Nach 10.20 sind alle gleich Λ.

Als nächstes beweisen wir die bekannten Rekursionen.

16.5 $x + \Lambda = x$.

Beweis: Nach 14.3 und 16.1 $x + \Lambda = I‘x = x$.

16.6 $y \in \mathbb{N} \rightarrow x + \{y\} = \{x + y\}$.

Beweis: Aus der Voraussetzung und aus 10.27 erhalten wir nach 14.11, daß $\arg \iota^{|y} = \vartheta$. Also nach 10.18 und 10.26

$$(\iota | \iota^{|y})‘x = \{\iota^{|y}‘x\}.$$

Das bedeutet nach 14.6 $\iota^{|\{y\}}‘x = \{\iota^{|y}‘x\}$ und nach 16.1 $x + \{y\} = \{x + y\}$.

16.7 $x \cdot \Lambda = \Lambda$.

Beweis: Nach 14.3 und 16.2 $x \cdot \Lambda = I‘\Lambda = \Lambda$.

16.8 $y \in \mathbb{N} \rightarrow x \cdot \{y\} = x + x \cdot y$.

Beweis: Sei $\alpha = \lambda_z (x + z)$. Da $\forall z(x + z \in \vartheta)$ gilt dann nach 10.23 $\arg \alpha = \vartheta$. Also nach 14.11 $\arg \alpha^{|y} = \vartheta$. Somit $\Lambda \in \arg \alpha^{|y}$. Also nach 10.18

$$(\alpha | \alpha^{|y})‘\Lambda = \alpha‘(\alpha^{|y}‘\Lambda).$$

Folglich nach 14.6 $\alpha^{|\{y\}}‘\Lambda = \alpha‘(\alpha^{|y}‘\Lambda)$. Das bedeutet nach 16.2 $x \cdot \{y\} = \alpha‘(x \cdot y)$ und nach 10.24 $x \cdot \{y\} = x + x \cdot y$.

16.9 $x^\Lambda = \{\Lambda\}$.

16.10 $y \in \mathbb{N} \rightarrow x^{\{y\}} = x \cdot x^y$.

Beweise entsprechend.

Als nächstes sehen wir, daß Summen, Produkte und Potenzen von natürlichen Zahlen wieder natürliche Zahlen sind.

16.11 $x \in \mathbb{N} \to x + y \in \mathbb{N}$.

Beweis: Nach 12.15

$$\forall z(x + z \in \mathbb{N} \to \{x + z\} \in \mathbb{N}).$$

Also nach 16.6

$$\forall z(z, x + z \in \mathbb{N} \to x + \{z\} \in \mathbb{N}).$$

Nach Voraussetzung und nach 16.5 gilt ferner, daß $x + \Lambda \in \mathbb{N}$. So schließen wir mit Induktion in ihrer starken Formulierung 13.10, daß $x + y \in \mathbb{N}$, falls $y \in \mathbb{N}$. Wenn aber $y \notin \mathbb{N}$, so $x + y = \Lambda$ nach 16.4, also wiederum $x + y \in \mathbb{N}$.

16.12 $x \in \mathbb{N} \to x \cdot y \in \mathbb{N}$.

Beweis:

Fall 1: $y \notin \mathbb{N}$ oder $y = \Lambda$. Nach 16.4 oder 16.7 $x \cdot y = \Lambda$. Also $x \cdot y \in \mathbb{N}$.

Fall 2: $\Lambda \neq y \in \mathbb{N}$. Nach 12.16 $y = \{z\}$ für ein gewisses z. Nach 13.19 $z \in \mathbb{N}$. Also nach 16.8 $x \cdot y = x + x \cdot z$. Nach 16.11 und nach der Voraussetzung aber $x + x \cdot z \in \mathbb{N}$. Also $x \cdot y \in \mathbb{N}$.

16.13 $x \in \mathbb{N} \to x^y \in \mathbb{N}$.

Beweis ähnlich.

Die nächsten beiden Theoreme setzen '$\leqslant$' mit '+' in Beziehung.

16.14 $y \in \mathbb{N} \to x \leqslant x + y$.

Beweis: Nach 16.6

$$z \in \mathbb{N} \to \{x + z\} = x + \{z\}$$

(nach 12.6) $\quad \to x + z \leqslant x + \{z\}$

(nach 12.5) $\quad \to (x \leqslant x + z \to x \leqslant x + \{z\})$. (1)

Nach 16.5 und 12.4 $x \leqslant x + \Lambda$. Aus diesen beiden Resultaten und aus der Voraussetzung schließen wir mit Induktion gemäß 13.10, daß $x \leqslant x + y$.

16.15 $x \leqslant y \leftrightarrow \exists z(z \in \mathbb{N} \land x + z = y)$.

Beweis: Nach 16.6

$$z \in \mathbb{N} \to x + \{z\} = \{x + z\}$$
$$\to (x + z = w \to x + \{z\} = \{w\}).$$

Also nach 12.15

$$(z \in \mathbb{N} \land x + z = w) \to (\{z\} \in \mathbb{N} \land x + \{z\} = \{w\}).$$

Somit

$$\forall w(\exists z(z \in \mathbb{N} \land x + z = w) \to \exists z(z \in \mathbb{N} \land x + z = \{w\})).$$

Nach 16.5 und 12.14 ferner

$$\exists z(z \in \mathbb{N} \land x + z = x).$$

Aus diesen beiden Ergebnissen folgt mit Induktion gemäß 13.7, daß

$$x \leqslant y \to \exists z(z \in \mathbb{N} \wedge x + z = y).$$

Umgekehrt gilt nach 16.14 für beliebiges z, daß $z \in \mathbb{N} \to x \leqslant x + z$, so daß

$$\exists z(z \in \mathbb{N} \wedge x + z = y) \to x \leqslant y.$$

Unter *elementarer Zahlentheorie* wird die Theorie verstanden, die nur mit Hilfe der Begriffe 'Null', 'Nachfolger', 'Summe', 'Produkt', 'Potenz', 'Identität', mit Hilfe der aussagenlogischen Verknüpfungen und der Quantifizierung über natürliche Zahlen ausgedrückt werden kann. Eine kürzere Liste würde hier auch genügen; man kann die ersten vier der soeben aufgeführten Punkte weglassen, oder die beiden ersten und den fünften und zeigen, wie man sie mit Hilfe der verbleibenden umschreiben kann. Die überreichliche Liste ist aber insofern natürlich, als das klassische Axiomensystem dazu unmittelbar paßt: Die Peanoschen Axiome und die Rekursionsschemata für Summe, Produkt und Potenz. Sie bilden zusammen keine vollständige Axiomatisierung; *Gödels* berühmte Entdeckung von 1931 besagt, daß die elementare Zahlentheorie eine solche nicht zuläßt. Aber die Axiomatisierung von *Peano* reicht sehr weit. Es ist eine Standardangelegenheit, die klassischen Gesetze der elementaren Zahlentheorie von dieser Standardbasis aus abzuleiten, und der Rest des Kapitels befaßt sich zum größten Teil damit, dieses zu illustrieren, nachdem nun die Rekursionsschemata ebenso wie die Peanoschen Axiome unter unseren Theoremen zur Verfügung stehen.

Der Wertebereich unserer eigenen quantifizierbaren Variablen umfaßt natürlich mehr als nur Zahlen, während die Variablen der elementaren Zahlentheorie auf diese beschränkt sind. Wir können jedoch, wenn es darauf ankommt, unsere Variablen durch die zusätzliche Bedingung '$x \in \mathbb{N}$' begrenzen. Da die uns in diesem Kapitel interessierenden Werte der Variablen einzig und allein natürliche Zahlen sind, werde ich die verbleibenden Beweise dieses Kapitels insofern vereinfachen, als ich Bedingungen der Art '$x \in \mathbb{N}$', '$\{x\} \in \mathbb{N}$', '$x + y \in \mathbb{N}$', '$x \cdot y \in \mathbb{N}$' weglasse; ich behalte sie zwar in den Formulierungen der Theoreme bei, verzichte aber in den Beweisen auf sie. Ferner verzichte ich darauf, auf die Gesetze 12.14, 12.15, 16.11 und 16.12 Bezug zu nehmen, die solche Bedingungen liefern. Selbst wenn im Verlauf eines Beweises neue Variablen eingeführt werden, verschweige ich das '$\in \mathbb{N}$'. Der Leser kann leicht diese fehlenden Details einfügen, und er sollte es vielleicht auch zur Übung tun.

Beim Aufzählen des Vokabulars der elementaren Zahlentheorie ließ ich '$\leqslant$' aus (ferner die davon abgeleiteten '$<$', '$\geqslant$', '$>$'). Es ist überflüssig, da '$\exists z(x + z = y)$' denselben Zweck erfüllt; vgl. 16.15. Wo es in die folgenden Proben des Standardverfahrens eingeht, lassen sich seine Eigenschaften über 16.15 leicht aus denen von '+' erhalten.

16.16 $\quad x \in \mathbb{N} \to \Lambda + x = x.$

Beweis: Nach 16.6 $\Lambda + \{y\} = \{\Lambda + y\}$. Also

$$\Lambda + y = y \to \Lambda + \{y\} = \{y\}.$$

Nach 16.5 aber auch $\Lambda + \Lambda = \Lambda$. Also nach Induktion $\Lambda + x = x$.

16.17 $\quad x, y \in \mathbb{N} \to \{x\} + y = \{x + y\}.$

Beweis: Nach 16.5 $x + \Lambda = x$ und $\{x\} + \Lambda = \{x\}$. Also

$$\{x\} + \Lambda = \{x + \Lambda\}. \tag{1}$$

Nach 16.5 $x + \{z\} = \{x + z\}$. Also

$$\forall z(\{x\} + z = \{x + z\} \to x + \{z\} = \{x\} + z)$$

$$\to \{x + \{z\}\} = \{\{x\} + \{z\}\}$$

(nach 16.6) $$= \{x\} + \{z\})$$

$$\to \{x\} + \{z\} = \{x + \{z\}\}).$$

Hieraus und aus (1) erhalten wir mit Induktion, daß $\{x\} + y = \{x + y\}$.

16.18 $x, y \in \mathbb{N} \to x + y = y + x.$

Beweis: Nach 16.6 und 16.17 $x + \{z\} = \{x + z\}$ und $\{z\} + x = \{z + x\}$. Also

$$x + z = z + x \to x + \{z\} = \{z\} + x.$$

Nach 16.16 und 16.5 ferner $x + \Lambda = \Lambda + x$. Also mit Induktion $x + y = y + x$.

16.19 $x, y, z \in \mathbb{N} \to (x + y) + z = x + (y + z).$

Beweis: Nach 16.6

$$(x + y) + \{w\} = \{(x + y) + w\}.$$

Also

$$(x + y) + w = x + (y + w) \to (x + y) + \{w\} = \{x + (y + w)\}$$

(nach 16.6) $$= x + \{y + w\}$$

(nach 16.6) $$= x + (y + \{w\}).$$

Nach 16.5 $(x + y) + \Lambda = x + y$ und $y + \Lambda = y$. Also

$$(x + y) + \Lambda = x + (y + \Lambda).$$

Aus diesen beiden Ergebnissen erhalten wir mit Induktion, daß

$$(x + y) + z = x + (y + z).$$

16.20 $(x, y, z \in \mathbb{N} \wedge x + z = y + z) \to x = y.$

Beweis: Nach 7.7

$$x + w = y + w \leftrightarrow \{x + w\} = \{y + w\}$$

(nach 16.6) $$\leftrightarrow x + \{w\} = y + \{w\}.$$

Also

$$\forall w(x + w \neq y + w \to x + \{w\} \neq y + \{w\}).$$

Hieraus und aus '$x + \Lambda \neq y + \Lambda$' würde mit Induktion folgen, daß $x + z \neq y + z$, was im Gegensatz zur Voraussetzung steht; also $x + \Lambda = y + \Lambda$, d.h. nach 16.5 $x = y$.

16.21 $(x, y \in \mathbb{N} \wedge x + y = x) \to y = \Lambda.$

Beweis: Nach Voraussetzung und nach 16.18 $y + x = x$. Also nach 16.16 $y + x = \Lambda + x$. Somit nach 16.20 $y = \Lambda$.

16.22 $(x, y \in \mathbb{N} \wedge x + y = \Lambda) \to x = \Lambda.$

Beweis: Nach Voraussetzung und nach 16.14 $x \leqslant \Lambda$. Also nach 12.17 $x = \Lambda$.

16.23 $\Lambda \cdot x = \Lambda$.

Beweis: Nach 16.2 und 16.16 $\Lambda \cdot x = (\lambda_y y)^{|x}`\Lambda$. Das bedeutet nach den Definitionen $\Lambda \cdot x = I^{|x}`\Lambda$ und nach 14.13 $\Lambda \cdot x = \Lambda$.

16.24 $x, y \in \mathbb{N} \rightarrow \{x\} \cdot y = x \cdot y + y$.

Beweis: Nach 16.17

$$\{x\} + (x \cdot z + z) = \{x + (x \cdot z + z)\}$$

(nach 16.19) $$= \{(x + x \cdot z) + z\}$$

(nach 16.6) $$= (x + x \cdot z) + \{z\}.$$

Also

$$\{x\} \cdot z = x \cdot z + z \rightarrow \{x\} + \{x\} \cdot z = (x + x \cdot z) + \{z\}$$

(nach 16.8) $$\rightarrow \{x\} \cdot \{z\} = x \cdot \{z\} + \{z\}. \quad (1)$$

Nach 16.7 $\{x\} \cdot \Lambda = x \cdot \Lambda$. Somit nach 16.5 $\{x\} \cdot \Lambda = x \cdot \Lambda + \Lambda$. Hieraus und aus (1) schließen wir mit Induktion, daß $\{x\} \cdot y = x \cdot y + y$.

16.25 $x \in \mathbb{N} \rightarrow \{\Lambda\} \cdot x = x$.

Beweis: Nach 16.24 ist $\{\Lambda\}$ x gleich $\Lambda \cdot x + x$, was nach 16.23 und 16.16 gleich x ist.

16.26 $x, y \in \mathbb{N} \rightarrow x \cdot y = y \cdot x$.

Beweis: Nach 16.8 und 16.18 $x \cdot \{z\} = x \cdot z + x$. Nach 16.24 $\{z\} \cdot x = z \cdot x + x$. Also

$$x \cdot z = z \cdot x \rightarrow x \cdot \{z\} = \{z\} \cdot x.$$

Nach 16.7 und 16.23 $x \cdot \Lambda = \Lambda \cdot x$. Folglich mit Induktion $x \cdot y = y \cdot x$.

16.27 $x, y, z \in \mathbb{N} \rightarrow x \cdot (y + z) = x \cdot y + x \cdot z$.

Beweis: $$w \cdot (y + z) = w \cdot y + w \cdot z \rightarrow w \cdot (y + z) + (y + z)$$
$$= (w \cdot y + w \cdot z) + (y + z)$$

(nach 16.19, 16.18) $$= (w \cdot y + y) + (w \cdot z + z)$$

(nach 16.24) $$\rightarrow \{w\} \cdot (y + z) = \{w\} \cdot y + \{w\} \cdot z. \quad (1)$$

Nach 16.5 $\Lambda = \Lambda + \Lambda$. Also nach 16.23

$$\Lambda \cdot (y + z) = \Lambda \cdot y + \Lambda \cdot z.$$

Hieraus und aus (1) folgt mit Induktion, daß

$$x \cdot (y + z) = x \cdot y + x \cdot z.$$

16.28 $x, y, z \in \mathbb{N} \rightarrow (x \cdot y) \cdot z = x \cdot (y \cdot z)$.

Beweis: Nach 16.27 und 16.26

$$(w \cdot y + y) \cdot z = (w \cdot y) \cdot z + y \cdot z.$$

Also

$$(w \cdot y) \cdot z = w \cdot (y \cdot z) \rightarrow (w \cdot y + y) \cdot z = w \cdot (y \cdot z) + y \cdot z$$

(nach 16.24) $$\rightarrow (\{w\} \cdot y) \cdot z = \{w\} \cdot (y \cdot z).$$

Ferner nach 16.23

$$(\Lambda \cdot y) \cdot z = \Lambda \cdot (y \cdot z).$$

Also nach Induktion

$$(x \cdot y) \cdot z = x \cdot (y \cdot z).$$

16.29 $x, y \in \mathbb{N} \to (x \cdot y = \Lambda \leftrightarrow (x = \Lambda \vee y = \Lambda))$.

Beweis: Wenn $y = \{z\}$ für ein gewisses z, dann

$$x \cdot y = \Lambda \to x \cdot \{z\} = \Lambda$$

(nach 16.8) $\quad \to x + x \cdot z = \Lambda$

(nach 16.22) $\quad \to x = \Lambda$.

Wenn es andererseits kein z gibt, so daß $y = \{z\}$, dann $y = \Lambda$ nach 12.16. Umgekehrt, $x = \Lambda \to x \cdot y = \Lambda$ nach 16.23, und $y = \Lambda \to x \cdot y = \Lambda$ nach 16.7.

16.30 $(x, y \in \mathbb{N} \wedge y \neq \Lambda) \to x < x + y$.

Beweis: Nach Voraussetzung und nach 16.21 $x + y \neq x$. Nach 16.14 aber $x \leqslant x + y$. Also nach 13.11 $x < x + y$.

16.31 $(x, y, z \in \mathbb{N} \wedge x \leqslant y) \to x \cdot z \leqslant y \cdot z$.

Beweis: Nach 16.26 und 16.27

$$(x + w) \cdot z = x \cdot z + w \cdot z.$$

Also

$$\exists w(x + w = y) \to \exists w(x \cdot z + w \cdot z = y \cdot z)$$
$$\to \exists u(x \cdot z + u = y \cdot z).$$

Somit nach 16.15

$$x \leqslant y \to x \cdot z \leqslant y \cdot z.$$

16.32 $(x, y, z \in \mathbb{N} \wedge x \cdot z < y \cdot z) \to x < y$.

Beweis: Nach 16.31 und 13.22

$$\neg (x < y) \to \neg (x \cdot z < y \cdot z).$$

16.33 $(x, y, z \in \mathbb{N} \wedge z \neq \Lambda \wedge x < y) \to x \cdot z < y \cdot z$.

Beweis: Wegen der letzten Voraussetzung und nach Definition $\{x\} \leqslant y$. Also nach 16.31 $\{x\} \cdot z \leqslant y \cdot z$. Nach Voraussetzung und nach 16.30 gilt aber auch $x \cdot z < x \cdot z + z$, d.h. nach 16.24 $x \cdot z < \{x\} \cdot z$. Folglich nach 12.8 $x \cdot z < y \cdot z$.

16.34 $(x, y \in \mathbb{N} \wedge x \cdot x < y \cdot y) \to x < y$.

Beweis: Nach 16.31 und 16.26

$$y \leqslant x \to y \cdot y \leqslant x \cdot y \leqslant x \cdot x.$$

Also nach 13.22

$$\neg (x < y) \to \neg (x \cdot x < y \cdot y).$$

Zur Übung mag sich der Leser an den Exponentialgesetzen versuchen:

$x^{y+z} = x^y \cdot x^z, \qquad x^{y \cdot z} = (x^y)^z.$

Zweiter Teil: **Höhere Zahlformen**

VI. Reelle Zahlen

17. Programm; Zahlenpaare

Wir haben gesehen, wie das Begriffssystem der Theorie der Klassen die Erfordernisse der Arithmetik der natürlichen Zahlen erfüllt. Es reicht sogar noch für weitere Arten von Zahlen aus. Wir wollen uns jetzt den rationalen Zahlen zuwenden (und dabei, jedenfalls für den Augenblick, negative Zahlen außer Acht lassen).

Wenn wir rationale Zahlen verwenden wollen, um Proportionen zwischen natürlichen Zahlen auszudrücken, so brauchen wir deshalb keineswegs rationale Zahlen als zusätzliche Zahlenobjekte anzuerkennen. Die Sprechweise, daß x und y im Verhältnis u/v zueinander stehen oder daß $x/y = u/v$, läßt sich innerhalb der Theorie der natürlichen Zahlen einfach wie folgt ausdrücken: $x \cdot v = y \cdot u$. Die Sprechweise, daß $x/y < u/v$, bedeutet nur, daß $x \cdot v < y \cdot u$. Wir können sogar Proportionen zwischen rationalen Zahlen innerhalb der Theorie der natürlichen Zahlen ausdrücken; wenn man nämlich sagt, daß x/z und y/w im Verhältnis u/v zueinander stehen, so heißt das einfach, daß $x \cdot v \cdot w = y \cdot u \cdot z$. Dieselbe Situation besteht, wenn Addition und Multiplikation auf rationale Zahlen ausgedehnt werden; denn '$(x/z) \cdot (y/w)$' und '$(x/z) + (y/w)$' sind nur andere Schreibweisen für '$(x \cdot y)/(z \cdot w)$' und '$(x \cdot w + z \cdot y)/(z \cdot w)$'. Soweit genügt also eine virtuelle Theorie der rationalen Zahlen, die sich auf eine reale Theorie der natürlichen Zahlen zurückführen läßt.

Anders ist die Lage, wenn rationale Zahlen als Exponenten auftreten. Von $(u/v)^{z/w}$ können wir uns nicht so leicht befreien. Die Schwierigkeit liegt hier aber darin, daß wir durch diese Operation aus dem rationalen Bereich hinausgeführt werden in den der irrationalen Zahlen (jedenfalls für die meisten natürlichen Zahlen u, v, z, w).

Solange wir nur von den natürlichen Zahlen zu den rationalen übergehen wollen, läßt sich das als eine Art rein stilistische Veränderung erklären. Wenn wir aber auch allgemein die reellen Zahlen einschließen wollen und somit die rationalen Zahlen mit irrationalen vermischen, dann erhebt sich die ernsthafte Frage, was für Dinge alle diese Zahlen eigentlich sein sollen. Zunächst wollen wir darüber nachdenken, was für eine Ordnungsstruktur bei diesem Einfügen von irrationalen Zahlen herauskommen soll.

Eine Zahl ist eine *(obere) Schranke* einer Klasse α von Zahlen, wenn sie von keinem Element von α übertroffen wird. Sie kann ein Element von α sein, braucht aber nicht; falls sie es ist, ist sie natürlich das größte. Eine Klasse reeller Zahlen kann gleichzeitig beschränkt und unendlich sein; ein Beispiel dafür ist die Klasse der rationalen Zahlen zwischen 1/3 und 2/3, denn sie enthält unendlich viele rationale Zahlen und ist trotzdem beschränkt, beispielsweise durch 3/4. Darüber hinaus gibt es eine kleinste rationale

Zahl, die sie nach oben beschränkt: 2/3. Als nächstes wollen wir die Klasse derjenigen rationalen Zahlen betrachten, deren Quadrat kleiner als 2 ist; diese Klasse hat wiederum obere Schranken (z.B. 3/2), aber keine rationale Zahl als kleinste obere Schranke. Es gibt keine kleinste rationale Zahl, deren Quadrat $(x \cdot x)/(y \cdot y)$ die Zahl 2 übertrifft, und auch keine größte rationale Zahl, deren Quadrat noch unter 2 liegt. Der volle Bereich der reellen Zahlen unterscheidet sich von dem der rationalen Zahlen nun gerade dadurch, daß in ihm alle diese kleinsten Schranken, die sogenannten irrationalen Zahlen, die in dem Bereich der rationalen Zahlen fehlen, vorhanden sind. Während wir beispielsweise gesehen haben, daß die Klasse der rationalen Zahlen, deren Quadrat kleiner als 2 ist, keine rationale kleinste obere Schranke hat, hat sie doch eine irrationale, nämlich $\sqrt{2}$.

(1) Zu jeder Klasse von rationalen Zahlen, die durch rationale Zahlen beschränkt ist, gibt es eine reelle Zahl, die kleinste obere Schranke ist.

Es hat, wie schon bemerkt, wenig Zweck, die rationalen Zahlen zu verdinglichen, es sei denn, man macht es als ersten Schritt auf eine Konstruktion der reellen Zahlen im allgemeinen hin. Wir wollen daher nach einer Fassung der rationalen Zahlen suchen, die zur Interpolation der irrationalen Zahlen, so wie sie in (1) verlangt wird, einlädt.

Es wäre unbefriedigend, eine rationale Zahl x/y allgemein einfach als $\langle x, y \rangle$ zu konstituieren, denn wir möchten, daß $2/3 = 4/6$, wohingegen $\langle 2, 3 \rangle \neq \langle 4, 6 \rangle$. Wir könnten diesen Punkt in Ordnung bringen, indem wir unter der rationalen Zahl jeweils das entsprechende „in kleinsten Zahlen ausgedrückte" Paar verstehen, also

$$2/3 = 4/6 = \langle 2, 3 \rangle \neq \langle 4, 6 \rangle.$$

Eine andere Möglichkeit bestünde darin, 2/3 als die Klasse aller Paare $\langle 2, 3 \rangle$, $\langle 4, 6 \rangle$, $\langle 6, 9 \rangle$, usw. aufzufassen; das würde bedeuten, x/y allgemein als

$$\{\langle z, w \rangle : z, w \in \mathbb{N} \wedge x \cdot w = z \cdot y\}$$

zu definieren. Das war *Peano*s Version von 1901. Keine dieser Fassungen bereitet aber den Weg für eine besonders natürliche Interpolation der irrationalen Zahlen vor.

Ein weiterer offensichtlicher Nachteil dieser Versionen liegt darin, daß sie x/1 von x unterscheiden. Es ist aber bei Grundlagenstudien angenehm und üblich, diesen Mangel an Eleganz in Kauf zu nehmen und somit eine künstliche Unterscheidung zwischen natürlichen Zahlen und den entsprechenden ganzrationalen Zahlen zu akzeptieren.

Der Wunsch, den Weg für eine Interpolation der irrationalen Zahlen vorzubereiten, begünstigt jedoch eine dritte Version von x/y, nämlich

$$\{\langle z, w \rangle : z, w \in \mathbb{N} \wedge z \cdot y < x \cdot w\}.$$

Nach dieser Version ist x/y – wenn man es intuitiv in einem Zirkel ausdrückt – die Klasse derjenigen Paare natürlicher Zahlen z und w mit $z/w < x/y$. Insbesondere wird die rationale Zahl 0/1 gleich Λ, also in der Tat gleich 0, während sich die rationale Zahl Eins oder 1/1 unter natürlichen Zahlen als die Relation von der kleineren zur größeren erweist.

Daß diese Version der rationalen Zahlen der Interpolation der irrationalen kongenial ist, kann wie folgt erahnt werden. So wie x/y diejenigen Paare $\langle z, w\rangle$ umfaßt, für die $z/w < x/y$, können wir $\sqrt{2}$ als diejenige Zahl einpassen, die alle Paare $\langle z, w\rangle$ mit $z/w < \sqrt{2}$ umfaßt. Löst man den hierin enthaltenen Zirkel auf, so läuft diese Charakterisierung auf das Folgende hinaus:

$$\sqrt{2} = \{\langle z, w\rangle: z, w \in \mathbb{N} \wedge z^2 < 2w^2\}.$$

Die Paare natürlicher Zahlen können als Gitterpunkte in einem Raster veranschaulicht werden, das eine Viertelebene überdeckt. Das Paar $\langle x, y\rangle$ befindet sich x Schritte nach rechts und y Schritte nach unten. Dann ist x/y, so wie wir es jetzt auffassen, die Klasse aller Gitterpunkte, die unterhalb („südwestlich") des Strahles liegen, der vom Ursprung $\langle 0, 0\rangle$ aus durch $\langle x, y\rangle$ verläuft. Also ist $2/3$ die Klasse aller Gitterpunkte unterhalb des Strahles, der in dem Diagramm eingezeichnet ist. Irrationale Zahlen können in derselben Weise durch Strahlen markiert werden, allerdings durch Strahlen, die außer durch den Ursprung durch keinen weiteren Gitterpunkt verlaufen.

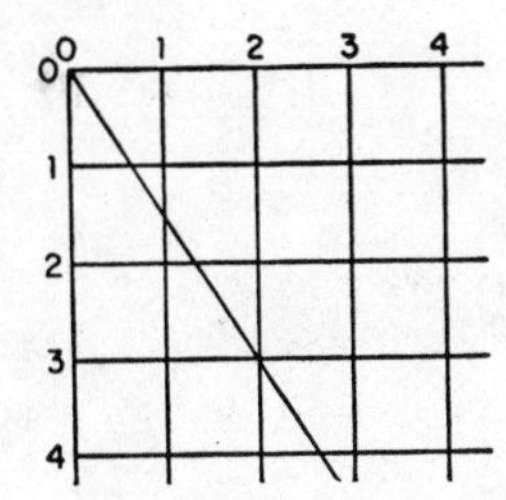

Bild 1

Die rationalen (außer 0) und die irrationalen Zahlen sind in dieser Auffassung unendliche Klassen von geordneten Paaren von natürlichen Zahlen. Wir können also damit rechnen, daß wir irgendwann auf unserem Wege einige geeignete Existenzaxiome hinzufügen müssen, denn unsere bisherigen Axiome liefern uns nur endliche Klassen. Wir können allerdings unsere in Betracht gezogenen Definitionen noch etwas zurechtrücken, so daß diese weiteren Existenzforderungen oberflächlich ein wenig vereinfacht, wenn auch nicht endlich werden. Wir können nämlich die rationalen und irrationalen Zahlen auch einfach als Klassen von natürlichen Zahlen und nicht als Klassen von geordneten Paaren von natürlichen Zahlen konstituieren. Geordnete Paare natürlicher Zahlen können nämlich auf eindeutige Weise durch einzelne natürliche Zahlen dargestellt werden, wobei $x + (x + y)^2$ das Paar $\langle x, y\rangle$ darstellt.

Daß dies ein adäquater Weg ist, Paare natürlicher Zahlen darzustellen, sehen wir, wenn wir bedenken, daß wir zu gegebenem natürlichen z die jeweiligen natürlichen Zahlen x und y mit $z = x + (x + y)^2$ (falls es solche gibt) eindeutig bestimmen können. $(x + y)^2$ ist nämlich das größte Quadrat $\leqslant z$; x ist die Differenz aus z und diesem Quadrat, und y ist die um x verminderte Wurzel aus diesem Quadrat.

Wir wollen die aus dem 19. Jahrhundert stammende Bezeichnung '$x;y$' für geordnete Paare verwenden, um damit auf die zugehörige Zahl $x + (x + y)^2$ Bezug zu nehmen. Also

17.1 '$\alpha;\ \beta$' steht für '$\alpha + (\alpha + \beta) \cdot (\alpha + \beta)$'.

Daß diese arithmetische Funktion die Zwecke des geordneten Paares erfüllt, soweit nur natürliche Zahlen im Spiel sind, ist der Inhalt der beiden nächsten Theoreme.

17.2 $(x, y, z, w \in \mathbb{N} \wedge x;y = z;w) \rightarrow (x = z \wedge y = w)$.

Beweis: Nach 10.26 $\Lambda \neq x + y$. Also nach 16.30

$x;y < x;\ y + \{x + y\}$

(nach 16.14) $\leqslant (x;\ y + \{x + y\}) + y$

(nach 17.1) $= ((x + (x + y) \cdot (x + y)) + \{x + y\}) + y$

(nach 16.18, 16.19) $= \{x + y\} + ((x + y) + (x + y) \cdot (x + y))$

(nach 16.8) $= \{x + y\} + (x + y) \cdot \{x + y\}$

(nach 16.26, 16.8) $= \{x + y\} \cdot \{x + y\}$. (1)

Nach 16.14 und 17.1 $(z + w) \cdot (z + w) \leqslant z;\ w$. Also

$x;y = z;\ w \rightarrow (z + w) \cdot (z + w) \leqslant x;\ y$

(nach (1)) $< \{x + y\} \cdot \{x + y\}$

(nach 16.34) $\rightarrow z + w < \{x + y\}$

(nach 13.12) $\rightarrow z + w \leqslant x + y$.

Entsprechend

$z;\ w = x;\ y \rightarrow x + y \leqslant z + w$.

Kombination liefert also

$x;\ y = z;\ w \rightarrow x + y \leqslant z + w \leqslant x + y$

(nach 13.21) $\rightarrow x + y = z + w$ (2)

(nach 17.1) $\rightarrow z;\ w = z + (x + y) \cdot (x + y)$.

Dann gilt aber

$x;\ y = z;\ w \rightarrow x;\ y = z + (x + y) \cdot (x + y)$

(nach 17.1) $\rightarrow x + (x + y) \cdot (x + y) = z + (x + y) \cdot (x + y)$

(nach 16.20) $\rightarrow x = z$.

Dann gilt aber nach (2)

$x;\ y = z;\ w \rightarrow x + y = x + w$

(nach 16.18, 1620) $\rightarrow y = w$.

17.3 $x, y, z, w \in \mathbb{N} \rightarrow (x;\ y = z;\ w \leftrightarrow (x = z \wedge y = w))$.

Beweis aus 17.2 offensichtlich.

Entsprechend dem Konkretisierungsgesetz (9.5) für Relationen erhalten wir nun

17.4 $z, w \in \mathbb{N} \rightarrow (z;\, w \in \{x;\, y\colon x, y \in \mathbb{N} \wedge Fxy\} \leftrightarrow Fzw)$.

Beweis: Nach 9.4

$z;\, w \in \{x;\, y\colon x, y \in \mathbb{N} \wedge Fxy\}$

$\leftrightarrow \exists x \exists y (x, y \in \mathbb{N} \wedge Fxy \wedge z;\, w = x;\, y)$

(nach Vor. und 17.3) $\leftrightarrow \exists x \exists y (x, y \in \mathbb{N} \wedge Fxy \wedge z = x \wedge w = y)$

(nach 6.1) $\leftrightarrow (z, w \in \mathbb{N} \wedge Fzw)$

(nach Vor.) $\leftrightarrow Fzw$.

18. Rationale und reelle Zahlen – konstituiert

Mit dieser Ausrüstung wollen wir uns wieder x/y zuwenden. Wir können diese Zahl nun unmittelbar als eine Klasse natürlicher Zahlen definieren:

18.1 'α/β' steht für '$\{z;\, w\colon z, w \in \mathbb{N} \wedge z \cdot \beta < \alpha \cdot w\}$'.

Aus dieser Definition und aus 17.4 erhalten wir, daß

18.2 $z, w \in \mathbb{N} \rightarrow (z;\, w \in x/y \leftrightarrow z \cdot y < x \cdot w)$.

Es folgt

18.3 $x, y \in \mathbb{N} \rightarrow x;\, y \notin x/y$.

Beweis: Nach Voraussetzung, 16.12 und 13.20 $\neg (x \cdot y < x \cdot y)$. Somit nach Voraussetzung und 18.2 $x;\, y \notin x/y$.

Unsere Darstellung der rationalen und irrationalen Zahlen im Schaubild bleibt unverändert, nur daß wir die Gitterpunkte jetzt nicht mehr als geordnete Paare ⟨x, y⟩, sondern als die entsprechenden natürlichen Zahlen x; y ansehen. Natürliche Zahlen werden nun den vertikalen und horizontalen Geradenstücken des Rasters und ihren Schnittpunkten zugeordnet; siehe Bild 2. $\frac{2}{3}$ ist nun die Klasse, deren Elemente 1, 4, 9, 10, 16, 17, 25, 26, 36, 37, 38, 49, usw. sind.

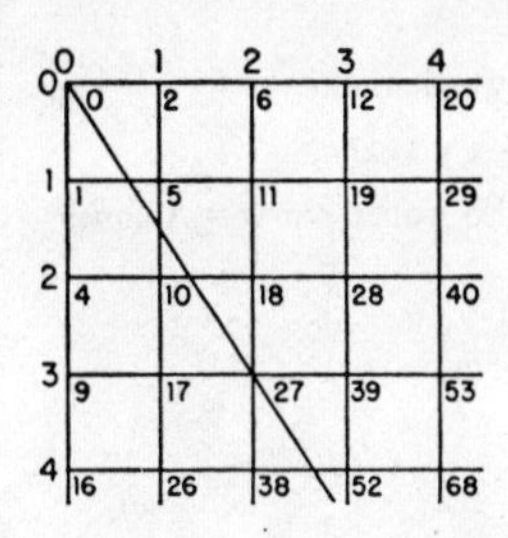

Bild 2

Rationale Zahlen und tatsächlich auch reelle Zahlen allgemein sind so, wie wir sie konstituieren, offensichtlich *ineinandergeschachtelte* Klassen: Jede ist Teilklasse einer jeden weiteren. Die Relation '⊆' erfüllt unter den reellen Zahlen den Zweck des klassischen '$\leqslant$'. Wir müssen uns daran erinnern, daß das Zeichen '$\leqslant$', so wie wir es definiert haben, die natürlichen Zahlen und nicht die reellen (oder rationalen) ordnet. Tatsächlich haben wir es zwar nicht nur für natürliche Zahlen, sondern ganz allgemein definiert, nämlich als $*\breve{\iota}$, aber nur unter natürlichen Zahlen und nicht unter reellen erfüllt $*\breve{\iota}$ den Sinn des klassischen '$\leqslant$'. Und unter den reellen, nicht den natürlichen Zahlen erfüllt '$\subseteq$' den Sinn des klassischen '$\leqslant$'.

Der klassische Satz

$$(x, y, z, w \in \mathbb{N} \wedge w \neq 0) \rightarrow (x/y \leqslant z/w \leftrightarrow x \cdot w \leqslant z \cdot y)$$

spiegelt sich deshalb in den folgenden Theoremen wider, die dazu dienen sollen, die Ordnung der reellen Zahlen mit der der natürlichen Zahlen zu verbinden.

18.4 $\quad (x, y, w, z \in \mathbb{N} \wedge x/y \subseteq z/w) \rightarrow x \cdot w \leqslant z \cdot y.$

Beweis: Nach 18.3 $z ; w \notin z/w$. Nach Voraussetzung aber $x/y \subseteq z/w$. Also $z ; w \notin x/y$. Also nach 18.2 $\neg (x \cdot y < x \cdot w)$. Also nach 13.22 $x \cdot w \leqslant z \cdot y$.

18.5 $\quad (x, y, z, w \in \mathbb{N} \wedge w \neq \Lambda \wedge x \cdot w \leqslant z \cdot y) \rightarrow x/y \subseteq z/w.$

Beweis: Nach den Voraussetzungen und nach 16.31 gilt für jedes $v \in \mathbb{N}$

$$(x \cdot w) \cdot v \leqslant (z \cdot y) \cdot v. \qquad (1)$$

Nach den Voraussetzungen und nach 16.33 gilt für beliebige $u, v \in \mathbb{N}$

$$u \cdot y < x \cdot v \rightarrow (u \cdot y) \cdot w < (x \cdot v) \cdot w$$

(nach 16.28, 16.26) $\quad \rightarrow (u \cdot w) \cdot y < (x \cdot w) \cdot v$

(nach (1), 12.8) $\quad \rightarrow (u \cdot w) \cdot y < (z \cdot y) \cdot v$

(nach 16.28, 16.26) $\quad \rightarrow (u \cdot w) \cdot y < (z \cdot v) \cdot y$

(nach 16.32) $\quad \rightarrow u \cdot w < z \cdot v.$

Also nach 18.2

$$u ; v \in x/y \rightarrow u ; v \in z/w.$$

Nach 18.1 ist aber jedes Element von x/y gleich $u ; v$ für gewisse $u, v \in \mathbb{N}$. Also $x/y \subseteq z/w$.

Wir könnten in 18.5 '$z \neq \Lambda$' an Stelle von '$w \neq \Lambda$' verwenden, d.h.

18.6 $\quad (x, y, z, w \in \mathbb{N} \wedge z \neq \Lambda \wedge x \cdot w \leqslant z \cdot y) \rightarrow x/y \subseteq z/w.$

Beweis: Wenn $w \neq \Lambda$, ist der Fall mit 18.5 erledigt. Also wollen wir $w = \Lambda$ annehmen. Nach 12.18

$$u \cdot y < x \cdot v \rightarrow x \cdot v \neq \Lambda$$

(nach 16.7) $\quad \rightarrow v \neq \Lambda$

(nach Vor., 16.29) $\quad \rightarrow z \cdot v \neq \Lambda$

(nach 13.16) $\quad \rightarrow \Lambda < z \cdot v$

(nach 16.7) $\quad \rightarrow u \cdot \Lambda < z \cdot v$

(da $w = \Lambda$) $\quad \rightarrow u \cdot w < z \cdot v.$

Der Beweis endet wie der von 18.5.

Zusammenfassung von 18.4 bis 18.6 ergibt

18.7 $[x, y, z, w \in \mathbb{N} \wedge \neg (z = w = \Lambda)] \rightarrow (x/y \subseteq z/w \leftrightarrow x \cdot w \leqslant z \cdot y)$.

Daraus erhalten wir wiederum als Korollar:

18.8 $[x, y, z, w \in \mathbb{N} \wedge \neg (z = w = \Lambda)] \rightarrow (x/y \subseteq z/w \leftrightarrow z; w \notin x/y)$.

Beweis: Nach Voraussetzung und nach 18.7

$$x/y \subseteq z/w \leftrightarrow x \cdot w \leqslant z \cdot y$$

(nach 13.22) $\leftrightarrow \neg (z \cdot y < x \cdot w)$

(nach 18.2) $\leftrightarrow z; w \notin x/y$.

Wie schon bemerkt, sind die ganzrationalen Zahlen im allgemeinen von den entsprechenden natürlichen Zahlen verschieden. Die ganzrationale Zahl ist $x/1$ oder $x/\{\Lambda\}$, wobei die natürliche Zahl x ist. Eine Koinzidenz kommt nur bei 0 vor; wir ersehen leicht aus 18.1, daß $0/1$ oder $\Lambda/\{\Lambda\}$ einfach gleich Λ oder 0 ist. Aus 18.1 wird nämlich klar, daß $\Lambda/x = \Lambda$ für jede natürliche Zahl x einschließlich Λ und daß $x/\Lambda = \{\Lambda\}/\Lambda$ nur für natürliche Zahlen $x \neq \Lambda$. Das traditionell Ärgernis und Verwirrung stiftende 0/0 kommt also bei unserer Konstruktion als 0 heraus. In der Sprache des Rasters: 0/1 oder Λ enthält die Gitterpunkte links von dem horizontalen Strahl, also keine, wohingegen im anderen Extrem 1/0 oder $\{\Lambda\}/\Lambda$ alle Gitterpunkte unterhalb des horizontalen Strahles enthält, also alle Gitterpunkte außer denen auf der oberen Kante. Diese letzte Bemerkung ist der Inhalt des folgenden Theorems.

18.9 $\{\Lambda\}/\Lambda = \{x; y \colon x, y \in \mathbb{N} \wedge y \neq \Lambda\}$.

Beweis: Nach 16.7 und 16.25

$$x \cdot \Lambda < \{\Lambda\} \cdot y \leftrightarrow \Lambda < y.$$

Also nach 13.17

$$y \in \mathbb{N} \rightarrow (x \cdot \Lambda < \{\Lambda\} \cdot y \leftrightarrow y \neq \Lambda).$$

Nach 18.1 erhalten wir somit unser Theorem.

Wenn wir nun die Klasse der rationalen Zahlen definieren, nehmen wir dabei wie üblich 1/0 aus, also:

18.10 '$\mathbb{Q}$' steht für '$\{x/y \colon x, y \in \mathbb{N} \wedge y \neq \Lambda\}$'.

Daß 1/0 hierin ausgeschlossen ist, erfordert noch ein wenig Beweisarbeit, also

18.11 $\{\Lambda\}/\Lambda \notin \mathbb{Q}$.

Beweis: Angenommen, $\{\Lambda\}/\Lambda \in \mathbb{Q}$. Dann gibt es nach 18.10 $x, y \in \mathbb{N}$ mit $y \neq \Lambda$ und $x/y = \{\Lambda\}/\Lambda$. Dann aber $\{\Lambda\}/\Lambda \subseteq x/y$, und somit nach 18.7 $\{\Lambda\} \cdot y \leqslant x \cdot \Lambda$, d.h. nach 16.7 und 16.25 $y \leqslant \Lambda$, d.h. nach 12.17 $y = \Lambda$, Widerspruch!

Die reellen Zahlen sollten die rationalen Zahlen umfassen und zusätzlich noch die kleinsten oberen Schranken beschränkter Klassen rationaler Zahlen (vgl. Kapitel 17). Diese Redeweise enthält noch Überflüssiges; jede rationale Zahl w ist selbst die kleinste obere Schranke einer beschränkten Klasse von rationalen Zahlen, z.B. von $\{w\}$. So können wir einfach sagen, daß die reellen Zahlen die kleinsten oberen Schranken der beschränkten Klassen rationaler Zahlen sein sollen. Nun liegt eine explizite Formulierung hierfür auf der Hand. Da '⊆' für reelle Zahlen die Rolle des klassischen '⩽' spielt, läßt sich eine Schranke einer Klasse z von rationalen Zahlen einfach als ein y mit

$\forall x(x \in z \rightarrow x \subseteq y)$

beschreiben, oder kurz als ein y mit $\bigcup z \subseteq y$ (vgl. 8.5). $\bigcup z$ ist nämlich insbesondere selbst eine Schranke von z, und da sie ⊆ jede Schranke ist, ist sie die kleinste. Also ist eine reelle Zahl ein Ding, das für ein gewisses $z \subseteq \mathbb{Q}$, welches von einer rationalen Zahl beschränkt wird, gleich $\bigcup z$ ist. Daß z von einer gewissen rationalen Zahl beschränkt wird, bedeutet, daß es eine rationale Zahl x/y geben soll mit

$\forall v(v \in z \rightarrow v \subseteq x/y)$,

d.h. mit

$\forall v(v \in z \rightarrow x;y \notin v)$ (nach 18.8),

d.h. mit $x;y \notin \bigcup z$. Ausgeschlossen wird nur der Fall, in dem $\bigcup z$ x; y für *alle* rationale Zahlen x/y enthält, kurz der Fall, wenn $\bigcup z$ gleich $\{\Lambda\}/\Lambda$ ist (vgl. 18.9). Somit

18.12 '$\mathbb{R}$' steht für '$\{\bigcup z: z \subseteq \mathbb{Q}\} \cap {}^{-}\{\{\Lambda\}/\Lambda\}$'.

Ein Schritt in der Begründung dessen, was uns nun bis zu 18.12 gebracht hat, war die Erkenntnis, daß rationale Zahlen ohne besondere Vorsorge als reelle Zahlen zählen. Das wollen wir in einem Theorem festhalten.

18.13 $\mathbb{Q} \subseteq \mathbb{R}$.

Beweis: $u \in \mathbb{Q}$ sei beliebig. Dann $\{u\} \subseteq \mathbb{Q}$; nach 8.2 ferner $u = \bigcup\{u\}$; also $u \in \{\bigcup z: z \subseteq \mathbb{Q}\}$. Nach 18.11 ferner $u \neq \{\Lambda\}/\Lambda$. Somit nach 18.12 $u \in \mathbb{R}$.

Die wesentliche Idee, die meiner Fassung der reellen Zahlen zu Grunde liegt, geht auf *Dedekind* zurück, der 1872 darlegte, wie jede reelle Zahl einem bestimmten *Schnitt* in der geordneten Reihe der rationalen Zahlen entspricht: der Schnitt trennt die rationalen Zahlen, die kleiner sind als die reelle Zahl, von denen, die größer oder gleich sind. Achtet man jeweils nur auf diejenigen Klassen rationaler Zahlen, die unterhalb der Schnitte liegen, und nicht auf die Schnitte als solche, so erhalten wir jede reelle Zahl in Beziehung zu einer bestimmten Klasse rationaler Zahlen: einer Klasse, die in dem Sinne *zusammenhängend* ist, daß sie alle rationalen Zahlen enthält, die kleiner sind als Elemente von ihr, die *offen* ist in dem Sinne, daß sie kein größtes Element enthält, und die *nicht* alle rationalen Zahlen *enthält*.

Whitehead und *Russell* (*310, *314) entwickelten systematisch zwei Fassungen für die reellen Zahlen. In der einen Version wurden die reellen Zahlen mit den zuletzt erwähnten Klassen identifiziert. So wurde, anschaulich gesagt, jede reelle Zahl x die Klasse z aller rationalen Zahlen $< x$. In der anderen Version wurde x zu $\bigcup z$, also, anschaulich gesagt, zur Vereinigung über alle rationalen Zahlen $< x$. Meine Fassung der reellen Zahlen folgt somit dieser zweiten Version von *Whitehead* und *Russell* in einer wichtigen Eigenart: Reelle Zahlen haben denselben Status wie rationale Zahlen, sie sind nicht Klassen von rationalen Zahlen, sondern Vereinigungen über rationale Zahlen; sie sind

Klassen von solchen Dingen, die, zu Klassen zusammengefaßt, auch die rationalen Zahlen bilden. Allerdings weicht meine Fassung von dieser zweiten Version von *Whitehead* und *Russell* in einer anderen wichtigen Eigenart ab: Für mich sind die rationalen Zahlen selbst reelle Zahlen, für *Whitehead* und *Russell* nicht. Der Grund, warum nicht, liegt darin, daß *Whitehead* und *Russell*s rationale Zahlen paarweise elementfremd sind wie die von *Peano* (vgl. Kapitel 17), während ihre reellen Zahlen ineinandergeschachtelt sind.

Die natürlichen Zahlen sind für mich (wie im allgemeinen auch für andere Autoren, die über diese Dinge schreiben) keine ganzen rationalen Zahlen. Für *Whitehead* und *Russell* sind entsprechend in keiner ihrer beiden Versionen die rationalen Zahlen rationale reelle Zahlen, sie werden von den rationalen reellen Zahlen nur nachgemacht. Für mich dagegen sind die rationalen Zahlen reelle Zahlen. Der wesentliche Grund dafür liegt, in der Sprache der obigen historischen Skizze, darin, daß ich es bewerkstelligte, die reellen Zahlen nach *Whitehead* und *Russell*s zweiter Version zu konstruieren, ohne dabei den Namen und die Bezeichnungen für rationale Zahlen zu verwenden. Daher konnte ich Name und Bezeichnung für die rationalen reellen Zahlen zurückhalten.

In dem Bemühen, die historischen Zusammenhänge zu klären, bin ich über Unterschiede hinweggegangen. Einer liegt darin, daß *Whitehead* und *Russell*s rationale Zahlen nicht Relationen zwischen Zahlen wie bei *Peano*, sondern Relationen zwischen Relationen waren. Ein anderer Unterschied ist meine Verwendung der Zahlen x; y an Stelle der Paare $\langle x, y \rangle$, so daß ich die reellen Zahlen herunterdrückte in die Kategorie von Klassen natürlicher Zahlen.[1]) Die beiden wichtigen Punkte der Theorie, die diese Bewegung illustriert, stammen von *Cantor*: daß die reellen Zahlen mit Klassen natürlicher Zahlen in Beziehung gesetzt werden können und daß Paare natürlicher Zhalen mit natürlichen Zahlen in Beziehung gebracht werden können.

19. Existenzforderungen. Operationen und Erweiterungen

In Kapitel 17 hielten wir den Satz (1) von der kleinsten oberen Schranke fest; ihn wahrzumachen, war der Hauptzweck des Unternehmens, den Begriff der reellen Zahl zu entwickeln. So wie wir die reellen Zahlen dann tatsächlich definiert haben (18.12), schien dieser Zweck erfüllt zu sein, denn wir sahen, daß nach 18.12 jedes Ding eine reelle Zahl ist, die entweder eine rationale Zahl oder die kleinste obere Schranke $\mathsf{U}z$ einer von einer rationalen Zahl nach oben beschränkten Klasse z ist. Tatsächlich genügt das nicht, um (1) von Kapitel 17 sicherzustellen, denn wir haben nicht die Gewißheit, daß $\mathsf{U}z$ für ein jedes solches z existiert. Diese Existenzannahme ist der verbleibende Inhalt von (1) aus Kapitel 17, und ich werde ihn von neuem numerieren:

$$(z \subseteq \mathbb{Q} \wedge \mathsf{U}z \neq \Lambda / \Lambda) \rightarrow \mathsf{U}z \in \vartheta. \tag{1}$$

Er muß als zusätzliches Komprehensionsaxiom hinzugenommen oder von umfassenderen Komprehensionsaxiomen eingeschlossen werden, wenn die klassische Theorie der reellen

---

[1]) Meine Version der rationalen und reellen Zahlen erschien in „Element and number" § 4, Fußnote, ohne diese Eigentümlichkeit.

Zahlen auf der Basis unserer Definitionen erhalten werden soll. Es sind andersartige Definitionen bekannt, aber ich kenne keine, die uns in die Lage versetzen, die klassische Theorie aus fühlbar schwächeren Existenzannahmen zu entwickeln.

Tatsächlich ist (1) selbst damit verträglich, daß es über die endlichen Klassen hinaus, die wir bereits in unserem Axiom 7.10 und unserem Axiomenschema 13.1 gefordert haben, nichts gibt. Jede rationale Zahl x/y ist nämlich eine unendliche Klasse von natürlichen Zahlen, es sei denn, x ist gleich Λ, und in diesem Fall ist x/y gleich Λ. Wenn es also nur endliche Klassen gibt, dann $\mathbb{Q} = \{\Lambda\}$. Dann gilt aber für alle $z \subseteq \mathbb{Q}$, daß $\mathsf{U}z = \Lambda$, und somit $\mathsf{U}z \in \vartheta$, womit (1) erfüllt ist.

Diese Überlegung soll jedoch nicht so sehr der Beruhigung dienen, sondern daran erinnern, daß man für eine zufriedenstellende Theorie der reellen Zahlen noch Existenzannahmen über (1) hinaus braucht. Wir müssen also für die Existenz jeder rationalen Zahl x/y Sorge tragen, also

$$(x, y \in \mathbb{N} \wedge y \neq \Lambda) \rightarrow x/y \in \vartheta. \tag{2}$$

Hiermit wird nun die Existenz unendlicher Klassen behauptet, und wenn (1) von (2) unterstützt wird, dann behauptet (1) die Existenz noch weiterer unendlicher Klassen. (2) behauptet die Existenz aller rationalen Zahlen im Sinne von 18.1 und macht somit $\mathbb{Q}$ wie in 18.10 zur Klasse aller solcher rationalen Zahlen, was $\mathbb{Q}$ sonst nicht wäre. Weiter behauptet (1) dann auch die Existenz aller irrationalen Zahlen, und macht $\mathbb{R}$ nach 18.12 wirklich zur Klasse aller reellen Zahlen. Der Satz von der kleinsten oberen Schranke ist einfach der Satz von der Existenz aller irrationalen Zahlen, wenn er von (2) unterstützt wird. Natürlich gibt es selbst mit (2) und (1) noch keinen Grund für die Annahme, daß $\mathbb{Q} \in \vartheta$ oder $\mathbb{R} \in \vartheta$.

Ich erkläre (1) und (2) noch nicht zu Axiomen. Ich stelle sie nur als Sätze vor, die wir letzten Endes erhalten wollen.

In der klassischen Theorie der reellen Zahlen ist ein Satz über die kleinste obere Schranke enthalten, der noch allgemeiner als (1) ist. Er spricht nicht nur von Klassen rationaler Zahlen, sondern allgemein von Klassen reeller Zahlen, also:

Zu jeder Klasse reeller Zahlen, die von einer rationalen Zahl nach oben beschränkt wird, gibt es eine reelle Zahl, die kleinste obere Schranke ist.

Statt (1) sollten wir also haben:

$$(z \subseteq \mathbb{R} \wedge \mathsf{U}z \neq \{\Lambda\}/\Lambda) \rightarrow \mathsf{U}z \in \vartheta. \tag{3}$$

Gewöhnlich merkt man an, daß diese Fassung des Satzes von der kleinsten oberen Schranke zu der anderen nichts hinzufügt. Der Grund dafür liegt darin, daß die kleinste obere Schranke einer beliebigen Klasse reeller Zahlen gleichzeitig die kleinste obere Schranke einer Klasse ist, die ausschließlich aus rationalen Zahlen besteht. In der Tat können wir unabhängig von (1) oder (2) oder anderen einschlägigen Annahmen beweisen, daß

19.1 $(\alpha \subseteq \mathbb{R} \rightarrow \mathsf{U}\alpha = \mathsf{U}(\mathbb{Q} \cap \{w\colon w \subseteq \mathsf{U}\alpha\}).$

Beweis: Nach der Definition von $\mathsf{U}\alpha$

$$x \in \mathsf{U}\alpha \rightarrow \exists u(x \in u \in \alpha)$$

(nach Voraussetzung) $\rightarrow \exists u(x \in u \in \alpha \wedge u \in \mathbb{R})$

(nachl8.12) $\rightarrow \exists z(x \in \mathsf{U}z \in \alpha \wedge z \subseteq \mathbb{Q})$

(nach Def. von $\mathsf{U}z$ $\rightarrow \exists z \exists w(x \in w \in z \subseteq \mathbb{Q} \wedge \mathsf{U}z \in \alpha)$

(nach 8.6) $\rightarrow \exists z \exists w(x \in w \subseteq \mathsf{U}z \subseteq \mathsf{U}\alpha \wedge w \in \mathbb{Q})$

$\rightarrow \exists w(x \in w \subseteq \mathsf{U}\alpha \wedge w \in \mathbb{Q})$

(nach Def. von 'U') $\rightarrow x \in \mathsf{U}(\mathbb{Q} \cap \{w: w \subseteq \mathsf{U}\alpha\})$.

Umgekehrt, nach Definition von 'U':

$$x \in \mathsf{U}(\mathbb{Q} \cap \{w: w \subseteq \mathsf{U}\alpha\}) \rightarrow \exists w(x \in w \subseteq \mathsf{U}\alpha) \rightarrow x \in \mathsf{U}\alpha.$$

Der klassische Standpunkt besagt kurz, daß durch Klassen reeller Zahlen keine oberen Grenzen oder kleinste obere Schranken bestimmt werden, die nicht schon durch Klassen rationaler Zahlen bestimmt sind.

Man weiß jedoch trotz 19.1 nicht, ob (1) (3) impliziert. Wie würden wir (3) aus (1) und (19.1) folgern? Wir würden damit beginnen, '$\mathbb{Q} \cap \{w: w \subseteq \mathsf{U}z\}$' für 'z' in (1) einzusetzen. Diese Einsetzung setzt aber die Annahme

$$\mathbb{Q} \cap \{w: w \subseteq \mathsf{U}z\} \in \vartheta \tag{4}$$

zumindest für alle z voraus, die das Antezedenz von (3) erfüllen.

Anstatt nun (1) durch (4) zu ergänzen, um (3) sicherzustellen, ist es eher angebracht, (3) statt (1) an die erste Stelle zu setzen. Offensichtlich impliziert (3) wegen 18.13 (1).

Ein anderer Weg, (3) sicherzustellen, besteht darin, an Stelle der Aussage (1) das entsprechende Schema

$$(\alpha \subseteq \mathbb{Q} \wedge \mathsf{U}\alpha \neq \{\Lambda\}/\Lambda) \rightarrow \mathsf{U}\alpha \in \vartheta \tag{5}$$

anzunehmen. Hier können wir nämlich unsere gewünschte Einsetzung für 'α' ohne Rücksicht auf Existenz vornehmen und somit (3) ohne die Hilfe von (4) ableiten.

Eine etwaige Menge von Komprehensionsaxiomen, die der Theorie der reellen Zahlen, so wie wir sie definiert haben, adäquat ist, muß also entweder (2) und (3) einschließen oder diese als Theoreme implizieren. Ein Weg, sie als Theoreme zu erhalten, besteht darin, dafür zu sorgen, daß (2) als Theorem und (5) als Theoremschema herauskommen.

Der Vergleich des Schemas (5) mit der Aussage (1) legt in Analogie ein weiteres Schema nahe:

$$(\alpha \subseteq \mathbb{R} \wedge \mathsf{U}\alpha \neq \{\Lambda\}/\Lambda) \rightarrow \mathsf{U}\alpha \in \vartheta, \tag{6}$$

das zu der Aussage (3) in derselben Beziehung steht wie (5) zu (1). Das fügt jedoch zu (5) nichts mehr hinzu. Einsetzung in (5) liefert

$$\mathsf{U}(\mathbb{Q} \cap \{w: w \subseteq \mathsf{U}\alpha\}) \neq \{\Lambda\}/\Lambda \rightarrow \mathsf{U}(\mathbb{Q} \cap \{w: w \subseteq \mathsf{U}\alpha\}) \in \vartheta,$$

woraus wir mit 19.1 (6) erhalten.

So bilden sich zweierlei Vorkehrungen heraus, die für die Theorie der reellen Zahlen getroffen werden müssen: Einmal die starken Vorkehrungen, die (2) und (5) und damit implizit (6) liefern, und die schwachen Vorkehrungen, die (2) und (3) ergeben.

Sie alle – (2), (3), (5) und ihre Folgerungen – bestätigen nur die Existenz von Teilklassen von $\mathbb{N}$. Diesen Notwendigkeiten könnte man aber auch einfach dadurch Rechnung tragen, daß man $\alpha \subseteq \mathbb{N} \rightarrow \alpha \in \mathcal{V}$ annimmt, oder auch

$$\alpha \subset \mathbb{N} \rightarrow \alpha \in \mathcal{V}. \tag{7}$$

Das ist aber schärfer, als es für (2) und (5), ganz zu schweigen von (3), notwendig ist.

Das was man erreicht, wenn man die kleinsten oberen Schranken in die Reihe der rationalen Zahlen hineinschiebt, wird *Stetigkeit* genannt. Die ursprüngliche, schwächere Eigenschaft heißt *Dichte*: Die Eigenschaft, daß zwischen zwei beliebigen Zahlen immer noch weitere Zahlen liegen. Allgemein heißt eine Relation x, z.B. die, die bei den rationalen oder reellen Zahlen von der kleineren Zahl zur größeren führt, *dicht*, wenn $x \subseteq x|x$; Sie heißt ferner *stetig*, wenn jede Klasse, die in Bezug auf die Ordnung x eine obere Schranke besitzt, auch eine kleinste obere Schranke hat (bzgl. x). Also ist die Kleiner-Relation unter den reellen Zahlen stetig, aber nicht, wenn sie auf die rationalen Zahlen beschränkt wird. Man sagt, daß die reellen Zahlen ein *Kontinuum* bilden.

Ein Wort noch zu Summen und Produkten. Diese wurden zusammen mit der Potenz in 16.1 bis 16.3 für natürliche Zahlen definiert. Die Definitionen ergaben auch einen Sinn, wenn man sie auf andere Dinge als natürliche Zahlen anwandte, allerdings einen trivialen: Sie ergaben Λ (vgl. 16.4). Diese drei Operationen müssen natürlich für reelle Zahlen neu definiert werden, und prinzipiell, wenn nicht in der Praxis, sollten Zeichen verwendet werden, die von denen, die die entsprechenden Operationen unter den natürlichen Zahlen ausdrücken, verschieden sind. Zeitweilig wollen wir also '$x \oplus y$' und '$x \odot y$' für Summe und Produkt von x und y in dem für reelle Zahlen geeigneten Sinn schreiben. Ich werde diese Schreibweise nur solange beibehalten, bis ich gezeigt habe, wie diese Operationen zu definieren sind.

Wenn die reellen Zahlen x und y zufällig beide rationale Zahlen sind: h/k und m/n, dann tritt keine Schwierigkeit auf; wir wissen schon, daß $x \oplus y$ und $x \odot y$ in dem gewünschten Sinne gleich $(h \cdot n + m \cdot k)/(k \cdot n)$ und $(h \cdot m)/(k \cdot n)$ sind. Betrachten wir nun den allgemeinen Fall, in dem x und y irrational sein können. Als erstes wollen wir uns dem Problem, $x \odot y$ zu definieren, zuwenden. Wir möchten, daß $x \odot y$ die Klasse aller natürlichen Zahlen z; w wird, für die, anschaulich gesagt, z/w kleiner als $x \odot y$ ist (vgl. 18.8). Das wird aber z/w in der klassischen Arithmetik gerade dann sein, wenn z/w selbst als Produkt rationaler Zahlen h/k und m/n ausgedrückt werden kann, die kleiner als x bzw. y sind. h/k ist aber gerade dann kleiner als x, wenn $h;k \in x$; entsprechendes gilt für m/n; das Produkt dieser beiden Zahlen ist dann, wie wir sahen, gleich $(h \cdot m)/(k \cdot n)$. Also können wir $x \odot y$ folgendermaßen definieren:

$$\{(h \cdot m);(k \cdot n)\colon h, k, m, n \in \mathbb{N} \wedge h;k \in x \wedge m;n \in y\}.$$

Dazu parallele Überlegungen führen zur Definition von $x \oplus y$:

$$\{(h \cdot n + m \cdot k);(k \cdot n)\colon h, k, m, n \in \mathbb{N} \wedge h;k \in x \wedge m;n \in y\};$$

allerdings funktioniert diese Fassung nicht, wenn x oder y gleich 0/1 oder Λ ist. Wenn nämlich x oder y gleich Λ ist, führt diese Fassung unweigerlich zu Λ; wir möchten jedoch erhalten, daß $x \oplus \Lambda = x$ und $\Lambda \oplus y = y$. Diese Fälle können jedoch angepaßt werden, indem wir '$\mathsf{U}x\ \mathsf{U}y$' an die obige Formulierung anhängen; diese Verbesserung rettet die beiden widerspenstigen Fälle und berührt die übrigen überhaupt nicht.

Wir erhalten ein Modell der Arithmetik in der Mengenlehre, wenn wir einen Weg gefunden haben, die arithmetischen Bezeichnungen in der Sprache der Mengenlehre auf eine solche Weise neu zu interpretieren, daß die Wahrheiten der Arithmetik zu Wahrheiten der Mengenlehre werden. Nun, was ist über eine solche formale Simulierung hinaus erforderlich, um Zahlen tatsächlich auf die Mengenlehre zurückzuführen? Anscheinend gibt es da noch die Frage nach ihrer Anwendung, im Fall der natürlichen Zahlen also nach dem Maß für Klassen. Zu Beginn von Kapitel 12 bemerkten wir aber schon, daß das für natürliche Zahlen keine zusätzliche Forderung war; jede Fassung der natürlichen Zahlen wäre als Maß für die Größe von Klassen geeignet, falls sie die formalen Gesetze erfüllt. Von den reellen Zahlen kann man im wesentlichen dasselbe sagen: Werden sie angewandt, z.B. auf verschiedene stetige Größen der physikalischen Welt, so könnte jedes andere Modell genau so gut verwandt werden. Ein Modell zu finden, erweist sich wieder als gleichwertig mit der Zurückführung, denn alles, was für die Anwendung relevant ist, wird in das Modell übertragen.

In den nächsten drei Kapiteln wird offensichtlich werden, daß dasselbe für die unendlichen Ordinal- und die unendlichen Kardinalzahlen gilt: Jedes Modell ist eine haltbare Version, die sich zu allen Anwendungen hergibt. Dasselbe gilt auch, wenn man von näherliegenden Dingen spricht, von den gewohnten Anhängseln an unser System der reellen Zahlen, nämlich von den negativen und den imaginären Zahlen. Die nächsten Abschnitte sind diesen gewidmet.

Wir erhalten ein Modell für die Arithmetik der positiven und negativen reellen Zahlen, indem wir für jede reelle Zahl x die positive reelle Zahl $+x$ bzw. die negative reelle Zahl $-x$ als das geordnete Paar $\langle x, 0\rangle$ bzw. $\langle 0, x\rangle$ konstituieren. Das liefert $+x = -x$ dann und nur dann, wenn $x = 0$, genau wie es erwünscht ist. Eine neue Definition des '$<$', die für reelle Zahlen mit Vorzeichen geeignet ist, kann dann auf der folgenden Idee aufgebaut werden:

$$\langle x, y\rangle < \langle z, w\rangle \leftrightarrow [x \subset z \vee (x = 0 \wedge w \subset y)],$$

dabei ist das '$\subset$' auf der rechten Seite gleich dem '$<$' für reelle Zahlen ohne Vorzeichen. Geeignete Fassungen für Summe, Produkt und Potenz können im selben Geiste erhalten werden.

Eine andere Möglichkeit, und zwar die von *Peano* [1]), besteht darin, die mit Vorzeichen versehenen reellen Zahlen als Differenzrelationen der reellen Zahlen ohne Vorzeichen aufzufassen, also $+x$ als die Relation zwischen y und z, wobei $y = z \oplus x$, und $-x$

---

[1]) 1901, S. 48ff. Er zitiert *Maclaurin* und *Cauchy*.

als die Relation zwischen z und y, wobei $y = z \oplus x$. Kurz: $+x = \lambda_z(z \oplus x)$, und $-x = \breve{}+x$. Für reelle Zahlen u und v, die in diesem Sinne mit Vorzeichen versehen sind, sind '<' und '+' einfach zu definieren:

$$u < v \leftrightarrow \exists z(u`z < v`z), \quad u + v = (u|v) \cup (v|u).$$

Produkt und Potenz sind komplizierter.

Keine Version identifiziert die positiven reellen Zahlen mit den reellen Zahlen ohne Vorzeichen, wie man es wünschen könnte. Man ergibt sich darein, daß sie verschieden sind, so wie man sich darein ergeben hat, daß die ganzen rationalen Zahlen von den natürlichen und die rationalen reellen Zahlen von den rationalen verschieden sind. Wir dagegen, ungleich anderen, gaben uns mit dem zuletzt genannten Unterschied nicht zufrieden; wir erreichten, daß die rationalen reellen Zahlen gleich den rationalen sind. Das Entsprechende können wir auch für die positiven reellen Zahlen erlangen. Anstatt eine der obigen Versionen der mit Vorzeichen versehenen reellen Zahlen zu übernehmen, können wir auf die Bezeichnung '+x' verzichten und die negativen reellen Zahlen $-x$ als unmittelbare Ergänzung zu den bisher so genannten reellen Zahlen einführen. Dieses Verfahren wird am besten einsichtig, wenn wir für ein Weilchen die reellen Zahlen wieder als Klassen von Paaren $\langle y, z \rangle$ natürlicher Zahlen ansehen (wie in Kapitel 17) und nicht als Klassen der entsprechenden natürlichen Zahlen $y;z$. Wenn x in diesem Sinne eine reelle Zahl ist, somit eine Relation über der Menge der natürlichen Zahlen, können wir $-x$ einfach als $\breve{x}$ nehmen. Da die reelle Zahl Eins oder 1/1 die Kleiner-Relation über den natürlichen Zahlen ist (vgl. Kapitel 17), wird $-(1/1)$ die Größer-Relation. Wir erhalten, wie erwünscht, $x = -x$ dann und nur dann, wenn $x = 0$; $\breve{\Lambda} = \Lambda$. Die allgemeinere Wirkung wird erkennbar, wenn wir uns 2/3 ansehen; diese Zahl besteht aus den Paaren $\langle y, z \rangle$ natürlicher Zahlen mit $y/z < 2/3$; man sieht, daß ihre Negation $-(2/3)$ oder $\breve{}(2/3)$ aus den Paaren $\langle y, z \rangle$ mit $3/2 < y/z$ besteht.

Wenn wir diese Definition von $-x$ soweit korrigieren, daß sie zu unserer tatsächlichen Auffassung der reellen Zahlen als Klassen von natürlichen Zahlen $y;z$ (anstelle von Klassen von Paaren $\langle y, z \rangle$) paßt, dann wird daraus natürlich $\{y;z\colon z;y \in x\}$ und nicht $\breve{x}$.

Die derart vorgenommene Identifizierung der positiven reellen Zahlen mit den gewöhnlichen reellen Zahlen und von $-x$ mit der konversen $\breve{x}$ oder der simulierten konversen $\{y;z\colon z;y \in x\}$ läßt an Eleganz wenig zu wünschen übrig. Die dazu passenden geeigneten Definitionen von '<', '+', usw. lassen mehr Wünsche offen und sollen dem Leser anheimgestellt werden, so daß wir uns jetzt abschließend den imaginären Zahlen zuwenden können.

Die imaginären Zahlen bilden genau wie die reellen Zahlen eine geordnete Zahlenreihe, nur daß die Einheit, die die Stelle der reellen Zahl 1 einnimmt, i genannt und als $\sqrt{-1}$ angesehen wird. Die Übernahme der imaginären Zahlen weitet den Bereich der reellen Zahlen zu dem der komplexen Zahlen $x + yi$ aus; hierin sind x und y reelle Zahlen in einem bereits erweiterten Sinn, der negative Zahlen zuläßt. Seit langem ist es ein Gemeinplatz, daß man ein adäquates Modell für die komplexen Zahlen dadurch erhält, daß man $x + yi$ als $\langle x, y \rangle$ auffaßt. Wieder bedürfen die arithmetischen Operationen einer neuen Definition, die Schlüssel zu zweien von ihnen lauten wie folgt:

$$\langle x,y \rangle + \langle z,w \rangle = \langle x + z, y + w \rangle,$$
$$\langle x, y \rangle \cdot \langle z, w \rangle + \langle x \cdot z - y \cdot w, x \cdot w + y \cdot z \rangle,$$

wie man einsieht, wenn man stur an $\langle x, y \rangle$ als an $x + yi$ und an $i \cdot i$ als an -1 denkt.

Faßt man $x + yi$ als $\langle x, y \rangle$ auf, so wird dabei die komplexe reelle Zahl $x + 0 \cdot i$ oder $\langle x, 0 \rangle$ nicht mit der reellen Zahl x identifiziert, wie man es sich vielleicht wünscht. Aber wieder können wir eine andere Definition angeben, die die gewünschte Identifizierung zu Wege bringt. Wir brauchen nur irgendeine Beziehung α auszuwählen, die Dinge, die von natürlichen Zahlen verschieden sind, mit allen natürlichen Zahlen in Relation setzt; dann können wir $x + yi$ als $x \cup \alpha``y$ erklären. Wie gewünscht, ergibt das x, wenn $y = 0$ (d.h. $\Lambda$). Ferner lassen sich, wie gefordert, die reellen Zahlen x und y einzeln und eindeutig aus $x \cup \alpha``y$ zurückgewinnen. Da nämlich eine reelle Zahl (selbst eine negative) in unserer endgültigen Fassung eine Klasse natürlicher Zahlen ist, gilt

$$x = \mathbb{N} \cap (x \cup w``y), \quad y = \breve{w}``(x \cup w``y).$$

Da wir die Zermelosche Version der natürlichen Zahlen übernommen haben, ist $\lambda_z\{z, \{z\}\}$ eine Beziehung, die unsere Forderung an α erfüllt. Also können wir

$$x + yi = x \cup \{\{z, \{z\}\} : z \in y\}$$

setzen und die Einzelheiten der formalen Definitionen dem Leser wieder überlassen.

VII. Ordnung und Ordinalzahlen

20. Transfinite Induktion

Über das Thema der vollständigen Induktion ergingen wir uns in kleineren Variationen in den Kapiteln 13 und 15. Es gibt jedoch noch eine größere Variante, die sogenannte *Wertverlaufsinduktion* [1]), die ich bis jetzt aufgeschoben habe. Wenn man ihn auf natürliche Zahlen anwendet, so besagt der Satz von der Wertverlaufsinduktion, daß eine Aussage für alle natürlichen Zahlen gilt, falls sie, vorausgesetzt sie ist wahr für alle Zahlen bis zu irgendeiner, dann auch immer für die nächste Zahl gilt. Das Schema lautet also wie folgt:

20.1 $(\forall y(\forall x(x < y \to Fx) \to Fy) \wedge z \in \mathbb{N}) \to Fz.$

---

[1]) „course-of-values induction", *Kleene*, S. 22.

Beweis: Nach Voraussetzung

$$
\begin{aligned}
& \forall x(x < y \to Fx) \to [\forall x(x < y \to Fx) \wedge Fy] \\
& \to \forall x((x < y \to Fx) \wedge (x = y \to Fx)) \\
& \to \forall x((x < y \vee x = y) \to Fx) \\
\text{(nach 13.11)} \quad & \to \forall x(x \leqslant y \to Fx) \\
\text{(nach 13.12)} \quad & \to \forall x(x < \{y\} \to Fx).
\end{aligned}
$$

Nach 12.18 erhalten wir die leere Form $\forall x(x < \Lambda \to Fx)$. Aus diesen beiden Ergebnissen und aus der Voraussetzung ‘$z \in \mathbb{N}$’ folgt mit Induktion gemäß 13.9, daß $\forall x(x < z \to Fx)$. Also erhalten wir nach der langen Voraussetzung Fz.

Man kann die Wertverlaufsinduktion auch als den *Satz von der ersten Ausnahme* ansehen: Für jedes $z \in \mathbb{N}$ muß Fz wahr sein, es sei denn, es gibt ein erstes $y \in \mathbb{N}$ mit $\neg$ Fy. Diese Fassung ist nichts anderes als eine Umformulierung von 20.1. Die lange Voraussetzung in 20.1 sagt nämlich für jedes y einfach aus, daß es nicht das erste mit $\neg$ Fy ist, daß aber umgekehrt, falls $\neg$ Fy, es ein $x < y$ geben muß mit $\neg$ Fx.

Die früher erwähnten Varianten der Induktion waren in ihrer Anwendung auf natürliche Zahlen Spezialfälle des Satzes von der Vorfahreninduktion, der genauso gut mit einem nichtspezifizierten ‘α’ an Stelle von ‘$\breve{\iota}$’ gilt (vgl. 15.10, 15.13, 15.14). Bei 20.1 liegt der Fall anders. 20.1 hängt von einer speziellen Eigenschaft von $\breve{\iota}$ ab, die in 13.12 in Anspruch genommen wurde, und kann nicht in gültiger Weise allgemein auf Relationen ausgedehnt werden. Wir wollen uns einmal ansehen, wie 20.1 aussehen würde, wenn ‘α’ an die Stelle von ‘$\breve{\iota}$’ tritt. Da die Bedingung ‘$x < y$’ (für Zahlen) auf ‘$\langle x, y\rangle \in \breve{\iota} | {*\breve{\iota}}$’ und auf ‘$\langle x, y\rangle \in {*\breve{\iota}} \cap {}^{-}I$’ hinausläuft, erhebt sich die Frage, wie dieser Teil zu verallgemeinern wäre. Wir wollen beide Wege ausprobieren.

$$(\forall y[\forall x(\langle x, y\rangle \in \alpha | {*\alpha} \to Fx) \to Fy] \wedge \langle \Lambda, z\rangle \in {*\alpha}) \to Fz, \tag{1}$$

$$(\forall y[\forall x(\langle x, y\rangle \in {*\alpha} \cap {}^{-}I \to Fx) \to Fy] \wedge \langle \Lambda, z\rangle \in {*\alpha}) \to Fz. \tag{2}$$

Um einzusehen, wie (1) und (2) falsch werden können, wollen wir für α die Teilklassenrelation $\{\langle s, t\rangle : s \subseteq t\}$ wählen. Bei dieser Interpretation haben wir $\alpha = {*\alpha} = \alpha | {*\alpha}$ wegen der Reflexivität und Transitivität der Teilklassenrelation; ferner kann ‘$\Lambda \subseteq z$’ fallengelassen werden. Also wird aus (1) und (2)

$$\forall y(\forall x(x \subseteq y \to Fx) \to Fy) \to Fz, \tag{3}$$

$$\forall y(\forall x(x \subset y \to Fx) \to Fy) \to Fz. \tag{4}$$

Da nun

$$
\begin{aligned}
\forall y(\forall x(x \subseteq y \to Fx) & \to (y \subseteq y \to Fy)) \\
& \to Fy),
\end{aligned}
$$

reduziert sich (3) geradewegs auf ‘Fz’, was alles Mögliche bedeuten kann. Weniger trivial ist es, (4) in Mißkredit zu bringen; wir müssen weiter ausholen und – sagen wir – ‘F’ als Endlichkeit interpretieren: als die Eigenschaft, nur endlich viele Elemente zu haben.

Wenn eine Klasse unendlich ist, so bleibt sie offenbar unendlich, wenn man ein Element herausnimmt; wenn also jede eigentliche Teilklasse einer Klasse y endlich ist, ist auch y endlich, d.h.

$$\forall y\,[\forall x(x \subset y \rightarrow Fx) \rightarrow Fy].$$

Also reduziert sich (4) auf 'Fz', was 'z ist endlich' bedeutet; dabei konnte aber z jede beliebige Klasse sein.

Wir können am besten verstehen, warum die Wertverlaufsinduktion in der allgemeinen Theorie der Vorfahrenrelation versagt, wenn wir in der Wertverlaufsinduktion wieder den Satz von der ersten Ausnahme sehen. Die Schwierigkeit besteht dann einfach darin, daß unter den Ausnahmen, unter den Objekten z mit $\neg$ Fz, möglicherweise keine zu finden ist, die im Hinblick auf $*\alpha \cap {}^{-}I$ *minimal* ist; stattdessen kann es eine unendliche absteigende Kette geben, so daß es zu jeder Ausnahme eine weitere Ausnahme gibt, die in der Relation $*\alpha \cap {}^{-}I$ zu ihr steht. Deshalb versagte (4) für 'F' als Endlichkeit: Keine unendliche Klasse ist minimal im Hinblick auf '$\subset$', jede hat eine eigentliche Teilklasse, die selbst wieder unendlich ist.

Es wird somit offensichtlich, daß wir zwar nicht zu erwarten brauchen, daß die Wertverlaufsinduktion sich einzig auf die durch '$<$' geordneten natürlichen Zahlen anwenden läßt, daß wir aber damit rechnen können, daß sie im allgemeinen nur auf solche Relationen anwendbar ist, die wie jene sicherstellen, daß jede Klasse von Objekten, über denen die jeweilige Relation erklärt ist, ein minimales Objekt enthält.

Von einer solchen Relation sagt man, sie sei *fundiert.* α ist somit fundiert, wenn es außer Λ keine Klasse gibt, in der es zu jedem Element ein anderes Element derselben Klasse gibt, das zu dem ersteren in der Relation α steht. Kürzer: α ist fundiert, wenn es keine Klasse $x \neq \Lambda$ gibt, deren sämtliche Elemente in $\breve{\alpha}$“x enthalten sind, wenn es keine Klasse $x \neq \Lambda$ mit $x \subseteq \breve{\alpha}$“x gibt. Also

20.2 'Fnd α' steht für '$\forall x(x \subseteq \breve{\alpha}\text{“}x \rightarrow x = \Lambda)$'.

Eine Relation wie die Kleiner-Relation über den natürlichen Zahlen, kurz $\{\langle x, y\rangle: \Lambda \leqslant x < y\}$, bestimmt unter ihren Objekten eine lineare Anordnung und wird *Ordnung* genannt. Die Relation

$$\{\langle x, y\rangle: x, y \in \mathbb{R} \wedge x \subset y\}$$

von der kleineren zur größeren reellen Zahl ist ebenfalls eine Ordnung. Die allgemeinere Relation $\{\langle x, y\rangle: x \subset y\}$ der eigentlichen Teilklassenbeziehung ist keine Ordnung, denn es gibt x und y, so daß weder $x \subset y$ noch $y \subset x$ noch $x = y$; die *Konnexität* (Kapitel 3) ist hier nicht erfüllt. Entsprechendes gilt für die Kleiner-Relation $\{\langle x, y\rangle: x \prec y\}$ über Klassen, wobei

20.3 '$\alpha \prec \beta$' oder '$\beta \succ \alpha$' für '$\neg(\beta \preceq \alpha)$' steht

(vgl. 11.1); es gibt nämlich x und y, so daß weder $x \prec y$ noch $y \prec x$ noch $x = y$. An dieser Stelle ist es angebracht, auf folgenden Punkt hinzuweisen: Fundiertheit hat nichts damit zu tun, ob eine Relation eine Ordnung ist. Die Ordnung $\{\langle x, y\rangle: \Lambda \leqslant x < y\}$ ist fundiert: Jede von Λ verschiedene Klasse von natürlichen Zahlen kann ein bezüglich dieser Relation minimales Element aufweisen. Die Kleiner-Relation über rationalen oder reellen Zahlen ist andererseits zwar eine Ordnung, aber nicht fundert; z.B. hat die Klasse der rationalen Zahlen größer als 1/1 oder die der reellen Zahlen größer als 1/1 keine minimalen Elemente bezüglich dieser Relation. Wiederum ist $\{\langle x, y\rangle: x \prec y\}$ zwar keine Ordnung, aber fundert: Jede Klasse $z \neq \Lambda$ hat minimale Elemente bezüglich $\{\langle x, y\rangle: x \prec y\}$, nämlich diejenigen Elemente, zu denen es keine kleineren zu z gehörigen Elemente gibt. Sie werden alle von gleicher Größe sein, doch es kann deren mehrere geben. Schließlich ist $\{\langle x, y\rangle: x \subset y\}$ keine Ordnung und auch nicht fundiert; z.B. hat die Klasse aller unendlichen Klassen, vorausgesetzt sie existiert und ist nicht leer, keine minimalen Elemente bezüglich $\{\langle x, y\rangle: x \subset y\}$.

Wenn eine fundierte Relation eine Ordnung ist, so nennt man sie eine *Wohlordnung.*[1]) Sogar eine Wohlordnung kann wesentlich von der Struktur unseres Hauptbeispiels $\{\langle x, y\rangle: \Lambda \leqslant x < y\}$ abweichen. Nehmen wir z.B. die lexikographische Ordnung über 0;0, 0;1, 0;2, ..., 1;0, 1;1, 1;2, ..., 2;0, 2;1, 2;2, ..., 3;0
was nach 17.1

$$0, 1, 4, \ldots, 2, 5, 10, \ldots, 6, 11, 18, \ldots, 12, \ldots \qquad (5)$$

bedeutet. So wie diese Anordnung sich an unendlich vielen Stellen in unendlich lange Stücke aufteilt, ist sie strukturmäßig $\{\langle x, y\rangle: \Lambda \leqslant x < y\}$ unähnlich; dennoch ist auch sie eine Wohlordnung.

Eine Kleinigkeit, die man kategorisch über fundierte Relationen aussprechen kann, ist, daß sie irreflexiv sind.

20.4 $\quad \mathrm{Fnd}\,\alpha \rightarrow \langle x, x\rangle \notin \alpha$.

Beweis: Nach 10.26 $\{x\} \neq \Lambda$. Also nach Voraussetzung und nach 20.2 $\neg(\{x\} \subseteq \breve{\alpha}``\{x\})$. Das bedeutet nach 7.4 $x \notin \breve{\alpha}``\{x\}$. Das heißt $\langle x, x\rangle \notin \alpha$.

Nun zu dem Satz von der Wertverlaufsinduktion für fundierte Relationen im allgemeinen. Das ungefähre Muster liegt vor uns in 20.1. Wir brauchen nur '$x < y$' gegen '$\langle x, y\rangle \in \alpha$' auszuwechseln und $\mathrm{Fnd}\,\alpha$ vorauszusetzen. Die Bedingung '$z \in \mathbb{N}$' ist überflüssig und kann ersatzlos weggelassen werden. Allerdings benötigen wir eine Komprehensionsprämisse.

20.5 $\quad [\{x: \neg Fx\} \in \mathfrak{V} \wedge \mathrm{Fnd}\,\alpha \wedge \forall y(\forall x(\langle x, y\rangle \in \alpha \rightarrow Fx) \rightarrow Fy)] \rightarrow Fz.$

Beweis: Kontraposition der langen letzten Voraussetzung ergibt

$$\forall y[\neg Fy \rightarrow \exists x(\neg Fx \wedge \langle x, y\rangle \in \alpha)]$$
$$\rightarrow y \in \breve{\alpha}``\{x: \neg Fx\}).$$

Das bedeutet

$$\{x: \neg Fx\} \subseteq \breve{\alpha}``\{x: \neg Fx\}.$$

---

[1]) Der Begriff der Wohlordnung geht auf *Cantor* zurück. Als ich Fundiertheit und Ordnung getrennt definierte, folgte ich *Whitehead* und *Russell* (Bd. 2, S. 529, Bd. 3, S. 6), allerdings nicht in der Terminologie. Eine fundierte Relation, eine Ordnung und eine Wohlordnung heißen in ihrer Terminologie wohlgeordnete Relation (well-ordered relation), Reihe (series) und wohlgeordnete Reihe (well-ordered series). – Die formale Definition von Ordnung und Wohlordnung schieben wir bis 21.2 und 21.4 auf.

Nach Voraussetzung und nach 20.2 gilt aber $w \subseteq \breve{\alpha}``w$ nur, wenn $w = \Lambda$. Nehmen wir also $\{x: \neg Fx\}$ mit der Stärke der Komprehensionsprämisse für w, so schließen wir, daß $\{x: \neg Fx\} = \Lambda$. Also Fz.

Man mag sich fragen, warum '$z \in \mathbb{N}$' in 20.1 gebraucht wird, wenn man kein Analogon dazu in 20.5 sieht. Die Antwort lautet, daß man von der Relation $\{\langle x, y\rangle: x < y\}$ im allgemeinen, im Gegensatz zu ihrem Spezialfall, der natürliche Zahlen betrifft, nicht weiß, ob sie fundiert ist. Sie braucht noch nicht einmal irreflexiv zu sein (vgl. Kapitel 13).

An 20.5 verwundert, daß sie keine Einschränkungen bezüglich z enthält. Die Erklärung geht dahin, daß die lange letzte Voraussetzung sehr stark ist und selbst impliziert, daß Fy für alle y außerhalb $\breve{\alpha}``\vartheta$. Manchmal findet 20.5 Verwendung über ein noch komplizierter aussehendes Korollar:

20.6 $(\{x: x \in (\alpha \cup \breve{\alpha})``\vartheta \wedge \neg Fx\} \in \vartheta \wedge \text{Fnd}\,\alpha \wedge$
$\forall y[\forall x(\langle x, y\rangle \in \alpha \rightarrow Fx) \wedge y \in (\alpha \cup \breve{\alpha})``\vartheta \rightarrow Fy] \wedge$
$z \in (\alpha \cup \breve{\alpha})``\vartheta) \rightarrow Fz.$

Beweis: Nach der ersten Voraussetzung

$$\{x: \neg [x \in (\alpha \cup \breve{\alpha})``\vartheta \rightarrow Fx]\} \in \vartheta.$$

Da '$\langle x, y\rangle \in \alpha$' '$x \in (\alpha \cup \breve{\alpha})``\vartheta$' impliziert, gilt nach der langen dritten Voraussetzung

$$\forall y(\forall x(\langle x, y\rangle \in \alpha \rightarrow [x \in (\alpha \cup \breve{\alpha})``\vartheta \rightarrow Fx]) \rightarrow [y \in (\alpha \cup \breve{\alpha})``\vartheta \rightarrow Fy].$$

Aus diesen beiden Ergebnissen und aus der Voraussetzung '$\text{Fnd}\,\alpha$' folgt nach 20.5, daß $z \in (\alpha \cup \breve{\alpha})``\vartheta \rightarrow Fz$.

Wir sahen, daß die Wertverlaufsinduktion nicht überall dort anwendbar ist, wo die Vorfahreninduktion ihre Anwendung findet. Das Umgekehrte kann man auch sagen. Nehmen wir also die in (5) skizzierte Ordnung der natürlichen Zahlen und wählen wir noch eine Bedingung aus, die durch 'Fz' dargestellt wird. Angenommen, wir wissen, daß F0 und daß $Fx \rightarrow Fy$, falls x eine Zahl und y die darauffolgende in der Ordnung (5) ist; wir können dann nicht schließen, daß Fz für jede solche Zahl z. Die Vorfahreninduktion ist einer solchen Situation nicht angemessen, und zwar aus folgendem Grunde: Wenn β die Relation zwischen einer Zahl und ihrem Vorgänger in Ordnung (5) ist, dann tragen nicht alle diese Zahlen $*\beta$ zu 0; sogar 2 tut das nicht. Wenn andererseits α die Relation ist, die zwischen jeder Zahl in der Ordnung (5) und jeder späteren besteht, und wenn wir wissen, daß

$$\forall y[\forall x(\langle x, y\rangle \in \alpha \rightarrow Fx) \rightarrow Fy],$$

dann können wir nach 20.5 oder 20.6 sofort für jedes z in (5) folgern, daß Fz (wenn die Komprehensionsprämisse garantiert ist). Daß es in (5) unendlich viele Zahlen vor 2 gibt, ist nicht länger ein Hindernis.

Die Wertverlaufsinduktion hat in ihrer allgemeinen Form 20.5 oder 20.6 im Gegensatz zur gewöhnlichen oder zur Vorfahreninduktion die Eigenschaft, daß sie uns nicht nur durch eine unendliche Folge hindurchführt, sondern darüber hinaus in Fortsetzungen hinein, vor denen unendlich viele dazwischenliegende Dinge vorkommen können. Aus diesem Grunde wird Wertverlaufsinduktion nach 20.5 oder 20.6 auch *transfinite* Induktion genannt.

Der transfinite Charakter, der hier zum Tragen kommt, ist nicht eine Frage der Quantität, sondern der Anordnung. Die Zahlen in (5) können wie folgt neu geordnet werden:

0, 1, 2, 4, 5, 6, 9, 10, 11, 12, 16, ... ,

und diese Ordnung ist tatsächlich gewöhnlicher Vorfahreninduktion zugänglich. Wenn γ in dieser Ordnung die Relation zwischen jeder Zahl und ihrem Vorgänger ist, dann steht jede dieser Zahlen in der Tat in der Relation $*\gamma$ zu 0 – im Gegensatz zu $*\beta$ aus dem vorletzten Abschnitt. Die Relation $*\gamma$ besteht ebenso wie α aus jenem Abschnitt und im Gegensatz zu $*\beta$ vorwärts oder rückwärts zwischen je zwei in (5) vorkommenden Zahlen. Dennoch sind $*\gamma$ und α ganz verschiedene Relationen, und der einen ist Vorfahreninduktion, der anderen transfinite Induktion angemessen.

Es gibt auch so etwas wie Größenunterschiede zwischen unendlichen Klassen, und transfinite Induktion findet auch ihre Anwendung, wenn Gesamtheiten erfaßt werden sollen, die bei keiner Anordnung von Vorfahreninduktion erfaßt werden können. Das sind aber Themen der Abschnitte IX und X.

Bevor wir uns von dem Hauptgegenstand weiter entfernen, soll noch der folgende Satz über fundierte Relationen späterer Bezugnahme wegen genannt werden.

20.7 $(\alpha \subseteq \beta \wedge \mathrm{Fnd}\,\beta) \rightarrow \mathrm{Fnd}\,\alpha.$

Beweis: Da $\alpha \subseteq \beta$, $\breve{\alpha}``x \subseteq \breve{\beta}``x$. Also $x \subseteq \breve{\alpha}``x \rightarrow x \subseteq \breve{\beta}``x$. Somit nach 20.2 $\mathrm{Fnd}\,\beta \rightarrow \mathrm{Fnd}\,\alpha$.

21. Ordnung

Fundierte Relationen sind sowohl für transfinite Induktion, wie oben, als auch für Wohlordnungen von großer Bedeutung. Letztere sind, wie schon angegeben, fundierte Ordnungsrelationen. Wohlordnungen sind bemerkenswert wegen ihres musterhaften Verhaltens im Zusammenhang mit Isomorphismen, was am Ende dieses Kapitels erläutert werden wird.

Eine Ordnungsrelation ist eine Relation, die alle Objekte ihres Bereiches in eine lineare Anordnung einreiht, wobei jedes früher oder später als jedes andere ist. Das Hauptbeispiel von Kapitel 20 war $\{\langle x, y\rangle: \Lambda \leqslant x < y\}$. Allgemein besteht das, was aus α eine Ordnungsrelation macht, darin, daß je zwei Elemente ihres Bereiches in Beziehung zueinander gesetzt werden, und zwar das eine zu dem anderen und nicht auch noch umgekehrt, und daß sie, wenn x und y und y und z miteinander in Beziehung stehen, x und z miteinander verbindet und nicht z und x. Eine Ordnungsrelation ist somit *konnex*,

21.1 'Konnex α' steht für
'$\forall x \forall y [x, y \in (\alpha \cup \breve{\alpha})``\vartheta \rightarrow \langle x, y\rangle \in \alpha \cup \breve{\alpha} \cup I]$',

transitiv $(\alpha|\alpha \subseteq \alpha)$ und ***asymmetrisch*** $(\alpha \subseteq {}^{-}\breve{\alpha})$. Sie ist ebenfalls irreflexiv $(\alpha \subseteq {}^{-}I)$, doch das folgt aus der Asymmetrie. Oder, vielleicht sollte man besser die Irreflexivität fordern und die Asymmetrie daraus ableiten, also

21.2 'Ordg α' steht für '$\alpha|\alpha \subseteq \alpha \subseteq {}^{-}I \wedge \mathrm{Konnex}\,\alpha$',

21.3 $\mathrm{Ordg}\,\alpha \rightarrow \alpha \subseteq {}^{-}\breve{\alpha}.$

Beweis: Wenn $\langle x, y\rangle \in \alpha \cap \breve{\alpha}$, so $\langle x, y\rangle$, $\langle y, x\rangle \in \alpha$ und somit $\langle x, x\rangle \in \alpha$, da $\alpha|\alpha \subseteq \alpha$; dies steht aber im Widerspruch zu '$\alpha \subseteq {}^{-}I$'.

Unter den Ordnungsrelationen gibt es beträchtliche Verschiedenheiten. Die Früher-Später-Relation in (5) von Kapitel 20 ist eine solche, obwohl sie in ihrer Struktur ganz anders ist als $\{\langle x, y\rangle\colon \Lambda \leqslant x < y\}$. Auch die Kleiner-Relation über den rationalen oder den reellen Zahlen qualifiziert sich als Ordnungsrelation, obwohl es keine unmittelbaren Vorgänger oder Nachfolger gibt. Auch die Kleiner-Relation über den negativen Zahlen gehört dazu, obwohl es hier keinen Boden gibt. Natürlich sind diese beiden letzten Ordnungsrelationen nicht fundiert, und somit auch keine *Wohlordnungen*, denn

21.4 'Wohlord α' steht für 'Fnd $\alpha \wedge$ Ord α'.

Schließlich sind $\{\langle x, y\rangle\colon x \subset y\}$ und $\{\langle x, y\rangle\colon x \prec y\}$ überhaupt keine Ordnungen, denn ihnen fehlt die Konnexität. Man nennt sie aber *Halbordnungen*, weil sie die Bedingung '$\alpha|\alpha \subseteq \alpha \subseteq {}^{-}I$' der Transitivität und Irreflexivität erfüllen. Halbordnungen sind ebenfalls asymmetrisch; der Beweis von 21.3 benutzt nämlich nicht die Konnexität.

Willkürlich habe ich eine Ordnungsrelation mit einer Relation identifiziert, die jedes geordnete Objekt mit jedem späteren in Beziehung setzt. Stattdessen könnten wir sie mit einer Relation identifizieren, die jedes geordnete Objekt mit sich selbst *und* mit jedem späteren in Beziehung setzt, denn beide Relationen reichen aus, die Ordnung der Objekte festzulegen. In der Tat läßt sich jede der beiden Relationen durch die andere ausdrücken; es ist nur eine Frage der Zweckmäßigkeit.

Die zweite Alternative hat einige Vorzüge. In der ersten oder „starken" Fassung kann das Feld einer Ordnung keine Einerklasse sein; in der zweiten oder „schwachen" Fassung gibt es keine solche Ausnahme, und einige Theoreme und Beweise erweisen sich folglich als einfacher. Hätten wir die schwache Fassung vorgezogen, so wäre unser Hauptbeispiel für eine Ordnungsrelation nicht $\{\langle x, y\rangle\colon \Lambda \leqslant x < y\}$, sondern $\{\langle x, y\rangle\colon \Lambda \leqslant x \leqslant y\}$, und unsere Beispiele für Halbordnungen wären $\{\langle x, y\rangle\colon x \subseteq y\}$ und $\{\langle x, y\rangle\colon x \preceq y\}$. Für Konnexität und Irreflexivität wären in 21.2 andere Eigenschaften gefordert worden. Die Transitivität wäre beibehalten worden, aber an Stelle der Irreflexivität hätte man die Asymmetrie (vgl. Kapitel 3) und an Stelle der Konnexität im Sinne von 21.1 hätte man eine starke Konnexität, durch 21.1 ohne das '$\cup$ I' definiert, gewählt.

Es gibt noch weitere Alternativen, und jede hat ihre Vorzüge. So könnte man eine Ordnung überhaupt nicht mit einer Relation definieren, sondern mit einem System ineinandergeschachtelter Klassen, wobei jeweils eine Klasse jedem der geordneten Objekte entspricht und aus diesem Objekt und allen früheren besteht.[1]) Eine jede solche Alternative würde nach einer anderen Definition an Stelle von 21.2 verlangen.

Ich halte mich aber an die erste Alternative, denn sie ist anschaulicher und bringt einige formale Vorzüge mit sich, die z.B. bei der Formulierung der transfiniten Induktion zu Tage treten.

---

[1]) Die Idee stammt von *Hessenberg* (1906) und wurde nach und nach von *Kuratowski* (1920) und *Sierpiński* (1921) verbessert.

Wir wollen nun einiges über Ordnungsrelationen beweisen.

21.5 $(\mathrm{Ordg}\,\alpha \wedge x, y \in (\alpha \cup \breve{\alpha})\text{``}\vartheta \wedge \alpha\text{``}\{x\} = \alpha\text{``}\{y\}) \to x = y$.

Beweis: Nach 21.2 $\alpha \subseteq {}^{-}I$ wegen $\mathrm{Ordg}\,\alpha$. Also $x \notin \alpha\text{``}\{x\}$. Also auf Grund der letzten Voraussetzung $x \notin \alpha\text{``}\{y\}$. Das bedeutet, $\langle x, y\rangle \notin \alpha$. Entsprechend $\langle y, x\rangle \notin \alpha$. Nach 21.2 aber Konnex α, und somit nach der zweiten Voraussetzung $\langle x, y\rangle \in \alpha \cup \breve{\alpha} \cup I$. Also $\langle x, y\rangle \in I$.

Es gilt im allgemeinen nicht, daß $\mathrm{Ordg}\,\gamma$, falls $\mathrm{Ordg}\,\alpha$ und $\gamma \subseteq \alpha$. γ braucht dann nämlich nicht konnex zu sein. Wenn wir z.B. aus unserer sprichwörtlichen Ordnung $\{\langle x, y\rangle : \Lambda \leqslant x < y\}$ nur das einzelne Paar $\langle 5, 6\rangle$ entfernen, so ist die verbleibende Klasse von Paaren keine Ordnung. Ist man daran gewöhnt, in der weitverbreiteten mathematischen Sprechweise Ordnung im Sinne von „geordneter Menge" aufzufassen, so wäre es in scheinbarem Widerspruch rechtmäßig zu sagen, daß jede Teilmenge einer geordneten Menge ebenfalls geordnet ist. Diese Behauptung enthält aber nicht wirklich einen Widerspruch, sondern findet ihre richtige Analyse eher in dem Folgenden:

21.6 $\mathrm{Ordg}\,\alpha \to \mathrm{Ordg}\,\alpha \cap (\beta \times \beta)$.

Beweis: Nach Voraussetzung und Definition

$$\alpha|\alpha \subseteq \alpha \subseteq {}^{-}I, \tag{1}$$

$$\text{Konnex } \alpha. \tag{2}$$

Immer wenn

$$\langle x, y\rangle, \langle y, z\rangle \in \alpha \cap (\beta \times \beta),$$

haben wir $x, z \in \beta$ und ebenfalls $\langle x, y\rangle, \langle y, z\rangle \in \alpha$, also nach (1) $\langle x, z\rangle \in \alpha$ und somit $\langle x, z\rangle \in \alpha \cap (\beta \times \beta)$. Also ist

$$\alpha \cap (\beta \times \beta) \text{ transitiv.} \tag{3}$$

Wegen (1) ferner

$$\alpha \cap (\beta \times \beta) \subseteq {}^{-}I. \tag{4}$$

Jedes x und y aus dem Bereich von $\alpha \cap (\beta \times \beta)$ ist in dem Bereich von α und in β enthalten. Also nach (2)

$$\langle x, y\rangle \in \alpha \cup \breve{\alpha} \cup I, \quad x, y \in \beta.$$

Das bedeutet, $x = y$, oder x trägt $\alpha \cap (\beta \times \beta)$ zu y oder y zu x. Also

$$\text{Konnex } \alpha \cap (\beta \times \beta).$$

Somit $\mathrm{Ordg}\,\alpha \cap (\beta \times \beta)$ nach (3), (4) und der Definition.

Wir wollen '$x 1 \alpha$' schreiben, um damit auszudrücken, daß x unter der Ordnung α ein erstes Element ist.

21.7 '$\beta 1 \alpha$' steht für '$\beta \in \alpha\text{``}\vartheta \wedge \beta \notin \breve{\alpha}\text{``}\vartheta$'.

Wir beweisen, daß eine Ordnung höchstens einen Anfang hat.

21.8 $(\mathrm{Ordg}\,\alpha \wedge x 1 \alpha \wedge y 1 \alpha) \to x = y$.

Beweis: Auf Grund der Voraussetzungen und nach 21.7

$$x, y \in \breve{\alpha}``\vartheta, \quad (1)$$

$$x, y \in \alpha``\vartheta. \quad (2)$$

Wegen (1) $\alpha``\{x\} = \Lambda = \alpha``\{y\}$. Hieraus, aus (2) und aus der ersten Voraussetzung, folgt nach 21.5, daß $x = y$.

Zum Schluß noch ein Satz über Wohlordnungen.

21.9 $\quad$ Wohlord $\alpha \rightarrow$ Wohlord $\alpha \cap (\beta \times \beta)$.

Beweis nach 21.4, 20.7, 21.6.

Zwei endliche Ordnungen können bezüglich ihrer Länge dadurch miteinander verglichen werden, daß man das erste Ding der einen Ordnung mit dem ersten der anderen paart, das nächstfolgende mit dem nächstfolgenden, usw., bis eine Ordnung ausgeschöpft ist; die andere ist dann die längere. Ein ähnliches Zuordnungsverfahren kann oft auch auf unendliche Ordnungen angewandt werden. Übereinstimmung der Länge hat allgemein damit zu tun, daß es einen *Isomorphismus* zwischen den beiden Ordnungen gibt, darunter versteht man eine ordnungserhaltende Zuordnung zwischen dem Feld der einen und dem Feld der anderen Ordnung. „Ordnungserhaltend" heißt dabei, daß ein x einem y in der einen Ordnung genau dann vorangeht, wenn in der anderen Ordnung das x zugeordnete Ding dem y zugeordneten Ding vorangeht.

Wenn man z.B. die Nachfolgerfunktion auf ungerade Zahlen anwendet, so kommt dabei ein Isomorphismus zwischen der Standardordnung der ungeraden und der der geraden Zahlen zustande; denn wenn x und y ungerade sind mit $x < y$, und auch nur dann, erhalten wir, daß für die zugeordneten geraden Zahlen $S`x < S`y$ gilt. Man kann sagen, daß die Existenz eines Isomorphismus bewirkt, daß die Ordnungen der ungeraden und der geraden Zahlen von gleicher Länge sind, obwohl beide Ordnungen unendlich sind.

Wenn andererseits eine Ordnung z in diesem Sinne nur zu einem Anfangsstück einer anderen Ordnung w gleichlang ist, so sagen wir, daß w länger als z ist.

Im endlichen Falle ist die längere Ordnung natürlich einfach diejenige, die mehr Dinge ordnet. Im unendlichen Fall können wir jedoch zu dem Urteil gelangen, daß die eine Ordnung länger als die andere ist, obwohl die kürzere alle die Dinge, und vielleicht sogar noch mehr, ordnet, die auch die längere ordnet. Vergleichen wir also die Standardordnung $\{\langle x, y\rangle : \Lambda \leqslant x < y\}$ der natürlichen Zahlen mit der in (5) von Kapitel 20 skizzierten Ordnung α. Das erste Ding unter der Ordnung α kann mit 0 gepaart werden, das nächste mit 1, das dritte mit 2, usw. Bei diesem Paarungsverfahren wird jedes von $\{\langle x, y\rangle : \Lambda \leqslant x < y\}$ geordnete Ding, nämlich jede natürliche Zahl, erfaßt, und man gelangt doch niemals bis zur 2 in der Ordnung α. Also ist nach unserem Kriterium die Ordnung α länger als $\{\langle x, y\rangle : \Lambda \leqslant x < y\}$, obwohl außer den von α geordneten Dingen sogar noch mehr Elemente von $\{\langle x, y\rangle : \Lambda \leqslant x < y\}$ geordnet werden.

Gewisse unendliche Ordnungen sind auf diese Weise nicht miteinander vergleichbar.

Man nehme z.B. die arithmetische Ordnung der natürlichen Zahl und die arithmetische Ordnung der rationalen Zahlen, d.h.

$$\{\langle x, y\rangle: \Lambda \leqslant x < y\}, \quad \{\langle x, y\rangle: x, y \in \mathbb{Q} \wedge x \subset y\}.$$

Versuchen wir, sie miteinander zu vergleichen, so beginnen wir damit, die erste natürliche mit der ersten rationalen Zahl zu paaren; beide sind gleich Λ. Mit welcher rationalen Zahl sollen wir jedoch die nächste natürliche Zahl, 1, paaren? Es gibt keine nächste rationale Zahl, und so bricht das Schema aufeinanderfolgenden Paarens ab, ohne daß die natürlichen oder die rationalen Zahlen ausgeschöpft werden.

Wohlordnungen sind jedoch immer miteinander vergleichbar. (Jedenfalls immer dann, wenn nicht an entscheidenden Stellen die Existenz gewisser Klassen fraglich ist.) Das ist das beispielhafte Verhalten von Wohlordnungen, das ich schon anschnitt, und es wird in dem *Aufzählungstheorem* von Kapitel 27 zu Tage treten.

22. Ordinalzahlen

Da Wohlordnungen allgemein vergleichbar sind, können wir für sie ein Maß einführen – Zahlen einer neuen Art, die *Ordinalzahlen* genannt werden. Da sie nicht auf endliche Fälle beschränkt sind, stellen diese Längenmaße eine transfinite Fortsetzung der Reihe der natürlichen Zahlen dar. Für endliche Wohlordnungen werden sie einfach natürliche Zahlen sein – das könnten sie jedenfalls sein – denn wie schon bemerkt, gilt als Maß für die Länge endlicher Ordnungen die Quantität der geordneten Dinge. Die Längen unendlicher Wohlordnungen können jedoch, wie wir sahen, auch dann voneinander verschieden sein, wenn die geordneten Dinge jeweils miteinander übereinstimmen. Folglich können wir in den transfiniten Ordinalzahlen keine Fortsetzung der Aufgabe der natürlichen Zahlen sehen, als Maß für die Größe von Klassen verwendbar zu sein. Die Größe einer Klasse ist *eine* Sache (die in Abschnitt IV wieder aufgenommen wird), und die Länge einer Wohlordnung eine andere.

Wir bemerkten schon (Kapitel 11), daß der Zweck, ein Maß für die Größe endlicher Klassen zu sein, von jeder Version der natürlichen Zahlen erfüllt wird, solange nur ihre Ordnung sichergestellt ist. Ihre Ordnung selbst befähigt sie, Klassengrößen zu messen, denn die Eigenschaft einer Klasse, n Elemente zu haben, kann immer als Größengleichheit mit der Klasse der Zahlen $< n$ erklärt werden. Eine dazu parallele Bemerkung erweist sich nun als auf Ordinalzahlen anwendbar: Man konstruiere sie irgendwie, passend geordnet, und sie können dazu verwandt werden, die Längen von Wohlordnungen zu messen. Denn die Eigenschaft einer Wohlordnung, die Länge p zu haben, kann immer als Längengleichheit mit der Reihe der Ordinalzahlen $< p$ erklärt werden.

So wünschen wir uns als erstes eine Progression 0, 1, 2, ... endlicher Ordinalzahlen. (Für ein Weilchen trenne ich diese Zahlen von der Zermeloschen Interpretation, die sie in Kapitel 12 erhalten haben.) Jede endliche Ordinalzahl p mißt die Länge der Reihe von Ordinalzahlen $<$p. Dann möchten wir eine erste transfinite Ordinalzahl haben, die die Länge der ganzen unendlichen Progression 0, 1, 2, ... messen soll. Diese Ordinalzahl nennen wir nach *Cantor* ω. Sie wiederum braucht eine Art von Nachfolger, nennen wir ihn S'ω, um damit die transfinite Ordnung 0, 1, 2, ... , ω zu messen. Dann kommt S'(S'ω), die die Ordnung von 0, 1, 2, ... , ω, S'ω mißt. Und so weiter. Nach der zweifach unendlichen Anordnung 0, 1, 2, ..., ω, S'ω, S'(S'ω), ... brauchen wir eine Ordinalzahl, um dies zu messen; sie wird $\omega + \omega$ genannt, oder $\omega \cdot 2$ nach einer von *Cantor* vorgenommenen Verallgemeinerung von '+' und '·' ins Transfinite, die wir uns gleich ansehen werden. Dann kommen S'($\omega \cdot 2$), S'(S'($\omega \cdot 2$)), usw. und sie alle übertreffend: $\omega \cdot 3$; dann S'($\omega \cdot 3$), usw. Um die Ordnung aller dieser Zahlen der Form S'(...(S'($\omega \cdot$ n)) ...) zu messen, brauchen wir die noch weiter entfernte Zahl ω^2; dann S'ω^2, S'(S'ω^2), ... , $\omega^2 \cdot 3$, ... , ω^ω, ... , ω^{ω^ω}, usw. Wieweit dies geht – oder ob es vor ω aufhört – ist eine Frage der hinzugezogenen Definitionen und der Komprehensionsaxiome. Jedenfalls, soweit sie reichen, mißt jede Ordinalzahl die Reihe aller früheren Ordinalzahlen.

Die Ordinalzahlen teilen sich in hervorstechender Weise in zwei Arten auf: Die eine umfaßt die *Nachfolger* oder die Ordinalzahlen der Form S'x, die andere die sogenannten *Limeszahlen*, nämlich 0, ω, $\omega \cdot 2$, $\omega \cdot 3$, ω^2, usw., die keine unmittelbaren Vorgänger haben. Eine Ordnung, die von einer Nachfolgerzahl gemessen wird, kann unendlich sein, trotzdem wird sie immer ein letztes Element haben; eine Ordnung, die von einer Limeszahl gemessen wird, kann kein letztes Element haben.

Da wir die Ordinalzahlen auf jede Weise konstruieren können, die die erforderliche Ordnung sicherstellt, lautet der beste Rat, sie möglichst vorteilhaft zu konstruieren; und was diese Vorteilhaftigkeit betrifft, so gibt es nichts, was der transfiniten Fortsetzung der von Neumannschen Art, die natürlichen Zahlen zu erzeugen, gleichkommt. Für *von Neumann* war jede natürliche Zahl die Klasse aller früheren; und die Schönheit dieser Idee liegt darin, daß sie auch jenseits des Endlichen einen Sinn ergibt. Man nehme somit als endliche Ordinalzahlen die von Neumannschen natürlichen Zahlen. Danach enthält der Anspruch, den man an eine Zahl ω jenseits der natürlichen Zahlen stellt, bereits ihre Definition in sich: Die neue Zahl kann nach der Art der natürlichen Zahlen als die Klasse aller ihrer Vorgänger konstruiert werden, also einfach als $\mathbb{N}$ (aber $\mathbb{N}$ nun im von Neumannschen Sinne verstanden). Dann empfiehlt sich als nächste Klasse die Klasse aller *ihrer* Vorgänger, also $\omega \cup \{\omega\}$. Das ist S'ω nach der allgemeinen von Neumannschen Definition von S (vgl. Kapitel 12). Entsprechend erhalten wir S'(S'ω), S'(S'(S'ω)), usw. Entsprechend erhalten wir als $\omega \cdot 2$ die Klasse aller Elemente aus 0, 1, 2, ... , ω, S'ω, S'(S'ω), ... So verhält es sich auch für die übrigen; jede Ordinalzahl, die die Reihe aller früheren Ordinalzahlen messen soll, besteht nun einfach aus der Klasse aller früheren Ordinalzahlen.

Diese Art des Verständnisses der Ordinalzahlen, auch der transfiniten, stammt von *von Neumann*.[1]) Daß sie für unseren Zweck adäquat ist, beruht natürlich auf der Erfüllung der folgenden Forderung, die noch zu beweisen ist: Jede Wohlordnung ist für eine

[1]) 1923. Nach *Bernays*, 1941, S. 6, 10, wurde sie von *Zermelo* 1915 in einer nicht-publizierten Arbeit vorweggenommen.

bestimmte Ordinalzahl p der Länge nach gleich der Reihe der Ordinalzahlen $<$p. Dieses *Aufzählungstheorem* wird in Kapitel 27, gestützt auf bestimmte Existenzannahmen, bewiesen.

Es gab schon eine frühere Version der Ordinalzahlen, die eher zu der Fregeschen Version der natürlichen Zahlen analog war. So wie jede natürliche Zahl nach der Fregeschen Version gleich der Klasse aller Klassen war, die diese Anzahl von Elementen haben, war jede Ordinalzahl die Klasse aller Wohlordnungen dieser Länge. In einer ausführlicheren Form ist die Definition eine zweifache: Zuerst wird die Ordinalzahl einer Wohlordnung x definiert als die Klasse aller Wohlordnungen, die zu x isomorph sind (d.h., so daß es zwischen ihnen und x Isomorphismen gibt, vgl. Kapitel 21), und dann wird eine Ordinalzahl als etwas definiert, das die Ordinalzahl einer Wohlordnung ist. Das war die Linie, die von *Whitehead* und *Russell* eingeschlagen und von *Cantor* angedeutet worden war.

Sie hatte den Vorzug, daß die Ordinalzahlen unter die umfassendere Kategorie dessen subsumiert wurden, was *Cantor Ordnungstypen* genannt hat. Von Ordnungen, die zueinander isomorph sind, sagt man, sie seien von demselben Ordnungstyp. So kann der Ordnungstyp von x als die Klasse aller zu x isomorphen Ordnungen definiert werden. Ordinalzahlen waren dabei die Ordnungstypen von Wohlordnungen.

Die Konversen von Wohlordnungen brauchen keine Wohlordnungen zu sein, die Konversen von Ordnungen sind jedoch ebenfalls Ordnungen; und wenn y der Ordnungstyp von x ist, so hat sich eingebürgert, den Ordnungstyp von $\breve{x}$ durch y* zu benennen (*y nach *Cantor*). Wenn also ω der Ordnungstyp oder die Ordinalzahl der Kleiner-Relation über den natürlichen Zahlen ist, so ist ω* der Ordnungstyp der Kleiner-Relation über den negativen ganzen Zahlen. Der Ordnungstyp der Kleiner-Relation über den rationalen Zahlen wird η genannt, vorausgesetzt, daß wir entweder 0 ausschließen oder 0 zusammen mit den negativen Zahlen einschließen. Der entsprechende Ordnungstyp für reelle Zahlen wird λ genannt. Die Ordnungstypen ω*, η und λ sind keine Ordinalzahlen.

Weitere Verallgemeinerungen bieten sich an: Wir können die Klasse aller Relationen betrachten, die zu x isomorph sind, wobei x eine Ordnung sein kann, aber nicht zu sein braucht. Das ist *Whitehead* und *Russells* Begriff vom *Relationentyp* von x. Ordnungstypen sind Relationentypen von Ordnungen, und Ordinalzahlen sind für *Whitehead* und *Russell* Relationentypen von Wohlordnungen. Nur die Ordinalzahlen reihen sich in einer natürlichen Größenordnung hintereinander.

Die von Neumannschen Ordinalzahlen sind handlicher und eleganter als die von *Whitehead* und *Russell*, und zwar vor allem auf Grund der bemerkenswerten Tatsache, daß dort '$<$' einfach durch '$\in$' und '$\leqslant$' durch '$\subseteq$' gegeben ist. So werde ich die Ordinalzahlen im von Neumannschen Sinne auffassen und nicht als Relationentypen von Wohlordnungen. Ordnungstypen oder Relationentypen würden, wenn man sie haben möchte, unabhängig davon in der obigen Weise definiert werden. Doch werde ich sie nicht benötigen.

Da die Unterscheidung zwischen endlichen Ordinalzahlen und natürlichen Zahlen keinen besonderen Zweck erfüllt, könnte man bedauern, daß wir in Abschnitt IV keine Vorsorge für die gegenwärtige Entwicklungsphase trafen; wir hätten ja auch die natürlichen Zahlen nach *von Neumann*s Weise einführen können. Es gab jedoch einen Grund, den Zermeloschen Weg vorzuziehen: Ich sah keine Möglichkeit, wie man den anderen Weg genauso schön hätte entwickeln können. *Brown* findet dagegen, daß die einzige in unseren Axiomen benötigte Änderung die heimliche Änderung sei, die in 13.1 durch Modifikation einer dort zu Grunde liegenden Definition eingearbeitet würde: Die von Neumannsche Nachfolgerfunktion würde ι in 12.1 verdrängen, was 12.19 und 13.1 zu Grunde liegt. ι ist jedoch einfacher, und der Unterschied macht sich in Beweisen bemerkbar. Während ich somit empfehle, den anderen Weg zu Übungszwecken zu untersuchen, bleibe ich in diesem Buch bei den natürlichen Zahlen in *Zermelo*s und den Ordinalzahlen in *von Neumann*s Sinne. Diese Entscheidung macht sich insofern bezahlt, als sie den Leser mit beiden Zugängen vertraut macht.

Die Korrelation zwischen den natürlichen Zahlen nach *Zermelo* und den endlichen Ordinalzahlen nach *von Neumann* ist leicht zu formulieren:

22.1 '$\acute{S}$' steht für '$\lambda_x(x \cup \{x\})$',

22.2 'C' steht für '$\lambda_x(\acute{S}^{|x}`\Lambda)$',

$\acute{S}$ ist die Nachfolgerfunktion für Ordinalzahlen, und C ist die Korrelation der endlichen Ordinalzahlen zu den natürlichen Zahlen. (C ordnet Λ auch Nicht-Zahlen zu). Für jedes $x \in \mathbb{N}$ ist C'x die entsprechende Ordinalzahl.

Es folgen fünf rudimentäre Aussagen über $\acute{S}$ und C.

22.3 $\acute{S}`\Lambda = \{\Lambda\}$.

Beweis: Da $\Lambda \cup \{\Lambda\} = \{\Lambda\}$, erhalten wir $\Lambda \cup \{\Lambda\} \in \vartheta$, und somit nach 10.24 $\acute{S}`\Lambda = \Lambda \cup \{\Lambda\}$.

22.4 $C`x = \acute{S}^{|x}`\Lambda$.

22.5 $\arg C = \vartheta$.

Beweise nach 10.24 und 10.23 wegen $\acute{S}^{|x}`\Lambda \in \vartheta$.

22.6 $C`\Lambda = \Lambda$.

Beweis: 22.4, 14.3.

22.7 $C`\{\Lambda\} = \{\Lambda\}$.

Beweis: Nach 22.4 $C`\{\Lambda\} = \acute{S}^{|\{\Lambda\}}`\Lambda$

(nach 14.7) $= \acute{S}`\Lambda$

(nach 22.3) $= \{\Lambda\}$.

Da eine Ordinalzahl die Klasse aller früheren Ordinalzahlen ist, muß die Klasse aller endlichen Ordinalzahlen, falls sie existiert, die erste unendliche Ordinalzahl sein. So können wir schreiben:

22.8 $\quad$ 'ω' steht für '$*\acute{S}``\{\Lambda\}$'.

Demgemäß nach 15.2 und 15.5

22.9 $\quad \Lambda \in \omega$,

22.10 $\quad \acute{S}``\omega \subseteq \omega$.

Letzteres besagt, daß die Nachfolger sämtlicher endlicher Ordinalzahlen wieder endliche Ordinalzahlen sind. Das nächste Theorem stellt sicher, daß ferner jede endliche Ordinalzahl einen Nachfolger hat.

22.11 $\quad x \in \omega \rightarrow x \cup \{x\} \in \vartheta$.

Beweis: Auf Grund der Voraussetzung und der Definitionen gibt es ein y mit $\langle x, \Lambda\rangle \in \acute{S}^{|y}$. Dann nach 14.9

$$y \in \mathbb{N}. \tag{1}$$

Nach 22.1 und 10.22 Funk $\acute{S}$. Also nach 14.12 Funk $\acute{S}^{|y}$. Also

$$x = \acute{S}^{|y}`\Lambda. \tag{2}$$

Nach 12.21 $\quad C``\{,,,\Lambda\} = C``\{\Lambda\}$

(nach 22.5) $\quad = \{C`\Lambda\}$

(nach 22.6) $\quad = \Lambda \cup \{\Lambda\}$

(nach 14.3) $\quad = \acute{S}^{|\Lambda}`\Lambda \cup \{\acute{S}^{|\Lambda}`\Lambda\}$. $\quad$ (3)

Nehmen wir an, $z \in \mathbb{N}$ sei so ausgewählt, daß

$$C``\{,,,z\} = \acute{S}^{|z}`\Lambda \cup \{\acute{S}^{|z}`\Lambda\}. \qquad [I]$$

Dann gilt nach 13.1 und 22.5 $\acute{S}^{|z}`\Lambda \cup \{\acute{S}^{|z}`\Lambda\} \in \vartheta$. Also nach 10.24 und 22.1

$$\acute{S}^{|z}`\Lambda \cup \{\acute{S}^{|z}`\Lambda\} = \acute{S}`(\acute{S}^{|z}`\Lambda). \qquad [II]$$

Fall 1: $z \neq \Lambda$. Dann nach 13.17 $\Lambda < z$ wegen $z \in \mathbb{N}$. D.h. nach den Definitionen $\{\Lambda\} \in \{,,,z\}$. Dann nach 22.5 $C`\{\Lambda\} \in C``\{,,,z\}$. Nach 22.7 aber $C`\{\Lambda\} \neq \Lambda$. Also $C``\{,,,z\} \neq \{\Lambda\}$.Somit nach [I] $\acute{S}^{|z}`\Lambda \neq \Lambda$. Folglich nach 10.15 $\Lambda \in \arg \acute{S}^{|z}$.

Fall 2: $z = \Lambda$. Dann wiederum nach 14.3 und 10.4 $\Lambda \in \arg \acute{S}^{|z}$.

In beiden Fällen: $\Lambda \in \arg \acute{S}^{|z}$. Also nach 10.18 und 14.6

$$\acute{S}`(\acute{S}^{|z}`\Lambda) = \acute{S}^{|\{z\}}`\Lambda. \qquad [III]$$

Nach 13.13

$C``\{,,,\{z\}\} = C``\{,,,z\} \cup C``\{\{z\}\}$

(nach 22.5) $\quad = C``\{,,,z\} \cup \{C`\{z\}\}$

(nach 22.4) $\quad = C``\{,,,z\} \cup \{\acute{S}^{|\{z\}}`\Lambda$

(nach [I] bis [III]) $\quad = \acute{S}^{|\{z\}}`\Lambda \cup \{\acute{S}^{|\{z\}}`\Lambda\}$.

Da dies aus '$z \in \mathbb{N}$' und [I] folgt, erhalten wir aus (1) und (3) mit vollständiger Induktion gemäß 13.10, daß

$$C``\{,,,y\} = \acute{S}^{|y}`\Lambda \cup \{\acute{S}^{|y}`\Lambda\}.$$

Also nach (2) $C``\{,,, y\} = x \cup \{x\}$. Somit nach 22.5 und 13.1 $x \cup \{x\} \in \vartheta$.

Wir können nun 22.10 in der Existenzfrage verschärfen.

22.12 $x \in \omega \rightarrow x \cup \{x\} \in \omega$.

Beweis: Nach Voraussetzung und 22.11

$$x \cup \{x\} \in \vartheta. \tag{1}$$

Also nach den Definitionen $\langle x \cup \{x\}, x\rangle \in \acute{S}$. Somit nach Voraussetzung und (1) $x \cup \{x\} \in \acute{S}``\omega$. Folglich nach 22.10 $x \cup \{x\} \in \omega$.

Unsere nächste Aufgabe besteht darin, den von uns ausgewählten Begriff endlicher und unendlicher Ordinalzahlen in eine formale Definition einzupassen. Was sind die auszeichnenden Eigenschaften? Einmal ist jede Ordinalzahl x die Klasse aller früheren. Jede von diesen ist wiederum die Klasse aller ihr vorangehenden, und wir erkennen so, daß alle Elemente von Elementen von x wieder Elemente von x sein müssen, d.h. $\mathsf{U}x \subseteq x$. Zum anderen sind die Elemente von x nach der Elementrelation geordnet, denn sie sind Ordinalzahlen, und jede kleinere ist Element einer jeden größeren. Eine dritte und weniger offensichtliche Eigenschaft besteht darin, daß x keine endlosen absteigenden Ketten bezüglich der Elementrelation beherbergt. Im wesentlichen besteht der Grund dafür darin, daß es zwar unendlich viele Ordinalzahlen zwischen einer Limeszahl und der nächsten gibt, daß es aber nur endlich viele Ordinalzahlen zwischen einer Limeszahl und irgendeiner Ordinalzahl gibt, die vor der nächsten Limeszahl liegt. Wenn man aufwärts zählt, so gibt es immer eine nächste, und somit gibt es auch endlose aufsteigende Ketten bezüglich der Elementrelation. Zählt man abwärts, so überholen wir notwendig jedesmal unendlich viele Ordinalzahlen, wenn wir eine Limeszahl passieren, und wir erreichen den Grund nach endlich vielen Schritten, wenn diese auch auf etwas perverse Weise genommen werden.

In der exakten Formulierung wird das Symbol '$\mathfrak{E}$' für die Elementrelation nützlich sein.

22.13 '$\mathfrak{E}$' steht für '$\{\langle y, z\rangle : y \in z\}$'.

Insbesondere ist, wenn $\mathsf{U}\beta \subseteq \beta$, $\mathfrak{E} \restriction \beta$ gleich $\mathfrak{E}$, wobei der ganze Bereich auf β beschränkt ist.

22.14 $\mathsf{U}\beta \subseteq \beta \rightarrow \mathfrak{E} \restriction \beta = \mathfrak{E} \cap (\beta \times \beta)$.

Beweis: Nach Voraussetzung $x \in y \in \beta \rightarrow x \in \beta$. Das heißt

$$x \in y \in \beta \leftrightarrow (x \in y \wedge x, y \in \beta).$$

Also gilt auf Grund der Definitionen $\mathfrak{E} \restriction \beta = \mathfrak{E} \cap (\beta \times \beta)$.

Wir wollen uns nun wieder den drei Eigenschaften einer Ordinalzahl x zuwenden. Die erste besagte, daß $\mathsf{U}x \subseteq x$. Die zweite besagte, daß die Elemente von x durch $\mathfrak{E}$ geordnet sind, d.h. daß Ordg $\mathfrak{E} \cap (x \times x)$, oder im Hinblick auf 22.14, daß Ordg $\mathfrak{E} \restriction x$.

Die dritte besagte Fnd $\in \restriction x$. Wir können es so zusammenfassen:

22.15 'NO' steht für '$\{x: \bigcup x \subseteq x \wedge \text{Wohlord} \in \restriction x\}$.'[1])

In einer vorläufigen Weise wurden schon ein paar Seiten zurück die arithmetischen Operationen auch auf Ordinalzahlen angewendet. Wir wollen uns diese Fortsetzung genauer ansehen. Die Summe x + y von Ordinalzahlen soll die Länge einer Wohlordnung z messen, die einen *Abschnitt* der Länge x hat (gemeint ist der Anfangsabschnitt, so ist die übliche Bezeichnung) und ein Reststück der Länge y. Z.B. ist $\omega + 2$ (2 ist hier Ordinalzahl) die Länge von

0, 1, 2, ... , a, b.

In transfiniten Fällen ist für die Addition das Kommutativgesetz verletzt; $2 + \omega$ ist einfach die Länge von

a, b, 0, 1, 2, ... ,

was offenbar isomorph zu

0, 1, 2, 3, 4, ...

ist und somit die Länge ω hat. $2 + \omega$ ist also von $\omega + 2$ verschieden.

Das Produkt $x \cdot y$ von Ordinalzahlen soll die Länge einer Wohlordnung messen, die man dadurch aus einer Wohlordnung der Länge y erhält, daß man jedes einzelne geordnete Ding durch eine ganze Kette der Länge x ersetzt. So ist z.B. $\omega \cdot 2$ die Länge von

0, 1, 2, ... , a, b, c, ... ,

während $2 \cdot \omega$ die Länge von

0, a, 1, b, 2, c, ...

ist. Wiederum ist das Kommutativgesetz verletzt; $\omega = 2 \cdot \omega \neq \omega \cdot 2 = \omega + \omega$.

Dieser Summen- und Produktbegriff arbeitet genauso gut allgemein für Ordnungstypen wie für Ordinalzahlen. $\omega^* + \omega$ ist somit der Ordnungstyp der Kleiner-Relation über den ganzen Zahlen einschließlich der negativen. Ich werde jedoch diese Sonderleistung vernachlässigen und Summe und Produkt gestatten, davon nach Gutdünken unter weiteren Attacken abzurücken.

---

[1]) *Von Neumanns* Formulierung war umständlicher. Die nicht veröffentlichte Formulierung von *Zermelo* (1915) läuft, wie von *Bernays*, 1941, S. 6, 10, berichtet wird, auf das folgende hinaus (wenn wir auf *Bernays*' erste Bedingung, die offensichtlich von seiner dritten impliziert wird, verzichten): NO ist gleich $\{x: \forall y[(y \in x \rightarrow y \cup \{y\} \in x \cup \{x\}) \wedge (y \subseteq x \rightarrow \bigcup y \in x \cup \{x\})]\}$.
Die Formulierung in 22.15 erhält man aus der Formulierung von *Gödel* (1940, S. 22 u.) nach einer auf der Hand liegenden Vereinfachung. Siehe auch *Suppes*, S. 131. Die älteste Formulierung, die mit 22.15 verwandt ist, stammt von *Robinson*, 1937; der Unterschied liegt nur darin, daß er mit 'Konnex' statt 'Wohlord' auskam, da er sich auf das *Fundierungsaxiom* (siehe unten, Kapitel 39) stützte. Wenn wir dieses Axiom akzeptieren, was ich nicht tue, können wir NO als $\{x: \forall y(y \in x \rightarrow \bigcup y \subseteq y \subseteq x)\}$ definieren. Dies erhält man durch elementare Transformationen aus einer Formulierung, die *Bernays* den Gödelschen Vorlesungen von 1937 beisteuerte. In der Tat kommt man, wie *Brown* bewiesen hat, mit $\{x: \forall y(x \in y \rightarrow \exists z(z \in y \wedge \bigcup z \subseteq z \subseteq \bar{y}))\}$ ohne Fundierung aus. Siehe auch *Quine* und *Wang*, bei denen eine damit verwandte Fassung an den Trick der Umkehrung geknüpft ist, den wir in (2) von S. 55 sahen.

Die arithmetischen Operationen auf Ordinalzahlen sollten bezeichnungsmäßig wenigstens theoretisch, wenn nicht in der Praxis, von den in Kapitel 16 für natürliche Zahlen definierten unterschieden werden. Andererseits könnten die Definitionen, wenn die Operationen auf Ordinalzahlen erst einmal streng definiert sind, so abgefaßt werden, daß sie die alten überlappen; der Inhalt der Definitionen der Operationen innerhalb der Theorie der natürlichen Zahlen könnte in Theoremen wiedergefunden werden, die den Spezialfall endlicher Ordinalzahlen behandeln. Dieser Vorschlag übersieht aber eine Komplikation, die durch die Konzeption dieses Buches bedingt wird: Nämlich die Tatsache, daß die natürlichen Zahlen der Kapitel 12 bis 16 nicht mit den endlichen Ordinalzahlen aus 22.15 übereinstimmen. Vielleicht ist es aber auch genauso gut, daß die Theorie der natürlichen Zahlen neutral bleibt zwischen dieser transfiniten Ordinalzahlenfortsetzung und einer anderen transfiniten Fortsetzung, der der Kardinalzahlen, die uns in Kapitel 30 erwartet.

Wenn wir auf die formale Definition der Ordinalzahlensumme hinarbeiten, dann sollten wir vielleicht mit einer formalen Definition des Abschnitts beginnen. Ein Abschnitt $\mathrm{seg}_w z$, der aus einer Ordnung z unmittelbar vor einem geordneten Ding w herausgeschnitten wird, ist offensichtlich die Ordnung

$$\{\langle u, v\rangle : \langle u, v\rangle, \langle v, w\rangle \in z\}.$$

Allgemeiner nennen wir eine Ordnung einen Abschnitt von z, wenn sie entweder gleich z oder gleich $\mathrm{seg}_w z$ für ein gewisses w ist. Die Definition des Reststückes, das ebenfalls in der obigen informellen Charakterisierung der Ordinalzahlensumme vorkommt, ist auch offensichtlich: Wenn s ein Abschnitt von z und t der Bereich von s ist, dann ist das Reststück von z gleich $\overline{t} \upharpoonright z$. Schließlich soll x + y die Länge von z sein, wobei z einen Abschnitt der Länge x und ein Reststück der Länge y hat.

Ehe wir uns aber weiter mit der Formalisierung dieser Angelegenheiten beeilen, sollten wir bemerken, daß dies alles vereinfacht werden kann, wenn wir bestimmte Züge der von Neumannschen Ordinalzahlen ausnutzen. Die Elemente von x stellen selbst, nimmt man sie in der Ordnung, eine Ordnung der Länge x dar, und die verbleibenden Elemente von x + y sind eine Ordnung der Länge y, wenn man sie in der Ordnung nimmt. So können wir x + y einfach als diejenige Ordinalzahl v beschreiben, die die Eigenschaft hat, daß die Ordnung von $v \cap \overline{x}$ die Länge y hat. „*Die* Ordnung" von $v \cap \overline{x}$ ist natürlich die Kleiner-Relation über Ordinalzahlen, die als Elemente zu $v \cap \overline{x}$ gehören. Da diese Relation über Ordinalzahlen gleich $\in$ ist, ist diese Ordnung von $v \cap \overline{x}$ gleich $\in \cap (\overline{x} \times v)$. So können wir unsere Ordinalzahlensumme x + y nun als diejenige Ordinalzahl v beschreiben, die die Eigenschaft hat, daß $\in \cap (\overline{x} \times v)$ von der Länge y, d.h. isomorph zu $\in \upharpoonright y$ ist. Wie diese Bedingung zu formalisieren ist, erkennt man schnell aus Dingen, die in Kapitel 21 gesagt wurden, oder man erkennt es im Verlauf von Kapitel 27. (Beiläufig gesagt, erfordert die Tatsache, daß das Feld einer Ordnung keine Einerklasse sein kann, ein Zurechtrücken der Definition von x + 1 (vgl. Kapitel 21). Auch muß man Sorge tragen für die Eindeutigkeit von x + 0.)

Ich halte aber deshalb kurz vor der endgültigen Formulierung der Ordinalzahlensumme an, weil ein anderer Zugang, der transfinite Rekursion (Kapitel 25) verwendet,

Vorteile mit sich bringt. Das Ordinalzahlenprodukt läßt sich leichter mit Hilfe transfiniter Rekursion definieren, als wenn man versuchen wollte, die skizzenhafte Erklärung, die ich oben gegeben habe, zu formalisieren; Ordinalzahlenpotenzen, die zu skizzieren ich gar nicht erst versucht habe, werden ebenfalls am besten mit transfiniter Rekursion definiert; so erhalten wir Einheitlichkeit und systematischen Zusammenhang, indem wir alle drei Operationen auf diese Weise definieren. Dann wird auch eine Analogie zwischen diesen Operationen und ihren Gegenstücken für natürliche Zahlen sichtbar, sowie letztere durch Iteration (Kapitel 16) oder rekursive Definition definiert sind.

23. Sätze über Ordinalzahlen

Aus der Begründung, die zur Definition 22.15 von NO führte, wurde nicht so offensichtlich, daß die so definierte NO wirklich alle Ordinalzahlen im beabsichtigten Sinne enthält, nämlich Λ und als eine neue Ordinalzahl jeweils jede Häufung von Ordinalzahlen von Λ an (was ein Springen verhindert). Das möchten wir verifizieren. Der eine Punkt, $\Lambda \in \mathrm{NO}$, wird in 23.1 bewiesen. Der andere erfordert noch etwas Formulierungsmühe. Wenn man von einer Klasse x von Ordinalzahlen sagt, daß sie an keiner vorbeispringt, so heißt das, daß jede Ordinalzahl, die kleiner als ein Element von x ist, in x liegt, d.h. da '$<$' für Ordinalzahlen gleich '$\in$' ist, daß jedes Element eines Elementes von x in x liegt, daß also $\bigcup x \subseteq x$. Was man also wünscht, besagt, daß $\bigcup x \subseteq x \subseteq \mathrm{NO} \rightarrow x \in \mathrm{NO}$. Das wird in 24.5 bewiesen.

Auf welche Weise wird uns umgekehrt zugesichert, daß die NO von 22.15 nichts anderes als die beabsichtigten Ordinalzahlen enthält? Wir werden in 24.3 sehen, daß NO durch die Elementbeziehung wohlgeordnet ist. Wenn es also unwillkommene Elemente gibt, so muß es demnach ein erstes solches bezüglich dieser Ordnung geben. (Selbstverständlich erfordert diese Schlußweise aus Wohlordnungen eine Komprehensionsprämisse.) Dieses erste unwillkommene Element x von NO ist dann aber eine Klasse, die nur aus erwünschten Ordinalzahlen besteht. Darüber hinaus überschlägt x keine von ihnen auf dem Wege; dessen sind wir auf Grund der Tatsache sicher, daß NO durch die Elementbeziehung geordnet ist, und auf Grund der Tatsache, daß alle beabsichtigten Ordinalzahlen in NO liegen. Dann erfüllt aber auch x die Bedingungen, die man an eine beabsichtigte Ordinalzahl stellt.

Bei diesem Bemühen zu zeigen, daß 22.15 unserer intuitiven Absicht gerecht wird, geht es nur um intuitives Verstehen. Das was man in jeder Version der Ordinalzahlen sich wünscht, ist das Aufzählungstheorem, welches darlegt, daß die Ordinalzahlen dem Zweck dienen, Wohlordnungen zu messen; dazu kommen wir für 22.15 in Kapitel 27.

Wir wollen schnell weiterkommen mit den elementaren Sätzen über die von Neumannschen Ordinalzahlen.

23.1 $\Lambda, \{\Lambda\} \in \mathrm{NO}$.

Beweis: Nach den Definitionen Wohlord Λ. Aber $\in \upharpoonright \Lambda = \in \upharpoonright \{\Lambda\} = \Lambda$. Ferner $\bigcup \Lambda = \Lambda$ und $\bigcup \{\Lambda\} = \Lambda \subseteq \{\Lambda\}$. Also nach 22.15 $\Lambda, \{\Lambda\} \in \mathrm{NO}$.

23.2 $\Lambda \neq x \in \mathrm{NO} \rightarrow \Lambda \in x$.

Beweis: Nach Voraussetzung und auf Grund der Definitionen Fnd $\in\upharpoonright x$. Also

$$x \subseteq {}^{\cup}(\in\upharpoonright x)``x \rightarrow x = \Lambda.$$

Ebenfalls nach Voraussetzung $x \nsubseteq {}^{\cup}(\in\upharpoonright x)``x$, d.h. es gibt ein $z \in x$, das nicht in ${}^{\cup}(\in\upharpoonright x)``x$ liegt. Dann

$$\forall w(w \in x \rightarrow \langle w, z\rangle \notin \in\upharpoonright x)$$

(wegen $z \in x$) $\qquad \rightarrow w \notin z).$ (1)

Nach Voraussetzung und Definition $\mathbf{U}x \subseteq x$. Also nach 8.5 wegen $z \in x$, $z \subseteq x$. Folglich nach (1) $z = \Lambda$. Also $\Lambda \in x$.

Der Nachfolger einer Ordinalzahl x ist $x \cup \{x\}$, der Vorgänger, falls ein solcher existiert, $\mathbf{U}x$. Denn

23.3 $\qquad x \in NO \rightarrow x = \mathbf{U}(x \cup \{x\}).$

Beweis: $\mathbf{U}\{x\} = x$ nach 8.2. Also $\mathbf{U}(x \cup \{x\}) = \mathbf{U}x \cup x$ nach 8.3. Aber $\mathbf{U}x \cup x = x$, da nach Voraussetzung und 22.15 $\mathbf{U}x \subseteq x$.

Da $\in$ die Ordinalzahlen ordnen soll, sollte man auf die beiden folgenden Theoreme hoffen:

23.4 $\qquad x \in NO \rightarrow x \notin x.$

Beweis: Nach Voraussetzungen und Definitionen $\in\upharpoonright x \subseteq \overline{}I$. Also definitionsgemäß $x \notin x$.

23.5 $\qquad x \in NO \rightarrow \neg(x \in^2 x).$

Beweis: Nach Voraussetzung und Definition $\mathbf{U}x \subseteq x$. Also nach 23.4 $x \notin \mathbf{U}x$.

Das nächste Theorem beginnt damit, die beiden Möglichkeiten, nämlich '$\in$' und '$\subset$', mit denen man zum Ausdruck bringt, daß eine Ordinalzahl kleiner als die andere ist, einander gleichzustellen.

23.6 $\qquad x \in y \in NO \rightarrow x \subset y.$

Beweis: Nach 22.15 $\mathbf{U}y \subseteq y$ wegen $y \in NO$. Also nach 8.5 $x \subseteq y$, da $x \in y$. Nach Voraussetzung und 23.4 aber $x \neq y$.

Es zeigt sich, daß ein Satz nach dem anderen, der für jede Ordinalzahl gilt, auch für die Klasse NO aller Ordinalzahlen gilt. So nehme man 23.2, der besagt, daß $\Lambda \in x$ für jede nicht leere Ordinalzahl x; ebenfalls erhalten wir $\Lambda \in NO$, wie aus 23.1 zu ersehen. Die nächsten drei Theoreme entsprechen in gleicher Weise 23.4, 23.6 und dem '$\mathbf{U}x \subseteq x$' von 22.15.

23.7 $\qquad NO \notin NO.$

Beweis: Wenn $NO \in NO$, so $NO \in \mathcal{V}$, und wir können für x in 23.4 NO nehmen und dann schließen, daß $NO \notin NO$.

23.8 $\qquad x \in NO \rightarrow x \subset NO.$

Beweis: Nach Voraussetzung und Definition

Wohlord $\in\upharpoonright x.$ (1)

Also definitionsgemäß

$$\in\restriction x \mid \in\restriction x \subseteq \in. \tag{2}$$

Betrachten wir irgendein $w \in x$. Nach Voraussetzung und 23.6

$$w \subset x. \tag{I}$$

Als nächstes betrachten wir irgendein $y \in \bigcup w$. Es gibt dann ein z mit $y \in z \in w$. Da $z \in w$, erhalten wir nach [I], daß $z \in x$. Fassen wir diese Ergebnisse zusammen, so erhalten wir $y \in z \in w$ und $z, w \in x$; d.h.

$$\langle y, z\rangle, \langle z, w\rangle \in \in\restriction x.$$

Also nach (2) $y \in w$. y war aber ein beliebiges Element von $\bigcup w$. Somit

$$\bigcup w \subseteq w. \tag{II}$$

Nach (1) und 21.9

$$\text{Wohlord } \in\restriction x \cap (w \times w),$$

d.h. nach [I] und 9.16 Wohlord $\in \cap (w \times w)$, d.h. nach 22.14 und [II], daß Wohlord $\in\restriction w$. Folglich nach [II] und 22.15 $w \in NO$. w war aber ein beliebiges Element von x. Also $x \subseteq NO$. Nach Voraussetzung und nach 23.7 aber $x \neq NO$. Somit $x \subset NO$.

23.9 $\bigcup NO \subseteq NO$.

Beweis nach 23.8, 8.5.

Wenn $z \in NO$, so wissen wir aus unseren Definitionen, daß $\in\restriction z$ oder $\in \cap (z \times z)$ konnex ist. Das bedeutet noch nicht ganz, daß $\in$ je zwei Elemente von z verbindet, aber das kann auch bewiesen werden.

23.10 $x, y \in z \in NO \rightarrow (x \in y \vee y \in x \vee x = y)$.

Beweis: Nach Voraussetzung und Definitionen

$$\bigcup z \subseteq z, \tag{1}$$

$$\text{Konnex } \in\restriction z. \tag{2}$$

Nach Voraussetzung $x, y \in z$; also nach 9.16

$$\forall u \forall v[(u \in x \wedge v \in y) \rightarrow \langle u, x\rangle, \langle v, y\rangle \in \in\restriction z]$$

(nach (2)) $\rightarrow (x \in y \vee y \in x \vee x = y)$.

Das bedeutet

$$x \neq \Lambda \neq y \rightarrow (x \in y \vee y \in x \vee x = y). \tag{3}$$

Nach Voraussetzung und 23.8 $x \in z \subset NO$. Somit $x \in NO$. Also nach 23.2 $\Lambda \neq x \rightarrow \Lambda \in x$. Folglich $x \neq \Lambda = y \rightarrow y \in x$. Entsprechend $x = \Lambda \neq y \rightarrow x \in y$. Schließlich $x = \Lambda = y \rightarrow x = y$. Diese drei Schlüsse zeigen zusammen mit (3), daß in jedem Fall

$$x \in y \vee y \in x \vee x = y.$$

Wenn α Elemente hat und wenn diese sämtlich Ordinalzahlen sind, dann ist ihr Durchschnitt $\bigcap\alpha$ die kleinste unter ihnen. Daß $\bigcap\alpha \in \alpha$, wird erst in 23.25 bewiesen werden, aber wir können jetzt schon beweisen, daß es keine kleinere Ordinalzahl in α gibt. Da '$\in$' 'kleiner' ausdrückt, können wir es so formulieren:

23.11 $\alpha \subseteq NO \rightarrow \alpha \cap \bigcap\alpha = \Lambda$.

Beweis: Wenn $x \in \alpha$, so $x \in NO$ nach Voraussetzung, und somit nach 23.4 $x \notin x \in \alpha$, und somit $x \notin y \in \alpha$ für ein gewisses y; nach 8.9 heißt das $x \notin \bigcap\alpha$.

Weitere Sätze über Ordinalzahlen werden mehr und mehr von Existenzannahmen abhängen, die nicht mehr innerhalb der Reichweite unserer mageren Voraussetzungen 7.10 und 13.1 liegen. Ein zusätzliches Axiomenschema, das uns weit bringen wird, ist ein Analogon zu 13.1 für Ordinalzahlen. 13.1 besagt für alle $x \in \mathbb{N}$, daß für den Fall Funk α die Klasse aller Werte von α für Argumente $\leqslant x$ existiert. (13.1 betraf auch den Fall $x \notin \mathbb{N}$, doch war das nur eine Zugabe.) Unser neues Axiomenschema sagt nun in angepaßter Weise dasselbe für alle $x \in NO$ aus. Es besagt für alle $x \in NO$, daß im Falle Funk α die Klasse aller Werte von α für Argumente kleiner als x existiert, 'Kleiner als' bedeutet hier jedoch '$\in$'. Also

23.12 *Axiomenschema.* $(\text{Funk}\,\alpha \wedge x \in NO) \rightarrow \alpha``x \in \mathcal{V}$.

Noch unmittelbarer als 13.1 wird hier das Ersetzungsprinzip illustriert. 13.1 stellte alle Klassen bis zu jeder endlichen Größe sicher. 23.12 garantiert uns die Existenz aller Klassen, die gleich groß wie eine Ordinalzahl sind.

Es wurde angemerkt, daß 13.1 nichts, auch nichts in bedingter Form, über unendliche Klassen aussagt. In diesem Punkt ist 23.12 anders. Es impliziert immer noch nicht, daß es unendliche Klassen gibt; wenn aber bestimmte unendliche Klassen gegeben sind, so spricht 23.12 von weiteren unendlichen Klassen, die zusammen mit diesen existieren müssen.

Da eine Korrelation zwischen den Elementen von $\mathbb{N}$ und den endlichen Ordinalzahlen besteht, könnten wir erwarten, daß 23.12 13.1 überlappt und letzteres impliziert. Tatsächlich aber liegt es nicht auf der Hand, wie man 13.1 von 23.12 ableiten kann. Das Hindernis liegt nicht darin, daß 13.1 auch die unnützen Fälle, in denen $x \notin \mathbb{N}$, behandelt; wir wären froh, wenn wir diese loswürden. Das Hindernis liegt auch nicht darin, daß in $\mathbb{N}$ im Gegensatz zu den von Neumannschen Zahlen in NO die Zermeloschen Zahlen verwendet werden. Sollten wir bei einer Überarbeitung von Kapitel 12 $\mathbb{N}$ ebenfalls auf die von Neumannsche Linie bringen, so wäre auch dann nicht evident, wie das neukonstruierte 13.1 aus 23.12 abzuleiten wäre. Die Definition von $\mathbb{N}$ würde dann vermutlich wie in Kapitel 11 laufen, wobei 'S' im von Neumannschen Sinne verstanden wird, und das Problem bestände dann darin, $\mathbb{N} \subseteq NO$ zu beweisen. Induktion wäre das natürliche Hilfsmittel, und sie beruht auf 13.1.

In einem starken System hätten wir den Wunsch, 13.1 und 23.12 in einem einzigen umfassenderen Ersetzungsschema zu kombinieren. Im gegenwärtigen Stadium gilt aber unser Hauptinteresse einem möglichst schwachen System. Zu seinem Lobe wollen wir noch anmerken, daß beinahe bis zum Ende des Abschnittes (24.8) die aus 23.12 gezogenen Folgerungen nur von dem zweiten der folgenden Korollare, einem Sonderfall des *Aussonderungsprinzips*, abhängen werden.

23.13 $(\mathrm{Funk}\,\alpha \wedge x \in NO \wedge \beta \subseteq \alpha``x) \rightarrow \beta \in \mathfrak{V}$,

23.14 $x \in NO \rightarrow x \cap \alpha \in \mathfrak{V}$,

23.15 $(\mathrm{Funk}\,\alpha \wedge \alpha``\mathfrak{V} \subseteq x \in NO) \rightarrow \alpha \in \mathfrak{V}$.

Die Beweise werden aus 23.12 geführt und ähneln denen von 13.2, 13.3 und 13.4 aus 13.1.

So wie 13.3 den Satz 13.5 von der vollständigen Induktion für natürliche Zahlen liefert, so stützt 23.14 den folgenden Satz von der transfiniten Induktion für Ordinalzahlen.

23.16 $[\forall y\,(\forall x\,[(x \in y \rightarrow Fx) \wedge y \in NO] \rightarrow Fy) \wedge z \in NO] \rightarrow Fz$.

Beweis: [1]) Nach 23.14 $z \cap \{x\colon \neg Fx\} \in \mathfrak{V}$ wegen $z \in NO$. D.h.

$$\{x\colon \neg(x \in z \rightarrow Fx)\} \in \mathfrak{V}. \tag{1}$$

Nach 23.8 haben wir $y \in NO$ für alle $y \in z$. Also liefert die lange Voraussetzung

$$\forall y\,[\forall x(x \in y \rightarrow Fx) \rightarrow (y \in z \rightarrow Fy)].$$

Überflüssigerweise können wir '$y \in z$' wieder hinzunehmen und erhalten so:

$$\forall y[\forall x(x \in y \in z \rightarrow Fx) \rightarrow (y \in z \rightarrow Fy)].$$

Da $z \in NO$, erhalten wir nach 23.6, daß $x \in z$, wenn $x \in y \in z$. Also können wir wieder zusätzlich '$x \in z$' einfügen, somit

$$\forall y\,(\forall x[x \in y \in z \rightarrow (x \in z \rightarrow Fx)] \rightarrow (y \in z \rightarrow Fy)),$$

d.h.

$$\forall y\,(\forall x[\langle x, y\rangle \in \mathfrak{E}\restriction z \rightarrow (x \in z \rightarrow Fx)] \rightarrow (y \in z \rightarrow Fy)). \tag{2}$$

$\mathrm{Fnd}\;\mathfrak{E}\restriction z$ wegen $z \in NO$. Hieraus und aus (1) und (2) erhalten wir mit 20.5, daß $u \in z \rightarrow Fu$ für jedes u. Also $\forall x(x \in z \rightarrow Fx)$. Also nach Voraussetzung (mit y als z) Fz.

Es folgen zwei Korollare. Das erste ist gleich 23.16 mit einer verschärften Prämisse.

23.17 $(\forall y[\forall x(x \in y \rightarrow Fx) \rightarrow Fy] \wedge z \in N) \rightarrow Fz$.

23.18[2]) $\alpha \subseteq {}^{\smile}\mathfrak{E}``\alpha \rightarrow \alpha \cap NO = \Lambda$.

Beweis: Nach Voraussetzung

$$\forall y[y \in \alpha \rightarrow \exists x(x \in \alpha \wedge x \in y)].$$

D.h.

$$\forall y[\forall x(x \in y \rightarrow x \notin \alpha) \rightarrow y \notin \alpha].$$

Nach 23.17 dann $z \notin \alpha$ für jedes $z \in NO$. Also $\alpha \cap NO = \Lambda$.

Das nächste Theorem ist die Umkehrung von 23.6 und rundet damit die Auswechselbarkeit von '$\in$' und '$\subset$' in Anwendung auf Ordinalzahlen ab. Ungleich 23.6 erfordert

---

[1]) Hierbei bin ich *Natuhiko Yosida* Dank schuldig.

[2]) Hierbei bin ich *Akira Ohe* Dank schuldig.

diese Umkehrung die Annahme, daß α ebenso wie z eine Ordinalzahl ist oder zumindest die Eigenschaft '$\bigcup\alpha \subseteq \alpha$' von Ordinalzahlen teilt. [1])

23.19 $\bigcup\alpha \subseteq \alpha \subseteq z \in NO \rightarrow \alpha \in z.$

Beweis: Nach Voraussetzung $z \cap \overline{\alpha} \neq \Lambda$. Nach Voraussetzung und 23.8 aber $z \subset NO$. Also $z \cap \overline{\alpha} \cap NO \neq \Lambda$. Folglich nach 23.18

$$z \cap \overline{\alpha} \not\subseteq {}^{\smile}\!\in``(z \cap \overline{\alpha}).$$

Also gibt es ein w mit

$$w \in z, \tag{1}$$
$$w \notin \alpha, \tag{2}$$

und $\forall v[(v \in z \wedge v \notin \alpha) \rightarrow v \notin w]$, d.h. $w \cap z \subseteq \alpha$. Nach (1) und 23.6 aber $w \subset z$ wegen $z \in NO$. Also

$$w \subseteq \alpha. \tag{3}$$

$x \in \alpha$ sei beliebig. Dann $x \subseteq \bigcup\alpha$. Nach der ersten Voraussetzung dann $x \subseteq \alpha$. Folglich nach (2)

$$w \notin x \wedge w \neq x. \qquad [I]$$

Nach Voraussetzung $x \in z \in NO$, da $x \in \alpha$. Somit nach (1) und 23.10

$$w \in x \vee x \in w \vee w = x.$$

Also nach [I] $x \in w$. x war aber ein beliebiges Element von α. Somit $\alpha \subseteq w$. Also nach (3) $\alpha = w$. Folglich nach (1) $\alpha \in z$.

Das obige Theoremschema ergibt zusammen mit seiner Umkehrung

23.20 $x, y \in NO \rightarrow (x \in y \leftrightarrow x \subset y).$

Beweis: Nach Voraussetzung und Definition $\bigcup x \subseteq x$. Also nach Voraussetzung und 23.19 $x \subset y \rightarrow x \in y$. Umkehrung nach 23.6.

NO ist eine Kette bezüglich $\subseteq$, d.h. jede Ordinalzahl ist eine Teilklasse oder eine Oberklasse einer jeden anderen.

23.21 $x, y \in NO \rightarrow (x \subseteq y \vee y \subseteq x).$

Beweis: Wir betrachten ein beliebiges $w \in NO$ mit

$$\forall z(z \in w \rightarrow (x \subseteq z \vee z \subseteq x)). \qquad [I]$$

D.h.

$$\forall z(z \in w \rightarrow (x \subseteq z \vee z \subset x)). \qquad [II]$$

Für jedes $z \in w$ haben wir aber nach 23.8 $z \in NO$ und somit $z \in x \leftrightarrow z \subset x$ nach 23.20. Also wird aus [II]:

$$\forall z(z \in w \rightarrow (x \subseteq z \vee z \in x)). \qquad [III]$$

Fall 1: $x \subseteq z$ für ein gewisses $z \in w$. Da $w \in NO$, $z \subset w$ nach 23.6. Also $x \subseteq w$.

Fall 2: $x \subseteq z$ für kein $z \in w$. Dann nach [III] $z \in x$ für alle $z \in w$, d.h. $w \subseteq x$.

---

[1]) Daß ich hier 'α' statt 'x' verwende, verdanke ich *Joseph Sukonick*. Im Beweis folge ich in wesentlichen Zügen *Robinson*.

Beide Fälle ergeben zusammen: $x \subseteq w \vee w \subseteq x$. w war aber eine beliebige Ordinalzahl, die [I] erfüllt. Also

$$\forall w(\forall z[z \in w \to (x \subseteq z \vee z \subseteq x) \wedge w \in NO] \to (x \subseteq w \vee w \subseteq x)) .$$

Hieraus folgt, da $y \in NO$, mit transfiniter Induktion nach 23.16, daß $x \subseteq y \vee y \subseteq x$.

Es folgen zwei Korollare.

23.22 $x, y \in NO \to (x \subseteq y \vee y \in x)$.

23.23 $x, y \in NO \to (x \in y \vee y \in x \vee x = y)$.

Beweise aus 23.21 und 23.20, da '$y \subseteq x$' in 23.21 schwächer als '$y \subset x$' ist.

Wir sahen, daß verschiedene Sätze über natürliche Zahlen auch für NO gelten. Dieser Punkt wird weiter in 23.23 illustriert, worin von NO das ausgesagt wird, was in 23.10 für jede Ordinalzahl ausgesagt wird, daß nämlich NO durch $\in$ konnex ist. Der folgende Satz ist in ähnlicher Weise mit 23.19 oder 23.20 verwandt.

23.24 $\bigcup\alpha \subseteq \alpha \subset NO \leftrightarrow \alpha \in NO$.

Beweis: Wir übernehmen den Beweis von 23.19, benutzen aber statt z und 23.10 NO und 23.23; dabei zeigen wir, daß

$$\bigcup\alpha \subseteq \alpha \subset NO \to \alpha \in NO.$$

Umkehrung nach 23.8 und 22.15.

Eine andere Eigenschaft von $\bigcup\alpha$ für jede Klasse α von Ordinalzahlen besagt, daß sie selbst eine Ordinalzahl ist, es sei denn, sie ist gleich NO.

23.25 $\alpha \subseteq NO \to (\bigcup\alpha \in NO \vee \bigcup\alpha = NO)$.

Beweis: Da $\alpha \subseteq NO$, erhalten wir aus den Definitionen für jedes $y \in \alpha$, daß $\bigcup y \subseteq y$, und somit $z \in w \in y \to z \in y$. Also

$$\forall y \forall z \forall w(z \in w \in y \in \alpha \to z \in y \in \alpha).$$

Also $\bigcup\bigcup\alpha \subseteq \bigcup\alpha$. Somit erhalten wir wegen $\alpha \subseteq NO$, daß $\bigcup\alpha \subseteq \bigcup NO$, und dann nach 23.9, daß $\bigcup\alpha \subseteq NO$. Daher $\bigcup\bigcup\alpha \subseteq \bigcup\alpha \subseteq NO$. Folglich entweder $\bigcup\alpha = NO$, oder nach 23.24 $\bigcup\alpha \in NO$.

Wenn wir bedenken, daß '$\in$' das '$<$' der Ordinalzahlen ist, dann sehen wir, daß das nächste Theorem tatsächlich aussagt, daß $x \cup \{x\}$ die nächste Ordinalzahl nach x ist, falls es hinter x überhaupt noch eine Ordinalzahl y gibt.

23.26 $x \in y \in NO \to (x \cup \{x\} \in y \vee x \cup \{x\} = y)$.

Beweis: Nach Voraussetzung und 23.9 $x \in NO$. Also nach 23.3 $x = \bigcup(x \cup \{x\})$. Also

$$\bigcup(x \cup \{x\}) \subseteq x \cup \{x\}. \tag{1}$$

Nach Voraussetzung $\{x\} \subseteq y$ und wegen 23.6 auch $x \subset y$. Also $x \cup \{x\} \subseteq y$. Somit entweder $x \cup \{x\} = y$, q.e.d., oder $x \cup \{x\} \subset y$; wenn letzteres eintritt, gilt nach (1) und nach Voraussetzung

$$\bigcup(x \cup \{x\}) \subseteq x \cup \{x\} \subset y \in NO,$$

und somit nach 23.19 $x \cup \{x\} \in y$.

Zum Abschluß kehren wir zum Thema vom kleinsten Element einer Klasse von Ordinalzahlen zurück; vgl. 23.11.

23.27 $\Lambda \neq \alpha \subseteq \mathrm{NO} \rightarrow \bigcap \alpha \in \alpha$.

Beweis: Nach Voraussetzung $\alpha \cap \mathrm{NO} \neq \Lambda$. Also nach 23.18 $\alpha \nsubseteq {}^{\smile}\mathsf{E}``\alpha$. Also gilt für ein gewisses $x \in \alpha$

$$\forall y(y \in \alpha \rightarrow y \notin x). \qquad (1)$$

Aber $\alpha \subseteq \mathrm{NO}$, und somit $x, y \in \mathrm{NO}$ für beliebige $x, y \in \alpha$, woraus nach 23.22 $x \subseteq y \vee y \in x$ folgt. Also nach (1) $\forall y(y \in \alpha \rightarrow x \subseteq y)$. Nach 8.13 heißt das $x \subseteq \bigcap \alpha$. Nach 8.14 aber auch $\bigcap \alpha \subseteq x$, da $x \in \alpha$. Somit $x = \bigcap \alpha$. Also $\bigcap \alpha \in \alpha$.

24. Die Ordnung der Ordinalzahlen

Die Ordnung der Ordinalzahlen, die Kleiner-Relation über ihnen, ist $\mathsf{E} \cap (\mathrm{NO} \times \mathrm{NO})$. Kompakter

24.1 $\mathsf{E} \upharpoonright \mathrm{NO} = \mathsf{E} \cap (\mathrm{NO} \times \mathrm{NO})$.

Beweis: 22.14, 23.9.

Ihr Feld ist NO.

24.2 $[\mathsf{E} \upharpoonright \mathrm{NO} \cup {}^{\smile}(\mathsf{E} \upharpoonright \mathrm{NO})]``\vartheta = \mathrm{NO}$.

Beweis: Nach 23.1 $\{\Lambda\} \in \mathrm{NO}$ und somit $\Lambda \in (\mathsf{E} \upharpoonright \mathrm{NO})``\vartheta$. Nach 23.2 $\langle \Lambda, x \rangle \in \mathsf{E} \upharpoonright \mathrm{NO}$ und somit $x \in {}^{\smile}(\mathsf{E} \upharpoonright \mathrm{NO})``\vartheta$ für alle von Λ verschiedenen $x \in \mathrm{NO}$. Die Inklusion in der anderen Richtung folgt nach 24.1.

Nun kommen wir zu dem Theorem, daß die Ordinalzahlen wohlgeordnet sind.

24.3 Wohlord $\mathsf{E} \upharpoonright \mathrm{NO}$.

Beweis: Für beliebiges $w \in \mathrm{NO}$ haben wir nach 22.15 $\bigcup w \subseteq w$. Also

$$\forall u \forall v \forall w(u \in v \in w \in \mathrm{NO} \rightarrow u \in w \in \mathrm{NO}).$$

Also $\mathsf{E} \upharpoonright \mathrm{NO} | \mathsf{E} \upharpoonright \mathrm{NO} \subseteq \mathsf{E} \upharpoonright \mathrm{NO}$. Nach 23.4 ferner $\mathsf{E} \upharpoonright \mathrm{NO} \subseteq {}^{-}I$. Nach 23.23 $\langle y, z \rangle \in \mathsf{E} \upharpoonright \mathrm{NO} \cup {}^{\smile}(\mathsf{E} \upharpoonright \mathrm{NO}) \cup I$ für alle $y, z \in \mathrm{NO}$; also nach 24.2 Konnex $\mathsf{E} \upharpoonright \mathrm{NO}$. Zusammengefaßt

$$\text{Ordg } \mathsf{E} \upharpoonright \mathrm{NO}. \qquad (1)$$

Wir nehmen ein x mit $x \subseteq {}^{\smile}(\mathsf{E} \upharpoonright \mathrm{NO})``x$. Offenbar $x \subseteq \mathrm{NO}$. Nach 23.18 ebenfalls $x \cap \mathrm{NO} = \Lambda$. Also $x = \Lambda$. Nach 20.2 somit Fnd $\mathsf{E} \upharpoonright \mathrm{NO}$. Also nach (1) und 21.4 Wohlord $\mathsf{E} \upharpoonright \mathrm{NO}$.

Wir dürfen *beinahe* sagen, daß alles, was für jede Ordinalzahl gilt, auch für NO gilt; NO selbst genügt nämlich den beiden Bedingungen, die in 22.15 an 'x' gestellt werden, was von 23.9 und 24.3 bezeugt wird. Warum dürfen wir es nicht *ganz* sagen? Eines, was für jede Ordinalzahl, aber nicht für NO gilt, ist, daß sie eine Ordinalzahl ist. Das wird für NO in 23.7 geleugnet. Wie können wir es aber leugnen, wenn NO die beiden definierenden Bedingungen für Ordinalzahlen erfüllt? Die Antwort lautet, daß $\mathrm{NO} \notin \vartheta$.

Um zu einer Klasse zu gehören, genügt nicht die Erfüllung der Elementbedingungen; die Existenz ist erforderlich.

Der Beweis für '$\mathrm{NO} \notin \vartheta$' liegt nun auf der Hand: Würde NO existieren, so würden 23.9 und 24.3 einen Widerspruch zu 23.7 bilden.

24.4 $\mathrm{NO} \notin \vartheta$.

Im wesentlichen stellt '$\mathrm{NO} \notin \vartheta$' die gezähmte Fassung einer der berühmten Paradoxien dar: Nämlich der Paradoxie von ***Burali-Forti***, in der geschlossen wird, daß es eine größte Ordinalzahl geben muß und gleichzeitig nicht geben kann. Historisch gesehen, war diese, aus dem Jahre 1897 stammend, die erste der Paradoxien der Mengenlehre.[1] Zu jener Zeit sah *Burali-Forti* in diesem Widerspruch nur eine *reductio ad absurdum* der Vergleichbarkeit der Ordinalzahlen, und er erkannte nicht an, wie gut diese Vergleichbarkeit bewiesen werden konnte. Heutzutage ist diese Paradoxie wie die anderen dadurch bewältigt, daß man nicht annimmt, daß jede Bedingung über das Bestehen einer Elementbeziehung eine Klasse bestimmt; so kommt unser '$\mathrm{NO} \notin \vartheta$' zustande.

Eine weniger merkwürdige Folgerung aus der Wohlordnung der Ordinalzahlen ist das folgende Korollar, das schon zu Beginn von Kapitel 23 erwähnt wurde.

24.5 $\bigcup x \subseteq x \subseteq \mathrm{NO} \leftrightarrow x \in \mathrm{NO}$.

Beweis: Abgesehen von der Alternative '$x = \mathrm{NO}$', die wiederum durch 24.4 ausgeschlossen ist, ist dies ein Fall von 23.24.

Eine wichtige strukturelle Eigenart der Ordnung $\mathfrak{E} \upharpoonright \mathrm{NO}$ der Ordinalzahlen ist neben der Tatsache, daß sie eine Wohlordnung ist, der Umstand, daß sie kein letztes Glied hat. Das zu beweisen, ist die Hauptaufgabe dieses Kapitels, die uns noch verbleibt, Wir werden es beweisen, indem wir beweisen, daß es zu jeder Ordinalzahl x einen Nachfolger $x \cup \{x\}$ gibt, der eine weitere Ordinalzahl ist.

Es ist leicht zu beweisen, daß Nachfolger von Ordinalzahlen immer wieder Ordinalzahlen sind.

24.6 $\acute{S}``\mathrm{NO} \subseteq \mathrm{NO}$.

Beweis: Wenn $x \in \acute{S}``\mathrm{NO}$, so gibt es ein $y \in \mathrm{NO}$ mit $x = y \cup \{y\}$. Nach 23.3 $y = \bigcup x$. Also $\bigcup x \subseteq x$. Nach 23.8 ebenfalls $y \subset \mathrm{NO}$ und somit $x \subseteq \mathrm{NO}$. Also nach 24.5 $x \in \mathrm{NO}$.

Es folgt, daß endliche Ordinalzahlen Ordinalzahlen sind.

24.7 $\omega \subseteq \mathrm{NO}$.

Beweis: Nach 23.1 und 22.8 $\omega \subseteq *\acute{S}``\mathrm{NO}$. Nach 24.6 und 15.7 aber $*\acute{S}``\mathrm{NO} = \mathrm{NO}$.

Das nächste ist der schwierige Teil.

24.8 $x \in \mathrm{NO} \rightarrow x \cup \{x\} \in \vartheta$.

[1] In einer Biographie, die in *Cantors Gesammelten Abhandlungen* veröffentlicht ist, behauptet *Fraenkel*, daß *Cantor* in 1895 diese Paradoxie gewahr wurde und daß er sie 1896 *Hilbert* mitteilte.

Beweis: 22.11 erledigt den Fall, in dem $x \in \omega$. Also wollen wir

$$x \notin \omega \tag{1}$$

annehmen. Wenn $y \cup \{y\} = z \cup \{z\}$ und $y, z \in NO$, erhalten wir nach 23.3 $y = z$. Also $\text{Funk}^{\smile}(\acute{S} \upharpoonright NO)$. Also nach 24.7 $\text{Funk}^{\smile}(\acute{S} \upharpoonright \omega)$. Nach 22.10 liegt das Feld dieser Funktion innerhalb ω und schließt somit das Feld der Funktion $I \upharpoonright \varpi$ aus. Also

$$\text{Funk}^{\smile}(\acute{S} \upharpoonright \omega) \cup I \upharpoonright \varpi. \tag{2}$$

Nach 7.6 $\Lambda \neq u \cup \{u\}$ für alle u. Also $\Lambda \notin \acute{S}``\mathfrak{V}$. Nach 22.9 ist Λ auch kein Element des Feldes von $I \upharpoonright \varpi$. Also ist Λ fremd zu dem rechten Bereich der in (2) beschriebenen Funktion. Wenn also

$$\alpha = {}^{\smile}(\acute{S} \upharpoonright \omega) \cup I \upharpoonright \varpi \cup \{\langle x, \Lambda \rangle\}, \tag{3}$$

erhalten wir nach (2) und 10.7, daß

$$\text{Funk}\,\alpha. \tag{4}$$

Nach (1) und 22.9 $x \neq \Lambda$. Also nach Voraussetzung und 23.2 $\Lambda \in x$. Nach (3) aber $\langle x, \Lambda \rangle \in \alpha$. Also

$$x \in \alpha``x. \tag{5}$$

Nehmen wir ein beliebiges

$$y \in x. \tag{I}$$

Fall 1: $y \in \omega$. Nach 22.12 dann $y \cup \{y\} \in \omega$. Also nach (1) $x \neq y \cup \{y\}$. Also nach [I], nach Voraussetzung und nach 23.26 $y \cup \{y\} \in x$. Darüber hinaus auf Grund der Definitionen $\langle y, y \cup \{y\} \rangle \in {}^{\smile}(\acute{S} \upharpoonright \omega)$, und somit nach (3) $\langle y, y \cup \{y\} \rangle \in \alpha$. Also $y \in \alpha``x$.

Fall 2: $y \notin \omega$. Nach (3) dann $\langle y, y \rangle \in \alpha$. Also nach [I] $y \in \alpha``x$.

In beiden Fällen: $y \in \alpha``x$ für alle y, die [I] erfüllen. Also $x \subseteq \alpha``x$. Also nach (5) $x \cup \{x\} \subseteq \alpha``x$. Nach Voraussetzung, nach (4) und nach 23.13 somit $x \cup \{x\} \in \mathfrak{V}$.

Aus dem obigen Theorem und aus 24.6 folgt das gewünschte Korollar, so wie 22.12 aus 22.11 und 22.10 folgt.

24.9 $\quad x \in NO \rightarrow x \cup \{x\} \in NO$.

Nebenbei gesagt, hieraus und aus 23.9 folgt, daß $\bigcup NO = NO$.

Zum Abschluß dieses Kapitels zeige ich für jede Klasse von Ordinalzahlen, daß die Ordinalzahl, die nächst größer ist als sämtliche aus α, immer gleich $\alpha \cup \bigcup\alpha$ ist, falls letztere existiert. Zuerst wollen wir beweisen, daß $\alpha \cup \bigcup\alpha$ eine Ordinalzahl ist, falls sie existiert.

24.10 $\quad \alpha \subseteq NO \rightarrow (\alpha \cup \bigcup\alpha \in NO \vee \alpha \cup \bigcup\alpha = NO)$.

Beweis: Er ergibt sich aus 23.25, falls $\alpha \cup \bigcup\alpha = \bigcup\alpha$. Sonst gibt es ein $x \in \alpha$ mit $\forall y(y \in \alpha \rightarrow x \notin y)$. Nach Voraussetzung und nach 23.22 gilt dann aber $\forall y(y \in \alpha \rightarrow y \subseteq x)$. Das bedeutet nach 8.5 $\bigcup\alpha \subseteq x$. Nach 8.6 aber auch $x \subseteq \bigcup\alpha$. Also $x = \bigcup\alpha$. x war aber ein beliebiges Element aus $\alpha \cap {}^{-}\bigcup\alpha$, und es gibt solche. Also $\alpha \cap {}^{-}\bigcup\alpha = \{x\}$. Also $\alpha \cup \bigcup\alpha = \bigcup\alpha \cup \{x\}$. Das bedeutet $\alpha \cup \bigcup\alpha = x \cup \{x\}$. Also nach 24.9 $\alpha \cup \bigcup\alpha \in NO$.

Das nächste, was noch zu zeigen ist, besagt, daß diese Ordinalzahl $\alpha \cup \bigcup\alpha$ nächst größer als alle Ordinalzahlen aus α ist; ausgeschrieben:

$$\forall x (x < \alpha \cup \bigcup\alpha \leftrightarrow [x \in \alpha \vee \exists y(x < y \in \alpha)]).$$

Da '<' für Ordinalzahlen gleich '∈' ist, lautet die Formel eher

$$\forall x (x \in \alpha \cup \bigcup\alpha \leftrightarrow [x \in \alpha \vee \exists y(x \in y \in \alpha)]).$$

Das folgt aber unmittelbar aus den Definitionen.

Die Klasse α kann, muß aber nicht ein größtes Element haben; diese beiden Fälle lösen sich im Beweis von 24.10 voneinander. In jedem Fall ist die Ordinalzahl $\alpha \cup \bigcup\alpha$ nächst größer als alle in α liegenden Ordinalzahlen. Wenn α ein größtes Element x besitzt, dann ist x gleich $\bigcup\alpha$, und $\alpha \cup \bigcup\alpha$ ist sein Nachfolger. Hat α kein größtes Element, dann ist $\alpha \cup \bigcup\alpha$ einfach gleich $\bigcup\alpha$, eine Limeszahl, der Limes von α. α kann hier die Klasse aller ungeraden endlichen Ordinalzahlen sein oder die der primen endlichen Ordinalzahlen, $\bigcup\alpha$, ihr Limes, ist dann gleich ω.

VIII. Transfinite Rekursion

25. Transfinite Rekursion

Als Möglichkeit zur Beschreibung einer Funktion ist uns die Rekursion von den klassischen Fällen von Summe, Produkt und Potenz her bekannt. Nehmen wir uns z.B. einmal die Rekursion für das Produkt her:

$$x \cdot 0 = 0, \qquad x \cdot (S`z) = x + x \cdot z. \tag{1}$$

Wir haben gesehen (Kapitel 11), wie man solch eine Rekursion in eine echte oder direkte Definition umwandeln kann:

$$x \cdot y = (\lambda_v(x + v))^{|y}`0. \tag{2}$$

Das allgemeine Muster von (1) kann so gefaßt werden:

$$\alpha`0 = k, \qquad \alpha`(S`z) = \beta`(\alpha`z), \tag{3}$$

und das allgemeine Muster für die Umwandlung (2) in eine direkte Definition so:

$$\alpha`y = \beta^{|y}`k \qquad [\text{oder } \alpha = \lambda_y(\beta^{|y}`k)]. \tag{4}$$

Wir wollen noch mehr Struktur aufdecken und uns dazu die Definition ((8), Kapitel 11) der Iterierten einer Relation ansehen. Wir finden $\beta^{|y}`k$ als $w`y$ definiert, wobei w eine Folge mit $\langle k, 0\rangle \in w$ und $w|S|\breve{w} \subseteq \beta$ ist. Also hat (4) letzten Endes den Effekt, für jede natürliche Zahl y $\alpha`y$ mit $w`y$ für jede solche Folge w zu identifizieren, vorausgesetzt natürlich, daß w, obzwar endlich, nicht unmittelbar, bevor y als Argument an die Reihe kommt, abbricht. So wie die Funktion α jede natürliche Zahl y als Argument zuläßt, kann sie als *unendliche* Folge angesehen werden. Soweit diese gehen, stimmt sie mit jeder der beschriebenen endlichen Folgen überein, doch übertrifft sie jede; tatsächlich ist sie die Vereinigung über sie alle.

$$\alpha = \bigcup\{w\colon w \in \mathrm{Seq} \wedge \langle k, 0\rangle \in w \wedge w|S|\breve{w} \subseteq \beta\}. \tag{5}$$

So stark ist (4).

Unser Beispiel für (4) war (2). Das entsprechende Beispiel für (5) lautet:

$$\lambda_y(x \cdot y) = \bigcup\{w\colon w \in \mathrm{Seq} \wedge \langle 0, 0\rangle \in w \wedge w|S|w \subseteq \lambda_v(x + v)\}. \tag{6}$$

Die Formen (5) und (6) sind nicht so übersichtlich wie (4) und (2), doch bringe ich sie, um den Weg für zwei Erweiterungen zu bereiten.

Wir wollen (5) in einer anschaulichen Terminologie resümieren: Darin wird α mit der *unendlichen Folge* identifiziert, *die aus* k *durch* β *erzeugt wird.* Also erklärt (6) insbesondere die „x-mal"-Funktion als diejenige unendliche Folge, die aus 0 durch die „x-plus"-Funktion erzeugt wird. In entsprechender Weise läßt sich die „x-hoch"-Funktion, $\lambda_y(x^y)$, als diejenige unendliche Folge beschreiben, die aus 1 durch die „x-mal"-Funktion erzeugt wird, und die „x-plus"-Funktion ist die unendliche Folge, die aus x durch S erzeugt wird.

Das ist schließlich das Wesentliche an der Rekursion, jedenfalls das, was sich in den klassischen Rekursionen für Summe, Produkt und Potenz verkörpert. Die Rekursion definiert eine gewisse unendliche Folge oder Funktion über allen natürlichen Zahlen. Sie definiert sie, indem sie sagt, woraus und wodurch sie erzeugt wird: durch β aus k. Wie man α direkt mit Hilfe der beiden Daten β und k, die sie „rekursiv definieren", ausdrücken kann, wird in (5) gezeigt.

Diese Fassung der Rekursion ist nun zwar der Summe, dem Produkt und der Potenz angemessen und anderen einfachen Beispielen, aber in der Forderung, daß β jeden folgenden Wert von α genau mit Hilfe des gerade vorangegangenen bestimmen soll, ist sie unnötig eng. Eine wirklich liberale Fassung der Rekursion würde jedem nachfolgenden Wert gestatten, von dem gesamten Verlauf früherer Werte abzuhängen. Dieser Verlauf früherer Werte, der Werteverlauf von α für Argumente, die vor einem gegebenen Argument y liegen, ist nun einfach der Stummel von α, der an diesem Punkt endet, also die Folge $\alpha\restriction\{z\colon z < y\}$. Was wir im Zuge einer Liberalisierung an der Stelle von β erwarten, ist ein γ, bei dem für jedes nachfolgende y

$$\alpha‘y = \gamma‘(\alpha\restriction\{z\colon z < y\}) \tag{7}$$

(an Stelle des einfachen $\alpha‘y = \beta‘(\alpha‘(\breve{S}‘y))$; vergleiche (3)). Dieses γ erzeugt die Folge α. indem es für jeden Stummel von α als Argument festlegt, was als nächstes kommt.

(5) wollen wir entsprechend erweitern. Anstatt die unendliche Vereinigung über diejenigen Folgen w zu sein, die mit k anfangen und für die $w|S|\breve{w} \subseteq \beta$ gilt, soll α nun die unendliche Vereinigung über alle die endlichen Folgen w sein, die mit k anfangen und für die

$$\forall y(y \in \breve{w}“\vartheta \rightarrow w‘y = \gamma‘(w\restriction\{z\colon z < y\})) \tag{8}$$

gilt. D.h.

$$\alpha = \bigcup\{w\colon w \in \mathrm{Seq} \wedge \langle k, 0\rangle \in w \wedge \forall y(y \in \breve{w}“\vartheta \rightarrow \langle w‘y, w\restriction\{z\colon z < y\}\rangle \in \gamma)\}.$$

Nunmehr genügt die Angabe von γ ohne k, denn k soll das w'0 von (8), also $\gamma`\Lambda$ sein. So lautet nun unser erweitertes Rekursionsschema:

$$\alpha = \bigcup\{w: w \in \mathrm{Seq} \wedge \forall y(y \in \breve{w}``\vartheta \rightarrow \langle w`y, w\restriction\{z: z < y\}\rangle \in \gamma)\}. \qquad (9)$$

Das Wesentliche an der liberalisierten Rekursion ist nun das Folgende: Sie ist eine Wertverlaufsrekursion. Sie definiert eine unendliche Folge oder eine Funktion über allen natürlichen Zahlen einfach dadurch, daß sie sagt, durch welche Funktion γ sie erzeugt wird, wobei „erzeugen" hier in einem reformierten Sinn verstanden wird. Erzeugung von α bedeutet nun, die aufeinanderfolgenden Werte von α nicht nur mit Hilfe des jeweils einzigen vorangegangenen Wertes, sondern mit Hilfe aller bereits erzeugten Werte festzulegen.

Es war die Wertverlaufsinduktion (Kapitel 20), die nach Fortsetzung auf Wohlordnungen, ja sogar allgemein auf fundierte Relationen drängte und die sich dann als transfinite Induktion entpuppte. Eine parallele Entwicklung tritt nun bei der Rekursion auf: Unsere Wertverlaufsrekursion läßt ohne weiteres eine transfinite Fortsetzung zu. Unser α ist eine unendliche Folge, aber nur in dem Sinne, daß sie alle natürlichen Zahlen als Argumente nimmt. Wir können zu transfiniten Folgen übergehen: Zu Funktionen, die sowohl endliche als auch transfinite Ordinalzahlen als Argumente zulassen.

Anfangen müssen wir mit einer Definition der Folgen in diesem erweiterten Sinne. Wir können sie als Funktionen definieren, deren rechter Bereich alle Ordinalzahlen umfaßt, die kleiner als eine gewisse Ordinalzahl sind, also einfach als Funktionen, deren rechte Bereiche Ordinalzahlen sind. Wir nehmen auch den Fall hinzu, in dem der rechte Bereich gleich NO ist; von diesen extremen Folgen erwartet man nicht, daß sie existieren, aber sie machen sich gut als virtuelle Klassen. Ihretwegen wird der erweiterte Folgenbegriff nicht durch einen Klassenterm wie 'Seq', sondern am besten durch ein Prädikat geliefert.

25.1 'SEQ α' steht für 'Funk $\alpha \wedge (\breve{\alpha}``\vartheta \in \mathrm{NO} \vee \breve{\alpha}``\vartheta = \mathrm{NO})$'.

Wenn wir nun das Schema (9) der Wertverlaufsrekursion auf die transfinite Rekursion fortsetzen wollen, brauchen wir nur '$w \in \mathrm{Seq}$' durch 'SEQ w' zu ersetzen und dabei '$\{z: z < y\}$' in Erkenntnis der Tatsache, daß wir jetzt nicht mit natürlichen Zahlen im Zermeloschen Sinne, sondern mit Ordinalzahlen im von Neumannschen Sinne arbeiten, auf 'y' zu vereinfachen. Das α, das das so verbesserte (9) beschreibt, wird nach *Bernays* Aγ genannt.

25.2 'Aγ' steht für '$\bigcup\{w: w \in \mathrm{SEQ} \wedge \forall y(y \in \breve{w}``\vartheta \rightarrow \langle w`y, w\restriction y\rangle \in \gamma)\}$'.

Hierin ist γ – die *Folgefunktion (sequence function)*, wie *Halmos* sie nennt – diejenige Funktion, die jeden nachfolgenden Wert einer gewünschten Folge durch Bezug auf den Verlauf der früheren Werte festlegt. Aγ ist die Folge, die γ auf diese Weise erzeugt. Wir können von Aγ als von dem Adaptor von γ sprechen; er stellt die Gesamtfolge dar, die sich anhäuft, wenn man γ auf jede in einem Zwischenstadium erhaltene Anhäufung anwendet.[1])

Transfinite Rekursion ist für uns in der obigen Definition verkörpert. Eine gewünschte Folge ist durch transfinite Rekursion bestimmt, wenn die Folgenfunktion γ gegeben ist, deren Adaptor $A\gamma$ die gewünschte Folge ist.

Wir wollen einmal sehen, wie die transfinite Rekursion als Hilfsmittel bei einer erneuten Definition der Ordinalzahlensumme $x + y$ wirkt (vgl. Kapitel 22). Die Folge, die hier durch transfinite Rekursion definiert werden soll, lautet $\lambda_y(x + y)$: Es ist die Folge α, deren y-ter (von 0 an gezählter) Wert α'y für jedes y gleich $x + y$ ist. Gesucht: Die Folgenfunktion γ, so daß $A\gamma$ gleich α oder $\lambda_y(x + y)$ ist. Die Folge α ist eine Klasse von Paaren, die

$$\langle x, 0\rangle, \langle S\text{`}x, 1\rangle, \ldots, \langle x + y, y\rangle, \ldots$$

umfaßt, und die Folgenfunktion γ sollte so sein, daß γ'z sich als die linke Zahl in solch einem Paar erweist, wenn z die Klasse aller vorhergehenden Paare ist. Da nun die gewünschten linken Zahlen gerade die von x an in normaler Ordnung gezählten Ordinalzahlen sind, möchten wir also einfach, daß γ'z die Zahl ist, die nächst größer als alle linken Zahlen in z ist, mit anderen Worten: nächst größer als alle Elemente von z"ϑ. Eine Ausnahme besteht nur, wenn $z = \Lambda$: Wir möchten, daß γ'Λ gleich x ist. Nun können wir die Regel und die Ausnahme dadurch zusammenfügen, daß wir sagen, wir möchten, daß γ'z diejenige Zahl ist, die nächst größer als alle linken Zahlen in z und alle Zahlen kleiner als x ist. Die Klasse aller linken Zahlen in z ist aber gleich z"ϑ, und die Klasse aller Zahlen kleiner als x gleich x: Also möchten wir, daß γ'z diejenige Zahl ist, die nächst größer als alle Elemente in z"$\vartheta \cup x$ ist. Im Hinblick auf Kapitel 24 ist also das, was wir wünschen

$$\gamma\text{`}z = z\text{``}\vartheta \cup x \cup \mathsf{U}(z\text{``}\vartheta \cup x)$$

(nach 8.3) $$= z\text{``}\vartheta \cup x \cup \mathsf{U}(z\text{``}\vartheta) \cup \mathsf{U}x$$

$$= z\text{``}\vartheta \cup \mathsf{U}(z\text{``}\vartheta) \cup x$$

(da $\mathsf{U}x \subseteq x$ nach 22.15). Also können wir γ als

$$\lambda_z(z\text{``}\vartheta \cup \mathsf{U}(z\text{``}\vartheta) \cup x)$$

nehmen und dann $x + y$ als $A\gamma$'y.

---

[1]) *Bernays* dachte sich '$A\gamma$' als Abkürzung für die Wörter 'the adaptor of γ'. Ich finde 'adaptor' wenig suggestiv und bemühte mich daher, ein suggestiveres Wort mit demselben Anfangsbuchstaben zu wählen. Seine Bezeichnung wollte ich zumindest beibehalten, denn seine Auffassung ist erkennbar die in 25.2 definierte, wenn man einmal die durch die verschiedenen Zugänge bewirkten Unterschiede bei Seite läßt. Siehe *Bernays* und *Fraenkel*, S. 100 ff. Im wesentlichen geht die Idee auf *von Neumann* zurück: „Über die Einführung … " und sogar „Zur Einführung … ", Anmerkung 4.

Anm. d. Übers.: Das von *Quine* an Stelle von „Adaptor" gewählte suggestivere Wort lautet „accumulate". Da es sich nicht so gut ins Deutsche übertragen läßt, sind wir bei der Benennung von *Bernays* geblieben.

Um $x \cdot y$ mit transfiniter Rekursion zu definieren, müssen wir für jedes x eine Folgenfunktion γ festlegen, derart daß $A\gamma$ sich als $\lambda_y(x \cdot y)$ erweist, welches die transfinite Folge α ist, deren (von 0 an gezählter) y-ter Wert α‘y für jedes y gleich $x \cdot y$ ist. Dieses gewünschte α oder $\lambda_y(x \cdot y)$ ist nun eine Klasse von Paaren, die

$$\langle 0, 0\rangle, \langle x, 1\rangle, \langle x + x, 2\rangle, \ldots, \langle x \cdot y, y\rangle, \ldots$$

umfaßt. Die Folgenfunktion γ sollte so sein, daß sich γ‘z als die linke Zahl in einem solchen Paar erweist, wenn z die Klasse aller vorangegangenen Paare ist. So möchten wir also, daß γ‘z immer gleich dem höchsten Element aus z“ϑ (sofern es existiert) plus x ist. Hat z“ϑ kein höchstes Element, sondern besteht aus einer endlosen aufsteigenden Kette von Vielfachen von x, dann möchten wir, daß das nächste Paar nach der unendlichen Paarklasse z als linke Zahl den Limes oder die kleinste obere Schranke aller dieser aufsteigenden Vielfachen von x hat. Da die kleinste obere Schranke von z“ϑ gleich $\bigcup$(z“ϑ) ist, sehen wir, daß γ‘z gleich $\bigcup$(z“ϑ) sein wird, wenn z“ϑ kein höchstes Element besitzt.

Also definieren wir γ durch eine Alternative, die γ‘z zum höchsten Element von z“ϑ, falls es existiert, plus x macht, oder sonst zu $\bigcup$(z“ϑ). Wie können wir das ausdrücken? Wir überlegen uns, daß z“ϑ dann und nur dann ein höchstes Element hat, wenn $\check{z}$“ϑ ein solches hat, daß also $\check{z}$“ϑ, ungleich z“ϑ, selbst eine Ordinalzahl ist, ferner daß eine Ordinalzahl dann und nur dann ein höchstes Element hat, wenn sie ein Nachfolger ist, $u \cup \{u\}$, und nicht eine Limeszahl, und schließlich, daß das höchste Element von z“ϑ gleich z‘u ist, falls $\check{z}$“ϑ gleich $u \cup \{u\}$. Also

$$\gamma = \{\langle w, z\rangle \colon \exists u(\check{z}“\vartheta = u \cup \{u\} \wedge w = z‘u + x) \vee \forall u(z“\vartheta \neq u \cup \{u\} \wedge w = \bigcup(z“\vartheta))\}.$$

Schließlich $x \cdot y = A\gamma$‘y.

Wir können x^y beinahe wie $x \cdot y$ definieren. Statt ‘z‘u + x’ würden wir hier ‘(z‘u) · x’ verwenden. Aber wir müssen auch speziell dafür Sorge tragen, daß x^0 gleich 1 und nicht gleich 0 ist, falls das unser Wunsch ist. Das können wir erreichen, indem wir das ‘$\bigcup$(z“ϑ)’ in ‘$\bigcup$(z“ϑ) $\cup$ $\{\Lambda\}$’ umwandeln.

Transfinite Rekursion kann ferner bei der Definition der Summe $\Sigma\beta$ einer Folge β illustriert werden. Wenn β einfach gleich $\{x\} \times y$, also anschaulich gleich der Folge x, x, x, … (y Stellen) ist, dann ist $\Sigma\beta$ gleich $x \cdot y$. So können wir vielleicht einen Weg zu einer allgemeinen Definition von $\Sigma\beta$ finden, indem wir die obige Konstruktion für $x \cdot y$ verallgemeinern. Nun ergab sich bei dieser Konstruktion jeder nachfolgende Wert der Folge α oder $A\gamma$ aus seinem Vorgänger durch Addition von x. In der neuen $A\gamma$ der allgemeineren Konstruktion möchten wir, daß jeder nachfolgende Wert, sagen wir (von 0 aus), der v-te, aus seinem Vorgänger durch Addition von β‘v entsteht. Um das zu erhalten, brauchen wir nur in der obigen Formulierung von γ das ‘x’ gegen ‘β‘u’ auszutauschen. Für das so modifizierte γ ist $A\gamma$ diejenige Folge, die kumulativ die Folge β aufaddiert. Es ist die Folge, deren (von 0 aus gezählter) v-ter Wert $A\gamma$‘v für jedes v bis zur Länge von β gleich der Summe der ersten v Werte der Folge β ist. $\Sigma\beta$ selbst ist dann der letzte Wert der Folge $A\gamma$, das höchste Element in $A\gamma$“ϑ, falls ein solches existiert, und sonst der Limes. In jedem Fall $\Sigma\beta = \bigcup(A\gamma“\vartheta)$. Damit haben wir die Definition von $\Sigma\beta$.

Wenn dies gegeben ist, könnten wir natürlich das Produkt kürzer definieren: $x \cdot y = \Sigma(\{x\} \times y)$.

Dann können wir die Produktbildung analog zur Summation definieren (aber es so einrichten, daß $\Pi\Lambda = 1$). Schließlich $x^y = \Pi(\{x\} \times y)$.

26. Sätze über transfinite Rekursion [1])

Wir möchten, daß $A\gamma$ die große Folge ist, deren Wert für jedes Argument y gleich γ von ihrem bis zu y reichenden Stummel ist, also gleich $\gamma`(A\gamma \upharpoonright y)$. Also müssen wir zeigen, daß SEQ $A\gamma$ und daß $A\gamma`y$ allgemein gleich $\gamma`(A\gamma \upharpoonright y)$ ist. Schließlich müssen wir noch zeigen, daß $A\gamma$ so weit geht, wie eine solche Folge nur gehen kann: daß man $A\gamma$ nicht auf *sie* anwenden kann, um noch etwas Weiteres, $\gamma`A\gamma$, an das Ende der Folge $A\gamma$ anzuhängen. Das ist das Programm für dieses Kapitel.

In dem folgenden Lemma machen wir einen großen Schritt auf einen dieser Programmpunkte zu, nämlich darauf zu zeigen, daß $A\gamma`y$ gleich $\gamma`(A\gamma \upharpoonright y)$ ist.

26.1 $(\text{Funk}\, A\gamma \upharpoonright y \wedge \langle x, y\rangle \in A\gamma) \rightarrow (\langle x, A\gamma \upharpoonright y\rangle \in \gamma \wedge A\gamma \upharpoonright y \in \vartheta)$.

Beweis: Nach der zweiten Voraussetzung und nach 25.2 gibt es ein w mit

$$w \subseteq A\gamma, \tag{1}$$
$$\langle x, y\rangle \in w, \tag{2}$$
$$\text{SEQ}\, w, \tag{3}$$
$$\forall z(z \in \breve{w}``\vartheta \rightarrow \langle w`z, w \upharpoonright z\rangle \in \gamma). \tag{4}$$

Nach (2) $y \in \breve{w}``\vartheta$. (5)

Nach (3) und 25.1 $\breve{w}``\vartheta \in \text{NO}$ oder $\breve{w}``\vartheta = \text{NO}$. In jedem Fall nach (5), 23.6 und 23.8

$$y \in \text{NO}, \tag{6}$$
$$y \subset \breve{w}``\vartheta. \tag{7}$$

Nach (7) $y = {}^{\smile}(w \upharpoonright y)``\vartheta$. Aber

$$^{\smile}(A\gamma \upharpoonright y)``\vartheta \subseteq y. \tag{8}$$

Also $^{\smile}(A\gamma \upharpoonright y)``\vartheta \subseteq {}^{\smile}(w \upharpoonright y)``\vartheta$. Nach (1) ebenfalls $w \upharpoonright y \subseteq A\gamma \upharpoonright y$. Somit nach der ersten Voraussetzung und nach 10.10a

$$A\gamma \upharpoonright y = w \upharpoonright y. \tag{9}$$

Nach (3) Funk w. Also nach (2)

$$x = w`y. \tag{10}$$

Nach (4) und (5) $\langle w`y, w \upharpoonright y\rangle \in \gamma$. Folglich nach (9) und (10) $\langle x, A\gamma \upharpoonright y\rangle \in \gamma$, q.e.d. Aus der ersten Voraussetzung und aus (6) und (8) erhalten wir mit 23.5, daß $A\gamma \upharpoonright y \in \vartheta$.

Die beiden nächsten Lemmata gehen auf einen anderen Programmpunkt zu, nämlich auf den Beweis für SEQ $A\gamma$.

26.2 $\text{U}(^{\smile}A\gamma``\vartheta) \subseteq {}^{\smile}A\gamma``\vartheta \subseteq \text{NO}$.

---

[1]) Dieses Kapitel weicht merkbar von der ersten Auflage ab. Die zentrale Verbesserung stammt von *Parsons*, auf den verwiesen wird.

Beweis: $z \in \breve{A}\gamma``\vartheta$ sei beliebig. Nach 25.2 gibt es ein w mit

$$w \subseteq A\gamma \quad [I]$$
$$z \in \breve{w}``\vartheta, \quad [II]$$
$$\text{SEQ}\, w. \quad [III]$$

Wie in (6) und (7) des vorangegangenen Beweises gilt nach [II] und [III]

$$z \in \text{NO}, \quad [IV]$$
$$z \subset \breve{w}``\vartheta. \quad [V]$$

Nach [V] und [I] $z \subset \breve{A}\gamma``\vartheta$. z war aber ein beliebiges Element von $\breve{A}\gamma``\vartheta$. Also nach 8.5 $\bigcup(\breve{A}\gamma``\vartheta) \subseteq \breve{A}\gamma``\vartheta$. Nach [IV] ebenfalls $\breve{A}\gamma``\vartheta \subseteq \text{NO}$.

26.3 $\breve{A}\gamma``\vartheta \in \text{NO} \vee \breve{A}\gamma``\vartheta = \text{NO}$.

Beweis: Entweder $\breve{A}\gamma``\vartheta = \text{NO}$ oder ansonsten nach 26.2 und 23.24 $\breve{A}\gamma``\vartheta \in \text{NO}$.

Nun zu dem letzten Stück des Beweises, daß SEQ $A\gamma$. Es erfordert die Annahme, daß γ eine Funktion ist.

26.4 $\text{Funk}\,\gamma \rightarrow \text{SEQ}\,A\gamma$.

Beweis: Angenommen, $\neg$ Funk $A\gamma$, d.h. $\breve{A}\gamma``\vartheta \cap {}^{-}\text{arg}\,A\gamma \neq \Lambda$. Diese Klasse umfaßt nach 26.2 Ordinalzahlen. Also gibt es nach 23.27 ein z mit

$$z = \bigcap(\breve{A}\gamma``\vartheta \cap {}^{-}\text{arg}\,A\gamma), \quad [I]$$
$$z \in \breve{A}\gamma``\vartheta, \quad [II]$$
$$z \notin \text{arg}\,A\gamma. \quad [III]$$

Nach 26.2 und [II]

$$z \subseteq \breve{A}\gamma``\vartheta. \quad [IV]$$

Nach [I] und 23.11 hat aber z keine Elemente mit $\breve{A}\gamma``\vartheta$ und mit ${}^{-}\text{arg}\,A\gamma$ gemeinsam. Also

$$z \subseteq \text{arg}\,A\gamma. \quad [V]$$

Nach [II] und [III] gibt es x und y mit

$$x \neq y, \quad [VI]$$
$$\langle x, z\rangle, \langle y, z\rangle \in A\gamma. \quad [VII]$$

Nach [V] Funk $A\gamma \restriction z$. Hieraus und aus [VII] folgt gemäß 26.1, daß

$$\langle x, A\gamma\restriction z\rangle, \langle y, A\gamma\restriction z\rangle \in \gamma, \qquad A\gamma\restriction z \in \vartheta.$$

Dann x = y, da nach Voraussetzung Funk γ. Das widerspricht aber [VI]. Also wird die Annahme '$\neg$ Funk $A\gamma$' verworfen. Nach 26.3 und 25.1 somit SEQ $A\gamma$.

Einer unserer Programmpunkte bestand darin, für jedes Argument y von $A\gamma$ zu zeigen, daß $A\gamma$'y gleich γ'$(A\gamma\restriction y)$ ist. Wir nehmen die Geschichte von 26.1 wieder auf.

26.5 $(\text{Funk}\,\gamma \wedge y \in \breve{A}\gamma``\vartheta) \rightarrow \langle A\gamma\text{'}y, A\gamma\restriction y\rangle \in \gamma$.

Beweis: Nach der ersten Voraussetzung und nach 26.4 Funk $A\gamma$. Also Funk $A\gamma\restriction y$. Nach der zweiten Voraussetzung aber auch $\langle A\gamma\text{‘}y, y\rangle \in A\gamma$. Folglich nach 26.1 $\langle A\gamma\text{‘}y, A\gamma\restriction y\rangle \in \gamma$.

Der letzte unserer drei Programmpunkte war der Beweis dafür, daß $A\gamma$ kein Argument von γ ist. Das wird nun gezeigt, wobei nur der unwahrscheinliche Fall auszuschließen ist, daß $A\gamma \in \mathfrak{V}$, obwohl $\breve{\ }A\gamma\text{“}\,\mathfrak{V} \notin \mathfrak{V}$.

26.6 $(\text{Funk}\,\gamma \wedge \breve{\ }A\gamma\text{“}\,\mathfrak{V} \in \mathfrak{V}) \rightarrow A\gamma \notin \breve{\gamma}\text{“}\mathfrak{V}$.

Beweis: Nach der ersten Voraussetzung und nach 26.4

$$\text{Funk}\,A\gamma. \tag{1}$$

Nach der zweiten Voraussetzung, nach 26.3 und 24.4

$$\breve{\ }A\gamma\text{“}\,\mathfrak{V} \in \text{NO}. \tag{2}$$

Somit nach 23.4 und 23.5

$$\breve{\ }A\gamma\text{“}\,\mathfrak{V} \notin \breve{\ }A\gamma\text{“}\,\mathfrak{V}, \tag{3}$$

$$\neg(\breve{\ }A\gamma\text{“}\,\mathfrak{V} \in^2 \breve{\ }A\gamma\text{“}\,\mathfrak{V}). \tag{4}$$

Es sei $\alpha = A\gamma \cup \{\langle \gamma\text{‘}A\gamma, \breve{\ }A\gamma\text{“}\,\mathfrak{V}\rangle\}$. (5)

Somit $\breve{\alpha}\text{“}\,\mathfrak{V} = \breve{\ }A\gamma\text{“}\,\mathfrak{V} \cup \{\breve{\ }A\gamma\text{“}\,\mathfrak{V}\}$. (6)

Somit ist auf Grund von (3) und der zweiten Voraussetzung $\breve{\ }A\gamma\text{“}\,\mathfrak{V}$ nicht ein Element von $\breve{\ }A\gamma\text{“}\,\mathfrak{V}$, sondern von $\breve{\alpha}\text{“}\,\mathfrak{V}$. Also

$$A\gamma = \alpha\restriction(\breve{\ }A\gamma\text{“}\,\mathfrak{V}), \tag{7}$$

$$\alpha \subseteq A\gamma, \tag{8}$$

und nach (1) und 10.7 ebenfalls

$$\text{Funk}\,\alpha. \tag{9}$$

Nach (2), (6) und 24.9

$$\breve{\alpha}\text{“}\,\mathfrak{V} \in \text{NO}. \tag{10}$$

Also nach (9) und 25.1

$$\text{SEQ}\,\alpha. \tag{11}$$

Nach (9), (10) und 23.15

$$\alpha \in \mathfrak{V}. \tag{12}$$

Nach (5), (9) und der zweiten Voraussetzung

$$\gamma\text{‘}A\gamma = \alpha\text{‘}(\breve{\ }A\gamma\text{“}\,\mathfrak{V}). \tag{13}$$

Nun nehme man *per impossibile* an, daß

$$A\gamma \in \breve{\gamma}\text{“}\,\mathfrak{V}. \tag{I}$$

Auf Grund der ersten Voraussetzung gilt dann $\langle \gamma\text{‘}A\gamma, A\gamma\rangle \in \gamma$. Das bedeutet nach (13) und (7)

$$\langle \alpha\text{‘}(\breve{\ }A\gamma\text{“}\,\mathfrak{V}), \alpha\restriction(\breve{\ }A\gamma\text{“}\,\mathfrak{V})\rangle \in \gamma. \tag{II}$$

$y \in \breve{\ }A\gamma\text{“}\,\mathfrak{V}$ sei beliebig. Nach der ersten Voraussetzung und nach 26.5

$$\langle A\gamma\text{‘}y, A\gamma\restriction y\rangle \in \gamma. \tag{III}$$

Nach (3) $y \neq \breve{A}\gamma``\mathcal{V}$; also nach (5) $A\gamma`y = \alpha`y$. Nach (4) $\breve{A}\gamma``\mathcal{V} \notin y$; also nach (5) $A\gamma \restriction y = \alpha \restriction y$. Setzen wir in [III] diesen beiden Gleichungen entsprechend ein, so erhalten wir $\langle \alpha`y, \alpha \restriction y \rangle \in \gamma$. Das gilt für jedes $y \in \breve{A}\gamma``\mathcal{V}$. Es gilt aber auch, wenn $y = \breve{A}\gamma``\mathcal{V}$, und zwar nach [II]. Also nach (6)

$$\forall y (y \in \breve{\alpha}``\mathcal{V} \rightarrow \langle \alpha`y, \alpha \restriction y \rangle \in \gamma).$$

So sehen wir nach (11) und (12), daß α ein gewisses w darstellt, das die Bedingung in 25.2 erfüllt. Also $\alpha \subseteq A\gamma$, im Gegensatz zu (8). Somit hat '$A\gamma \in \breve{\gamma}``\mathcal{V}$' zu einem Widerspruch geführt.

27. Aufzählung

Ordinalzahlen messen die Längen von Wohlordnungen. Die Ordinalzahl p soll die Länge der Ordnung der Ordinalzahlen kleiner als p messen (siehe Kapitel 22). Wenn man also sagt, eine Wohlordnung α habe p als Ordinalzahl oder α sei von der Länge p, so meint man damit, daß es einen Isomorphismus zwischen α und der Ordnung der Ordinalzahlen kleiner als p gibt (siehe Kapitel 21). Die Ordnung der Ordinalzahlen kleiner als p ist aber die Relation $\mathfrak{E}$ über den Ordinalzahlen kleiner als p, also $\mathfrak{E} \cap (p \times p)$, also nach 22.14 $\mathfrak{E} \restriction p$. Der fragliche Isomorphismus ist dann ein Isomorphismus zwischen α und $\mathfrak{E} \restriction p$; also eine umkehrbar eindeutige Zuordnung zwischen $(\alpha \cup \breve{\alpha})``\mathcal{V}$ und p, bei der die Ordnung α einerseits und $\mathfrak{E}$ andererseits parallel zueinander verlaufen. Zweifellos ist diese umkehrbare eindeutige Zuordnung eine Folge im Sinne von 25.1. Darüber hinaus ist sie eindeutig bestimmt: Es gibt nur eine einzige umkehrbar eindeutige Zuordnung zwischen $(\alpha \cup \breve{\alpha})``\mathcal{V}$ und einer Ordinalzahl, bei der die Ordnung erhalten bleibt. Ich werde sie die *Aufzählung von* α oder kurz $a\alpha$ nennen. Nachdem sie einmal definiert ist, werden wir einen kurzen Ausdruck für die Ordinalzahl einer Wohlordnung α haben; es ist einfach der rechte Bereich der Aufzählung, also $\breve{a}\alpha``\mathcal{V}$.

Man könnte dazu neigen, in informeller Redeweise von der „Reihe" aller Primzahlen, oder der unendlichen „Folge" aller Primzahlen, oder von ihrer „Ordnung" zu sprechen, ohne daß man dabei irgendwelche technischen Unterschiede beabsichtigt. Technisch unterscheiden wir jedoch in etwas willkürlicher Weise zwischen den beiden letzten Redensarten: Die Folge der Primzahlen besteht nach 25.1 aus der Relation zwischen 1 und 0, 2 und 1, 3 und 2, 5 und 3, usw., wohingegen die Ordnung der Primzahlen die Relation zwischen 1 und 2, 3, 5 usw., zwischen 2 und 3, 5, 7, usw., zwischen 3 und 5, 7, 11, usw., usw. ist. Wenn nun α die Ordnung in diesem technischen Sinne ist, so ist $a\alpha$ die zugeordnete Folge in diesem technischen Sinne; allein hierauf läuft die Aufzählung hinaus. In der Tat ist $a\alpha`y$ für jede Ordinalzahl y einfach gleich dem y-ten Ding in der Ordnung α (wobei das Anfangsglied als 0-tes Ding zählt). Was könnte natürlicher sein?

Allerdings muß $a\alpha$ immer noch definiert werden. Da sie eine Folge darstellen soll, bietet sich transfinite Rekursion als Hilfsmittel bei der Definition an. Was wir also brauchen, um sie zu definieren, ist ihre erzeugende Folgenfunktion, die Relation, die zwischen jedem nächstfolgenden Wert x der Folge $a\alpha$ und dem Gesamtstück (z genannt) der bis hierher gehenden Folge $a\alpha$ besteht. Die Relation zwischen x und z bedeutet aber jedesmal einfach, daß das, was unter der Ordnung α früher als x ist, gerade die Dinge in der Folge z, die Werte der Funktion z, sind; kurz: $\alpha``\{x\} = z``\mathcal{V}$. Also ist die Folgenfunktion, $\Phi\alpha$, die aα erzeugt, offensichtlich gleich

$$\{\langle x, z\rangle: \alpha``\{x\} = z``\mathcal{V}\},$$

und aα ist der Adaptor davon. Nur eine Feinheit ist noch erwünscht: Damit nicht alles und jedes $x \notin (\alpha \cup \breve{\alpha})``\mathcal{V}$ die Folgenfunktion $\Phi\alpha$ zu Λ trägt, fügen wir noch die Klausel '$z = \Lambda \rightarrow x1\alpha$' ein. Also lauten unsere Definitionen

27.1 '$\Phi\alpha$' steht für '$\{\langle x, z\rangle: \alpha``\{x\} = z``\mathcal{V} \wedge (z = \Lambda \rightarrow x1\alpha)\}$'.[1])

27.2 'aα' steht für '$A\Phi\alpha$'.

Wie schon bemerkt, kann man aα einmal dazu gebrauchen, die Ordinalzahl von α auszudrücken, nämlich als $\breve{}$a$\alpha``\mathcal{V}$. Es gibt aber noch andere Verwendungsmöglichkeiten. Da aα'y das y-te Ding (plus eins) der Ordnung α ist, bietet dieses Hilfsmittel eine besonders einleuchtende Spielart der transfiniten Rekursion an. Nehmen wir uns also noch einmal die Ordinalzahlensumme x + y vor. Sie ist die y-te Ordinalzahl nach x, also das y-te Ding in der Ordinalzahlenordnung von x an, wenn x als 0-tes Ding gezählt wird. Die Ordinalzahlen nach x sind aber diejenigen Ordinalzahlen, die von Elementen von x verschieden sind, und ihre Ordnung ist $\mathfrak{E} \cap (\bar{x} \times NO)$. Also

$$x + y = a(\mathfrak{E} \cap (\bar{x} \times NO))`y.$$

Das ist etwas knapper und auch anschaulicher als die transfinite Rekursion, zu der wir zum gleichen Zweck am Ende von Kapitel 25 gelangten. Der Leser mag versuchen, ihre Äquivalenz zu beweisen.

In den Kapiteln 21 und 23 wurden Anspielungen auf ein *Aufzählungstheorem* gemacht, auf Grund dessen es einen Isomorphismus zwischen jeder Wohlordnung und der Ordnung der Ordinalzahlen bis zu einer bestimmten Stelle gibt. Wenn nun α eine solche Wohlordnung ist, so ist aα der Isomorphismus. So besteht für uns das Aufzählungstheorem aus einer Kette von Theoremschemata, die aα mit den erwünschten Eigenschaften ausstatten. Eine besagt, daß aα eine *umkehrbar eindeutige* (oder eineindeutige) Zuordnung ist; wir wollen nun noch die auf der Hand liegende Definition dieses Begriffes angeben.

27.3 'Umk β' steht für 'Funk $\beta \wedge$ Funk $\breve{\beta}$'.

Eine andere Eigenschaft besagt, daß der linke Bereich von aα gleich dem Feld von α ist; eine weitere, daß der rechte Bereich, $\breve{}$a$\alpha``\mathcal{V}$, gleich der Klasse der Ordinalzahlen bis zu einer bestimmten Stelle ist, daß er also entweder eine Ordinalzahl oder gleich NO ist. Und eine letzte besagt, daß aα'x dann und nur dann α zu aα'y trägt, wenn die Ordinalzahl x kleiner als die Ordinalzahl y ist (d.h. $x \in y$).

Die dritte dieser vier Eigenschaften kann sofort verifiziert werden.

27.4 $\breve{}a\alpha``\mathcal{V} \in NO \vee \breve{}a\alpha``\mathcal{V} = NO$.

Beweis: 26.3, 27.2.

[1]) Korrigiert von *Colin Godfrey.*

Als nächste streben wir Nummer Eins an: daß $a\alpha$ eine umkehrbar eindeutige Zuordnung ist. Zwei Lemmata gehen voran.

27.5 $\quad \mathrm{Ordg}\,\alpha \to \mathrm{Funk}\,\Phi_\alpha$.

Beweis: Wir nehmen beliebige u, v, w mit

$$\langle u, w\rangle, \langle v, w\rangle \in \Phi_\alpha. \qquad [I]$$

Zu zeigen ist u = v. Wenn ${}^{\cdot}w = \Lambda$, ergeben [I] und 27.1 $u1\alpha$ und $v1\alpha$, und somit nach 21.8 und der Voraussetzung u = v. Wenn andererseits ${}^{\cdot}w \neq \Lambda$, erhalten wir aus [I] und 27.1, daß

$$\alpha``\{u\} = \alpha``\{v\} = w``\mathfrak{V} \neq \Lambda,$$

in diesem Falle wäre $u, v \in \breve{\alpha}``\mathfrak{V}$, und somit nach Voraussetzung und 21.5 u = v.

27.6 $\quad (\mathrm{Ordg}\,\alpha \wedge y \in {}^{\smile}a\alpha\mathfrak{V}) \to \alpha``\{a\alpha`y\} = a\alpha``y$.

Beweis: Nach der ersten Voraussetzung und nach 27.5 $\mathrm{Funk}\,\Phi_\alpha$. Also nach 26.4 und auf Grund der Definitionen $\mathrm{Funk}\,a\alpha$. Also $\mathrm{Funk}\,a\alpha\restriction y$ und nach der zweiten Voraussetzung auch $\langle a\alpha`y, y\rangle \in a\alpha$. Nach Definition und nach 26.1 also $\langle a\alpha`y, a\alpha\restriction y\rangle \in \Phi_\alpha$, und $a\alpha\restriction y \in \mathfrak{V}$. Also nach 27.1 $\alpha``\{a\alpha`y\} = (a\alpha\restriction y)``\mathfrak{V}$, q.e.d.

Nun zu dem Beweis, daß die Aufzählung einer Ordnung eine umkehrbar eindeutige Zuordnung ist.

27.7 $\quad \mathrm{Ordg}\,\alpha \to \mathrm{Umk}\,a\alpha$.

Beweis: Wie in dem vorangegangenen Beweis

$$\mathrm{Funk}\,a\alpha. \qquad (1)$$

Wir betrachten beliebige y, z mit

$$y, z \in {}^{\smile}a\alpha``\mathfrak{V}, \qquad [I]$$

$$a\alpha`y = a\alpha`z. \qquad [II]$$

Nach (1) und [I]

$$y, z \in \arg a\alpha. \qquad [III]$$

Nach [I], der Voraussetzung und nach 27.6

$$\alpha``\{a\alpha`y\} = a\alpha``y, \qquad [IV]$$

$$\alpha``\{a\alpha`z\} = a\alpha``z. \qquad [V]$$

Nach 27.4 und 23.8 ${}^{\smile}a\alpha``\mathfrak{V} \subseteq \mathrm{NO}$. Also nach [I] $y, z \in \mathrm{NO}$. Also nach 23.23

$$y \in z \vee z \in y \vee y = z. \qquad [VI]$$

Angenommen, $y \in z$. Nach [III] dann $a\alpha`y \in a\alpha``z$. Nach [V] dann $a\alpha`y \in \alpha``\{a\alpha`z\}$, d.h. $\langle a\alpha`y, a\alpha`z\rangle \in \alpha$. Das käme aber mit [II] und mit der Voraussetzung, daß $\mathrm{Ordg}\,\alpha$, in Konflikt. Also $y \notin z$. Entsprechend $z \notin y$. Nach [VI] also y = z. y und z waren aber beliebige Elemente aus ${}^{\smile}a\alpha``\mathfrak{V}$, die [II] erfüllen. Also $\mathrm{Funk}\,{}^{\smile}a\alpha$. Also nach (1) $\mathrm{Umk}\,a\alpha$.

Nun beweisen wir unseren vierten Wunsch: daß $a\alpha$ ordnungserhaltend ist.

27.8 $\quad (\mathrm{Ordg}\,\alpha \wedge x, y \in {}^{\smile}a\alpha``\mathfrak{V}) \to (\langle a\alpha`x, a\alpha`y\rangle \in \alpha \leftrightarrow x \in y)$.

Beweis: Nach der ersten Voraussetzung und nach 27.7 Umk $\mathrm{a}\alpha$. Somit nach der zweiten Voraussetzung

$$\forall z(\langle \mathrm{a}\alpha`x, z\rangle \in \mathrm{a}\alpha \leftrightarrow x = z). \qquad (1)$$

Nach Voraussetzungen und nach 27.6 $\alpha``\{\mathrm{a}\alpha`y\} = \mathrm{a}\alpha``y$. Also

$$\begin{aligned} \langle \mathrm{a}\alpha`x, \mathrm{a}\alpha`y\rangle \in \alpha &\leftrightarrow \mathrm{a}\alpha`x \in \mathrm{a}\alpha``y \\ &\leftrightarrow \exists z(z \in y \wedge \langle \mathrm{a}\alpha`x, z\rangle \in \mathrm{a}\alpha) \\ \text{(nach (1))} \qquad &\leftrightarrow \exists z(z \in y \wedge x = z) \\ &\leftrightarrow x \in y. \end{aligned}$$

Zum Schluß beschäftigen wir uns noch mit der verbliebenen der vier erwünschten Eigenschaften von $\mathrm{a}\alpha$: daß ihr linker Bereich gleich dem Feld von α ist. Es ist bequem, diese Gleichheit in zwei Hälften zu beweisen.

27.9 $\quad \mathrm{a}\alpha``\vartheta \subseteq (\alpha \cup \breve{\alpha})``\vartheta$.

Beweis: $x \in \mathrm{a}\alpha``\vartheta$ sei beliebig. Es gibt ein y mit $\langle x, y\rangle \in \mathrm{a}\alpha$. Nach 27.2 und 25.2 gibt es dann ein w mit

$$\langle x, y\rangle \in w, \qquad [I]$$

$$\forall z(z \in \breve{w}``\vartheta \rightarrow \langle w`z, w\upharpoonright z\rangle \in \Phi_\alpha), \qquad [II]$$

und SEQ w, d.h.

$$\text{Funk}\, w, \qquad [III]$$

$$\breve{w}``\vartheta \in \mathrm{NO} \vee \breve{w}``\vartheta = \mathrm{NO}. \qquad [IV]$$

Nach [I] und [III]

$$y \in \breve{w}``\vartheta, \qquad [V]$$

$$x = w`y. \qquad [VI]$$

Nach [V], [IV] und 23.8 $y \in \mathrm{NO}$; nach [III] ferner Funk $w\upharpoonright y$; also nach 23.15

$$w\upharpoonright y \in \vartheta. \qquad [VII]$$

Nach [V] und [II] $\langle w`y, w\upharpoonright y\rangle \in \Phi_\alpha$. D.h. nach [VI] $\langle x, w\upharpoonright y\rangle \in \Phi_\alpha$. Somit nach 27.1 und [VII]

$$\alpha``\{x\} = (w\upharpoonright y)``\vartheta, \quad w\upharpoonright y = \Lambda \rightarrow x 1 \alpha.$$

Wenn also $w\upharpoonright y = \Lambda$, so $x \in \alpha``\vartheta$, und wenn $w\upharpoonright x \neq \Lambda$, so $\alpha``\{x\} \neq \Lambda$, und somit $x \in \breve{\alpha}``\vartheta$.

Für die Inklusion in der anderen Richtung werden inhaltsschwere Voraussetzungen verlangt.

27.10 $\quad (\text{Wohlord}\,\alpha \wedge \breve{\ }\mathrm{a}\alpha``\vartheta \in \vartheta \wedge (\alpha \cup \breve{\alpha})``\vartheta \cap {}^{-}(\mathrm{a}\alpha``\vartheta) \in \vartheta)$

$$\rightarrow \mathrm{a}\alpha``\vartheta = (\alpha \cup \breve{\alpha})``\vartheta.$$

Beweisidee: Da wir bereits 27.9 haben, muß nur noch $(\alpha \cup \breve{\alpha})``\vartheta \subseteq \mathrm{a}\alpha``\vartheta$ gezeigt werden, d.h. daß alle Dinge, die von der Wohlordnung α geordnet werden, in $\mathrm{a}\alpha``\vartheta$ liegen. y sei ein beliebiges der von $\alpha$ geordneten Dinge, derart daß alle früheren Dinge in $\mathrm{a}\alpha``\vartheta$ liegen. Dann zeigen wir ausführlich, daß $y \in \mathrm{a}\alpha``\vartheta$. Mit transfiniter Induktion folgt dann, daß alles, was von $\alpha$ geordnet wird, in $\mathrm{a}\alpha``\vartheta$ liegt.

Der Beweis im einzelnen: [1]) Aus den ersten beiden Voraussetzungen erhalten wir jeweils nach 27.7 und 27.4, daß

$$\text{Umk}\, a\alpha, \tag{1}$$

$$\breve{\ } a\alpha``\mathfrak{V} \in \text{NO}. \tag{2}$$

Also nach 23.15

$$a\alpha \in \mathfrak{V}. \tag{3}$$

Auf Grund der ersten Voraussetzung und nach 27.5 Funk Φ_α. Somit auf Grund der zweiten Voraussetzung, nach 26.6 und nach der Definition 27.2

$$a\alpha \notin \breve{\ }\Phi_\alpha``\mathfrak{V}. \tag{4}$$

Man nehme irgendein y mit

$$y \in (\alpha \cup \breve{\alpha})``\mathfrak{V}, \tag{I}$$

$$\alpha``\{y\} \subseteq a\,\alpha``\mathfrak{V}. \tag{II}$$

Nach [I] und 21.7

$$\alpha``\{y\} = \Lambda \rightarrow y 1 \alpha. \tag{III}$$

Nach (4) und (3) $\langle y, a\alpha\rangle \notin \Phi_\alpha$. Also nach 27.1 und (3)

$$\neg\,(\alpha``\{y\} = a\alpha``\mathfrak{V} \wedge (a\alpha = \Lambda \rightarrow y 1 \alpha),$$

d.h. $\neg\,(\alpha``\{y\} = a\alpha``\mathfrak{V} \wedge (a\alpha``\mathfrak{V} = \Lambda \rightarrow y 1 \alpha),$

d.h. nach 6.7

$$\neg\,(\alpha``\{y\} = a\alpha``\mathfrak{V} \wedge (\alpha``\{y\} = \Lambda \rightarrow y 1 \alpha),$$

d.h. nach [III] $\alpha``\{y\} \neq a\alpha``\mathfrak{V}$. Nach [II] gibt es also ein w mit

$$w \in a\alpha``\mathfrak{V}, \tag{IV}$$

$$\langle w, y\rangle \in \alpha. \tag{V}$$

Nach [IV] und (1) gibt es ein x mit

$$x \in \breve{\ } a\alpha``\mathfrak{V}, \tag{VI}$$

$$w = a\alpha`x. \tag{VII}$$

Aus [VI] und aus der ersten Voraussetzung erhalten wir mit 27.6, daß $\alpha``\{a\alpha`x\} = a\alpha``x$. D.h. nach [VII], daß $\alpha``\{w\} = a\alpha``x$. Also

$$\alpha``\{w\} \subseteq a\alpha``\mathfrak{V}. \tag{VIII}$$

Nach [IV] und 27.9 $w \in (\alpha \cup \breve{\alpha})``\mathfrak{V}$; ferner nach der ersten Voraussetzung Konnex $\alpha$; also nach [I] und [V] $w = y$ oder $\langle y, w\rangle \in \alpha$. Also $y \in a\alpha``\mathfrak{V}$ nach [IV] in dem einen Fall und nach [VIII] in dem anderen. y war aber irgend etwas, das [I] und [II] erfüllte. Also

$$\forall y\,([\alpha``\{y\} \subseteq a\alpha``\mathfrak{V} \wedge y \in (\alpha \cup \breve{\alpha})``\mathfrak{V}] \rightarrow y \in a\alpha``\mathfrak{V}),$$

d.h.

$$\forall y\,([\forall z(\langle z, y\rangle \in \alpha \rightarrow z \in a\alpha``\mathfrak{V}) \wedge y \in (\alpha \cup \breve{\alpha})``\mathfrak{V}] \rightarrow y \in a\alpha``\mathfrak{V}).$$

---

[1]) Von *Joseph Ullian* stark abgekürzt.

Hieraus und aus den Voraussetzungen folgt mit transfiniter Induktion gemäß 20.6, daß $w \in a\alpha``\vartheta$ für beliebige $w \in (\alpha \cup \breve{\alpha})``\vartheta$. Somit nach 27.9 $(\alpha \cup \breve{\alpha})``\vartheta = a\alpha``\vartheta$.

Damit steht nun das Aufzählungstheorem in der verstreuten Form, die 27.4, 27.7, 27.8 und 27.10 umfaßt, zur Verfügung.

Aus dem Aufzählungstheorem können wir beweisen, daß je zwei Wohlordnungen miteinander vergleichbar sind, und zwar im Sinne von Kapitel 21. Wenn Wohlord x und Wohlord y, so können wir beweisen, daß $ax|\breve{}ay$ (falls existent) ein Isomorphismus zwischen x und y, oder zwischen x und einem Abschnitt von y, oder zwischen einem Abschnitt von x und y ist. Noch einfacher können wir Wohlordnungen x und y vergleichen, indem wir die jeweiligen Ordinalzahlen $\breve{}ax``\vartheta$ und $\breve{}ay`\vartheta$ vergleichen. Die Vergleichbarkeit der Ordinalzahlen geht ihrerseits auf 23.23 zurück.

IX. Kardinalzahlen

28. Relative Größen von Klassen

Wir sahen in 11.1, in welcher Weise wir davon sprechen können, daß eine Klasse größer oder auch nicht größer als eine andere Klasse ist. Leicht zu beweisen sind einige einfache Sätze, die bei derartigen Vergleichen gelten.

28.1 $\alpha \subseteq \beta \preceq \gamma \rightarrow \alpha \preceq \gamma$.

Beweis: Nach Voraussetzung und nach 11.1 gibt es eine Funktion x mit $\alpha \subseteq \beta \subseteq x``\gamma$, woraus nach 11.1 $\alpha \preceq \gamma$ folgt.

28.2 $\alpha \preceq \beta \subseteq \gamma \rightarrow \alpha \preceq \gamma$.

Beweis: Ebenso einfach.

28.3 $\Lambda \preceq \alpha$.

Beweis: Funk Λ und $\Lambda \subseteq \Lambda``\alpha$.

28.4 $\{x\} \preceq \{y\}$.

Beweis: Funk $\{\langle x, y\rangle\}$ und $\{x\} \subseteq \{\langle x, y\rangle\}``\{y\}$.

28.5 $\alpha \preceq \{x\} \leftrightarrow (\alpha = \Lambda \vee \exists y(\alpha = \{y\}))$.

Beweis: Wenn $\alpha \preceq \{x\}$, so $\alpha \subseteq z``\{x\}$ für eine gewisse Funktion z (nach 11.1); somit $\alpha \subseteq \{z`x\}$ nach 10.17, und folglich ist $\alpha$ gleich $\Lambda$ oder gleich $\{z`x\}$. Umkehrung nach 28.3 und 28.4

Wir erreichen jedoch schnell die Grenzen dessen, was über diesen Gegenstand ohne Komprehensionsprämissen bewiesen werden kann. Sogar '$\alpha \preceq \alpha$' liegt jenseits dieser Grenze. Darin wird ausgesagt, daß $\alpha \subseteq x``\alpha$ für eine gewisse Funktion x. Das können wir nur dann durch Hinweis auf die Funktion I oder die Funktion $I\restriction\alpha$ beweisen, wenn Komprehensionsannahmen vorliegen, die $I \in \mathcal{V}$ oder $I\restriction\alpha \in \mathcal{V}$ implizieren oder die zumindest garantieren, daß ein Zwischending x mit $I\restriction\alpha \subseteq x \subseteq I$ existiert. Wir wollen eine dieser vorsichtigen Behauptungen mit einer Nummer versehen.

28.6 $I\restriction\alpha \in \mathcal{V} \rightarrow \alpha \preceq \alpha$.

Beweis nach 11.1, da $\alpha = (I\restriction\alpha)``\alpha$.

Auch die Transitivität erfordert eine Komprehensionsprämisse. Wenn $\alpha \preceq \beta \preceq \gamma$, so gibt es nach 11.1 Funktionen x und y mit $\alpha \subseteq x``\beta$ und $\beta \subseteq y``\gamma$, und somit $\alpha \subseteq (x|y)``\gamma$; darüber hinaus gilt nach 10.6 sicher Funk $x|y$. Das ist jedoch noch kein Beweis für $\alpha \preceq \gamma$, es sei denn $x|y \in \mathcal{V}$.

Diese Hindernisse treten nicht in endlichen Fällen auf. Solange wir von α zeigen können, daß $\alpha \preceq \{,,,x\}$ für ein gewisses x, können wir allein mit unseren gegenwärtigen bescheidenen Komprehensionsaxiomen beweisen, daß $\beta``\alpha \preceq \alpha$, wenn Funk β; hier können wir '$\beta \in \mathcal{V}$' ignorieren.

28.7 $(\alpha \preceq \{,,,x\} \wedge \text{Funk}\,\beta) \rightarrow \beta``\alpha \preceq \alpha$.

Beweis: Nach der ersten Voraussetzung und nach 11.1 gibt es ein y mit

$$\text{Funk}\,y, \tag{1}$$

$$\alpha \subseteq y``\{,,,x\}. \tag{2}$$

Sei

$$\gamma = \{\langle\langle u, v\rangle, w\rangle : \langle u, v\rangle \in \beta \wedge \langle v, w\rangle \in y\}. \tag{3}$$

Nach Voraussetzung Funk β. Somit nach (1) und (3) Funk γ. Somit gibt es nach 13.1 ein gewisses z mit

$$z = \gamma``\{,,,x\}$$

(nach (3)) $$= \{\langle u, v\rangle : \langle u, v\rangle \in \beta \wedge v \in y``\{,,,x\}\}$$

$$= \beta\restriction(y``\{,,,x\}). \tag{4}$$

Nach (2) dann $z``\alpha = \beta``\alpha$. Ferner Funk z, da Funk β. Nach 11.1 also $\beta``\alpha \preceq \alpha$.

Also können wir an 28.6 die armselige Ergänzung

28.8 $\alpha \preceq \{,,,x\} \rightarrow \alpha \preceq \alpha$

anfügen.

Beweis: 28.7 mit β als I.

Entsprechendes gilt für die Transitivität.

28.9 $\alpha \preceq \beta \preceq \gamma \preceq \{,,,x\} \rightarrow \alpha \preceq \gamma$.

Beweis: Wie vorhin schon bemerkt, gibt es nach Voraussetzung y und z mit Funk $y|z$ und $\alpha \subseteq (y|z)``\gamma$. Nach der letzten Voraussetzung und nach 28.7 $(y|z)``\gamma \preceq \gamma$. Somit nach 28.1 $\alpha \preceq \gamma$.

Die Bedingung der *sicheren Endlichkeit* von α, wie wir sie nennen könnten, lautet wie folgt:

$\exists x(x \in N \wedge \alpha \preceq \{,,,x\})$.

Im Gegensatz dazu könnte man '$\exists x(\alpha \preceq \{,,,x\})$' allein die Bedingung der *bedingten Endlichkeit* nennen, denn sie ist mit Unendlichkeit von α verträglich, wenn es endlose nichtzyklische absteigende Ketten aus jeweils einelementigen Klassen geben soll; vgl. die 13.1 vorausgehende Diskussion. Die bedingte Endlichkeit stellt jedoch die Endlichkeit sicher, wenn man diese närrische Verschrobenheit des Universums ausschließt. Dieses Maß an Zusicherung genügte für 28.8 und 28.9 und genügt in entsprechender Weise für viele andere Sätze über Klassenvergleiche, die wie '$\alpha \preceq \alpha$' und '$\alpha \preceq \beta \preceq \gamma \rightarrow \alpha \preceq \gamma$' sonst Komprehensionsprämissen erfordern würden. Der Grund, warum die bedingte Endlichkeit in dieser Weise Komprehensionsprämissen verdrängen kann, liegt einfach darin, daß bedingte Endlichkeit die Bedingung des folgenden Komprehensionsschemas ist.

28.10 $\alpha \preceq \{,,,x\} \rightarrow \alpha \in \vartheta$.

Beweis nach 13.2, 11.1.

Unter der Schirmherrschaft der bedingten Endlichkeit möchte ich hier noch drei weitere Sätze für spätere Bezugnahme angeben.

28.11 $\{,,,x\} \preceq \{,,,x\}$.

Beweis: Da $\breve{}(I\restriction\{,,,x\})``\vartheta$ gleich $\{,,,x\}$ ist, $I\restriction\{,,,x\} \in \vartheta$ nach 13.4. Somit nach 28.6 $\{,,,x\} \preceq \{,,,x\}$.

28.12 $\alpha \preceq \beta \preceq \{,,,x\} \rightarrow \alpha \preceq \{,,,x\}$.

Beweis: 28.9, mit γ als $\{,,,x\}$, und 28.11.

28.13 $\alpha \preceq \{,,,\{x\}\} \rightarrow \exists y(\alpha \cap {}^{-}\{y\} \preceq \{,,,x\})$.

Beweis: Nach Voraussetzung und nach 11.1 gibt es z mit

$$\text{Funk}\, z, \quad (1)$$

$$\alpha \subseteq z``\{,,,\{x\}\}. \quad (2)$$

Nach (2) und 13.13

$$\alpha \subseteq z``\{,,,x\} \cup z``\{\{x\}\}.$$

Nach (1) und 10.17 aber $z``\{\{x\}\} \subseteq \{y\}$ für ein gewisses y. Also

$$\alpha \subseteq z``\{,,,x\} \cup \{y\}.$$

Also

$$\alpha \cap {}^{-}\{y\} \subseteq z``\{,,,x\}.$$

Also nach (1) und 11.1 $\alpha \cap {}^{-}\{y\} \preceq \{,,,x\}$.

Neben den Sätzen über Klassenvergleiche, denen Prämissen der bedingten Endlichkeit zu Grunde liegen, gibt es Sätze, die sichere Endlichkeit verlangen. Typischerweise erhebt sich diese Notwendigkeit, wenn der Satz mit vollständiger Induktion bewiesen wird. Vollständige Induktion kann anstatt auf Zahlen unmittelbar auf sicher endliche Klassen angewandt werden, und zwar wie folgt: Wenn $F\Lambda$ und $F(y \cap {}^{-}\{z\}) \rightarrow Fy$ für alle y und z und wenn α sicher endlich ist, so $F\alpha$.

28.14 $(F\Lambda \wedge \forall y \forall z[F(y \cap {}^{-}\{z\}) \rightarrow Fy] \wedge x \in \mathbb{N} \wedge \alpha \preceq \{,,,x\}) \rightarrow F\alpha$.

Beweis: Betrachten wir irgendwelche y und w mit

$$\forall v(v \preceq \{,,,w\} \to Fv), \qquad [I]$$

$$y \preceq \{,,,\{w\}\}. \qquad [II]$$

Nach [II] und 28.13 gibt es ein z mit $y \cap {}^{-}\{z\} \preceq \{,,,w\}$. Also ist nach 28.10 $y \cap {}^{-}\{z\}$ ein gewisses v mit $v \preceq \{,,,w\}$. Also nach [I] $F(y \cap {}^{-}\{z\})$. Nach der zweiten Voraussetzung also Fy. y und w waren aber beliebige Dinge, die [I] und [II] erfüllen. Also

$$\forall w[\forall v(v \preceq \{,,,w\} \to Fv) \to \forall v(v \preceq \{,,,\{w\}\} \to Fv)]. \qquad (1)$$

Nach Voraussetzung $F\Lambda$. Also für jedes u $F(\{u\} \cap {}^{-}\{u\})$. Dann aber nach der zweiten Voraussetzung $F\{u\}$. Nach 12.21

$$\forall v(v \preceq \{,,,\Lambda\} \to v \preceq \{\{\Lambda\}\})$$

(nach 28.5) $\qquad \to [v = \Lambda \vee \exists u(v = \{u\})])$

(wegen $F\Lambda$ und $F\{u\}$) $\qquad \to Fv).$

Hieraus, aus (1) und aus der Voraussetzung '$x \in \mathbb{N}$' folgt mit Induktion gemäß 13.9, daß

$$\forall v(v \preceq \{,,,x\} \to Fv).$$

Nach der letzten Voraussetzung und nach 28.10 ist aber α ein gewisses v mit $v \preceq \{,,,x\}$. Also $F\alpha$.

Diese Version der Induktion bringt die Tatsache ins Bewußtsein, daß wir die sichere Endlichkeit auch auf direkterem Wege dadurch hätten definieren können, daß wir, anstatt $\mathbb{N}$ zu benutzen, eine Parallele zur Definition von $\mathbb{N}$ gezogen hätten. Eine Klasse u ist endlich, wenn sie zu jeder Klasse w gehört, die die Eigenschaft hat, daß $\Lambda \in w$ und

$$\forall y \forall z(y \cap {}^{-}\{z\} \in w \to y \in w).$$ [1]

Wenn wir wie im Falle von $\mathbb{N}$ eine Umkehrung vornehmen, um Abhängigkeit von unendlichem w zu vermeiden, könnten wir auch sagen, daß u endlich ist, wenn Λ zu jeder Klasse w mit der Eigenschaft gehört, daß $u \in w$ und

$$\forall y \forall z(y \in w \to y \cap {}^{-}\{z\} \in w).$$

Die Fassung 28.14 der Induktion läßt noch eine längere und schärfere Variante zu, die 13.10 entspricht.

28.15 $\quad [F\Lambda \wedge \forall y \forall z([y \preceq \{,,,x\} \wedge F(y \cap {}^{-}\{z\})] \to Fy) \wedge x \in \mathbb{N} \wedge \alpha \preceq \{,,,x\}] \to F\alpha.$

Beweis: Nach 28.1

$$y \preceq \{,,,x\} \to y \cap {}^{-}\{z\} \preceq \{,,,x\}.$$

Wenn ferner

$$y \cap {}^{-}\{z\} \preceq \{,,,\} \to F(y \cap {}^{-}\{z\}),$$

so folgt demnach, daß $y \preceq \{,,,x\} \to F(y \cap {}^{-}\{z\})$, und somit, daß

$$y \preceq \{,,,x\} \to (y \preceq \{,,,x\} \wedge F(y \cap {}^{-}\{z\}))$$

(nach der 2. Voraussetzung) $\qquad \to Fy.$

---

[1] So *Whitehead* und *Russell*, ∗120·24.

Insgesamt

$$\forall y \forall z([y \cap {}^{-}\{z\} \preceq \{,,,x\} \to F(y \cap {}^{-}\{z\})] \to (y \preceq \{,,,x\} \to Fy)).$$

Nach der ersten Voraussetzung $\Lambda \preceq \{,,,x\} \to F\Lambda$. Aus diesen beiden Ergebnissen und aus den beiden letzten Voraussetzungen folgt mit Induktion nach 28.14, daß $\alpha \preceq \{,,,x\} \to F\alpha$. Also nach der letzten Voraussetzung $F\alpha$.

Ein typischer Satz, der mit dieser Art von Induktion bewiesen werden kann, ist der folgende:

$$(x \in \mathbb{N} \wedge \alpha \cup \{y\} \preceq \alpha \preceq \{,,,x\}) \to y \in \alpha, \tag{1}$$

der besagt, daß ein sicher endliches α kleiner als $\alpha \cup \{y\}$ sein muß, es sei denn, y liegt in ihm. Ein anderer lautet

$$(x \in \mathbb{N} \wedge \alpha \preceq \{,,,x\} \wedge \alpha \preceq \beta) \to \exists x(\alpha \simeq x \subseteq \beta), \tag{2}$$

der besagt, daß ein sicher endliches α von derselben Größe wie eine Teilklasse von β sein muß, wenn $\alpha \preceq \beta$. Ich lasse die Beweise aus. Wenn ein Leser neugierig darauf ist, einen langen induktiven Beweis eines langweiligen Theorems über endliche Klassen zu sehen, mag er sich stattdessen 31.3 zuwenden und dann (1) und (2) als Übungsaufgabe ansehen.

Sätze, die aus der bedingten Endlichkeit abgeleitet werden, gelten allgemein auch für unendliche Klassen, wenn einige vernünftige Komprehensionsprämissen gewährleistet sind; die bedingte Endlichkeit selbst arbeitet nämlich allgemein nur durch 13.1. Tatsächlich haben 28.7 bis 28.12 Analoga, die sich auf Ordinalzahlen beziehen und die sich auf 23.12 anstatt auf 13.1 gründen, also

$$(\alpha \preceq x \in NO \wedge \mathrm{Funk}\,\beta) \to \beta``\alpha \preceq \alpha,$$
$$\alpha \preceq x \in NO \to \alpha \preceq \alpha,$$
$$\alpha \preceq \beta \preceq \gamma \preceq x \in NO \to \alpha \preceq \gamma,$$
$$\alpha \preceq x \in NO \to \alpha \in \mathcal{V},$$
$$x \in NO \to x \preceq x,$$
$$\alpha \preceq \beta \preceq x \in NO \to \alpha \preceq x.$$

Die Beweise erhält man aus denen für 28.7 bis 28.12, indem man einfach an Stelle von 13.1, 13.2 und 13.4 die Sätze 23.12, 23.13 und 23.15 heranzieht.

Sätze, die mit Induktion aus sicherer Endlichkeit bewiesen wurden, erweisen sich andererseits gelegentlich als falsch – und nicht nur als unbeweisbar – wenn man unendliche Fälle in Betracht zieht. So geschieht es mit (1); '$\alpha \cup \{y\} \preceq \alpha \to y \in \alpha$' kann für unendliches α falsch werden; das wird einsichtig werden, wenn wir auf den nächsten paar Seiten die Merkwürdigkeiten, die bei Größenvergleichen unendlicher Klassen auftreten, untersuchen. (2) illustriert noch eine andere Situation: (2) gilt mutmaßlich auch ohne die Prämisse der sicheren Endlichkeit, doch erfordert der Beweis für unendliche Fälle eine besondere Prämisse, die nicht die Komprehensionsform hat; wir werden ihr im nächsten Abschnitt unter dem Namen Auswahlaxiom begegnen.

Vor *Cantor* war es nicht klar, ob wir in signifikanter Weise unendliche Vielfachheiten im Hinblick auf größer oder kleiner vergleichen könnten. Wenn α nur endlich viele Elemente enthält, so ordnen wir sie, eines nach dem anderen, den Elementen von β in beliebiger Reihenfolge zu. Schöpfen wir β aus und haben dabei immer noch Elemente von α übrig, so schließen wir, daß α mehr Elemente als β hat. (Oder wir können, wie beim Zählen, die Elemente von α und entsprechend die von β Zahlen zuordnen und hinterher vergleichen.) Wenn Klassen aber unendlich sind, so beobachten wir seltsame Abweichungen, die darauf hinweisen, daß solche Vergleiche ihre Bedeutung verloren haben. Nehmen wir also einmal an, wir versuchten, die unendlich vielen natürlichen Zahlen den unendlich vielen geraden Zahlen zuzuordnen. Ein Verfahren, und zwar dasjenige, das jede Zahl der ihr gleichen zuordnet, läßt die ungeraden Zahlen übrig, und suggeriert somit, daß es insgesamt mehr Zahlen als gerade Zahlen gibt; bei einem anderen Verfahren jedoch, wenn man jede Zahl x der Zahl x + x zuordnet, wird über jede Zahl verfügt, und somit wird suggeriert, daß es nicht mehr Zahlen als gerade Zahlen gibt.

Cantor löste das Dilemma auf, indem er α für nicht größer als β erklärte, solange es auch nur *eine* Funktion gibt, die alle Elemente von α den Elementen von β zuordnet. So sieht die Definition aus, die seit 11.1 vor uns liegt. Hängen wir ihr an, so klärt sich die obige Frage, wie $\mathbb{N}$ und die Klasse der geraden Zahlen zu vergleichen sind. Dank einer geeigneten Funktion (x wird x + x zugeordnet) und trotz der ungeeigneten (der Identität), halten wir $\mathbb{N}$ für nicht größer als die Klasse der geraden Zahlen.

Jedenfalls ist die Frage damit geklärt, sofern die Funktion *existiert*, d.h. sofern

$\{\langle x, x + x\rangle : x \in \mathbb{N}\} \in \mathcal{V}$.

Der Vergleich unendlicher Klassen läuft allgemein wegen der quantifizierten Variablen für Funktionen in 11.1 auf Komprehensionsannahmen hinaus.

*Cantor*s Kriterium wird bedeutungsvoll durch den Umstand, daß es in einigen Fällen, wenn auch nicht im Fall $\mathbb{N}$ kontra Klasse der geraden Zahlen, Unterschiede in der Größe aufweist und (unter allgemein akzeptierten Komprehensionsannahmen) zeigt, daß eine Klasse mehr Elemente als $\mathbb{N}$ haben kann. *Cantor* bewies z.B., daß es nach seinem Kriterium mehr reelle als natürliche Zahlen gibt. Das bedeutet $\mathbb{N} \prec \mathbb{R}$.

Wir werden dies schnell zu würdigen wissen, wenn wir noch einmal an das Diagramm in Kapitel 17 und an die reellen Zahlen als an Strahlen denken. Wenn x eine Funktion ist, läßt sich ein Strahl $r \notin x``\mathbb{N}$ durch unendliche Approximation wie folgt festlegen. r soll in der unteren Hälfte des rechten Winkels in $\langle 0, 0\rangle$ liegen, sofern nicht der Strahl x‘0 dort liegt; in diesem Fall soll r in der oberen Hälfte liegen. In welcher Hälfte r auch liegen mag, r soll in der unteren Hälfte dieser Hälfte liegen, wenn nicht x‘1 dort liegt; in diesem Fall soll r in der oberen Hälfte seiner Hälfte des rechten Winkels liegen. In welchem Viertel r auch liegen mag, r soll in der unteren Hälfte seines Viertels liegen, wenn nicht x‘2 dort liegt; usw. Somit ist r von x‘y für jedes $y \in \mathbb{N}$ verschieden. Also $\mathbb{R} \subseteq x``\mathbb{N}$. x war aber eine beliebige Funktion. Also $\mathbb{N} \prec \mathbb{R}$ auf Grund der Definitionen 11.1 und 20.3.

Es überrascht vielleicht nicht, daß $\mathbb{N} < \mathbb{R}$, denn es gibt ja unendlich viele reelle Zahlen zwischen jeder ganzen Zahl und der nächsten. Das ist jedoch eine schlechte Begründung für mangelnde Überraschung: Dieselbe Begründung würde uns fälschlicherweise zu der Vermutung führen, daß $\mathbb{N} < \mathbb{Q}$. Tatsächlich können wir nämlich eine Funktion angeben, die alle rationalen Zahlen natürlichen Zahlen zuordnet, und zwar handelt es sich um die in Kapitel 3 erwähnte Funktion, die aus allen Paaren der Form $\langle y/z, 2^y \cdot 3^z \rangle$ besteht.

Diese letzte Bemerkung gilt nur unter Voraussetzung einer Komprehensionsannahme:

$\{\langle y/z, 2^y \cdot 3^z \rangle: y, z \in \mathbb{N}\} \in \mathcal{V}$.

Nur auf Grund dieser Annahme beweist die Berufung auf diese Funktion, daß $\mathbb{Q} \preceq \mathbb{N}$.

Wenn wir schon von Lücken sprechen – deren finden sich verschiedene in der vorangegangenen Begründung, warum $\mathbb{N} < \mathbb{R}$. Streng vorgebracht, würde diese Begründung arithmetisch von Summen von Potenzen von $\frac{1}{2}$ handeln. Die reelle Zahl r würde als kleinste obere Schranke einer geeigneten Klasse von Summen von Potenzen von $\frac{1}{2}$ erhalten, und unsere Begründung würde von einer Komprehensionsprämisse abhängen, die die Existenz dieser Klasse bestätigt. Ich bin jedoch froh, sagen zu können, daß wir das Beispiel '$\mathbb{N} < \mathbb{R}$' nicht brauchen um zu zeigen, daß es größere Klassen als $\mathbb{N}$ gibt. Wir können uns einem anderen Beispiel zuwenden, das wir ebenfalls *Cantor* verdanken. Es vereinigt die angenehme Eigenschaft, allgemeiner zu sein und uns eine weitere Entwicklung der klassischen Arithmetik zu ersparen.

Cantor hat nämlich gezeigt, daß $\mathbb{N} < \{x: x \subseteq \mathbb{N}\}$, und allgemeiner, daß $\alpha < \{x: x \subseteq \alpha\}$, d.h. daß jede Klasse mehr Teilklassen als Elemente hat. Bei uns bedarf dieses Theoremschema einer Komprehensionsprämisse. Zuerst beweise ich, um darauf später gesondert zurückgreifen zu können, das Lemma:

28.16 $(\alpha \cap \{y: y \notin \beta`y\} \in \mathcal{V} \wedge \text{Funk}\,\beta) \rightarrow \{x: x \subseteq \alpha\} \notin \beta``\alpha$.

Beweis: Nach der ersten Voraussetzung gibt es ein w mit

$$w = \{y: y \in \alpha \wedge y \notin \beta`y\}. \quad (1)$$

Dann

$$\forall y(y \in \alpha \rightarrow (y \in w \leftrightarrow y \notin \beta`y))$$

$$\rightarrow w \neq \beta`y)$$

(nach der 2. Voraussetzung)

$$\rightarrow \langle w, y\rangle \notin \beta).$$

Das bedeutet $w \notin \beta``\alpha$. Nach (1) aber $w \subseteq \alpha$. Also $\{x: x \subseteq \alpha\} \notin \beta``\alpha$.

Nun kommen wir, mit unserer Komprehensionsprämisse, zu *Cantor*s Satz.

28.17 $\forall w(\alpha \cap \{y: y \notin w`y\} \in \mathcal{V}) \rightarrow \alpha < \{x: x \subseteq \alpha\}$.

Beweis: Nach 28.16 und der Voraussetzung

$$\forall w(\text{Funk}\,w \rightarrow \{x: x \subseteq \alpha\} \notin w``\alpha).$$

Das bedeutet nach 11.1 und 20.3 $\alpha < \{x: x \subseteq \alpha\}$.

Nach diesem Satz kann also keine Rede davon sein, daß es nur eine unendliche Größe gibt; im Gegenteil, es nimmt kein Ende mit ihnen, es sei denn, die Komprehensionsannahmen gehen uns aus.

Wir müssen uns jedoch davor hüten, den Cantorschen Satz von seiner Komprehensionsprämisse loszulösen. Einige Theoreme mit Komprehensionsprämissen können in vernünftiger Weise losgelöst von diesen Prämissen betrachtet werden; diese Prämissen sind dann derart, daß sie allgemein oder in typischen Fällen von jedem Satz von Komprehensionsaxiomen getragen würden, für den man sich üblicherweise entscheidet. Der Satz von *Cantor* führt jedoch sofort zum Paradoxen, wenn wir ihn nicht vor Komprehensionsunglücken bewahren. Ungeschützt führt '$\alpha \prec \{x: x \subseteq \alpha\}$' zu '$\vartheta \prec \{x: x \subseteq \vartheta\}$', kurz zu '$\vartheta \prec \vartheta$', was als Cantorsche Antinomie bekannt ist.

28.18 $\forall w(\{y: y \notin w\text{‘}y\} \in \vartheta) \rightarrow \vartheta \prec \vartheta$.

Beweis: Man nehme in 28.17 ϑ für α.

Übrigens war dieses der Kanal, durch den ***Russell*** zuerst auf seine berühmte einfachere Antinomie kam.[1]) Um den Zusammenhang herauszuarbeiten, wollen wir auf 28.16 zurückgehen und dort anstatt in 28.17 ϑ für α nehmen. Mit auf der Hand liegenden Reduktionen erhalten wir

28.19 $(\{y: y \notin \beta\text{‘}y\} \in \vartheta \wedge \text{Funk}\,\beta) \rightarrow \beta\text{“}\vartheta \neq \vartheta$.

Hieran ist paradox (wenn wir die Komprehensionsprämisse außer Acht lassen), daß in offenkundigem Widerspruch dazu Funk I und I“$\vartheta = \vartheta$. Mit β als I wird aber aus der Komprehensionsprämisse '$\{y: y \notin \beta\text{‘}y\} \in \vartheta$' selbst '$\{y: y \notin y\} \in \vartheta$', und daß das falsch ist, ist aus der Russellschen Antinomie geläufig.

Abgesehen von dem Korollar 28.19, das aus 28.16 folgt, wenn man ϑ für α nimmt, ist noch ein anderes Korollar bemerkenswert, das sich ergibt, wenn man I an die Stelle von β setzt:

28.20 $\alpha \cap \{y: y \notin y\} \in \vartheta \rightarrow \{x: x \subseteq \alpha\} \nsubseteq \alpha$.

Wenn man hier ϑ an Stelle von α nimmt, verwandelt sich das Sukzedenz in die falsche Aussage '$\vartheta \nsubseteq \vartheta$' und das Antezedenz wieder in die falsche Aussage '$\{y: y \notin y\} \in \vartheta$'.

'$\vartheta \prec \vartheta$' braucht selbst nicht als falsch angesehen zu werden. Wenn wir unsere Komprehensionsannahmen so abgrenzen, daß I $\notin \vartheta$ und allgemeiner

$$\neg \exists x(\text{Funk}\,x \wedge x\text{“}\vartheta = \vartheta),$$

so rechnen wir dabei '$\vartheta \prec \vartheta$' als wahr und erhalten sogar die Freiheit, die Komprehensionsprämisse von 28.18 ebenfalls als wahr anzunehmen.

29. Das Schröder-Bernsteinsche Theorem

Aus dem Netzwerk von Sätzen, die '$\preceq$' und '$\simeq$' charakterisieren sollen, hätten wir auch andere als

$$\alpha \preceq \beta \leftrightarrow \exists x(\text{Funk}\,x \wedge \alpha \subseteq x\text{“}\beta)\text{'} \quad (1)$$

$$\alpha \simeq \beta \leftrightarrow \alpha \preceq \beta \preceq \alpha \quad (2)$$

[1]) Vergleiche *Principles.* S. 101, 362.

auswählen können, um '$\alpha \leq \beta$' und '$\alpha \simeq \beta$' zu definieren. Wir hätten in (1) auch '=' anstatt '$\subseteq$' zu Definitionszwecken verwenden können und dann (1), so wie es tatsächlich angegeben ist, als Theoremschema ableiten, das einer Komprehensionsprämisse unterworfen ist. Eine größere Abweichung wäre es gewesen, wenn wir '$\alpha \simeq \beta$' durch eins der folgenden Schemata definiert hätten:

$$\exists x(\mathrm{Umk}\, x \wedge \alpha \subseteq x``\beta \wedge \beta \subseteq \breve{x}``\alpha), \tag{3}$$

$$\exists x(\mathrm{Umk}\, x \wedge \alpha = x``\beta \wedge \beta = \breve{x}``\alpha), \tag{4}$$

$$\exists x(\mathrm{Umk}\, x \wedge \alpha = x``\vartheta \wedge \beta = \breve{x}``\vartheta), \tag{5}$$

und dann '$\alpha \leq \beta$' durch '$\exists y(\alpha \simeq y \subseteq \beta)$' oder unabhängig von '$\simeq$' durch eines der beiden Schemata

$$\exists x(\mathrm{Umk}\, x \wedge \alpha \subseteq x``\beta), \tag{6}$$

$$\exists x(\mathrm{Umk}\, x \wedge \alpha = x``\beta). \tag{7}$$

Äquivalenzen, die allen solchen Definitionen entsprechen, sind als Theoreme erwünscht; meine Wahl von (1) und (2) als Ausgangspunkt hatte aber den Vorteil, zu frühen Zeitpunkten weniger kunstvolle Komprehensionsprämissen zu erfordern als bei den übrigen zur Auswahl stehenden Zugängen.

Wir befinden uns in einem Gebiet, in dem ungeachtet der scheinbaren Trivialität der zu beweisenden Sätze die Beweise plötzlich schwierig und der Bedarf an Komprehensionsprämissen maßlos werden können. Nehmen wir uns (2) vor, wobei '$\simeq$' und '$\leq$' nach (3) und (4) neu konzipiert werden. Es setzt (3) gleich mit:

$$\exists x(\mathrm{Umk}\, x \wedge \alpha \subseteq x``\beta) \wedge \exists x(\mathrm{Umk}\, x \wedge \beta \subseteq x``\alpha). \tag{8}$$

Offenbar impliziert (3) (8), wenn $\forall x(\breve{x} \in \vartheta)$ gewährleistet ist. Daß aber (8) (3) impliziert, erfordert viel Beweisarbeit und eine gewichtige Komprehensionsprämisse. Man nennt es das *Schröder-Bernsteinsche Theorem.*

Es ist im wesentlichen dasselbe Theorem, ob wir nun als Antezedenz (8), so wie es dort steht, verwenden oder ob wir '$\subseteq$' zu '=' verschärfen (vgl. (7)), und ob wir nun als Sukzedenz (3) oder (4) oder (5) nehmen. Ich nehme die ungünstigste Kombination: (8) als Antezedenz, (5) als Sukzedenz. (Offensichtlich impliziert (5) (4), und (4) impliziert (3), und das sogar ohne Komprehensionsprämissen.)

Bei den Komprehensionsprämissen entscheide ich mich der Kürze wegen für größere Allgemeinheit, als streng genommen notwendig ist, doch ist die Allgemeinheit auch wieder nicht so groß, daß wir mit anderweitig attraktiven Mengenlehren in Konflikt geraten könnten. So vermeide ich '$\forall x \forall y(x \cup y \in \vartheta)$', was zwar in vielen Mengenlehren angenommen wird, mit einigen anderen jedoch in Konflikt gerät; es steht im Widerspruch zu solchen Theorien, in denen man gewissen Klassen nur erlaubt, zu kleineren Klassen zu gehören (vgl. Kapitel 7 und 44).

Die folgenden Abkürzungen werden wir in den Komprehensionsprämissen gebrauchen.

29.1 'C_1' steht für '$\forall x \forall y(x \cap \overline{y}, \breve{x}, x``\vartheta, x \upharpoonright y \in \vartheta)$',

29.2 'C_2' steht für '$\forall x \forall y[x | y, \overline{}(*x``\overline{y}), x \cup y \in \vartheta]$'. [1]

---

[1]) Wenn das $\overline{}(*x``\overline{y})$ extravagant erscheint, so beachte man, daß es im Hinblick auf 15.2 immer eine Teilklasse von y ist.

Das folgende muß man an 'C_1' beachten:

29.3 $C_1 \rightarrow \forall x \forall y(x \cap y, x``y \in \vartheta)$.

Beweis: Nach 'C_1' $x \cap \bar{y} \in \vartheta$ und somit, wiederum nach 'C_1', $x \cap {}^{-}(x \cap \bar{y}) \in \vartheta$, d.h. $x \cap y \in \vartheta$. Nach 'C_1' ferner $x \upharpoonright y \in \vartheta$ und somit, wiederum nach 'C_1' $(x \upharpoonright y)`` \vartheta \in \vartheta$, d.h. $x``y \in \vartheta$.

Hier ist nun das Schröder-Bernsteinsche Theorem. Ich habe dabei das 'α' und 'β' von (8) und (5) durch 'y' und 'z' ersetzt und mache damit weitere Existenzannahmen.

29.4 $(C_1 \wedge C_2 \wedge \exists x(\text{Umk}\, x \wedge y \subseteq x``z) \wedge \exists x(\text{Umk}\, x \wedge z \subseteq x``y))$
$\rightarrow \exists x(\text{Umk}\, x \wedge y = x`` \vartheta \wedge z = \breve{x}`` \vartheta)$.

Beweisidee: [1]) Nach Voraussetzung gibt es eine umkehrbare Funktion x mit $y \subseteq x``z$. Indem wir sie ein wenig frisieren, erhalten wir eine umkehrbare Funktion u mit $y = \breve{u}`` \vartheta$ und $u`` \vartheta \subseteq z$. Nach der anderen Voraussetzung gibt es dementsprechend eine umkehrbare Funktion v mit $z = \breve{v}`` \vartheta$ und $v`` \vartheta \subseteq y$. Also gibt es zu jedem Element von y ein Element von y, das durch $v|u$ auf dieses Element abgebildet wird. Es ist aber denkbar, daß ein vorgegebenes Element von y nicht zum Argumentbereich von v gehört, es kann außerhalb $v`` \vartheta$ liegen. w sei gerade die Klasse derjenigen Elemente von y, von denen aus man nicht durch Anwendung von $v|u$ aus $v`` \vartheta$ herausgelangen kann. Jetzt wird eine neue Relation wie folgt definiert: Elemente von w stehen zu allem in dieser Relation, wozu sie auch in der Relation v stehen, während andere Objekte zu allem in dieser Relation stehen, wozu sie in der Relation u stehen. Von dieser Relation wird ausführlich gezeigt, daß sie eine umkehrbare Funktion ist, deren linker und rechter Bereich jeweils y und z sind.

Der Beweis im einzelnen. Nach Voraussetzung gibt es eine umkehrbare Funktion x mit $y \subseteq x``z$. Dann stehen Elemente von y aber ausschließlich zu Elementen von z in der Relation x (wegen Umk x), d.h. $\breve{x}``y \subseteq z$. Nach C_1 gibt es ein u mit $u = \breve{x} \upharpoonright y$. Wegen Umk x, $y \subseteq x``z$ und $\breve{x}``y \subseteq z$ folgt, daß

$$\text{Umk}\, u, \tag{1}$$
$$y = \breve{u}`` \vartheta, \tag{2}$$
$$u`` \vartheta \subseteq z. \tag{3}$$

Die letzte Voraussetzung gewährleistet uns entsprechend ein v mit

$$\text{Umk}\, v, \tag{4}$$
$$z = \breve{v}`` \vartheta, \tag{5}$$
$$v`` \vartheta \subseteq y. \tag{6}$$

Nach 'C_2' $v|u \in \vartheta$. Nach 'C_1' auch $v`` \vartheta \in \vartheta$. Somit gibt es nach '$C_2$' ein w mit

$$w = {}^{-}[*(v|u)``{}^{-}(v`` \vartheta)] \tag{7}$$
$$= \{h: \forall k(\langle h, k\rangle \in *(v|u) \rightarrow k \in v`` \vartheta)\}. \tag{8}$$

---

[1]) Die allgemeine Idee dieses Beweises wurde 1906 unabhängig voneinander von *König*, *Peano* und *Zermelo* angegeben. Frühere Beweise, darunter ein falscher, gehen auf das Jahr 1898 zurück. Siehe *Fraenkel*, Einleitung, S. 75 ff; ebenfalls Fußnote 9 in *Zermelo*s Arbeit von 1908.

Nach 15.2 steht jedes h in jeder Vorfahrenrelation zu sich. Also nach (8): Wenn $h \in w$, so $h \in v``\vartheta$. Folglich

$$w \subseteq v``\vartheta. \tag{9}$$

Nach 15.5

$$(v|u)``[{*}(v|u)``^{-}(v``\vartheta)] \subseteq {*}(v|u)``^{-}(v``\vartheta).$$

Das bedeutet nach (7) $(v|u)``\overline{w} \subseteq \overline{w}$. Somit $v``(u``\overline{w}) \subseteq \overline{w}$. Das bedeutet, daß kein Element von w zu Elementen von $u``\overline{w}$ in der Relation v steht. Folglich

$$\breve{v}``w \cap u``\overline{w} = \Lambda. \tag{10}$$

Durch wiederholten Gebrauch von 'C_1' erhalten wir nacheinander, daß $\breve{u} \in \vartheta$, also $\breve{u}``\vartheta \in \vartheta$, daher $\breve{u}``\vartheta \cap \overline{w} \in \vartheta$, somit $u \upharpoonright (\breve{u}``\vartheta \cap \overline{w}) \in \vartheta$, was $u \upharpoonright \overline{w} \in \vartheta$ bedeutet. Ebenfalls aus 'C_1' erhalten wir auf schnellerem Wege, daß $\breve{v} \upharpoonright w \in \vartheta$. Also gibt es r und s mit

$$r = \breve{v} \upharpoonright w, \tag{11}$$

$$s = u \upharpoonright \overline{w}. \tag{12}$$

Also

$$r``\vartheta = \breve{v}``w, \tag{13}$$

$$s``\vartheta = u``\overline{w}, \tag{14}$$

$\breve{r}``\vartheta = w \cap v``\vartheta$ und $\breve{s}``\vartheta = \overline{w} \cap \breve{u}``\vartheta$. Somit nach (9) und (2)

$$\breve{r}``\vartheta = w, \tag{15}$$

$$\breve{s}``\vartheta = \overline{w} \cap y. \tag{16}$$

Nach (1), (4), (11) und (12) sind r und s umkehrbare Funktionen; nach (15) und (16) sind ihre rechten Bereiche einander fremd; dasselbe gilt nach (10), (13) und (14) für ihre linken Bereiche; somit

$$\mathrm{Umk}\, r \cup s. \tag{17}$$

Nach (13) und (5) $r``\vartheta \subseteq z$. Nach (14) und (3) $s``\vartheta \subseteq z$. Also

$$(r \cup s)``\vartheta \subseteq z. \tag{18}$$

Nach (15) und (16) $\breve{\ }(r \cup s)``\vartheta = w \cup y$. Nach (9) und (6) $w \subseteq y$. Also

$$\breve{\ }(r \cup s)``\vartheta = y. \tag{19}$$

$$q \in z \tag{I}$$

sei beliebig gewählt. Nach (5) gibt es ein p mit

$$\langle p, q \rangle \in v. \tag{II}$$

Fall 1: $p \in w$. Dann nach [II] $q \in \breve{v}``w$. Nach (13) also $q \in r``\vartheta$.

Fall 2: $p \notin w$. Das bedeutet nach (8), daß es ein k gibt mit

$$\langle p, k \rangle \in {*}(v|u), \tag{III}$$

$$k \notin v``\vartheta. \tag{IV}$$

Nach [II] $p \in v``\vartheta$. Also

$$k \neq p. \tag{V}$$

Nach 15.11

$${*}(v|u) = I \cup [v|u|{*}(v|u)].$$

Somit nach [III] und [V]

$$\langle p, k\rangle \in v|u|{*}(v|u).$$

Das bedeutet, daß p zu einem Ding in der Relation v steht, das zu k in der Relation $u|{*}(v|u)$ steht. Dieses Ding ist aber nach [II] und (4) q. Also

$$\langle q, k\rangle \in u|{*}(v|u).$$

Das bedeutet, es gibt ein h mit

$$\langle q, h\rangle \in u, \qquad [VI]$$

$$\langle h, k\rangle \in {*}(v|u). \qquad [VII]$$

Nach [IV] und [VII] steht h zu etwas in $\overline{\ }(v``\vartheta)$ in der Relation $*(v|u)$. Das bedeutet nach (7) $h \notin w$. Also nach [VI] $q \in u``\overline{w}$. Somit nach (14) $q \in s``\vartheta$.

In beiden Fällen: $q \in (r \cup s)``\vartheta$. q war aber ein beliebiges Ding, das [I] erfüllt. Nach (18) also $(r \cup s)``\vartheta = z$. Nach '$C_1 \wedge C_2$' ferner $x = \breve{\ }(r \cup s)$ für ein gewisses x. Also $\breve{x}``\vartheta = z$ und nach (19) und (17) ferner $x``\vartheta = y$ und Umk x.

Unser Nachdenken über die Zwischenbeziehungen zwischen [I] bis [VIII] brachte uns auf das Schröder-Bernsteinsche Theorem. Über diese Zwischenbeziehungen kann noch mehr ausgesagt werden. Nehmen wir z.B. das sprichwörtliche '$x \preceq y \vee y \preceq x$', welches das *Gesetz der Vergleichbarkeit* oder das *Trichotomiegesetz* genannt wird. Es verdankt den letzteren Namen der Fassung

$$x \prec y \vee x \simeq y \vee y \prec x,$$

die nach unseren Definitionen 11.2 und 20.3 eine Trivialität der Form '$\neg p \vee (q \wedge p) \vee \neg q$' ist. Hätten wir '$x \simeq y$' und '$x \preceq y$' nach einer der anderen in [III] bis [VII] angegebenen Weisen definiert, und danach wieder '$y \prec x$' wie gewöhnlich als '$\neg(x \preceq y)$', dann wäre das Gesetz der Vergleichbarkeit in der obigen Trichotomiefassung nicht trivial gewesen, sondern wäre auf das Schröder-Bernsteinsche Theorem hinausgelaufen.

Wie steht es um das Gesetz der Vergleichbarkeit in der vorangegangenen Version '$x \preceq y \vee y \preceq x$'? Oder wie um die anscheinend schärfere Version '$x \prec y \vee y \preceq x$'? Dieses Letzte ist für uns im Hinblick auf 20.3 wieder trivial; es hat die Form '$\neg p \vee p$'. '$x \preceq y \vee y \preceq x$' ist jedoch bemerkenswerterweise nach unserer Definition weniger leicht zu verifizieren als selbst das Schröder-Bernsteinsche Theorem. Es erfordert das Auswahlaxiom, das schon in Kapitel 28 erwähnt wurde und dem wir in Kapitel 31 gegenübertreten werden (siehe 33.1).

Lassen wir die Zufälligkeiten der Definition einmal beiseite, so gibt es hier dreierlei: Das Auswahlaxiom, das Schröder-Bernsteinsche Theorem und Trivialität. Das Gesetz der Vergleichbarkeit oder der Trichotomie kann in der einen oder anderen plausiblen Form bei diesem Spiel der Neudefinition zu jedem dieser drei Dinge werden. Die Entscheidung für die eine oder andere Definition enthebt einen nicht von der Last, das Auswahlaxiom anzunehmen, und auch nicht von der Last, das Schröder-Bernsteinsche Theorem zu beweisen und seine Komprehensionsprämissen anzunehmen. Meine Auswahl der Definitionen hat nur den Vorteil, diese Gegebenheiten in uns genehmer Weise zurückzustellen.

Auch unter [I] bis [VIII] gibt es Verbindungen, die das Auswahlaxiom erfordern. Es wird gebraucht um zu zeigen, daß '$\alpha \preceq \beta$' im Sinne von [I], d.h. in unserem Sinne, [VI] impliziert. (Siehe 33.2.)

30. Unendliche Kardinalzahlen

Zahlen als Maß für Vielfachheiten werden *Kardinalzahlen* genannt. So sind die natürlichen Zahlen als endliche Kardinalzahlen angemessen. Neben ihnen soll es für jede unendliche Klasse eine unendliche Kardinalzahl geben, wobei die Kardinalzahlen für zwei Klassen z und w dann und nur dann identisch sein sollen, wenn $z \simeq w$.

In Kapitel 11 sahen wir, wie wir, bevor wir zwischen der Zermeloschen, der von Neumannschen und der Fregeschen Auffassung, was für Dinge natürliche Zahlen eigentlich sein sollen, uns entschieden, schon eine Menge über natürliche Zahlen in Erfahrung bringen konnten, indem wir einfach '0' und 'S' undefiniert zum Ausgangspunkt nahmen. Für ein Weilchen wollen wir nun eine ähnlich neutrale Haltung Kardinalzahlen gegenüber einnehmen. Ohne Definition bezeichnen wir einfach die Kardinalzahl von z mit '$\bar{\bar{z}}$' und fordern von ihr, daß $\bar{\bar{z}} = \bar{\bar{w}} \leftrightarrow z \simeq w$. So ging *Cantor* vor. [1]) Die arithmetischen Relationen und Operationen können demnach durch die folgenden Definitionen (die wiederum im wesentlichen auf *Cantor* zurückgehen) den Kardinalzahlen angepaßt werden.

$$x \leqslant y \leftrightarrow \exists z \exists w (x = \bar{\bar{z}} \land y = \bar{\bar{w}} \land z \preceq w),$$
$$x < y \leftrightarrow \exists z \exists w (x = \bar{\bar{z}} \land y = \bar{\bar{w}} \land z \prec w),$$
$$x + y = \text{℩} v \exists z \exists w [x = {}^{=}(z \cap w) \land y = {}^{=}(z \cap \bar{w}) \land v = \bar{\bar{z}})],$$
$$x \cdot y = \text{℩} v \exists z \exists w (x = \bar{\bar{z}} \land y = \bar{\bar{w}} \land v = {}^{=}(z \times w)),$$
$$x^y = \text{℩} v \exists z \exists w (x = \bar{\bar{z}} \land y = \bar{\bar{w}} \land v = {}^{=}\{u\colon \mathrm{Funk}\, u \land u``\vartheta \subseteq z \land \breve{u}``\vartheta = w\});$$

Der letzten Definition liegt folgender Gedanke zu Grunde: Wenn man jedem Element von w genau ein Element von z zuordnen soll, so hat man bei jedem Element von w $\bar{\bar{z}}$ Auswahlmöglichkeiten, was man ihm zuordnen soll, also gibt es $\bar{\bar{z}}^{\bar{\bar{w}}}$ Möglichkeiten, die ganze Aufgabe zu erledigen. Was den Definitionen von $x + y$ und $x \cdot y$ zu Grunde liegt, ist leichter einzusehen. Natürlich haben diese Gedanken ihre Wurzeln im Endlichen; wenn wir sie dazu benutzen, um Summen, Produkte und Potenzen von unendlichen Kardinalzahlen zu definieren, so ordnen wir, indem wir vom Endlichen aus extrapolieren, den unendlichen Fällen dieser Operationen in willkürlicher Weise einen Sinn zu.

Ungleich der Addition und Multiplikation von Ordinalzahlen ist die Kardinalzahlenaddition und -multiplikation, so wie sie oben definiert ist, kommutativ (unter bescheidenen Komprehensionsannahmen). Trotzdem dürfen wir nicht erwarten, daß die gesamte uns vertraute Arithmetik übernommen wird.

Sei also $\alpha = \mathbb{N} \cap {}^{-}\{\Lambda\}$. Dann $\mathbb{N} = \breve{\iota}``\alpha$ und somit $\mathbb{N} \preceq \alpha$ (vorausgesetzt, daß $\breve{\iota} \upharpoonright \alpha \in \vartheta$) und somit $\alpha \cup \{\Lambda\} \preceq \alpha$, obwohl $\Lambda \notin \alpha$. Das liefert im Gegensatz zur vertrauten Arithmetik $\bar{\bar{\alpha}} + 1 \leqslant \bar{\bar{\alpha}}$. Allgemeiner: Jede unendliche Kardinalzahl bleibt unverändert, wenn wir eine nicht größere Kardinalzahl addieren oder sie mit einer solchen multiplizieren.

Im Hinblick auf die Exponentialfunktion ist etwas weniger Gleichgültigkeit angebracht. Sehen wir uns einmal 2^y an. Nach der obigen Definition gibt 2^y an, wie viele Funktionen u es gibt mit $u``\vartheta \subseteq \{s, t\}$ und $\breve{u}``\vartheta = w$, wobei $s \neq t$ und die Anzahl der

---

[1]) Siehe auch *Suppes*, S. 111–125.

Elemente von w gleich y ist. Nun gibt es genau eine solche Funktion u für jede Teilklasse von w. Zu jeder Teilklasse von w gibt es nämlich die Funktion, die s den Elementen der Teilklasse zuordnet und allen anderen Elementen von w den Wert t; umgekehrt gibt es zu jeder solchen Funktion die Teilklasse, deren Elemente gerade diejenigen Dinge sind, denen die Funktion s zuordnet. Also ist 2^y gleich $^{=}\{z: z \subseteq w\}$, wobei w y Elemente hat. Nach dem Satz von *Cantor*, 28.17, gilt aber $w \prec \{z: z \subseteq w\}$. Also $y < 2^y$.

Diese Begründung hängt in verschiedenen Punkten an stillschweigenden Komprehensionsprämissen, vor allem dort, wo sie 28.17 verwendet; die Komprehensionsprämisse dieses Satzes muß in einigen Fällen versagen, oder es ergeben sich Paradoxien. $y < 2^y$ liegt aber innerhalb solcher Schranken. Aber auch hier findet sich eine gewisse „Gleichgültigkeit": Wir erhalten nämlich $2^y = 3^y$ für unendliche y, ja sogar $2^y = y^y$. [1])

Die erste unendliche Kardinalzahl wurde von *Cantor* $\aleph_0$ (Aleph Null) genannt. Um sie als Kardinalzahl zu haben, muß eine Klasse x so klein wie irgendeine unendliche Klasse, aber nicht so klein wie eine endliche sein.

$$\aleph_0 = \bar{\bar{x}} \leftrightarrow \forall y[x \preceq y \leftrightarrow \forall z(z \in \mathbb{N} \rightarrow \{,,,z\} \prec y)].$$

Die nächste nannte er $\aleph_1$, usw. Also

$$\aleph_1 = \bar{\bar{x}} \leftrightarrow \forall y[x \preceq y \leftrightarrow \forall z(\aleph_0 = \bar{\bar{z}} \rightarrow z \prec y)].$$

Mit wenig mehr als der Reflexivität von '$\preceq$' können wir leicht verifizieren, daß nach der obigen Formulierung $\aleph_0 = \bar{\bar{w}}$ und $\aleph_0 = \bar{\bar{x}}$ nur dann, wenn $w \simeq x$; entsprechendes gilt für $\aleph_1$ und die übrigen.

Nach $\aleph_0, \aleph_1, \ldots$ ad infinitum gibt es $\aleph_\omega$, wenn es die Komprehension erlaubt. Sie ist die Kardinalzahl von Klassen, die größer sind als alle, die eine der Kardinalzahlen $\aleph_0, \aleph_1, \ldots$ haben, die aber nicht größer als solche sind, die ihrerseits wieder größer als diese sind. Dann kommt $\aleph_{S`\omega}$, und schließlich $\aleph_{\omega \cdot 2}$, usw. Wir erhalten eine Aufzählung der unendlichen Kardinalzahlen, die nach der '$<$'-Relation geordnet sind, d.h. von $\{\langle\bar{\bar{x}}, \bar{\bar{y}}\rangle: x \prec y\}$. Wir können die endlichen Kardinalzahlen ausschließen, indem wir die Ordnungsrelation β als

$$\{\langle\bar{\bar{x}}, \bar{\bar{y}}\rangle: \forall u(u \in \mathbb{N} \rightarrow \{,,,u\} \prec x \prec y)\}$$

definieren. Dann ist $\aleph_z$ definierbar als $a\beta`z$ für alle Ordinalzahlen z.

Fragen erheben sich noch und noch. Könen wir zeigen, daß jede unendliche Kardinalzahl ein Aleph ist, daß es zu jeder unendlichen Klasse x ein $z \in NO$ gibt mit $\bar{\bar{x}} = \aleph_z$? Können wir zeigen, daß einige oder gar alle aus der Reihe $\aleph_0, \aleph_1, \ldots$ nicht leer sind? Sie könnten leer sein, nicht weil es an großen Klassen mangelt, sondern weil es einen Überschuß davon geben könnte: Anstatt daß es gerade nächst größere unendliche Klassen gibt, könnte es einen endlosen Abstieg geben. Um das Gegenteil zu zeigen, nämlich daß β oben eine Wohlordnung ist, wird das Auswahlaxiom gebraucht. Aus diesem Grunde wird es auch nötig, um wie bemerkt die Vergleichbarkeit zu beweisen, ja sogar um zu beweisen, daß β eine Ordnung ist.

---

[1]) Siehe z.B. *Bachmann*, S. 120. Der Beweis hiervon beruht ebenso wie der Beweis der „gleichgültigen" Sätze über Summe und Produkt auf dem Auswahlaxiom.

Wenn wir andererseits das Auswahlaxiom hinzunehmen, erhalten wir damit ein Theorem, das ein großer Segen für die Theorie der Kardinalzahlen ist: Das Numerierungstheorem, welches besagt, daß es eine eineindeutige Zuordnung zwischen den Elementen einer beliebigen Klasse x und den Ordinalzahlen bis hinauf zu einer bestimmten Ordinalzahl gibt. [1]) (Die Ordinalzahlen bis hinauf zu einer Ordinalzahl sind gerade die Elemente dieser Ordinalzahl in *von Neumanns* Fassung, aber für eine Weile brauchen wir uns noch nicht auf die eine oder andere Fassung zu beziehen.) Also ergibt sich, daß jede Kardinalzahl gleich $^{=}\{y: y <_0 u\}$ für eine bestimmte Ordinalzahl u ist, wobei '$<_0$' gleich '$<$' im ordinalzahltechnischen Sinne ist ('$\in$' bei *von Neumann*).

Keine unendliche Ordinalzahl hat weniger Vorgänger als ω, da die Vorgänger von ω allen unendlichen Ordinalzahlen vorangehen. Also ist $\{y: y <_0 \omega\}$ so klein, wie eine unendliche Klasse $\{y: y <_0 u\}$ mit $u \in NO$ nur sein kann. Da also jede Kardinalzahl für ein bestimmtes $u \in NO$ gleich $^{=}\{y: y <_0 u\}$ ist, ist $\aleph_0$ gleich $^{=}\{y: y <_0 \omega\}$. $\aleph_0$ besagt, wie viele endliche Ordinalzahlen es gibt. Dann gleichfalls $\aleph_0 = {}^{=}\mathbb{N}$. Eine Klasse x dieser Größe wird ***abzählbar*** genannt, was den Umstand andeuten soll, daß alle ihre Elemente natürlichen Zahlen zugeordnet werden können; $x \simeq \mathbb{N}$.

Falls $\aleph_0 = {}^{=}\{y: y <_0 u\}$ für jede unendliche Ordinalzahl u, so ist $\aleph_0$ nach dem Numerierungssatz die einzige unendliche Kardinalzahl. Wenn nicht, dann gibt es, da die Ordinalzahlen wohlgeordnet sind, eine kleinste Ordinalzahl u mit $\aleph_0 = {}^{=}\{y: y <_0 u\}$. Dieses kleinste u wird ω_1 genannt. Dann ist $\{y: y <_0 \omega_1\}$ so klein, wie eine Klasse $\{y: y <_0 u\}$ mit $u \in NO$ nur sein kann, wenn sie die Größe $\aleph_0$ noch übertrifft. Da jede Kardinalzahl für ein bestimmtes $u \in NO$ gleich $^{=}\{y: y <_0 u\}$ ist, ist $\aleph_1$ gleich $^{=}\{y: y <_0 \omega_1\}$.

Falls $\aleph_0 = {}^{=}\{y: y <_0 u\}$ für jede unendliche Ordinalzahl u, so ist $\aleph_0$ nach dem Numerierungssatz die einzige unendliche Kardinalzahl. Wenn nicht, dann gibt es, da die Ordinalzahlen wohlgeordnet sind, eine kleinste Ordinalzahl u mit $\aleph_0 = {}^{=}\{y: y <_0 u\}$. Dieses kleinste u wird ω_1 genannt. Dann ist $\{y: y <_0 \omega_1\}$ so klein, wie eine Klasse $\{y: y <_0 u\}$ mit $u \in NO$ nur sein kann, wenn sie die Größe $\aleph_0$ noch übertrifft. Da jede Kardinalzahl für ein bestimmtes $u \in NO$ gleich $^{=}\{y: y <_0 u\}$ ist, ist $\aleph_1$ gleich $^{=}\{y: y <_0 \omega_1\}$.

Die Ordinalzahl ω_1 liegt weit hinter $\omega \cdot 2$, ω^ω, ω^{ω^ω}, sogar weit hinter ϵ (was gleich $\omega^{\omega^{\omega\cdots}}$ ist). Das kann man wie folgt einsehen. Alle die Ordinalzahlen, die wir in der Art $S'\omega$, $\omega \cdot 2$, ω^ω, ω^{ω^ω}, u.ä. erreichen können, können in dieser systematischen Bezeichnungsweise aufgewiesen werden, und es gibt außer entsprechend aufweisbaren keine dazwischenliegenden Ordinalzahlen. Was nun diese ununterbrochene bezeichnungstechnische Erreichbarkeit relevant macht, ist der Umstand, daß die Klasse aller Ausdrücke, die in einer bestimmten Bezeichnungsweise konstruierbar sind, immer abzählbar ist, was folgendermaßen einzusehen ist. Die kürzesten Ausdrücke werden, da das Alphabet endlich ist, von endlicher Zahl sein; wir numerieren sie in alphabetischer Ordnung 0, 1, 2, ..., m.

[1]) Kapitel 32. Der Extremfall, in dem die Elemente von x allen Ordinalzahlen eineindeutig zugeordnet sind, wird in den meisten Mengenlehren dadurch ausgeschlossen, daß ein solches x gar nicht existiert; schließlich $NO \notin \mathcal{V}$.

Die nächst kürzesten Ausdrücke werden ebenfalls von endlicher Zahl sein; wir numerieren sie $m + 1, \ldots, n$ in alphabetischer Reihenfolge. Und so weiter.[1] Also schließen wir, daß jede von $S`\omega$, $\omega \cdot 2$, ω^{ω}, $\omega^{\omega^{\omega}}$, ϵ, usw. nur abzählbar viele Vorgänger hat. Jede ist aber die Klasse ihrer Vorgänger. Also ist jede eine abzählbare Klasse. Also liegt ω_1, die erste Ordinalzahl, die nicht eine abzählbare Klasse ist, jenseits all dieser. In *Cantor*s Terminologie umfassen die von ω an dazwischenliegenden Ordinalzahlen im Gegensatz zu den endlichen Ordinalzahlen die *zweite Zahlklasse.*

Entsprechend ist $\aleph_2$ gleich $^{=}\{y\colon y <_0 \omega_2\}$, wobei ω_2 die kleinste Ordinalzahl u mit $\aleph_1 < {}^{=}\{y\colon y <_0 u\}$ ist, falls es eine solche gibt. Die Ordinalzahlen von ω_1 an bis unmittelbar vor ω_2 umfassen die dritte Zahlklasse. Zu ihnen gehören $S`\omega_1$, $S`(S`\omega_1)$, $\omega_1 + \omega$, $\omega_1 + S`\omega$, $\omega_1 \cdot 2$, $\omega_1 \cdot \epsilon$, ω_1^{ω}, $\omega_1^{\omega_1}$. Die meisten von ihnen trotzen natürlich jeder vorgegebenen Bezeichnungsweise.

Entsprechend ist $\aleph_3$ gleich $^{=}\{y\colon y <_0 \omega_3\}$, usw. Ferner ist $\aleph_\omega$ gleich $^{=}\{y\colon y <_0 \omega_\omega\}$, wobei ω_ω die kleinste Ordinalzahl u mit $\aleph_i < {}^{=}\{y\colon y <_0 u\}$, für alle endlichen i, ist, sofern eine solche Zahl überhaupt existiert. So ist es allgemein: $\aleph_z$ ist gleich $^{=}\{y\colon y <_0 \omega_z\}$.

Die definierende Eigenschaft von ω_z besagt, daß sie die kleinste Ordinalzahl ist, die $\aleph_z$ Ordinalzahlen unter sich hat. Also ist ω_z das, was man eine *Anfangszahl* nennt: Eine unendliche Ordinalzahl, der mehr Ordinalzahlen als jeder ihr vorangehenden Ordinalzahlen vorangehen. Umgekehrt kann mit transfiniter Induktion gezeigt werden, daß jede Anfangszahl für ein bestimmtes z gleich ω_z ist.

Die Frage von vorhin kann nun beantwortet werden: Jede unendliche Kardinalzahl $\bar{\bar{x}}$ ist ein Aleph. Nach dem Numerierungssatz ist nämlich $\bar{\bar{x}}$ für eine bestimmte unendliche Ordinalzahl u gleich $^{=}\{y\colon y <_0 u\}$ (tatsächlich sogar für viele solche u). Da die Ordinalzahlen wohlgeordnet sind, gibt es ein kleinstes solches u. Es wird eine Anfangszahl sein, also gleich ω_z für ein bestimmtes z. Also $\bar{\bar{x}} = {}^{=}\{y\colon y <_0 \omega_z\} = \aleph_z$.

Die Alephs spielen auch in solchen Untersuchungen eine Rolle, in denen über das Auswahlaxiom noch nicht entschieden ist. Dann werden sie aber nur als Kardinalzahlen einer speziellen Art angesehen: Als Kardinalzahlen von Bereichen unendlicher Wohlordnungen.

Der Satz von *Cantor* sagt uns, daß die Kardinalzahlen immer weiter gehen; $y < 2^y$. Das Numerierungstheorem beinhaltet, daß sie alle Alephs sind, so daß es immer jeweils eine nächstgrößere gibt. Es bleibt die Frage: Liegt diese nächstgrößere zwischen y und 2^y, oder ist sie gleich 2^y? Diese Frage besteht schon seit *Cantor*. Daß 2^y nach y die nächstgrößere Kardinalzahl ist, ist als *verallgemeinerte Kontinuumshypothese* bekannt. Ihr Spezialfall '$2^{\aleph_0} = \aleph_1$' ist die *Kontinuumshypothese* schlechthin.[2] Über diese Frage läßt sich mit der Intuition nichts entscheiden; alles, was wir zu Gunsten der Hypothese sagen können, läuft darauf hinaus, daß sie offenbar eine einfachere Annahme als ihr Gegenteil ist (vgl. ferner Kapitel 33).

---

[1]) Dieses Verfahren, die sogenannte lexikographische Ordnung, wurde von *König* und von *Richard* in 1905 verwendet.

[2]) So genannt, weil $2^{\aleph_0}$ die Mächtigkeit des Kontinuums genannt wird. 'Mächtigkeit' ist die Cantorsche Bezeichnung für Kardinalzahl.

Einige weitere Begriffe müssen erwähnt werden. Seit *Cantor* hat man eine Ordinalzahl x dann eine *Epsilonzahl* genannt, wenn $\omega^x = x$. Also ist das ϵ oben die erste Epsilonzahl. Eine jede aus der Reihe ω_1, ω_2 usw. ist ebenfalls eine Epsilonzahl. [1]) Man sieht hier einen Gegensatz zwischen Ordinalzahlen und Kardinalzahlen als Exponenten. Bei Kardinalzahlen finden wir niemals $z^x = x$, es sei denn $z = x = 1$.

Unter den Kardinalzahlen gibt es wie bei den Ordinalzahlen einige, die einen unmittelbaren Vorgänger haben, und andere, die einen solchen nicht aufweisen. Letztere, z.B. $\aleph_0$ und $\aleph_\omega$ werden *Limes*kardinalzahlen genannt. Eine Limeskardinalzahl ist nun in *Tarskis* Terminologie (1938) insbesondere eine ***unerreichbare Zahl,*** wenn jede Summe von weniger als x Kardinalzahlen, von denen jede kleiner als x ist, selbst wieder kleiner als x ist.

Da jede Summe von endlich vielen endlichen Zahlen endlich ist, qualifiziert sich $\aleph_0$ als unerreichbar. Es ist nicht evident, daß es jenseits von $\aleph_0$ noch weitere unerreichbare Zahlen gibt.

Man beachte, daß die Definition der unerreichbaren Zahl eine Definition der Kardinalsummenbildung über eine möglicherweise transfinite Folge von Kardinalzahlen voraussetzt. Am Ende von Kapitel 25 sahen wir aber, wie so etwas zu definieren ist. Man braucht nur '+' diesmal statt des ordinal- einen kardinalzahltechnischen Sinn zu geben.

Eine unerreichbare Zahl x ist insbesondere dann eine ***Grenzzahl*** bei *Zermelo* [2]) oder eine ***unerreichbare Zahl im engeren Sinne*** bei *Tarski*, wenn sie die weitere Bedingung erfüllt, daß y^z im kardinalzahltechnischen Sinne kleiner als x für alle Kardinalzahlen y und z, die ihrerseits kleiner als x sind, ist. Auch hier qualifiziert sich $\aleph_0$. *Tarski* zeigte, daß diese zusätzliche Bedingung aus der anderen folgt, wenn wir die verallgemeinerte Kontinuumshypothese veraussetzen.

Wir müssen immer noch $\bar{\bar{x}}$ konstruieren. Die Version von *Whitehead* und *Russell,* im wesentlichen *Freges* Version (1884, § 72), läuft parallel zu ihrer Version der Ordinalzahlen (S. 110) und ist eine direkte Erweiterung der Fregeschen Version der natürlichen Zahlen (S. 60). Danach ist $\bar{\bar{x}}$ gleich $\{y: y \simeq x\}$. Wenn man sagt, eine Klasse y habe z Elemente, so heißt das für unendliche wie für endliche z, daß $y \in z$.

Die arithmetischen Definitionen, die oben für die Zwecke nichtkonstruierter Kardinalzahlen formuliert wurden, schrumpfen zusammen, sobald die Besonderheiten jeder speziellen Version der Kardinalzahlen ins Spiel gebracht werden. Insbesondere verdichtet sich die Definition von $x + y$ nun zu

$$\{z: \exists w(z \cap w \in x \wedge z \cap \overline{w} \in y)\}.$$

Der Leser mag sich selbst an den anderen versuchen.

---

[1]) *Sierpiński*, 1958. S. 395.

[2]) 1930. Er behandelte Anfangsordinalzahlen und nicht so sehr Anfangskardinalzahlen, aber nach *von Neumanns* Version stimmen diese überein, wie wir gleich sehen werden. Für mehr über unerreichbare Zahlen und verwandte Dinge beachte man die Hinweise auf den Seiten 325 und 328 unten; ebenfalls *Bachmann; Kreider* und *Rogers; Mendelson,* S. 202–205.

Wir wenden uns nun der von Neumannschen Version der Kardinalzahlen zu, die ihrer Zweckmäßigkeit wegen vorzuziehen ist. Wir haben schon gesehen, daß $\aleph_z = {}^{=}\{y: y <_0 \omega_z\}$; wenn wir also die Ordinalzahlen auf unsere gewöhnliche Weise, welche die von Neumannsche ist, auffassen, so wird '$<_0$' zu '$\in$' und wir erhalten einfach $\aleph_z = {}^{=}\omega_z$. Nun erhalten wir die von Neumannsche Version der unendlichen Kardinalzahlen, indem wir noch den weiteren Schritt gehen und ${}^{=}\omega_z$ als ω_z konstituieren. Jedes Aleph, $\aleph_z$, wird somit als eine bestimmte Klasse mit $\aleph_z$ Elementen konstituiert, nämlich als die Anfangs(ordinal)-zahl ω_z selbst. Da mit dem Auswahlaxiom alle unendlichen Kardinalzahlen Alephs sind, werden damit die unendlichen Kardinalzahlen erfaßt. Als endliche Kardinalzahlen nimmt er einfach die endlichen Ordinalzahlen (oder die natürlichen Zahlen in seinem Sinne). So ist nun jede Kardinalzahl x, ob endlich oder unendlich, gleichzeitig eine Ordinalzahl und eine Klasse von x Ordinalzahlen. Sagt man in der von Neumannschen Version, y habe x Elemente, so heißt das für endliches oder unendliches x, daß $y \simeq x$.

Wir könnten von *von Neumanns* endlichen Zahlen sagen, daß jede, x, die Klasse der ersten x Ordinalzahlen ist. Wir könnten dasselbe von seinen unendlichen Kardinalzahlen sagen, nur daß es dann keine Eindeutigkeit mehr gibt: So erhält man z.B. immer dann genau $\aleph_0$ Zahlen, wenn man irgendwo in der zweiten Zahlklasse stehenbleibt. Wir können aber von seinen Kardinalzahlen sagen, daß eine jede, x, gewissermaßen die „Bodenklasse" von x Ordinalzahlen ist.

Zu unseren Definitionen. Welche Ordinalzahl ist $\bar{\bar{\alpha}}$ für *von Neumann*? Die erste Ordinalzahl $\simeq \alpha$. Oder, da eine Ordinalzahl die Klasse aller vorangehenden ist sie die Klasse aller Ordinalzahlen $< \alpha$.

30.1 '$\bar{\bar{\alpha}}$' oder '${}^{=}\alpha$' steht für '$\{x: x \in NO \wedge x < \alpha\}$'.

Eine Kardinalzahl ist *simpliciter* bei jedem Zugang etwas, das gleich $\bar{\bar{x}}$ für ein bestimmtes x ist. Bei *von Neumanns* Zugang ist sie aber die Kardinalzahl von sich selbst unter anderen Dingen, also

30.2 'NK' steht für '$\{x: x = \bar{\bar{x}}\}$'.

Bevor wir $\bar{\bar{x}}$ konstituierten, sahen wir, wie man $\aleph_z$ durch Aufzählung definieren kann und wie man dann ω_z aus $\aleph_z$ erhält. Bei unserem gegenwärtigen Zugang *ist* aber Definition von $\aleph_z$ Definition von ω_z. Was war denn dann unsere alte Definition von $\aleph_z$? Sie war $a\beta$'z, wobei β die Ordnung der unendlichen Kardinalzahlen war. Nun da die Kardinalzahlen Ordnungszahlen sind, ist die gewünschte Ordnung $\mathfrak{E}$ über den unendlichen Kardinalzahlen. Nun ist ω die Klasse der endlichen Kardinalzahlen; also ist die Klasse der unendlichen Kardinalzahlen gleich $NK \cap \bar{\omega}$. Also ist die Ordnung der unendlichen Kardinalzahlen $\mathfrak{E} \cap [(NK \cap \bar{\omega}) \times NK]$; also

30.3 'ω_α' steht für '$a(\mathfrak{E} \cap [(NK \cap \bar{\omega}) \times NK])$'$\alpha$'.

Die Definitionen, die früher für das kardinalzahltechnische '$\leqslant$' und '$<$' herangezogen wurden, entfallen natürlich für die von Neumannschen Kardinalzahlen; '$\subseteq$' und '$\in$' genügen hier, wie auch schon bei den Ordinalzahlen allgemein. Diejenigen für Summe und Produkt können für die von Neumannschen Kardinalzahlen etwas kürzer wie folgt gefaßt werden:

$x + y = {}^{=}[x \cup (y \times \{\Lambda\})]$, $x \cdot y = {}^{=}(x \times y)$.

Der Witz bei $y \times \{\Lambda\}$ liegt darin, daß diese Klasse wie y über y Elemente verfügt, aber im Gegensatz zu y keine Elemente mit x gemein hat (solange $x, y \in NO$).

In Kapitel 22 wurde bemerkt, daß die Operationen der Ordinalzahlenarithmetik in der Theorie, wenn schon nicht in der Praxis, bezeichnungsmäßig von denen in Kapitel 16 unterschieden werden sollten. Dasselbe gilt für die Kardinalzahlenarithmetik. Auch müßten die Operationen hier von denen der Ordinalzahlenarithmetik unterschieden werden, und zwar sogar dann, wenn wir nach *von Neumann* keinen Unterschied zwischen den Kardinalzahlen und den Anfangs(ordinal)zahlen machen. Bei diesem Zugang koinzidieren die Operationen der Ordinal- und Kardinalzahlenarithmetik im Endlichen, gewiß, aber im Unendlichen laufen sie auseinander. Wir bemerkten das schon im Fall der Potenzen, aber es gilt auch für Summe und Produkt. So ist z.B. die Kardinalzahlensumme oder das Kardinalzahlenprodukt $\omega + \omega = 2 \cdot \omega = \omega \cdot 2$ einfach gleich ω, während in der Ordinalzahlenarithmetik $\omega + \omega = \omega \cdot 2 \neq 2 \cdot \omega$ wie in Kapitel 22 noch nicht einmal eine Kardinalzahl ist, sondern eine Ordinalzahl zwischen den Kardinalzahlen ω und ω_1.

In der Sprache der Ordinalzahlensumme und des Ordinalzahlenprodukts im von Neumannschen Sinne kann die Kardinalzahlensumme und das Kardinalzahlenprodukt von Ordinalzahlen tatsächlich einfach als $^{=}(x + y)$ und $^{=}(x \cdot y)$ definiert werden. Diese Beobachtung verdanke ich *A. T. Tymozko.*

X. Das Auswahlaxiom

31. Selektionen und Selektoren

Zwei den Größenvergleich von Klassen betreffende Selbstverständlichkeiten wurden am Ende von Kapitel 29 angemerkt, und es hieß dort, sie würden von einem *Auswahlaxiom* abhängen, das ich an jener Stelle noch nicht formuliert habe. Diese Prämisse oder dieses Axiom geht auf *Zermelo* (1904) zurück, und es wird darin folgendes ausgesagt: Zu einer beliebigen Klasse von paarweise fremden Klassen existiert eine *Selektion* [1]) aus ihr, d.h. eine Klasse, zu der jeweils genau ein Element aus einer jeden dieser paarweise fremden Klassen (mit Ausnahme von Λ) gehört. Wir wollen eine kurze Bezeichnung für den Ausdruck 'β ist eine Selektion aus α' einführen:

31.1 'β Sln α' steht für '$\forall y[(y \in \alpha \wedge y \neq \Lambda) \rightarrow \exists x(\beta \cap y = \{x\})]$'.

Die Bedingung, daß die zu α gehörigen Klassen paarweise fremd sind, kann kurz und knapp wie folgt ausgedrückt werden: $\text{Funk}^{\cup}(\ni \restriction \alpha)$. Wenn wir also

31.2 'Aw α' steht für '$\text{Funk}^{\cup}(\ni \restriction \alpha) \rightarrow \exists w(w \text{ Sln } \alpha)$'

schreiben, so erhalten wir für das Auswahlaxiom die folgende für das Zitieren sehr bequeme Formulierung: '$\forall z(\text{Aw } z)$'.

---

[1]) Auch *Auswahlklasse* oder *Repräsentantensystem* genannt. (Anm. d. Übers.)

Anschaulich erscheint dieses Prinzip vernünftig, ja geradezu auf der Hand liegend. Ärgerlich ist nur, daß es doch nicht eine so einfache und elementare Behauptung darstellt, wie man sie sich als Ausgangspunkt wünschen würde, und daß kein Weg bekannt ist, wie man es geradewegs von etwas Einfacherem ableiten könnte. Aus diesem Grunde ist es gemeinhin üblich, zwischen Resultaten, die vom Auswahlaxiom abhängen, und solchen, die davon nicht abhängen, zu unterscheiden. Dementsprechend werde ich dieses Prinzip nicht als ein Axiom oder Axiomenschema aufnehmen, sondern es nur da, wo es erforderlich ist, als Prämisse benutzen. Ich werde es also so handhaben, wie ich auch schon die über 7.10, 13.1 und 23.12 hinausgehenden Komprehensionsannahmen behandelt habe.

Das Auswahlaxiom ist selbst keine Komprehensionsannahme, obwohl es eine Annahme über Klassenexistenz ist. Es gibt nämlich keinen generellen Weg, wie man die Selektion w bezüglich α (oder z) mittels einer Bedingung über eine Elementbeziehung mit 'α' (oder 'z') als Parameter spezifizieren könnte. Allgemein muß das Auswahlaxiom, wenn es gewünscht wird, selbst dann eigens postuliert werden, wenn man bereits den gesamten Vorrat an Komprehensionsaxiomen hineingesteckt hat.

Ich habe die Komprehensionsaxiome 7.10, 13.1 und 23.12 aufgenommen, weil sie keine unendlichen Klassen voraussetzen. Über die unendlichen Existenzen ist dadurch noch nicht entschieden, daß wir weitere Komprehensionsaxiome zurückgehalten haben. Beim Auswahlaxiom liegt in der Tat eine ähnliche Situation vor: Damit, daß wir es nicht als Axiom aufnehmen, lassen wir nur die Entscheidung über seine unendlichen Fälle offen. Wenn nämlich α (stark) endlich ist, können wir beweisen, daß Awα. Weil wir mit Komprehensionsaxiomen so knauserig waren, ist der Beweis dafür länger, als er unter anderen Umständen ausfallen würde. Es werden keine besonderen Komprehensionsprämissen hinzugefügt, und 23.12 wird gar nicht mit hineingezogen.

31.3 $(x \in \mathbb{N} \wedge \alpha \preceq \{,,,x\}) \rightarrow \text{Aw}\,\alpha$.

Beweisidee: Wenn y eine Klasse von n + 1 paarweise fremden Klassen ist, von denen eine z ist, und wenn s Sln $y \cap {}^{-}\{z\}$, dann gilt gleichfalls $(s \cap \overline{z}) \cup \{w\}$ Sln y für alle $w \in z$, falls $z \neq \Lambda$, und einfach s Sln y, falls $z = \Lambda$. Also hat jede Klasse von n + 1 paarweise fremden Klassen eine Selektion, wenn jede Klasse von n paarweise fremden Klassen eine solche hat. Nach 31.1 aber Λ Sln Λ. Somit hat nach Induktion jede endliche Klasse von paarweise fremden Klassen eine Selektion.

Einzelheiten des Beweises: y und z seien beliebige Dinge mit

$y \preceq \{,,,x\}$, [I]

Aw $y \cap {}^{-}\{z\}$. [II]

Fall 1: $z \notin y$. Dann $y \cap {}^{-}\{z\} = y$. Nach [II] Aw y.

Fall 2: $\neg$ Funk $\breve{}(\in \upharpoonright y)$. Nach 31.2 dann die leere Aussage Aw y.

Fall 3: Funk $\breve{}(\in \upharpoonright y)$ und $z \in y$. Dann

Funk $\breve{}[\in \upharpoonright (y \cap {}^{-}\{z\})]$.

Nach [II] und 31.2 gibt es somit ein s mit

s Sln $y \cap {}^{-}\{z\}$. [III]

Fall 3a: $z = \Lambda$. Wegen des '$\neq \Lambda$' in 31.1 läuft [III] dann auf '$s \operatorname{Sln} y$' hinaus. Nach 31.2 also $\mathrm{Aw}\, y$.

Fall 3b: $z \neq \Lambda$. Daher gibt es ein

$$w \in z. \qquad [IV]$$

Nach der Voraussetzung von Fall 3 überschneiden sich keine Elemente von y; wegen $z \in y$ also

$$z \cap \bigcup(y \cap {}^{-}\{z\}) = \Lambda. \qquad [V]$$

Was [III] über s aussagt, bleibt im Hinblick auf 31.1 wahr, wenn s durch Dinge verkleinert oder vergrößert wird, die nicht in $\bigcup(y \cap {}^{-}\{z\})$ liegen. Also $s \cap \overline{z} \operatorname{Sln} y \cap {}^{-}\{z\}$ nach [V], oder daher nach [IV]

$$(s \cap \overline{z}) \cup \{w\} \operatorname{Sln} y \cap {}^{-}\{z\},$$

d.h. nach 31.1

$$\forall t[(t \in y \wedge \Lambda \neq t \neq z) \rightarrow \exists r([(s \cap \overline{z}) \cup \{w\}] \cap t = \{r\})]. \qquad [VI]$$

Aber

$$[(s \cap \overline{z}) \cup \{w\}] \cap z = \{w\} \cap z$$

(nach [IV]

$$= \{w\},$$

und somit ist die Vorsicht '$t \neq z$' in [VI] nicht notwendig. Lassen wir sie fallen, so können wir [VI] nach 31.1 zu

$$(s \cap \overline{z}) \cup \{w\} \operatorname{Sln} y \qquad [VII]$$

verdichten. Also hat $(s \cap \overline{z}) \cup \{w\}$ höchstens ein Element mit jedem Element von y gemein. Das bedeutet

$$\mathrm{Funk}\{\langle u, v\rangle: u \in (s \cap \overline{z}) \cup \{w\} \wedge u \in v \in y\}.$$

Wir wollen diese Funktion β nennen. Nach [I] und 28.7 $\beta``y \preceq y$. Nach [I] und 28.12 also $\beta``y \preceq \{,,,x\}$. Offenbar aber

$$[(s \cap \overline{z}) \cup \{w\}] \cap \bigcup y \subseteq \beta``y.$$

Somit nach 28.1

$$[(s \cap \overline{z}) \cup \{w\}] \cap \bigcup y \preceq \{,,,x\}.$$

Somit nach 28.10

$$[(s \cap \overline{z}) \cup \{w\}] \cap \bigcup y \in \mathfrak{V}. \qquad [VIII]$$

Wie schon bemerkt, bleibt jede Selektion aus y eine solche, wenn sie um Dinge, die nicht zu $\bigcup y$ gehören, vermindert wird. Also nach [VII]

$$[(s \cap \overline{z}) \cup \{w\}] \cap \bigcup y \operatorname{Sln} y.$$

Somit nach [VIII] $\exists u(u \operatorname{Sln} y)$. Also nach 31.2 $\mathrm{Aw}\, y$.

Alle Fälle (1, 2, 3a, 3b): '$\mathrm{Aw}\, y$' wurde aus [I] und [II] bewiesen. Folglich

$$\forall y \forall z[(y \preceq \{,,,x\} \wedge \mathrm{Aw}\, y \cap {}^{-}\{z\}) \rightarrow \mathrm{Aw}\, y].$$

Aber auch $\forall s(s \operatorname{Sln} \Lambda)$ nach 31.1, und somit nach 31.2 $\mathrm{Aw}\, \Lambda$. Nach 28.15 schließen wir hieraus 31.3.

Somit haben wir eingesehen, daß das Auswahlaxiom nur für seine unendlichen Fälle postuliert zu werden braucht.

Es gibt noch eine andere Version des Auswahlaxioms, welche besagt, daß es zu jeder Klasse von Klassen einen *Selektor* [1]) gibt: Eine Funktion, die aus jedem Element (außer Λ) ein Element auswählt. Kurz und knapp definiert:

31.4 'β Slr α' steht für '$\beta \subseteq \in \wedge \alpha \cap {}^{-}\{\Lambda\} \subseteq \arg \beta$'.

So lautet der fragliche Satz, der sich unter vernünftigen Komprehensionsprämissen als äquivalent zum Auswahlaxiom '$\forall z$(Aw z)' erweist, wie folgt: '$\forall z \exists w$(w Slr z)'.

Zusätzlicher Allgemeinheit wegen könnten wir uns statt '$\forall z \exists w$(w Slr z)' dem entsprechenden Schema '$\exists w$(w Slr α)' zuwenden. Jetzt allerdings muß man aufpassen, wenn von Äquivalenz die Rede ist. Es ist nämlich '$\exists w$(w Slr α)' sogar unter angemessenen Komprehensionsprämissen nicht äquivalent zu 'Aw α'. Die Beziehung sieht vielmehr folgendermaßen aus: Wir können zwar tatsächlich (selbstverständlich nur, wenn die Elemente von α paarweise fremd sind) eine Selektion aus α mit Hilfe eines Selektors aus α spezifizieren; um aber umgekehrt einen Selektor aus α zu spezifizieren, machen wir nicht von einer Selektion aus α selbst Gebrauch, sondern von einer Selektion aus

$$\{y \times \{y\}: y \in \alpha\};$$

letzteres ist eine Klasse von paarweise fremden Relationen. Die Einzelheiten werden in den beiden folgenden Theoremschemata auseinandergelegt.

31.5 $(\beta \text{ Slr } \alpha \wedge \text{Funk}\,\breve{}\,(\in \restriction \alpha)) \rightarrow \beta``\alpha \text{ Sln } \alpha$.

Beweis: Auf Grund der ersten Voraussetzung und von 31.4

$$\beta \subseteq \in, \tag{1}$$

$$\alpha \cap {}^{-}\{\Lambda\} \subseteq \arg \beta. \tag{2}$$

Wir nehmen ein beliebiges x mit

$$x \in \alpha \cap {}^{-}\{\Lambda\}. \quad [I]$$

Dann gibt es nach (2) ein y mit

$$\beta``\{x\} = \{y\}. \quad [II]$$

Nach (1) dann $y \in x$; ferner nach [II] und [I] $y \in \beta``\alpha$; also

$$y \in x \cap \beta``\alpha. \quad [III]$$

Zu jedem Element v aus $x \cap \beta``\alpha$ gibt es also ein $u \in \alpha$ mit $\langle v, u \rangle \in \beta$, und somit nach (1) $v \in u$. Folglich

$$\langle v, u \rangle \in \beta, \qquad v \in x \in \alpha, \qquad v \in u \in \alpha.$$

Die beiden letzten Aussagen liefern nach der zweiten Voraussetzung $u = x$, und somit wird aus '$\langle v, u \rangle \in \beta$' '$\langle v, x \rangle \in \beta$', was zusammen mit [II] $v = y$ ergibt. So sehen wir also, daß jedes Element von $x \cap \beta``\alpha$ gleich y ist. Nach [III] also $x \cap \beta``\alpha = \{y\}$. x war aber etwas Beliebiges, das [I] erfüllte. Somit

$$\forall x[x \in \alpha \cap {}^{-}\{\Lambda\} \rightarrow \exists y(x \cap \beta``\alpha = \{y\})].$$

---

[1]) Auch *Auswahlfunktion* genannt. (Anm. d. Übers.)

Das bedeutet nach 31.1 $\beta``\alpha \operatorname{Sln} \alpha$.

31.6 $\beta \operatorname{Sln} \{y \times \{y\} : y \in \alpha\} \rightarrow \beta \cap \mathcal{E} \operatorname{Slr} \alpha$. [1])

Beweis: Nach Voraussetzung und nach 31.1

$$\forall z [z \in \{y \times \{y\} : y \in \alpha\} \cap {}^{-}\{\Lambda\} \rightarrow \exists w (\beta \cap z = \{w\})],$$

d.h.

$$\forall y [y \in \alpha \cap {}^{-}\{\Lambda\} \rightarrow \exists w (\beta \cap (y \times \{y\}) = \{w\})].$$

Das bedeutet: Ist y ein beliebiges Element von $\alpha \cap {}^{-}\{\Lambda\}$, so hat $\beta \cap (y \times \{y\})$ genau ein Element. Dieses Element muß gleich $\langle v, y \rangle$ sein, wobei v das einzige Element von y ist, das zu y in der Relation β steht, wobei demnach v auch das einzige Ding ist, das zu y in der Relation $\beta \cap \mathcal{E}$ steht. Wir haben also folgendes herausgefunden: Wenn y ein beliebiges Element von $\alpha \cap {}^{-}\{\Lambda\}$ ist, so wird genau ein Ding zu y in der Relation $\beta \cap \mathcal{E}$ stehen. Das bedeutet

$$\alpha \cap {}^{-}\{\Lambda\} \subseteq \arg(\beta \cap \mathcal{E}).$$

Somit nach 31.4 $\beta \cap \mathcal{E} \operatorname{Slr} \alpha$.

Es ist nun evident, wie auf der Grundlage von 31.5 und 31.6 die Äquivalenz der beiden Fassungen '$\forall z(\operatorname{Aw} z)$' und '$\forall z \exists w(\operatorname{Slr} z)$' des Auswahlaxioms zu beweisen sind, sofern angemessene Komprehensionsprämissen vorliegen.

Als nächstes wollen wir die Komprehensionsprämisse '$\forall w(\arg w \in \mathcal{V})$' betrachten. Sie gilt in jeder Mengenlehre, für die man sich mit einiger Wahrscheinlichkeit entscheiden wird. Eine andere Komprehensionsprämisse, von der man dasselbe sagen kann, ist '$\forall x(x \cup \{\Lambda\} \in \mathcal{V})$'. Nun beachte man, daß

$$\exists w(w \operatorname{Slr} \mathcal{V}) \rightarrow \mathcal{V} \in \mathcal{V},$$

wenn die beiden obigen Prämissen vorausgesetzt werden. Wenn nämlich $w \operatorname{Slr} \mathcal{V}$, so erhalten wir nach 31.4, daß $\arg w \cup \{\Lambda\} = \mathcal{V}$. Ferner $\arg w \in \mathcal{V}$. Da $\forall x(x \cup \{\Lambda\} \in \mathcal{V})$, erhalten wir $\mathcal{V} \in \mathcal{V}$.

Die Moral hieraus besagt, daß eine Verschärfung der Art, zu der die Fassung '$\forall z \exists w(w \operatorname{Slr} z)$' des Auswahlaxioms einlädt, unecht ist. Während '$\forall z \exists w(w \operatorname{Slr} z)$' für jede Klasse einen Selektor postuliert, fordert '$\exists w(w \operatorname{Slr} \mathcal{V})$' einen universellen Selektor. Die vorangegangene Überlegung zeigt jedoch unter Voraussetzung der beiden milden Komprehensionsannahmen, daß '$\exists w(w \operatorname{Slr} \mathcal{V})$' entweder unhaltbar ist oder bereits in '$\forall z \exists w(w \operatorname{Slr} z)$' enthalten ist, je nachdem ob $\mathcal{V} \notin \mathcal{V}$ oder $\mathcal{V} \in \mathcal{V}$.

In unserem Axiom '$\{x, y\} \in \mathcal{V}$' nahmen wir einen Standpunkt gegen äußerste Klassen ein. Für Mengenlehren, die äußerste Klassen zulassen, kann man andererseits die Frage aufwerfen, ob es dort eine Art blasses Gegenstück zu dem zuletzt betrachteten universellen Selektor gibt, nämlich einen Selektor, der nur aus jeder Menge (außer Λ) ein Element nimmt und möglicherweise äußerste Klassen vernachlässigt. Kurz besagt dieser

---

[1]) β selbst würde als Selektor von α in Frage kommen, wenn wir '$\beta \operatorname{Slr} \alpha$' einfach als '$\alpha \cap {}^{-}\{\Lambda\} \subseteq \arg(\beta \cap \mathcal{E})$' oder als '$\forall x(\Lambda \neq x \in \alpha \rightarrow \beta`x \in x)$' definiert hätten; das könnten wir auch tun, und es wären nur einige kleine Korrekturen an den Formulierungen in 31.5 und noch an anderen Stellen notwendig.

Satz, daß $\exists w(w \text{ Slr } \bigcup \mho)$. Aber auch hier findet unsere vorangegangene Überlegung ihre Anwendung: Der Satz ist unhaltbar, falls $\bigcup \mho \notin \mho$, und bereits von '$\forall z \exists w(w \text{ Slr } z)$' erfaßt, falls $\bigcup \mho \in \mho$.[1])

Mengenlehren mit äußersten Klassen wollen wir wieder unseren Rücken zukehren und uns eines weiteren Kommentars wegen wieder der Frage nach einem universellen Selektor zuwenden. '$\exists w(w \text{ Slr } \mho)$' fällt aus, wie wir sahen, wenn $\mho \notin \mho$. Doch können wir einen beachtlichen Teil der beabsichtigten Schärfe postulieren, wenn wir ein primitives Selektorprädikat 'Υ' hinzufügen. Dann können wir nämlich

$$\{\langle x, y\rangle : \Upsilon xy\} \text{ Slr} \tag{1}$$

als Axiom aufnehmen, ohne damit anzudeuten, daß $\{\langle x, y\rangle : \Upsilon xy\} \in \mho$ oder $\mho \in \mho$ oder $\exists w(w \text{ Slr } \mho)$. Wenn wir unserer neu hinzugenommenen primitiven Bezeichnung nicht die Form eines zweistelligen Selektorprädikats 'Υ', sondern die eines Selektoroperators 'σ' geben, könnten wir noch direkter einfach postulieren, daß

$$\forall x(x \neq \Lambda \rightarrow \sigma x \in x). \tag{2}$$

Bei diesem Zugang müßten wir auch die zu Grunde liegende Quantorenlogik korrigieren, um 'σx' in Positionen von Variablen zuzulassen.

Die Form (2) stammt von *Skolem* (1929). Sie kann durch Schematisierung noch ein bißchen liberalisiert werden:

$$\alpha \neq \Lambda \rightarrow \sigma\alpha \in \alpha. \tag{3}$$

Diese Formulierung ist im wesentlichen *Hilbert* zuzuschreiben.[2]) (1) bis (3) sind jedoch drastische Abweichungen. Sie ergänzen die primitive Notation, und wir haben nicht die leiseste Idee, wie man das, was sie hinzufügen, in anschauliche Begriffe übersetzen könnte.

32. Weitere äquivalente Formulierungen des Axioms

Eine andere äquivalente Formulierung des Auswahlaxioms besagt, daß jede Funktion eine umkehrbar eindeutige Funktion umfaßt, die dieselben Werte aufweist. Das bedeutet

$$\forall y[\text{Funk } y \rightarrow \exists x(\text{Umk } x \wedge x \subseteq y \wedge x``\mho = y``\mho)]. \tag{I}$$

Wenn nämlich Funk y, so ist

$$\{z : \exists w(z = \breve{y}``\{w\})\}$$

[1]) Das Axiom E von *Gödel*, 1940, S. 6, kommt in unserer Bezeichnung genau auf '$\exists w(w \text{ Slr } \bigcup \mho)$' hinaus. Für sein System war das aber einfach äquivalent zu '$\forall z \exists w(w \text{ Slr } z)$', denn '$\bigcup \mho \in \mho$' folgt aus seinen anderen Axiomen. Wenn er es „eine sehr starke Form des Auswahlaxioms" nennt, so kontrastiert er es mit den beiden folgenden, die nach seinem 5.19 wiederum zueinander äquivalent sind:

$\forall z(z \in \bigcup \mho \rightarrow \exists w(w \text{ Slr } z))$, $\forall z(z \in \bigcup \mho \rightarrow \exists w(w \in \bigcup \mho \wedge w \text{ Slr } z))$.

[2]) So formuliert und angegeben von *Bernays* und *Fraenkel*, S. 197. Angespielt wird auf den Hilbertschen ϵ-Operator; vgl. *Hilbert* und *Bernays*, Bd. 2, S. 9 ff.

eine Klasse paarweise fremder Klassen und hat daher nach dem Auswahlaxiom eine Selektion u; dann erfüllt $y \upharpoonright u$ die in [I] an 'x' gestellte Bedingung, wie das folgende Theoremschema zeigt.

32.1 $[C_1 \wedge \text{Funk}\, y \wedge \beta \text{ Sln } \{z: \exists w(z = \breve{y}``\{w\})\}] \rightarrow [\text{Umk}\, y \upharpoonright \beta \wedge (y \upharpoonright \beta)`` \vartheta = y`` \vartheta]$.

Beweis: Nach 31.1 und der letzten Voraussetzung

$$\forall z \forall w [z = \breve{y}``\{w\} \neq \Lambda \rightarrow \exists x(\beta \cap z = \{x\})]. \quad (1)$$

Wegen 'C_1' $\breve{y} \in \vartheta$. Also nach 'C_1' und 29.3 $\breve{y}``\{w\} \in \vartheta$. Somit können wir '$\breve{y}``\{w\}$' für 'z' in (1) einsetzen. Folglich

$$\forall w [\breve{y}``\{w\} \neq \Lambda \rightarrow \exists x(\beta \cap \breve{y}``\{w\} = \{x\})].$$

Das bedeutet

$$\forall w [w \in y`` \vartheta \rightarrow \exists x(\breve{\ }(y \upharpoonright \beta)``\{w\} = \{x\})].$$

Daher nach 10.2

$$y`` \vartheta \subseteq \arg \breve{\ }(y \upharpoonright \beta). \quad (2)$$

Nach 10.10 also $\text{Funk}(y \upharpoonright \beta)$. Nach der zweiten Voraussetzung somit $\text{Umk}\, y \upharpoonright \beta$. Wegen (2) aber auch $(y \upharpoonright \beta)`` \vartheta = y`` \vartheta$.

Soviel zu (1) als Folgerung aus dem Auswahlaxiom. Um umgekehrt das Auswahlaxiom aus [I] zu erhalten, nehme man als y von [I] $\{\langle y, w \rangle : w \in y \in z\}$. Daraufhin wird das Antezedenz von [I] genau zu dem von 'Aw z' gemäß 31.2, während das Sukzedenz besagt, daß eine gewisse umkehrbar eindeutige Funktion x eine Teilklasse von $\{\langle y, w \rangle :$ $w \in y \in z\}$ ist und denselben linken Bereich hat. Man sieht nun leicht ein, daß $\breve{x}`` \vartheta \text{ Sln } z$, und damit ist 'Aw z' verifiziert. Die Komprehensionsprämissen, die implizit in dieser Überlegung enthalten sind, können leicht enthüllt werden.

Ein anderer klassischer Satz, der zum Auswahlaxiom äquivalent ist, scheint oberflächlich gesehen allgemeiner als [I] zu sein; er besagt, daß jede Relation eine Funktion umfaßt, die denselben rechten Bereich hat. Das heißt

$$\forall y \exists x(\text{Funk}\, x \wedge x \subseteq y \wedge \breve{x}`` \vartheta = \breve{y}`` \vartheta). \quad [II]$$

Von den bisher angegebenen zum Auswahlaxiom äquivalenten Aussagen ist

$$\forall z \exists w(w \text{ Slr } z)$$

diejenige, von der wir am leichtesten zeigen können, daß sie zu [II] äquivalent ist. Wir können sie aus [II] ableiten, indem wir als y in [II] $\bar{\in} \upharpoonright z$ nehmen. Das x, das nach [II] existiert, erweist sich daraufhin als eine Funktion w, die 'w Slr z' erfüllt, was aus 31.4 leicht einzusehen ist. Um umgekehrt [II] abzuleiten, nehmen wir

$$z = \{u: \exists v(u = y``\{v\})\}$$

und beachten dann, daß [II] erfüllt wird von

$$x = \{\langle u, v \rangle : \langle u, y``\{v\} \rangle \in w\},$$

wobei w Slr z. Die hier zum Tragen kommenden Komprehensionsprämissen liegen auf der Hand.

Zu größerer Verwunderung gibt die Tatsache Anlaß, daß das *Numerierungstheorem* zum Auswahlaxiom äquivalent ist; es besagt, daß jede Klasse z der linke Bereich einer Folge (im Sinne von SEQ) ist. Insbesondere ist z der linke Bereich einer Folge ohne Wiederholungen, also einer Folge, die eine umkehrbar eindeutige Funktion ist. So gibt es also eine umkehrbar eindeutige Beziehung zwischen den Elementen von z und den Ordinalzahlen bis zu einer bestimmten Ordinalzahl. Mit einem Wort: Die Elemente einer jeden Klasse können numeriert werden.

Wenn β Slr $\{x\colon x \subseteq z\}$, so läßt sich tatsächlich eine spezielle Numerierung w von z in anschaulichen Begriffen beschreiben, und zwar wie folgt. Der Selektor β wählt aus jeder Teilklasse x (außer Λ) von z ein repräsentatives Element β'x aus. Nun ordnet die Numerierung w der Ordinalzahl Λ das repräsentative Element β'z von z selbst zu; der nächsten Ordinalzahl, $\{\Lambda\}$, ordnet sie das repräsentative Element $\beta‘(z \cap {}^{-}\{\beta‘z\})$ von $z \cap {}^{-}\{\beta‘z\}$ zu; allgemein ordnet sie jeder Ordinalzahl y das repräsentative Element $\beta‘[z \cap {}^{-}(w“y)]$ derjenigen verbliebenen Elemente von z zu, die noch nicht einer Ordinalzahl bis zu y zugeordnet sind (falls solche noch vorhanden sind).

Das geeignete Mittel, die Folge w formal zu beschreiben, ist transfinite Rekursion. Dazu sehen wir uns nach ihrer erzeugenden Funktion um. Wenn die Klasse u aller Wert-Argument-Paare der Folge w bis zum Argument y (ausschließlich) vorliegt – was ist dann w‘y? Es ist β von den Verbliebenen von z; also β von z-vermindert-um-all-die-früheren-Werte, also $\beta‘[z \cap {}^{-}(u“\vartheta)]$. Also lautet die erforderliche erzeugende Funktion

$$\{\langle y, u\rangle\colon \langle y, z \cap {}^{-}(u“\vartheta)\rangle \in \beta\},$$

oder kurz $\Psi_{\beta z}$, wenn wir

32.2 ‘$\Psi_{\beta z}$’ für ‘$\{\langle y, x\rangle\colon \langle y, \gamma \cap {}^{-}(x“\vartheta)\rangle \in \beta\}$’

schreiben. Die gesuchte Numerierung w von z ist dann $A\Psi_{\beta z}$.

Dementsprechend besagt der Kern des Numerierungstheorems, der jetzt zu beweisen ist, daß $A\Psi_{\beta z}$ eine umkehrbar eindeutige Funktion ist, deren linker Bereich gleich z und deren rechter Bereich eine Ordinalzahl ist, wobei β Slr $\{x\colon x \subseteq z\}$. Vollständig mit Komprehensionsprämissen lautet der Satz wie folgt:

32.3 $(C_1 \wedge \beta \text{ Slr}\{x\colon x \subseteq z\} \wedge w = A\Psi_{\beta z}) \rightarrow (\text{Umk } w \wedge w“\vartheta = z \wedge \breve{w}“\vartheta \in NO)$.

Beweis: Wegen ‘C_1’

$$\breve{w}“\vartheta \in \vartheta. \tag{1}$$

Auf Grund der zweiten Voraussetzung und der Definition

$$\beta \subseteq \in, \tag{2}$$

$$\{x\colon \Lambda \neq x \subseteq z\} \subseteq \arg\beta. \tag{3}$$

Höchstens ein Ding steht zu einer beliebigen Teilklasse von z in der Relation β: Nach (2) gibt es kein solches Ding, wenn die Teilklasse gleich Λ ist, und sonst nach (3) genau ein solches. Also nach 32.2

$$\text{Funk } \Psi_{\beta z}. \tag{4}$$

Nach 26.4 und der letzten Voraussetzung somit SEQ w. D.h.

$$\text{Funk } w \tag{5}$$

und $\breve{w}``\vartheta \in NO$ oder $\breve{w}``\vartheta = NO$. Also nach (1) und 24.4

$$\breve{w}``\vartheta \in NO. \tag{6}$$

Wegen 'C$_1$' und 29.3 $\forall v(w``v \in \vartheta)$. Also wegen 'C$_1$'

$$\forall v(z \cap {}^{-}(w``v) \in \vartheta). \tag{7}$$

$\langle u, v\rangle \in w$ sei beliebig. Nach (5) $u = w`v$. Ferner $v \in \breve{w}``\vartheta$, und hieraus und aus (4) können wir nach 26.5 und der letzten Voraussetzung schließen, daß $\langle w`v, w\restriction v\rangle \in \Psi_{\beta z}$, d.h. $\langle u, w\restriction v\rangle \in \Psi_{\beta z}$, d.h. nach 32.2 (da $w\restriction v \in \vartheta$ wegen 'C$_1$')

$$\langle u, z \cap {}^{-}[(w\restriction v)``\vartheta]\rangle \in \beta,$$

d.h. $\langle u, z \cap {}^{-}(w``v)\rangle \in \beta$, und somit nach (2) und (7) $u \in z \cap {}^{-}(w``v)$. $\langle u,v\rangle$ war aber ein beliebiges Element aus w. Also

$$\forall u\forall v[\langle u, v\rangle \in w \rightarrow (u \in z \wedge u \notin w``v)]. \tag{8}$$

Als nächstes betrachten wir u, v, v$'$ mit $\langle u, v\rangle, \langle u, v'\rangle \in w$. Nach (8) dann $u \notin w``v$, und somit $v' \notin v$, da $\langle u, v'\rangle \in w$. Ähnlich: $v \notin v'$. Doch $v, v' \in \breve{w}``\vartheta$, und somit nach (6) und 23.10 $v \in v'$ oder $v' \in v$ oder $v = v'$. Also $v = v'$. Somit Funk $\breve{w}$. Also nach (5)

$$\text{Umk}\, w. \tag{9}$$

Nach (8)

$$w``\vartheta \subseteq z. \tag{10}$$

Wegen 'C$_1$' $z \cap {}^{-}(w``\vartheta) \in \vartheta$. Also

$$z \cap {}^{-}(w``\vartheta) \in \{x\colon x \subseteq z\}.$$

Also

$$z \nsubseteq w``\vartheta \rightarrow z \cap {}^{-}(w``\vartheta) \in \{x\colon \Lambda \neq x \subseteq z\}$$

(nach (3)) $$\rightarrow z \cap {}^{-}(w``\vartheta) \in \arg\beta. \tag{11}$$

Aus (1) und (4) erhalten wir nach 26.6 und der letzten Voraussetzung, daß $w \notin {}^{\cup}\Psi_{\beta z}``\vartheta$. Das heißt nach 32.2

$$\forall y[\langle y, z \cap {}^{-}(w``\vartheta)\rangle \notin \beta].$$

Also $z \cap {}^{-}(w``\vartheta) \notin \arg\beta$. Also nach (11) $z \subseteq w``\vartheta$. Dies war zusammen mit (10), (9) und (6) zu beweisen.

Um umgekehrt vom Numerierungstheorem zum Auswahlaxiom, beispielsweise in der Form '$\forall z\exists w(w \text{ Slr } z)$', zu gelangen, nehme man irgendeine Klasse z und irgendeine Numerierung y von $\bigcup z$. Den folgenden Selektor von z kann man dann erhalten: Die Funktion w, die angewandt auf irgendein $x \in z \cap {}^{-}\{\Lambda\}$ als $w`x$ dasjenige Element von x ergibt, das nach der Numerierung y die kleinste Nummer erhält. Ich übergehe die Einzelheiten.

Es ist ein bekanntes Phänomen unter unendlichen Klassen, daß man sie in umkehrbar eindeutige Beziehung zu einer echten Teilklasse von sich selbst setzen kann. Spezialfälle hiervon wurden in Kapitel 28 und Kapitel 30 angegeben; siehe auch die vorletzte Aussage im Beweis von 24.8, welche zeigt, daß

$$\omega \subseteq z \in NO \rightarrow z \simeq z \cup \{z\} \tag{III}$$

(unter einer Komprehensionsprämisse). Diese Eigenschaft wurde von *Dedekind* (1888) dazu verwandt, Unendlichkeit zu definieren: Eine unendliche Klasse ist eine Klasse x mit $\exists y(x \simeq y \subset x)$ oder – wenn wir den wesentlichen Punkt hervorheben wollen – mit $\exists y(x \preceq y \subset x)$. Will man beweisen, daß diese Bedingung von Unendlichkeit in einem üblicheren Sinne – sagen wir '$\mathbb{N} \preceq x$' oder

$$\forall z(x \simeq z \in NO \rightarrow \omega \subseteq z) \qquad [IV]$$

impliziert wird, so braucht man das Auswahlaxiom und gibt so ein Beispiel für die Anwendung des Numerierungstheorems. Nehmen wir an, x sei eine unendliche Klasse im Sinne [IV]. Nach dem Numerierungstheorem $x \simeq z$ für ein gewisses $z \in NO$. Nach [IV] $\omega \subseteq z$ und somit nach [III] $z \simeq z \cup \{z\}$. Also $z \cup \{z\} \preceq z \preceq x$ nach 11.2. Also $z \cup \{z\} \preceq x$ (vorausgesetzt, '$\preceq$' ist transitiv, was '$\forall v \forall w(v|w \in \vartheta)$' bewirkt). Nach 11.1 also $z \cup \{z\} \subseteq u``x$ für eine gewisse Funktion u. Setzen wir '$C_1$' voraus, so ist ein gewisses y gleich $x \cap {}^{-}(\breve{u}``\{z\})$; vgl. 29.3. Wegen Funk u erhalten wir $z \subseteq u``y$ und $y \subset x$. Also $z \preceq y \subset x$. Nach 11.2 aber $x \preceq z$. Also $x \preceq y \subset x$.

Das berühmteste Äquivalent zum Auswahlaxiom ist der *Wohlordnungssatz* von *Zermelo* (1904), der besagt, daß jede Klasse wohlgeordnet werden kann. Genauer: Jede Klasse ist das Feld einer Wohlordnung, es sei denn, sie hat nur ein Element. Das heißt

$$\forall z(\exists x(z = \{x\}) \vee \exists x[\text{Wohlord } x \wedge z = (x \cup \breve{x})``\vartheta)]). \qquad [V]$$

Nach dem Numerierungstheorem ist das evident, denn eine Numerierung y von z schafft für die Elemente von z parallel zur Wohlordnung der numerierenden Ordinalzahlen die Wohlordnung $y | \mathfrak{E} | \breve{y}$. Der Wohlordnungssatz war jedoch historisch gesehen ein Hauptresultat, denn *Zermelo* bewies ihn vor dem Numerierungstheorem. Tatsächlich leitet sich der obige Beweis des Numerierungstheorems teilweise von *Zermelos* Beweis des Wohlordnungssatzes ab.

Wie man umgekehrt von [V] auf '$\forall z \exists w(w \text{ Slr } z)$' schließt, wird aus der Überlegung ersichtlich, die drei Kapitel weiter vorn skizziert wurde.

Eine einfachere und in einer gewissen Weise stärkere Variante von [V] besagt, daß die Allklasse wohlgeordnet werden kann:

$$\exists x[\text{Wohlord } x \wedge (x \cup \breve{x})``\vartheta = \vartheta]. \qquad [VI]$$

Wir erhalten dieses natürlich dadurch aus [V], daß wir ϑ für z nehmen (falls $\vartheta \in \vartheta$), und umgekehrt erhalten wir [V] hieraus mit Hilfe von 21.9, indem wir x für α und z für β nehmen (falls $x \cap (z \times z) \in \vartheta$). [VI] ist in der Hinsicht stärker als [V], daß $\vartheta \in \vartheta$ in Mengenlehren weniger häufig als $x \cap (z \times z) \in \vartheta$ für alle x und z ist. Doch wäre es eine merkwürdige Mengenlehre, die [VI] für stärker als [V] ansähe und doch [VI] als möglicherweise wahr betrachten würde. Es müßte eine Mengenlehre sein, die weder '$\vartheta \in \vartheta$' noch '$\forall x[(x \cup \breve{x})``\vartheta \in \vartheta]$' zuließe, denn letzteres ergibt zusammen mit [VI] '$\vartheta \in \vartheta$'.

Über das, was [VI] entgegensteht, braucht man sich tatsächlich nicht zu wundern, denn eine universelle Wohlordnung wie die von [VI] würde wesentliche Eigenschaften mit $\mathfrak{E} \upharpoonright NO$ teilen, und NO's Unfähigkeit zu existieren, wurde schon in 24.4 angemerkt.

Könnte der Effekt einer universellen Wohlordnung gewonnen werden, ohne daß man den extravaganten Existenzanspruch von [VI] hinnimmt, indem man die drastische Zeile aufnimmt, die am Ende von Kapitel 31 hingeschrieben wurde? Man nehme für β den universellen Selektor $\lambda_x \sigma x$ ohne eine Annahme über $\beta \in \vartheta$. 32.3 scheint dann eine Numerierung von ϑ und damit eine Wohlordnung von ϑ zu sichern. Ärgerlich ist an dieser Schlußweise nur, daß ein solcher Gebrauch von 32.3 ebenso extravagante Existenzannahmen erfordert.

Die drastische Zeile, die am Ende von Kapitel 31 für den universellen Selektor in Betracht gezogen wurde, könnte jetzt natürlich einfach für die universelle Wohlordnung kopiert werden, anstatt zu versuchen, die eine aus der anderen zu erhalten. Das würde die Aufnahme eines primitiven Prädikats 'F' bedeuten, das den folgenden Axiomen unterworfen ist:

$$\text{Wohlord}\ \{\langle x, y\rangle\colon Fxy\}, \qquad \forall x \exists y(Fxy \vee Fyx).$$

Es gibt noch beachtenswerte Äquivalente zum Auswahlaxiom, die ich noch gar nicht berührt habe. Das eine ist der *Hausdorffsche Satz*, daß jede Halbordnung eine maximale Ordnung umfaßt. D.h. wenn z eine Halbordnung ($z|z \subseteq z \subseteq {}^-I$) ist, so gibt es eine Ordnung $x \subseteq z$, die in dem Sinne maximal ist, daß $x \subset y \subseteq z$ für keine Ordnung y gilt. Ein anderes Äquivalent, als *Zornsches Lemma* bekannt, besagt folgendes: Ist v eine Klasse, derart daß $\bigcup w \in v$ für jede Kette $w \subseteq v$, dann hat v ein Element u, das in dem Sinne maximal ist, daß $\forall y \neg (u \subset y \in v)$. Das Zornsche Lemma kann man wie folgt aus dem Satz von *Hausdorff* erhalten. Nehmen wir für z in dem Satz von *Hausdorff*

$$\{\langle s, t\rangle\colon s \subset t \wedge s, t \in v\},$$

(sofern es existiert), so wissen wir, daß es eine maximale Ordnung $x \subseteq z$ gibt. Ihr Feld ist eine Kette $w \subseteq v$. Nach der Voraussetzung des Zornschen Lemmas gilt dann $\bigcup w \in v$. Man sieht aber leicht ein, daß $\bigcup w$ maximal in dem Sinne $\forall y \neg (\bigcup w \subset y \in v)$ ist.[1]

33. Die Stellung des Axioms

Gegen Ende des Kapitels 29 kamen wir durch das Gesetz der Vergleichbarkeit '$x \preceq y \vee y \preceq x$' auf das Auswahlaxiom. Jetzt wollen wir dieses Gesetz beweisen, wozu Komprehensions- und Auswahlprämissen erforderlich sind.

33.1 $(C_1 \wedge \forall u \forall v(u|v \in \vartheta) \wedge A\Psi_{zx},$
$A\Psi_{wy} \in \vartheta \wedge z\ \text{Slr}\ \{u\colon u \subseteq x\} \wedge w\ \text{Slr}\ \{u\colon u \subseteq y\}) \rightarrow (x \preceq y \vee y \preceq x).$

Beweis: Auf Grund von Voraussetzungen und 32.3 gibt es s und t mit

$$\text{Umk}\ s, \qquad \text{Umk}\ t, \tag{1}$$

$$s``\vartheta = x, \qquad t``\vartheta = y, \tag{2}$$

$$\breve{s}``\vartheta, \qquad \breve{t}``\vartheta \in \text{NO}. \tag{3}$$

Wegen (3) und 23.21 $\breve{s}``\vartheta \subseteq \breve{t}``\vartheta$ oder umgekehrt, sagen wir $\breve{s}``\vartheta \subseteq \breve{t}``\vartheta$. Nach (2) dann $x = (s|\breve{t})``y$. Darüber hinaus nach (1) Funk $s|\breve{t}$. Darüber hinaus nach 'C_1' $\breve{t} \in \vartheta$, so daß nach der zweiten Voraussetzung $s|\breve{t} \in \vartheta$. Diese Resultate ergeben zusammen nach der Definition, daß $x \preceq y$. Im anderen Fall $y \preceq x$.

---

[1]) Zum Auswahlaxiom und seinen Äquivalenten siehe ferner *Bernays* und *Fraenkel*, chap. VI, *Rosser, Logic for Mathematicians*, chap. XIV, *Suppes*, chap. VIII, *Rubin*.

Im letzten Satz von Kapitel 29 wurde ein weiteres einfaches Gesetz über Klassenvergleich als abhängig vom Auswahlaxiom erwähnt. Es läuft auf das folgende hinaus, wenn 'C_1' und eine Auswahlprämisse vorangesetzt werden und ein griechischer Buchstabe unterdrückt wird.

33.2 $(C_1 \wedge u \text{ Sln } \{v\colon \exists w(v = z \cap \breve{y}``\{w\})\} \wedge \text{Funk}\, y \wedge \alpha \subseteq y``z) \rightarrow \exists x(\text{Umk}\, x \wedge \alpha \subseteq x``z)$.

Beweis: Wegen 'C_1'

$$y{\restriction}z \in \vartheta\,. \tag{1}$$

Nach der zweiten Voraussetzung

$$u \text{ Sln } \{v\colon \exists w(v = {}^{\smile}(y{\restriction}z)``\{w\})\}, \tag{2}$$

weil $z \cap \breve{y}``\{w\}$ gleich ${}^{\smile}(y{\restriction}z)``\{w\}$ ist. Wegen Funk y

$$\text{Funk}\, y{\restriction}z. \tag{3}$$

Substitution für 'y' in 32.1 unter Berücksichtigung von (1) ergibt, daß (3), (2) und 'C_1'

$$\text{Umk}\,(y{\restriction}z){\restriction}u, \tag{4}$$

$$((y{\restriction}z){\restriction}u)``\vartheta = (y{\restriction}z)``\vartheta = y``z \tag{5}$$

implizieren. Nach (1) und 'C_1' gibt es ein x mit $x = (y{\restriction}z){\restriction}u$. Dann $x``\vartheta = x``z$, und somit nach (5) $x``z = y``z$, und folglich wegen der letzten Voraussetzung $\alpha \subseteq x``z$. Nach (4) also Umk x.

Wir wissen, daß '$x \preceq y \vee y \preceq x$' und verwandte Gesetze vom Auswahlaxiom oder vom *Schröder-Bernstein-Theorem* abhängen oder trivial sein können, je nachdem ob wir die eine oder andere Auswahl unter natürlichen Definitionen von '$\preceq$' treffen. Die Situation in der elementaren Arithmetik der Kardinalzahlen ist nun im wesentlichen dieselbe, da das '$\leqslant$' der Kardinalzahlenarithmetik parallel zu '$\preceq$' ist:

$$\bar{\bar{x}} \leqslant \bar{\bar{y}} \leftrightarrow x \preceq y. \tag{I}$$

Nach unseren Definitionen hängt '$x \preceq y \vee y \preceq x$' vom Auswahlaxiom ab; also können wir sicher sein, daß das '$z \leqslant w \vee w \leqslant z$' der unendlichen Kardinalzahlenarithmetik ebenfalls vom Auswahlaxiom abhängen wird, wenn wir das '$\leqslant$' ohne weitere Umstände mittels der Übereinstimmung [I] definieren. Andererseits könnten wir aber auch die Definition von '$\leqslant$' auf Überlegungen ruhen lassen, die abseits von [I] liegen; das geschieht, wenn wir die Kardinalzahlen als gewisse Ordinalzahlen im von Neumannschen Sinne auffassen, denn das '$\leqslant$' für Ordinalzahlen im allgemeinen und Kardinalzahlen im besonderen läuft dann einfach auf '$\subseteq$' hinaus. Bei diesem Zugang ergibt sich '$z \leqslant w \vee w \leqslant z$' aus 23.21, das zwar vielleicht nicht trivial ist, jedenfalls aber nicht vom Auswahlaxiom abhängt. In dem Moment aber, in dem '$z \leqslant w \vee w \leqslant z$' auf die eine oder andere Weise vom Auswahlaxiom losgekommen ist, dürfen wir sicher sein, daß das Bindeglied [I] selbst nun vom Auswahlaxiom abhängt.

Nehmen wir uns jetzt einmal den Satz vor, daß allgemein eine Klasse eine Kardinalzahl hat. Nach der Kardinalzahlversion von *Frege-Whitehead-Russell* hat eine Klasse x einfach $\{y\colon y \simeq x\}$ als Kardinalzahl. Diese wird nicht leer sein, da $x \simeq x$, und ihrer Existenz könnte man sich durch Komprehensionsaxiome versichern. Das Auswahlaxiom steht hier nicht zur Diskussion. Was aber geschieht mit dem Satz nach der von Neumannschen Version der Kardinalzahlen? Hier ist die Kardinalzahl einer Klasse x gleich der ersten Ordinalzahl $\simeq x$, so daß wir zu zeigen haben, daß allgemein eine Ordinalzahl $\simeq x$ existiert. An dieser Stelle kommt nun das Auswahlaxiom ins Spiel. Wir wenden das Numerierungstheorem 32.3 an um zu zeigen, daß es eine Ordinalzahl (nämlich $\breve{A}\Psi_{yx}``\vartheta$, wobei y Slr $\{z: z \subseteq x\}$) gibt, die $\simeq x$ ist; somit setzen wir voraus, daß

$\exists y(y \text{ Slr } \{z: z \subseteq x\})$.

Es stimmt zwar, daß x nach dem von Neumannschen Plan die Ordinalzahl $\{y: y \in NO \wedge y \prec x\}$ ist und daß es eher eine Frage von Komprehensionsaxiomen als vom Auswahlaxiom ist, ob diese existiert. Das aber ist nur eine Spitzfindigkeit. Die so definierten Kardinalzahlen werden die ihnen zugedachte Aufgabe des Messens nur dann erfüllen, wenn, wie beabsichtigt, allgemein $x \simeq \bar{\bar{x}}$; und das ist letzten Endes eine Frage, ob es allgemein eine Ordinalzahl $\simeq x$ gibt.

Wir wissen, daß Widersprüche sich aus zu weittragenden Komprehensionsaxiomen ergeben. Die Einschränkungen, die in solchen Axiomen beachtet werden, sind von System zu System verschieden, insbesondere können sie auf solche Weise in das Gebiet der Ordinalzahlen eingreifen, daß sie uns trotz des Auswahlaxioms gelegentlich für ein x der Ordinalzahl $\simeq x$ berauben. Insbesondere hat das Numerierungstheorem 32.3, das gerade eben herangezogen wurde, seinen Anteil an Komprehensionsprämissen. Das ist der Grund, warum ich oben ausweichend 'allgemein' sagte. Das Auswahlaxiom wird aber, wie beschrieben, immer noch für x im allgemeinen benötigt.

Es bedeutet keine Kritik an dem von Neumannschen Zugang, daß das Auswahlaxiom hier, aber nicht bei *Frege-Whitehead-Russell*, benötigt wird um sicherzustellen, daß eine Klasse allgemein in einem relevanten Sinne eine Kardinalzahl hat. Denn bezeichnenderweise bewirkt die Wende, die das eine Paket von Theoremen unabhängig vom Auswahlaxiom macht, nur, daß dafür andere, ebenso dringliche Theoreme von ihm abhängen. Insbesondere erweist sich das Auswahlaxiom bei dem Zugang von *Frege-Whitehead-Russell* als notwendig um zu zeigen, daß die Kleiner-Größer-Relation unter Kardinalzahlen eine Wohlordnung ist, während das bei dem von Neumannschen Zugang aus '$NK \subseteq NO$', 24.3 und 21.9 ohne das Auswahlaxiom folgt.

Diese und weitere von uns genannten Beispiele, vor allem '$x \preceq y \vee y \preceq x$' machen die Dringlichkeit des Auswahlaxioms deutlich. Deshalb mag es bedauernswert sein, daß wir es nicht aus früheren Annahmen beweisen können, und es ist zu hoffen, daß es widerspruchsfrei zu diesen hinzugefügt werden könnte. Über diesen letzten Punkt werden wir von *Gödel* (1940) beruhigt. Er nimmt als Ausgangspunkt das von Neumann-Bernayssche System der Mengenlehre (Kapitel 43), welches tiefgehende, aber nicht offensichtlich unbillige Annahmen über unendliche Klassen einschließt, und er zeigt, daß es, vorausgesetzt, es ist widerspruchsfrei, auch widerspruchsfrei bleibt, wenn das Auswahlaxiom hinzugefügt wird.

Seine Argumentation verwendet ein Hilfsmittel von *von Neumann* (1929), welches *Shepherdson* seitdem ein *inneres Modell* genannt hat: Er grenzt einen speziellen Teil des Universums aus der von Neumann-Bernaysschen Mengenlehre ab und zeigt, daß alle

Axiome weiter gelten, wenn man ihren Variablen gestattet, als Werte nur Dinge aus diesem speziellen Teil des Universums zu nehmen.

Um dies genauer auszuführen, wollen wir uns der Idee der Relativierung zuwenden. Als 'α' habe man einen vorliegenden Term im Sinn, d.h. eine spezielle Variable oder einen Abstraktionsterm in dem unverbindlichen Sinne von 2.1. Nun kann die durch irgendeine Quantifizierung, sagen wir '$\forall x\, Fx$' oder '$\exists x\, Fx$', gebundene Variable auf diesen Term *beschränkt* werden (wie ich es nennen werde), indem man '$\forall x\, Fx$' auf '$\forall x(x \in \alpha \rightarrow Fx)$' und '$\exists x\, Fx$' auf '$\exists x(x \in \alpha \wedge Fx)$' umschreibt; eine freie Variable 'y' einer Formel kann auf diesen Term beschränkt werden, indem man dieser Formel die Bedingung '$y \in \alpha \rightarrow$' voranschreibt. Eine Formel auf einen gegebenen Term zu *relativieren*, besteht schließlich darin, gleichzeitig alle Variablen der Formel nach den obigen Verfahren auf den Term zu beschränken (nachdem man zuerst alle definierten Bezeichnungen so weit ausgebreitet hat, daß alle gebundenen Variablen der Formel Quantifizierungsvariablen sind).[1])

Das von Neumann-Bernayssche System hat so, wie *Gödel* es formuliert, acht Komprehensionsaxiome, die in seiner Konstruktion eine Rolle spielen.[2]) Jedes hat die Form

$$\forall x\, \forall y\, \exists z\, \forall w(w \in z \leftrightarrow \ \ldots w \ldots x \ldots y \ldots)$$

---

[1]) Dieser Relativierungsbegriff, der einfacher als der Gödelsche ist, weicht von jenem in zwei oberflächlichen Punkten ab. Einmal benutzte ich nur eine Variablensorte, wo *Gödel* eine Variablensorte für Mengen im besonderen und eine andere für Klassen im allgemeinen verwendet. Deshalb kann ich die Relativierung erklären, ohne wie *Gödel* jede der beiden Variablensorten für sich zu behandeln. Es ist aber eine Frage des Stils, denn wenn 'a' eine Mengenvariable ist, sind *Gödel*s '$\forall a\, Fa$' und '$\exists a\, Fa$' wie folgt zu übersetzen:

$$\forall x\, \forall y(x \in y \rightarrow Fx), \qquad \exists x \exists y(x \in y \wedge Fx).$$

Hinzu kommt noch eine weitere Abweichung. Sie bewirkt, daß Relativierung beispielsweise auf 'L' (unten) in seinem Sinne Relativierung auf '$\{x\colon x \subseteq L\}$' in meinem Sinne ist. Diese Abweichung paßt den Begriff weiteren nützlichen Anwendungen in den letzten Kapiteln und in anderweitiger neuerer Literatur an (z.B. *Oberschelp*).

[2]) Für Leser, die meine Übersicht mit dem Gödelschen Original vergleichen wollen, gebe ich hier die Zusammenhänge an. *Gödel*s Axiom B_1, S. 5, sollte man sich für die Zwecke meiner Übersicht als das Komprehensionsaxiom

$$\exists z\, \forall w[w \in z \leftrightarrow \exists u \exists v(u \in v \wedge \langle u, v\rangle = w)]$$

vorstellen, wobei meine Variablen anders als *Gödel*s kleine Variablen universell sind. Die Axiome B5 – 8 übertragen sich mit ähnlichen Verdrehungen. B3 – 4 werden auf direktere Weise übernommen. B2 entfällt wegen *Gödel*s Bemerkung unterhalb der Mitte auf S. 35. So also steht es mit sieben der acht zur Diskussion stehenden Komprehensionsaxiome. Das achte ist

$$\forall x\, \forall y\, \exists z\, \forall w(w \in z \leftrightarrow [\exists u(w \in u) \wedge (w = x \vee w = y)]),$$

welches gerade den Teil von *Gödel*s Axiom A4, S. 3, ausmacht, der als reines Komprehensionsaxiom zählt. Der verbleibende Teil von A4 läßt sich als ein Axiom abtrennen, das besagt, daß diese Klasse eine Menge ist:

$$\forall x\, \forall y\, (\forall w[w \in z \leftrightarrow (w = x \vee w = y)] \rightarrow \exists w(z \in w)).$$

Um dies zu verstehen, muß der Leser den Unterschied in unseren Konventionen über Variablen beachten und ferner, daß durch einen Druckfehler in *Gödel*s A4 '$\forall u$' fehlt.

– im schlimmsten Falle; in einigen fehlt 'x', in einigen fehlt 'y', aber indem wir leere Vorkommen einführen, können wir alle acht als gleich in der Form ansehen. So stellt jedes Komprehensionsaxiom für alle x und y die Existenz einer bestimmten Klasse sicher, die wir im Fall des ersten Axioms kurz x ① y, im Fall des zweiten x ② y. usw. nennen wollen.

Nun beschreibt *Gödel* eine transfinite Folge, die er F nennt. Ich stelle die genauen Bedingungen, denen sie unterworfen ist, noch zurück und gebe erst einmal eine Beschreibung von F, wobei meine Ziffern Ordinalzahlen bezeichnen. F'0 ist gleich Λ. F'1 bis F'8 sind jeweils gleich (F'0) ① (F'0) bis (F'0) ⑧ (F'0), also gleich Λ ① Λ bis Λ ⑧ Λ. F'9 ist gleich F"9, also gleich {F'0, … F'8}. F'10 bis F'17 sind jeweils gleich (F'0) ① (F'1) bis (F'0) ⑧ (F'1). F'18 ist wieder gleich F"18. F'19 ist gleich (F'1) ① (F'0), usw. Allgemein ist F'9x gleich F"9x, und F'(9x + 1) bis F'(9x + 8) sind jeweils gleich (F'y) ① (F'z) bis (F'y) ⑧ (F'z), wobei $\langle y, z \rangle$ das Ordinalzahlpaar ist, das an der x-ten (von der 0-ten an gezählten) Stelle einer standardisierten Ordnung der Paare von Ordinalzahlen auftritt. Insbesondere ist also F'ω gleich F"ω oder gleich {F'0, F'2, …} und enthält als Elemente Λ und (F'y) ① (F'z), … , (F'y) ⑧ (F'z) für alle endlichen y und z. Dann ist F'(ω + 1) gleich (F'0) ① (F'ω), usw. Tatsächlich zeigt *Gödel*, wie F formal innerhalb des von Neumann-Bernaysschen Systems zu definieren ist.

Das von Neumann-Bernayssche System hat natürlich neben diesen acht Komprehensionsaxiomen noch andere Axiome. Einige davon sind Axiome über die Eigenschaft von Klassen, Mengen zu sein, denn es handelt sich um ein System mit äußersten Klassen (vgl. Kapitel 6). Nun zu der Bedingung, die ich zurückgestellt hatte: x ① y, … , x ⑧ y werden nicht alle auf ganz direktem Wege aus den acht Komprehensionsaxiomen gewonnen, sondern sind teilweise so modifiziert, daß sicher ist, daß alle acht Mengen sind, sofern x und y Mengen sind.

Gödel nennt F" ϑ die Klasse der ***konstruktiblen*** Mengen, kurz L. Also ist F eine Numerierung von L, und es ist sichergestellt, daß es eine Wohlordnung von L gibt (nämlich $F | \in |^{\cup} F$, vgl. Kapitel 32). Das kann, wie er aufweist, innerhalb des von Neumann-Bernaysschen Systems bewiesen werden, natürlich ohne daß das Auswahlaxiom benutzt wird.

Als nächstes stellt *Gödel* sein inneres Modell des von Neumann-Bernaysschen Systems auf (abzüglich des Auswahlaxioms), indem er zeigt, daß die Axiome in Theoreme dieses Systems übergehen, wenn sie auf

$$\{x: x \subseteq L \wedge \forall y(y \in L \rightarrow x \cap y \in L)\}$$

relativiert werden. Es folgt, daß (abgesehen von inneren Widersprüchen) nichts in den Axiomen enthalten sein kann, das andere Klassen als Teilklassen von L oder dementsprechend andere Mengen als Elemente von L zwingend erfordert. Kurz: '$\mathsf{U}\,\vartheta = L$' ist mit den Axiomen verträglich, falls sie widerspruchsfrei sind.[1]) Aus '$\mathsf{U}\,\vartheta = L$' könnten wir aber nach dem vorangegangenen Abschnitt ableiten, daß es eine Wohlordnung von

---

[1]) In *Gödels* Monographie erscheint diese Gleichung als 'V = L'. In unserer Bezeichnung ist aber sein V, die Klasse aller Mengen, gleich $\mathsf{U}\,\vartheta$ (siehe Kapitel 6).

$\bigcup \mathfrak{V}$ gibt. Dann können wir wiederum wegen $\forall x(x \subseteq \bigcup \mathfrak{V})$ aus 21.9 ableiten, daß jede Klasse x wohlgeordnet werden kann. Dann können wir auch das Auswahlaxiom ableiten. Also ist das Auswahlaxiom mit diesen Axiomen verträglich, wenn diese selbst untereinander verträglich sind.

Diese Argumentation ist nicht so einfach, wie diese Skizze vielleicht nahelegt. Zwischen der Aussage, daß die Axiome keine anderen Mengen als Elemente von L erfordern, und der Aussage, daß '$\bigcup \mathfrak{V} = L$' mit den Axiomen verträglich ist, klafft eine Lücke. Denn könnten wir nicht herausfinden, daß wir, wenn wir $\bigcup \mathfrak{V}$ als L nehmen, die Interpretation von '$\in$' so stören, daß die Formel, welche die Definitionen zu '$\bigcup \mathfrak{V} = L$' abkürzen, auf einmal etwas anderes aussagt, was dann doch mit den Axiomen in Widerspruch steht? *Gödel* beweist, daß das nicht der Fall ist, aber es muß auch bewiesen werden.

*Gödel*s Resultat läßt sich nicht auf jede Mengenlehre anwenden, aber es läßt sich auf das Zermelosche und auf das Zermelo-Fraenkelsche System übertragen (§§ 38–39, unten). So war in der Tat auch der ursprüngliche Rahmen des Gödelschen Beweises, wie er in 1939 skizziert wurde. Es mag ganz instruktiv sein, hier anzugeben, wie sich das Resultat von dem System von *von Neumann - Bernays* auf das System von *Zermelo - Fraenkel* überträgt. Die folgende Überlegung verdanke ich *Dreben.*

Das Zermelo-Fraenkelsche System kennt nur Mengen, und es ist in dem Sinne in das von Neumann-Fraenkelsche System eingebettet, daß alle Theoreme des Zermelo-Fraenkelschen Systems als Theoreme über Mengen in dem System von *von Neumann - Bernays* gelten. Wenn wir also insbesondere in dem Zermelo-Fraenkelschen System beweisen könnten, daß $\neg \forall z \exists w (w \text{ Slr } z)$, so könnten wir in dem von Neumann-Bernaysschen System beweisen, daß nicht jede Menge z einen Selektor w hat, der eine Menge ist. In diesem Falle könnten wir aber auch in dem von Neumann-Bernaysschen System einfach beweisen, daß $\neg \forall z \exists w (w \text{ Slr } z)$, denn in diesem System sind alle Selektoren von Mengen wieder Mengen (vgl. S. 162[1])). Daher ist '$\forall z \exists w (w \text{ Slr } z)$' mit dem Zermelo-Fraenkelschen System verträglich, wenn es mit dem von Neumann-Bernaysschen System verträglich ist. Darüber hinaus gibt es einen Beweis (vgl. S. 234), daß der Zermelo-Fraenkelsche System widerspruchsvoll ist, falls auch das andere so ist. So läßt sich der Gödelsche Satz, daß das von Neumann-Bernayssche System mit dem Auswahlaxiom verträglich ist, falls es ohne letzteres widerspruchsfrei ist, übertragen.

Es gibt ein frühes Resultat von *Fraenkel* (1922), das, verbessert von *Lindenbaum* und *Mostowski* (1938) und später von *Mendelson* (1958) und *Shoenfield* (1955), im groben zu diesem von *Gödel* dual ist. Es besagt, daß das Auswahlaxiom von der übrigen Mengenlehre unabhängig ist. *Gödel* zeigte, daß das Auswahlaxiom nicht verworfen werden kann, es sei denn, der Rest des Systems, das er benutzte, ist widerspruchsvoll; *Mendelson* und *Shoenfield* zeigten, daß das Axiom auch nicht bewiesen werden kann, es sei denn, der Rest des Systems ist widerspruchsvoll. Die Symmetrie war nicht eine vollkommene, weil *Mendelson* und *Shoenfield* eine Mengenlehre benutzten, die schwächer als die von *Gödel* verwandte ist: Genauer gesagt, schwächer im Fundierungsaxiom. In noch jüngerer Zeit hat *Cohen* neue Ideen zum Tragen gebracht und damit diese Einschränkung überwunden.

Gödels Widerspruchsfreiheitsbeweis geht über das Auswahlaxiom hinaus und behandelt ebenso die Kontinuumshypothese – auch die verallgemeinerte (vgl. Kapitel 30). Denn er zeigt, daß auch die verallgemeinerte Kontinuumshypothese gilt, wenn $\bigcup \vartheta = L$. (Nebenbei, erstere impliziert auch das Auswahlaxiom.[1])) Die besondere Bedeutung von *Cohens* neulicher Arbeit liegt darin, daß er auch die Unabhängigkeit der verallgemeinerten Kontinuumshypothese zeigt.

---

[1]) *Sierpiński*, 1947; *Tarski* und *Lindenbaum*. Siehe *Sierpiński*, 1958, S. 534 ff.

Dritter Teil: **Axiomensysteme**

XI. Die Russellsche Typentheorie

34. Der konstruktive Teil

Wir haben in den vorangegangengen Abschnitten ein Kernstück der Mengenlehre umrissen, ohne uns dabei auf irgendwelche bedeutsamen Existenzannahmen festzulegen. Wir hatten 7.10, 13.1 und 23.12, welche uns endliche Klassen gaben. Daneben haben wir es mit Ad-hoc-Existenzprämissen zu tun gehabt, die innerhalb der Theoreme, die sie verwendeten, ausgedrückt wurden.

In den noch verbleibenden Kapiteln werde ich verschiedene der wesentlichen Systeme von Existenzannahmen beschreiben, die in der Literatur über Mengenlehre eine prominente Rolle eingenommen haben, und ich werde sie auch einander gegenüberstellen. Ich werde den historischen Zugang mit dem logischen mischen und dabei die strukturellen Zusammenhänge zwischen den Systemen und die Auswirkungen von Abweichungen in den Vordergrund stellen.

Die Unterschiede zwischen den einzelnen Systemen sind tiefgründig. Einige der Systeme, die wir betrachten werden, sind sogar mit 7.10 unverträglich. Am Ende werde ich dafür plädieren, wie man solche Systeme modifizieren und dabei doch ihre guten Seiten beibehalten kann.

In diesem Kapitel beschreibe ich eins der Systeme, das Pionierarbeit geleistet hat, und zwar die *Russellsche Typentheorie* von 1908. Sie ist ein System, das sich aus Russells versuchsweisen Vorschlägen von 1903 mit Hilfe einer Idee von *Poincaré* herauskristallisierte.[1])

Poincaré versuchte, in der Russellschen Antinomie eher einen subtilen Trugschluß als den Zusammenbruch unwandelbarer Prinzipien zu sehen. Er machte dafür einen Zirkelschluß verantwortlich. Die definierende charakteristische Eigenschaft der paradoxen Klasse ist '$\forall x(x \in y \leftrightarrow x \notin x)$', und die Antinomie ergibt sich, wie wir wissen, daraus, daß man der quantifizierten Variable 'x' hier gestattet, y selbst als Wert anzunehmen. Es ist, so argwöhnte er, nicht legitim, eine Klasse y oder irgendeine Klasse, zu deren Beschreibung y vorausgesetzt wird, in den Bereich der Quantifizierung aufzunehmen,

---

[1]) *Russell,* 1903, Appendix B; *Poincaré,* 1906, S. 307. Wie *Poincaré* angibt, findet sich eine Spur von *Poincarés* Idee bereits bei *Richard,* 1905.

der zur Festlegung von y selbst benutzt wird. Er nannte das verdächtige Vorgehen *imprädikativ.* [1]) Wir dürfen bei der Definition von y nicht y vorwegnehmen.

Eine Definition im offenkundigsten Sinne liegt vor, wenn eine neue Bezeichnung als Abkürzung für eine alte eingeführt wird. Die Frage nach der Rechtmäßigkeit kann nicht im Zusammenhang mit einer Definition auftreten, solange man über ein mechanisches Verfahren verfügt, mit dem man die neue Bezeichnung in allen Fällen eindeutig zu Gunsten der alten eliminieren kann. *Poincaré* kritisiert nicht, daß man irgendein spezielles Symbol als Abkürzung für '$\{x: x \notin x\}$' definiert, sondern daß man annimmt, daß eine solche Klasse überhaupt existiert, daß eine Klasse y existiert, die '$\forall x(x \in y \leftrightarrow x \notin x)$' erfüllt. Wir werden besser nicht von imprädikativer Definition, sondern von imprädikativer Beschreibung von Klassen und – was die Crux der ganzen Angelegenheit ist – von imprädikativen Annahmen über die Existenz von Klassen sprechen.

Wie steht es nun um den Zirkelschluß? Ein zirkulares Argument verführt sein Opfer dazu, unbemerkt eine These als Prämisse zu ihrem eigenen Beweis anzunehmen. Eine zirkulare Definition schmuggelt das Definiendum in das Definiens hinein und verhindert so die prinzipielle Eliminierbarkeit zu Gunsten der ursprünglichen Notationen. Imprädikative Beschreibung von Klassen ist jedoch nichts davon. Es ist eigentlich kein Vorgehen, das man schief ansehen müßte, außer wenn einen die Paradoxien zwingen, das eine oder andere schief anzusehen.

Wir dürfen nämlich nicht meinen, Klassen würden buchstäblich dadurch geschaffen, daß man sie beschreibt, daß man sie also eine nach der anderen aufführt und daß sie somit im Laufe der Zeit ihrer Zahl nach vermehrt werden. *Poincaré* beabsichtigte keine zeitliche Ausführung der Klassentheorie. Die Grundvorstellung von den Klassen besagt eher, daß sie von Anbeginn an da sind. Wenn das so ist, ist in imprädikativer Beschreibung kein offenkundiger Trugschluß zu sehen. Es ist vernünftig, eine gewünschte Klasse auszusondern, indem man eine Eigenschaft von ihr angibt, auch wenn man dabei Gefahr läuft, zusammen mit allem anderen in der Allklasse auch über sie zu quantifizieren. Imprädikative Beschreibung ist nicht ersichtlich verdächtiger als eine bestimmte Person als Normalverbraucher zu bezeichnen, und das auf Grund von Durchschnittswerten, in die seine eigenen Werte eingehen.

So kann man das von *Poincaré* und *Russell* geltend gemachte Verbot nicht als die Entlarvung eines zwar versteckten, aber offenkundigen (wenn erst einmal entdeckten) Trugschlusses ansehen, der den Paradoxien zu Grunde lag. Es ist eher einer der verschiedenen Vorschläge, das Gesetz der Komprehension

$$\exists y \forall x(x \in y \leftrightarrow Fx)$$

---

[1]) Das Wort macht sich schlecht. 1906 nannte *Russell* eine Elementbedingung prädikativ, um damit auszudrücken, daß in der gerade vorliegenden Mengenlehre eine Klasse vorkommt, die dieser Elementbedingung entspricht. *Poincaré* schloß sich dem Russellschen Gebrauch an; es ergab sich dann nur, daß die Elementbedingungen, die er als prädikativ in diesem Sinne erklären wollte, diejenigen waren, die die Quasizirkularität, gegen die er anging, vermieden. Geradewegs erhielt der Begriff daraufhin den letzteren Sinn und wurde von ersterem unabhängig. Als nächstes gab *Russell* dem Begriff einen mehr technischen, doch verwandten Sinn, wie wir in der Mitte dieses Kapitels sehen werden. In jeder Version muß der Begriff streng von 'Prädikat' getrennt werden, was ich weiter in dem zu Anfang von Kapitel 1 erklärten Sinn benutze.

einzuschränken und damit die Gesamtheit der Klassen so weit auszudünnen, bis sie konsistent wird.

Dieser Vorschlag ist jedoch insofern weniger willkürlich als einige Alternativen, als er eine Art Konstruktionsprinzip verwirklicht: Er begrenzt Klassen auf solche, die über einen unendlichen Zeitraum hinweg aus unspezifizierten Anfängen erzeugt werden *könnten,* indem man für jede Klasse eine Elementbedingung verwendet, die nur präexistente Klassen erwähnt. Abgesehen von dieser Konstruktionsvorstellung besteht das hervorstechende Merkmal einer solchen Mengenlehre darin, daß ihr Universum eine (transfinite) Ordnung zuläßt, derart daß jede Klasse, die überhaupt durch eine Elementbedingung beschrieben ist, durch eine solche beschrieben ist, bei der die Werte aller Variablen auf Dinge beschränkt sind, die früher in der Ordnung vorkommen.

Wenn wir uns jetzt den Einzelheiten von *Russells* System von 1908 zuwenden [1]), so legen wir speziell den Klassenbegriff für eine Weile zur Seite, denn die Russellsche Typentheorie beginnt mit anderen Begriffen.

Für *Russell* bestand das Universum aus Individuen in einem bestimmten Sinne, aus Attributen und Relationen von ihnen, aus Attributen und Relationen solcher Attribute und Relationen, usw. aufwärts. Seine eigene Bezeichnung für die Attribute und Relationen hieß *'propositional functions'.* Er benutzte 'φ', 'ψ', ... als Variablen dafür. Um auszudrücken, daß x das Attribut φ hat, daß x zu y in der Relation ψ steht, usw. benutzte er die Bezeichnungsweise 'φx', '$\psi(x, y)$', usw. Zur *Abstraktion* von 'Aussagenfunktionen' aus Aussagen setzte er einfach Variablen mit einem *accent circonflexe* in die Argumentstellen ein. Das Attribut, y zu lieben, und das, von x geliebt zu werden, würde somit durch '$\hat{x}$ liebt y' bzw. 'x liebt $\hat{y}$' wiedergegeben, durch die Analoga der Klassenabstraktionsterme '$\{x: x$ liebt $y\}$' und '$\{y: x$ liebt $y\}$'. Die Relation des Liebens und ihre Konverse, die $\{\langle x, y\rangle: x$ liebt $y\}$ und $\{\langle y, x\rangle: x$ liebt $y\}$ entsprechen, ergeben sich als '$\hat{x}$ liebt $\hat{y}$' und '$\hat{y}$ liebt $\hat{x}$', und die Richtung wird so durch die alphabetische Ordnung bestimmt.[2])

Kommen solche Abstraktionsterme in größeren Zusammenhängen vor, so findet man manchmal keine Anhaltspunkte, ob man eine Variable mit *accent circonflexe* so auffassen soll, als bewirke sie eine Abstraktion von einer kurzen Klausel oder als bewirke sie diese von einer längeren umfassenden Klausel; das ist vor allem dann der Fall, wenn mehrere Abstraktionsterme in dem Absatz vorkommen. *Russell* blieb diese Schwierigkeit in der Praxis vor allem wegen einer modifizierten und überlegenen Bezeichnung für Klassen und Relationen, die in wesentlichen Aspekten der von uns in früheren Kapiteln benutzten ähnlich ist, erspart, und zwar führte er diese durch Kontextdefinition ein und hielt an ihr bei allen schwierigen Untersuchungen fest. Wenn ich aber jetzt seine Theorie in ihren Grundzügen darlege, möchte ich versuchen, mit seiner Grundbezeichnung auszukommen und mich am Rande ihrer Fallgruben entlangzubewegen.

---

[1]) Ich erwähne die Arbeit von 1908 wegen ihrer Priorität. Üblicherweise liest man diesen Stoff in den leichter zugänglichen ersten Teilen der Principia Mathematica nach.

[2]) *Whitehead* und *Russell*, vol. 1, S. 200.

Er klassifizierte seine Individuen und Aussagenfunktionen in folgender Weise in sogenannten *Ordnungen ('orders')*. Individuen waren von der Ordnung 0. Gewisse, nichtspezifizierte Aussagenfunktionen von Individuen waren von der Ordnung 1, jedoch nicht alle. Für die übrigen wurde die Ordnung einer Aussagenfunktion dadurch bestimmt, daß man den abstrahierenden Ausdruck, der sie benennt, betrachtet. Als diese Ordnung wurde die kleinste ganze Zahl genommen, die die Ordnung aller darin vorkommenden gebundenen Variablen, d.h. der Variablen mit *accent circonflexe* und der quantifizierten Variablen, übertrifft. Unter der Ordnung einer Variablen verstand man die Ordnung der Werte, die sie annehmen konnte, und es gehörte wesentlich zu *Russell*s Plan, daß jede Variable – implizit, wenn nicht durch einen sichtbaren Index – auf Werte einer einzigen Ordnung beschränkt wird. Auf diese Weise verhinderte *Russell*, daß eine Aussagenfunktion als Wert von gebundenen Variablen, die zu ihrer Beschreibung verwendet werden, auftreten kann; die Aussagenfunktion hatte immer eine zu hohe Ordnung, um ein Wert für solche Variablen sein zu können.

In dem obigen Bericht gibt es ein charakteristisches Hin und Her zwischen Zeichen und Objekt: Die Aussagenfunktion erhält ihre Ordnung aus dem abstrahierenden Ausdruck, und die Ordnung einer Variablen ist die Ordnung der Werte. Die Darstellung wird erleichtert, wenn man dem Wort 'Ordnung' einen doppelten Sinn zugesteht, der Ordnungen gleichzeitig den Bezeichnungen und – parallel dazu – ihren Objekten zuweist. Man mag sich vorstellen, daß die Ordnung einer jeden Variablen (um damit zu beginnen) durch eine Zahl als oberen Index kenntlich gemacht wird, daß man dann die Ordnung eines jeden abstrahierenden Ausdrucks nach dem obigen Verfahren berechnet und daß diese sich dann auf die dadurch benannte Aussagenfunktion überträgt. *Russell*s eigene Darstellung verwischt einfach den Unterschied zwischen dem abstrahierenden Ausdruck (oder gar zwischen der offenen Aussage) und der Aussagenfunktion (oder dem Attribut oder der Relation); das ist jedoch eine Eigenart, die ich nicht kopieren werde, und ich werde Gelegenheit haben, sie zu beklagen.

Da Extensionalität dasjenige ist, was Klassen und Attribute unterscheidet, hat *Russell* es hier offenbar eher mit Attributen als mit Klassen zu tun. Zwei Attribute können nämlich von verschiedener Ordnung und somit sicherlich unterschiedlich sein, und trotzdem sind die Dinge, die jeweils das eine oder andere Attribut haben, dieselben. So ist z.B. das Attribut $\forall\varphi(\varphi\hat{x} \leftrightarrow \varphi y)$, wobei '$\varphi$' die Ordnung 1 hat, ein Attribut einzig und allein von y, und ferner ist das Attribut $\forall\chi(\chi\hat{x} \leftrightarrow \chi y)$, wobei '$\chi$' die Ordnung 2 hat, wieder ein Attribut einzig und allein von y, doch das eine Attribut hat die Ordnung 2, das andere die Ordnung 3.

Bei den Relationen in dem Sinne, in dem man von *Russell*s Aussagenfunktionen als von Attributen und Relationen sprechen kann, handelt es sich um sogenannte *intensionale Relationen*. Das heißt, daß sie insofern gleich Attributen und ungleich bloßen Klassen von geordneten Paaren, geordneten Tripeln usw. sind, als sie unter Umständen voneinander verschieden sein können, obwohl sie ausschließlich dieselben Dinge zueinander in Relation setzen. Man kann sie sich als Attribute von geordneten Paaren, Tripeln usw. vorstellen. (*Russell* jedoch analysierte sie nicht weiter in dieser Weise.)

Neben Aussagenfunktionen von einer Variablen (oder Attributen) und Aussagenfunktionen von mehreren Variablen (oder Relationen) nahm *Russell* auch Aussagenfunktionen von keiner Variablen (oder Aussagen) auf; seine Theorie der Ordnungen ist auf Aussagen ebenso anwendbar wie auf Aussagenfunktionen von einer oder mehreren Variablen. Ich sehe jedoch keinen Wert darin, diesem Faden der Historie nachzugehen.

Viele Attribute hatten für *Russell* eine Ordnung, die um zwei oder mehr höher war als die der Dinge, die diese Attribute aufweisen. Ein Beispiel dafür wurde in $\forall\varphi(\varphi\hat{x} \leftrightarrow \varphi y)$ gesehen. Ein anderes Beispiel ist $\exists\varphi(\psi\varphi \wedge \varphi\hat{x})$, das Attribut, ein Attribut zu haben, das das Attribut ψ hat. Einige Attribute hatten dagegen gerade die nächst höhere Ordnung als die Dinge, die diese Attribute haben. Ein Beispiel könnte $\forall x(\hat{\varphi}x \leftrightarrow \psi x)$ sein, das Attribut, dieselbe Extension wie ψ zu haben. Solche Attribute nannte *Russell prädikativ.*[1]) Der Zusammenhang zwischen diesem technischen Gebrauch des Wortes und dem Gebrauch, der letztlich *Poincaré* zugeschrieben wird, besteht darin, daß ein Klassenabstraktionsterm ('$\{x: Fx\}$') seine Klasse in *Poincarés* Sinne eher prädikativ als imprädikativ beschreibt, wenn und nur dann wenn der entsprechende Attributabstraktionsterm ('$F\hat{x}$') ein prädikatives Attribut benennt. Wenn *Russell* auch Attribute zuließ, die nicht in seinem Sinne prädikativ waren, so war das doch offensichtlich kein Hohn auf *Poincarés* Verordnung, solange nur prädikative Attribute Klassen festlegen sollen.

Natürlich dehnte *Russell* den Begriff 'prädikativ' auch auf Aussagenfunktionen aus, die keine Attribute sind. Er nannte eine zweistellige Relation prädikativ, wenn ihre Ordnung um 1 höher ist als die der Dinge aus dem linken Bereich der Relation oder als die der Dinge aus dem rechten Bereich – je nachdem welche die höhere ist. Ähnlich geht es für n-stellige Relationen.

Russells Kriterium für die Ordnung einer Aussagenfunktion setzt offensichtlich voraus, daß jede Variable in erkennbarer Weise auf eine einzige Ordnung beschränkt ist. Tatsächlich ging er noch weiter: Jede Variable für Attribute sollte sich nur auf solche Attribute beziehen, die ihrerseits wieder von einer ganz bestimmten Ordnung sind und deren Argumente – die Dinge, die diese Attribute haben – auch wieder von einer einzigen ganz bestimmten Ordnung sind. Entsprechend sollte jede Variable für Relationen sich nur auf Relationen von einer einzigen bestimmten Ordnung beziehen, und diese Relationen wieder sollten nur Argumente von einer ganz bestimmten Ordnung an erster Stelle, und nur Argumente von einer einzigen Ordnung an zweiter Stelle, usw. zulassen.
Eine vollständige formale Darstellung der Theorie würde vielleicht obere Indizes (Ziffern) an den Variablen für Aussagenfunktionen erfordern, die die Ordnung der betreffenden Aussagenfunktion bezeichnen, und ferner untere Indizes, die die Ordnung der für diese Aussagenfunktionen zulässigen Argumente angeben; im Falle von Relationen müßte eine Reihe von unteren Indizes auftreten, die jeweils die Ordnung des zulässigen ersten Arguments, die des zweiten Arguments, usw. angeben.

Russell forderte, daß die Ordnung einer Aussagenfunktion die Ordnung jeder ihrer Argumente übertrifft. Wenn eine Aussagenfunktion geradewegs durch die Abstraktionsbezeichnung gegeben ist, dann liegt diese Beschränkung schon in dem, was vorhin gesagt wurde, nämlich daß die Ordnung die der Variablen mit *accent circonflexe* übertreffen soll.

[1]) 1908. *Whitehead* und *Russell* verwenden den Begriff in einem engeren Sinne, S. 164f.

Aber sie wird als zusätzliche Beschränkung gebraucht, wenn die Aussagenfunktion nur als Wert einer Variablen auftritt. In solchen Fällen läuft die Beschränkung, wenn man es mit oberen und unteren Indizes sagen will, auf die Forderung hinaus, daß die oberen Indizes einer Variablen ihre unteren Indizes übertreffen. So explizit war *Russell* allerdings nicht.

Die Bezeichnungsformen 'φx', '$\varphi(x, y)$', usw., die die Attribution bezeichnen, wurden nur dann als sinnvoll akzeptiert, wenn die Ordnung des Arguments oder die Ordnungen der Argumente zu der zugesprochenen Aussagenfunktion passen. In der Sprache der Indizes bedeutet das, daß der obere Index des Arguments oder die oberen Indizes mehrerer Argumente zu dem unteren Index oder den unteren Indizes der Aussagenfunktion passen müssen.

In der Praxis aber unterdrückte *Russell* die Indizes allesamt durch die Konvention der sogenannten *systematischen Mehrdeutigkeit (systematic ambiguity)*. Die Konvention besagte effektiv, daß man sich die Indizes in einer Weise vorstellen müsse, die mit der vorangegangenen grammatischen Beschränkung konform geht.

Es kamen Gelegenheiten, bei denen *Russell* in seine Formel einige Information über die Ordnungen der Variablen, die über die minimale Forderung nach grammatischer Konformität hinausgeht, einschließen wollte. Obwohl es ihm nicht um die absolute Ordnung ging, wollte er manchmal zum Ausdruck bringen, daß die Ordnung der einen oder anderen Aussagenfunktion gerade die nächste nach denen ihrer Argumente sein sollte. Anstatt zu diesem Zweck wieder die vollständigen Indizes einzusetzen, führte er ein Ausrufungszeichen nach einigen der Vorkommen der betreffenden Aussagenfunktionsvariablen ein, um damit anzuzeigen, daß die Variable sich auf prädikative Aussagenfunktionen der einen oder anderen Ordnung beziehen sollte. Diese Bezeichnungsweise wird zu Beginn des nächsten Kapitels illustriert.

Im allgemeinen ist es bei der Darstellung formaler Systeme der Mengenlehre angenehm, wenn man die Standardlogik der aussagenlogischen Verknüpfungen und Quantoren als eine feste Unterstruktur annehmen kann, zu der man nur noch die Axiome der in Rede stehenden speziellen Mengenlehre hinzufügen muß. Wir können uns hier im gegenwärtigen Zeitpunkt nicht ganz an diese Richtlinie halten, weil implizit eine Vielheit von Variablensorten vorliegt. Die impliziten unterscheidenden Indizes sind schon eine Abweichung von der Standardlogik der Quantifizierung mit ihrer einzigen Variablensorte. Diese Abweichung kann jedoch hauptsächlich in Sätzen wie '$\forall x\, Fx \rightarrow Fy$' und '$Fy \rightarrow \exists x\, Fx$' lokalisiert werden, welche Variablenwechsel betreffen. Diese Sätze müssen wir einschränken und fordern, daß die Variable in der Rolle des 'y' von derselben Sorte wie die in der Rolle des 'x' ist, d.h. daß sie dieselben Indizes trägt.[1])

[1]) Mehrsortige Logik wird weiter in Kapitel 37 untersucht. Zum Thema 'Abweichungen von der Standardlogik' könnte man auch *9 der *Principia* erwähnen wegen des seltsamen Zugangs zur Quantorentheorie. *9 stellt jedoch nur eine Ausweichmöglichkeit zu der klassischen Behandlung in *10 dar; darüber hinaus handelt es sich dabei um Ordnungen von Aussagen, die ich nicht weiter verfolgen wollte.

Wenn Indizes hingeschrieben werden, so legen sie die Ordnungen solcher Aussagenfunktionen fest, auf die mit den Variablen selbst Bezug genommen wird. Indirekt fixieren sie auch die Ordnungen von Aussagenfunktionen, die von Ausdrücken der Abstraktion benannt werden, denn wir haben gesagt, daß die Ordnung um 1 höher ist als die höchste gebundene Variable. Diese Übersicht befaßt sich aber nur mit den abstrahierenden Ausdrücken, in denen alle Variablen durch Quantoren oder *accents circonflexes* gebunden sind. Um allgemein sagen zu können, welche Ausdrücke in legitimer Weise unter dem Gesetz '$\forall x\, Fx \rightarrow Fy$' für Variable eingesetzt werden können, die vorgegebene Indizes tragen, müssen wir auch abstrahierenden Ausdrücken mit freien Variablen eine Ordnung zuweisen. Es ist leicht zu sehen, daß die in diesem Fall weiterhin noch benötigte Bedingung besagt, daß die Ordnung des abstrahierenden Ausdrucks nicht kleiner als die der freien Variablen festzusetzen ist (dabei müssen sie auch noch die der gebundenen Variablen übertreffen); das genügt, um uns daran zu hindern, die anderen Beschränkungen durch nachfolgende Einsetzung für die fraglichen freien Variablen wieder zu versetzen. *Russell* schwieg zu diesem Detail, doch seine Verwendung stimmt mit unserer Erläuterung überein.

Außer den Variablen (mit ihren Indizes oder Ausrufungszeichen) und der logischen Bezeichnung der Quantifizierung und der aussagenlogischen Verknüpfungen, sind die speziellen Bezeichnungen der Russellschen Theorie die Bezeichnungen der Attributzugehörigkeit ('φx', '$\varphi(x, y)$', usw.) und die Verwendung von *accents circonflexes* für die Abstraktion von Aussagenfunktionen. Außer den allgemeinen logischen Gesetzen über aussagenlogische Verknüpfungen und Quantoren (eingeschränkt wie oben) ist das besondere Prinzip der Russellschen Typentheorie gerade das der Konkretisierung (vgl. 2.1):

$$(F\hat{x})y \leftrightarrow Fy, \qquad (F\hat{x}\hat{y})(z, w) \leftrightarrow Fzw, \text{ usw.} \tag{1}$$

Um *Russell* gegenüber gerecht zu sein, muß wieder gesagt werden, daß er sich über diese Dinge nicht aussprach.

Wir wollen nun sehen, wie die Russellsche Antinomie in seiner Theorie vermieden wird. Wenn ψ die Aussagenfunktion $\neg\hat{\varphi}\hat{\varphi}$ (das Attribut, nicht ein Attribut von sich selbst zu sein) ist, dann erhalten wir durch die Konkretisierung, daß $\forall\chi(\psi\chi \leftrightarrow \neg\,\chi\chi)$ und somit insbesondere, daß $\psi\psi \leftrightarrow \neg\,\psi\psi$. Die Russellschen Einschränkungen verhindern aber diese Schlußweise auf zweifache Art. Zunächst einmal wird die Kombination '$\varphi\varphi$' als ungrammatisch ausgeschlossen, da die Ordnung einer Aussagenfunktion die ihrer Argumente übertreffen muß. Und selbst wenn sie noch nicht ausgeschlossen wäre: Definiert man ψ als $\neg\,\hat{\varphi}\hat{\varphi}$, so erhält ψ eine höhere Ordnung als ihre gebundene Variable 'φ', und somit ist es uns nicht gestattet, χ für ψ in dem Schritt einzusetzen, der zu '$\psi\psi \leftrightarrow \neg\,\psi\psi$' führte.

35. Klassen und das Reduzibilitätsaxiom

Wir sind froh, daß sich die Theorie als zu schwach für die Antinomien herausgestellt hat. Jedoch erweist sie sich auch als zu schwach für einige Beweisführungen der klassischen Mathematik, auf die zu verzichten wir wohl kaum vorbereitet sind. Ein Beispiel dafür ist der Beweis, daß jede beschränkte Klasse reeller Zahlen eine kleinste obere Schranke hat.

Wir wollen annehmen, die reellen Zahlen seien in der Russellschen Theorie auf eine Weise entwickelt worden, die parallel zu der Entwicklung von Abschnitt VI verläuft, bei der allerdings Attribute die Stelle von Klassen einnehmen und Zuordnung zu Attributen die Elementbeziehung zu Klassen ersetzt. Gemäß Kapitel 18 und Kapitel 19 ist die kleinste obere Schranke einer beschränkten Klasse z von reellen Zahlen die Klasse $\bigcup z$ oder $\{x: \exists y(x \in y \in z)\}$. Parallel dazu könnten wir also erwarten, daß die kleinste obere Schranke eines beschränkten Attributes φ von reellen Zahlen in *Russells* System gleich dem Attribut $\exists \psi(\varphi\psi \wedge \psi\hat{x})$ ist. Die Schwierigkeit besteht nun aber darin, daß unter der Russellschen Ordnungsdoktrin die kleinste obere Schranke $\exists \psi(\varphi\psi \wedge \psi\hat{x})$ von höherer Ordnung ist als die reellen Zahlen ψ, die unter das Attribut φ, dessen kleinste obere Schranke gesucht ist, fallen.

Kleinste obere Schranken braucht man für die gesamte klassische Technik der Infinitesimalrechnung, der die Stetigkeit zu Grunde liegt. Kleinste obere Schranken haben aber für diese Zwecke keinen Wert, wenn sie nicht als Werte derselben Variablen erreichbar sind, zu derem Wertebereich bereits diejenigen Zahlen gehören, deren obere Grenzen gesucht sind. Eine obere Grenze (d.h. kleinste obere Schranke) von höherer Ordnung kommt nicht als Wert solcher Variablen in Frage und verfehlt somit ihren Zweck.

Russell nahm auf diese Schwierigkeit Rücksicht, indem er sein *Reduzibilitätsaxiom* vorschlug: *Jede Aussagenfunktion hat dieselbe Extension wie eine gewisse prädikative.* D.h.

$$\exists \psi \forall x(\psi ! x \leftrightarrow \varphi x), \qquad \exists \psi \forall x \forall y[\psi !(x, y) \leftrightarrow \varphi(x, y)],$$

usw. Wenn eine bestimmte Aussagenfunktion vorliegt, dann kann es vorkommen (oder aber auch nicht), daß es einen abstrahierenden Ausdruck gibt, der eine Aussagenfunktion von gleicher Extension bezeichnet und der außerdem noch die Forderung nach Prädikativität erfüllt – nämlich keine gebundenen Variablen aufweist, die von höherer Ordnung sind als die mit *accent circonflexe.* Aber selbst wenn ein solcher Ausdruck fehlt, dann gibt es trotzdem – nicht ausdrückbar – eine solche prädikative Aussagenfunktion, und darin steckt die Bedeutung des Reduzibilitätsaxioms.

Wenden wir es auf $\exists \psi(\varphi\psi \wedge \psi\hat{x})$ an, so versichert uns das Axiom, daß wir ohne Verlust hier 'φ' und 'ψ' so auffassen dürften, als würden sie über prädikative Attribute laufen. Mit anderen Worten: Wir dürfen 'φ' und 'ψ' so auffassen, als würden sie über Attribute der Ordnung n + 2 bzw. n + 1 laufen, wobei n die Ordnung ist, die von dem 'x' dargestellt wird. Für jedes beschränkte Attribut φ der Ordnung n + 2, zu dem reelle Zahlen ψ der Ordnung n + 1 gehören, steht somit fest, daß eine kleinste obere Schranke $\exists \psi(\varphi ! \psi \wedge \psi ! \hat{x})$ existiert. Darüber hinaus gibt es, wiederum nach dem Reduzibilitätsaxiom, ein prädikatives χ, das dieselbe Extension wie dieses $\exists \psi(\varphi ! \psi \wedge \psi ! \hat{x})$ hat. Da χ prädikativ ist, hat es eine Ordnung, die gerade eben höher ist als diejenige seiner Argumentstelle mit *accent circonflexe* – also wieder n + 1. Jetzt erhalten wir also den geforderten Satz: Jedes beschränkte Attribut reeller Zahlen der vorliegenden Ordnung n + 1 hat eine obere Grenze, die dieselbe Ordnung n + 1 aufweist.

Aber ein Preis wird schon gefordert dafür, daß man die konstruktive Vorstellung, die am Anfang von Kapitel 34 erwähnt wurde, aufgibt und stattdessen in das Paradigma vom Normalverbraucher einwilligt. Das Reduzibilitätsaxiom beglückt uns nämlich letztlich mit Attributen, die nicht spezifizierbar sind, es sei denn durch Quantifizieren über Attribute, deren Ordnungen genau so hoch wie ihre eigenen sind. Falls uns diese konstruktive Vorstellung ein Gefühl vermittelt haben sollte, vor Antinomien sicher zu sein, so sind wir dessen jetzt verlustig gegangen. Doch scheint es so, als wären die alten Beweise der Antinomien weiterhin wirkungsvoll unmöglich gemacht. Insbesondere wird die Russellsche Antinomie weiterhin verhindert.

Der Grundlagenteil der *Principia Mathematica* von *Whitehead* und *Russell,* der kaum die ersten zweihundert Seiten umfaßt, steht in merkbarem Gegensatz zu dem Hauptteil des Werkes. Aussagenfunktionen treten nur in dem Grundlagenteil in Erscheinung; anschließend werden in dem Werk eher die Begriffe 'Klasse' und 'extensionale Relation' verwendet. Sprechen von Klassen und extensionalen Relationen ist mittels Kontextdefinitionen, die etwa wie folgt aussehen, auf Sprechen von Aussagenfunktionen gegründet. Als Vorbereitung wird der Begriff der Elementbeziehung einfach als eine andere Bezeichnung für die Zuordnung zu einem prädikativen Attribut erklärt:

'$x \in \varphi$' steht für '$\varphi!x$'. (1)

Soweit keine Klassen. Dann aber wird Klassenabstraktion durch Kontext wie folgt definiert: [1])

'$G\{x: Fx\}$' steht für '$\exists\varphi(\forall x(\varphi!x \leftrightarrow Fx) \land G\varphi)$' (2)

und Quantifizieren über Klassen folgendermaßen: [2])

'$\forall\alpha G\alpha$' steht für '$\forall\varphi G\{x: \varphi!x\}$. (3)

'$\exists\alpha G\alpha$' steht für '$\exists\varphi G\{x: \varphi!x\}$.

Die Wirkung sieht so aus: Klassen sind dasselbe wie prädikative Attribute, außer daß wir, wenn wir von ihnen als Klassen sprechen, die Unterschiede zwischen solchen mit gleicher Extension wegwischen. Das Wegwischen solcher Unterschiede geschieht in (2). Wenn man nämlich sagt, daß etwas ('G') von einer Klasse $\{x: Fx\}$ wahr ist, so heißt das nach (2), daß es von *einem* prädikativen Attribut φ – ganz gleich, welchem – mit $\forall x(\varphi!x \leftrightarrow Fx)$ wahr ist. Auf diese Weise trifft *Russell* Vorsorge für das Extensionalitätsgesetz für Klassen:

$$(\forall x(x \in \alpha \leftrightarrow x \in \beta) \land \alpha \in \kappa) \rightarrow \beta \in \kappa, \quad (4)$$

ohne daß er gezwungen ist, das Entsprechende für Attribute oder gar für prädikative Attribute anzunehmen. Wie schon bemerkt, bewirkt nur die Gültigkeit dieses Gesetzes einen Unterschied zwischen Klassen und Attributen.

---

[1]) Eine Konstruktion, die im wesentlichen den Effekt von (1) und (2) hat, findet sich schon bei *Frege,* 1893, S. 52f.

[2]) Dieses Russellsche 'α' ist eine quantifizierbare Klassenvariable und darf so nicht mit dem schematischen Gebrauch von 'α', an den wir uns in den Abschnitten I bis X gewöhnt haben, durcheinandergebracht werden. Leser meiner *Mathematical Logic* sind sogar noch an eine dritte Verwendung von 'α' gewöhnt: an die Verwendung als syntaktische Variable für Variablen. Die Verwendung nach *Russell* bleibt auf den vorliegenden Abschnitt beschränkt.

Für zweistellige extensionale Relationen wird in Definitionen, die zu (1) bis (3) parallel sind, Vorsorge getroffen. Die besonderen Variablen für solche Relationen sind 'Q', 'R', usw., und 'xRy' ist die Bezeichnung dafür, daß x zu y in der Relation R steht. Also sehen die Definitionen so aus:

'$x\varphi y$'	steht für	'$\varphi!(x, y)$',	(5)
'$G\{xy\colon Fxy\}$'	steht für	'$\exists\varphi(\forall x\forall y[\varphi!(x, y) \leftrightarrow Fxy] \wedge G\varphi)$',	(6)
'$\forall R\, GR$'	steht für	'$\forall\varphi G\{xy\colon \varphi!(x, y)\}$',	(7)
'$\exists R\, GR$'	steht für	'$\exists\varphi G\{xy\colon \varphi!(x, y)\}$'.	

So wie sie da stehen, sind (2) und (6) in unbefriedigender Weise unklar, weil man bei einer Anwendung dieser Definitionen nicht unbedingt erkennen kann, wieviel Text zu 'G' zu rechnen ist. *Russell* traf über diesen Punkt eine zusätzliche Konvention.

Die Ordnungsdoktrin wird nun insofern stark vereinfacht, als wir unsere Aufmerksamkeit Individuen, prädikativen Attributen von Individuen, prädikativen Attributen solcher Attribute, usw. widmen, und die Ordnungen dieser Dinge sind jeweils 0, 1, 2, ... Das Entsprechende geschieht mit Klassen, denn Klassen sind einfach prädikative Attribute abzüglich der Unterschiede zwischen solchen mit gleicher Extension. In diesem Zusammenhang bevorzugt *Russell* das Wort 'Typ' ('type') anstatt 'Ordnung', demnach sind Individuen vom *Typ* 0, und Klassen mit Elementen vom Typ n sind Klassen vom Typ n + 1.

Zweistellige extensionale Relationen tauchen mit einem zweidimensionalen Typ auf: Der Typ einer Relation ist nur dann fixiert, wenn wir den Typ der Dinge aus dem linken Bereich der Relation und ferner den Typ der Dinge aus dem rechten Bereich angeben. Die Zweidimensionalität dieser Typen gibt Anlaß zu einer sich aufschaukelnden Wucherung. Der Typ einer Relation von Dingen vom Typ m zu Dingen vom Typ n möge (m, n) genannt werden; der Typ einer Klasse solcher Relationen möge ((m, n)) genannt werden, dann ist [((m, n)), ((m, n))] der Typ einer Relation von derartigen Klassen zu derartigen Klassen.[1]) Ordnungen waren natürlich noch weit schlimmer. *Russell* ersparte sich mit seinem Vorgehen der systematischen Mehrdeutigkeit (systematic ambiguity) oder der *typenmäßigen* Mehrdeutigkeit (typical ambiguity), wie er es schließlich nennt, derartige Indizes; das ist aber ein Vorgehen, das wir als nur grob ansehen müssen, während das wirkliche System den vollen Reichtum der zusammengesetzten Indizes beibehält. Denn wenn die Indizes – wie bei Relationen gefordert – zusammengesetzt sind, erweist sich der Plan, sie zu unterdrücken, als zu biegsam. *Whitehead* und *Russell* fanden heraus, daß sie zur Vermeidung der Burali-Fortischen Antinomie zeitweise die Typenindizes wieder in ihre Argumentation aufnehmen mußten.[2])

Wir sahen, wie *Russells* konstruktivistischer Zugang bei den reellen Zahlen scheiterte und wie er, als er Zuflucht zu seinem Reduzibilitätsaxiom nahm, den Konstruktivismus aufgab. Nun müssen wir aber, ohne in Frage zu stellen, daß es klug war, den Konstruktivismus aufzugeben, noch anmerken, daß die Art, wie es geschah, etwas Perverses an

---

[1]) So *Carnap, Logical Syntax,* S. 85.

[2]) Vol. 3, S. 75.

sich hat. Das Reduzibilitätsaxiom impliziert nämlich, daß all die Unterscheidungen, die zu seinem Entstehen Anlaß gaben, überflüssig sind. Man schließt wie folgt.

Wenn das Russellsche System mit dem Reduzibilitätsaxiom widerspruchsfrei ist, dann dürfen wir sicher sein, daß sich auch keine Widersprüche ergeben werden, wenn wir alle Ordnungen außer den prädikativen außer Acht lassen müssen. Wir können festsetzen; daß die Ordnung eines jeden Attributs immer gleich der nächsthöheren im Vergleich zu der Ordnung der Dinge, die dieses Attribut haben, ist, und entsprechend für intensionale Relationen. Wenn irgendwie auf ein Attribut der Ordnung n + k Bezug genommen wird, das ein Attribut von Objekten der Ordnung n ist, so brauchen wir diese Bezeichnung nur als eine solche aufzufassen, die nach einer systematischen Neuinterpretation der Russellschen Bezeichnungsweise sich auf ein Attribut der Ordnung n + 1 mit gleicher Extension bezieht; entsprechend für intensionale Relationen. Das Russellsche Reduzibilitätsaxiom sagt uns, daß ein gleichextensionales Attribut oder eine gleichextensionale intensionale Relation der gewünschten Ordnung, und zwar in prädikativer Ausführung, immer existiert. Ist das Axiom von vornherein geplant, so ist es besser, seine Notwendigkeit einfach dadurch zu vermeiden, daß man von Anfang an nur von *Typen* von Attributen und intensionalen Relationen anstatt von Ordnungen in irgendeinem unterscheidenden Sinn redet; Ordnungen sind nur dann entschuldbar, wenn man an einer schwachen konstruktiven Theorie festhalten will und das Reduzibilitätsaxiom zurückgehalten wird.[1]

Liest man *Russell*, so spürt man, wie es dazu kommen konnte, daß er diesen Punkt übersah: Verdruß bereitete, daß er sich nicht auf die Unterscheidung von „propositional functions" als Attribute oder intensionale Relationen und „proposition functions" als Ausdrücke, d.h. Prädikate und offene Aussagen konzentrierte. Als Ausdrücke unterschieden sie sich sichtbar in der Ordnung, wenn die Ordnung auf Grund der Indizes an gebundenen Variablen innerhalb des Ausdrucks beurteilt werden soll. Da er es versäumte, scharf zwischen Formel und Objekt zu unterscheiden, dachte er nicht an den Kunstgriff zuzulassen, daß ein Ausdruck von höherer Ordnung sich geradewegs auf ein Attribut oder auf eine intensionale Relation von niedrigerer Ordnung bezieht.

Russell hatte auch noch ein davon unabhängiges Motiv, die zusätzlichen Ordnungen beizubehalten. Er dachte, diese Unterscheidungen könnten hilfreich gegen eine Klasse von Antinomien sein, die auf den vorangegangenen Seiten noch nicht betrachtet wurden: Es handelt sich dabei um die heutzutage als *semantisch* bekannten Antinomien. Eine davon, die von *Grelling*[2] stammt, entsteht aus der Überlegung, daß ein Prädikat von sich selbst wahr sein kann (wie z.B. 'kurz', was ein kurzes Wort ist, oder 'deutsch', was deutsch ist, oder 'Wort', 'Prädikat', oder 'dreisilbig') oder nicht (wie 'lang', 'englisch', 'Verb', 'einsilbig' oder die meisten Prädikate). Wir kommen zu der Antinomie, wenn wir fragen, ob 'wahr von sich' von sich wahr ist. Eine andere solche Antinomie ist seit der Antike bekannt, und zwar als Antinomie des *Epimenides* oder Antinomie des Lügners.

---

[1]) Diese Schlußweise wurde ausführlich auf den Seiten 5 bis 8 meiner Dissertation (Harvard 1932) und in "On the axiom of reducibility" dargelegt. Ein bißchen davon findet sich auch bei *Hilbert* und *Ackermann*, Ausgabe von 1928, S. 114f.

[2]) In *Grelling* und *Nelson*. Die Antinomie wurde fälschlicherweise *Weyl* zugeschrieben.

Ihr traditioneller Wortlaut kann auf mannigfache Weise abgeändert, ihr wesentlicher logischer Gehalt kann vielleicht am klarsten folgendermaßen formuliert werden:

'ergibt etwas Falsches, wenn an sein eigenes Zitat angehängt'

ergibt etwas Falsches, wenn an sein eigenes Zitat angehängt.

Wir erfahren, wie ein bestimmter Satz zu bilden ist, und weiter, daß er falsch ist; aber der Satz, der uns sagt, wie er zu bilden ist, ist dieser Satz selbst, also ist er dann und nur dann wahr, wenn er falsch ist. Eine dritte semantische Antinomie, die *G. G. Berry* zugeschrieben wird, entsteht durch die Überlegung, daß es nur endlich viele Silben in einer Sprache gibt (wir nehmen hier die deutsche), also auch nur endlich viele natürliche Zahlen, von denen jede in weniger als 26 Silben beschreibbar ist; also gibt es *die* kleinste natürliche Zahl, die nicht mit weniger als sechsundzwanzig Silben beschreibbar ist. Ich habe diese aber soeben mit 25 Silben beschrieben. Die Literatur enthält noch weitere semantische Antinomien.[1])

Ich weiß nicht, wie ich die Vorstellung, daß die Russellschen Ordnungen sich auf solche Antinomien anwenden lassen, plausibel machen kann, während ich die Unterscheidung zwischen Attributen und offenen Aussagen beibehalte, welche er unter der Überschrift 'propositional functions' durcheinanderbrachte. Es scheint auf jeden Fall klar zu sein, daß man von Rechts wegen die Schuld an semantischen Antinomien speziellen Begriffen zuschreiben sollte, die der Theorie der Klassen oder der Aussagenfunktionen fremd sind: Nämlich der Bedeutung (oder „wahr von") im Fall der Grellingschen Antinomie, dem Falschsein (und also auch dem Wahrsein) im Falle des Lügners und der Beschreibbarkeit im Fall von *Berry*s Antinomie. Diese drei kritischen Begriffe sind wichtig, und die semantischen Antinomien beschwören im Hinblick auf sie eine Krise hervor, die analog zu der ist, die die Russellsche Antinomie im Hinblick auf den Begriff der Elementbeziehung zu Klassen heraufbeschwört. Bedeutung, Wahrheit und Beschreibbarkeit müssen einer Art intuitiv unerwarteten Beschränkung unterworfen werden – und zwar im Lichte dieser Antinomien – so wie die Existenz von Klassen im Lichte der Russellschen und anderer Antinomien beschränkt werden mußte. Die semantischen Antinomien betreffen aber nicht die Theorie der Klassen. Dieser Punkt wurde in einer gewissen Weise schon vor dem Erscheinen von *Russell*s Theorie von *Peano* herausgestellt, und *Ramsey* macht es in seiner Kritik zur Russellschen Theorie geltend.[2])

*Russell*s Theorie mit ihrer Unterscheidung von Ordnungen für Aussagenfunktionen, deren Argumente von einer einzigen Ordnung sind, wurde als die „verzweigte Typentheorie" bekannt, und *Ramsey*s Haltung besagte, daß sie auf die sogenannte „einfache" Typentheorie reduziert werden sollte. (Statt der „ramified theory of types" die „ramsified theory of types", nach einem Wortspiel von *Sheffer*.) *Ramsey* vertrat seine Ansicht nicht so stark, wie er gekonnt hätte. Wie *Russell* versäumte er es, klar zwischen Attribut und Ausdruck zu unterscheiden, und dadurch verfehlte er wiederum den wirklich entscheidenden Punkt: daß nämlich das Reduzibilitätsaxiom geradewegs die Entbehrlichkeit der verzweigten Theorie garantiert.

---

[1]) Siehe *Whitehead* und *Russell*, Vol. 1, S. 60–65.

[2]) *Peano*, 1906, S. 157; *Ramsey*, S. 20–29. *Ramsey* zitiert den Abschnitt bei *Peano*.

Es muß überdies daran erinnert werden, daß die einfache Typentheorie, ob sie nun aus diesem letzten Grund oder in *Ramseys* weniger entschiedener Weise geltend gemacht wird, jedenfalls schon die explizite Arbeitstheorie in *Whitehead* und *Russells Principia Mathematica* gewesen ist. Nachdem *Russells* Kontextdefinitionen von Klassen und extensionalen Relationen erst einmal zur Hand waren, verschwand die verzweigte Unterstruktur aus der Sichtweite; von da an waren alle Gedanken auf Typen im einfachen Sinne, auf Klassen und extensionale Relationen gerichtet.[1]) Das was *Ramsey* (und ich ein paar Seiten zuvor) geltend machte, war praktisch das Nichtanerkennen einer schlecht konzipierten Grundlegung.

Abgesehen von der anfänglichen Verzweigung von Ordnungen von Attributen und intensionalen Relationen können wir auch auf die Attribute und intensionalen Relationen selbst verzichten. Man kann auch einfach *Russells* Klassen und extensionale Relationen als Ausgangspunkt wählen; sie unterliegen der sogenannten einfachen Typentheorie, der sie bereits in *Principia* unterworfen sind. Solange die Verzweigung der Ordnungen beibehalten wird, so daß zwei Attribute mit gleicher Extension sich bezüglich ihrer Ordnung unterscheiden können, besteht offenbar die Notwendigkeit, Attribute mit gleicher Extension auszuzeichnen und sie Attribute und nicht Klassen zu nennen. Diese Begründung, mit Attributen anstatt mit Klassen zu beginnen, wird aber hinfällig, wenn wir die Verzweigung fallenlassen.

Russell hatte auch eine philosophische Vorliebe für Attribute und das Gefühl, daß er bei einer Kontextdefinition von Klassen, die auf einer Theorie der Attribute basiert, das Dunklere mit Hilfe des Klareren erklärt. Dieses Gefühl ist aber seinem Versäumnis zuzuschreiben, zwischen Aussagenfunktionen als Prädikaten oder Ausdrücken und Aussagenfunktionen als Attributen zu unterscheiden. Da er dies versäumte, konnte er leicht denken, daß der Begriff des Attributs klarer ist als der der Klasse, denn der eines Prädikats ist wirklich klarer, der eines Attributs aber weniger klar.[2])

Bei *Hilbert* und *Ackermann* (1938, 1949) und auch noch an anderen Stellen finden wir eine Bezeichnungsweise, die sich noch an die alte Russellsche Theorie der Aussagenfunktionen anlehnt. Für Klassen und Relationen finden wir 'F', 'G', usw. mit unterdrückbaren Indizes, und an Stelle von '$x \in \alpha$' und 'xRy' finden wir in Anlehnung an *Russells* '$\varphi\hat{x}$' und '$\psi(x, y)$' die Bezeichnungen 'F(x)' und 'G(x, y)'. Die Ähnlichkeit ist jedoch irreführend. Die Werte von 'F', 'G', usw. sind nicht mehr Aussagenfunktionen, sondern Klassen und extensionale Relationen, und zwar nach dem einzigen Kriterium: Solche mit gleicher Extension werden miteinander identifiziert.

Diese Bezeichnungsweise hat auch noch den Nachteil, daß sie die Aufmerksamkeit von wesentlichen Einschnitten zwischen Logik und Mengenlehre ablenkt. Sie ermutigt uns, die allgemeine Theorie der Klassen und Relationen einfach als Fortsetzung der

---

[1]) „Wenn wir die Existenz von Klassen voraussetzen, wird das Reduzibilitätsaxiom unnötig" (*Whitehead* und *Russell*, Vo. 1, S. 58).

[2]) Siehe oben, Einführung. Themen dieses Kapitels habe ich ausführlicher in „*Whitehead* and the rise of modern logic" und auch in *Word and Object*, S. 118 bis 123, 209 f. behandelt. Siehe auch *Church, Introduction to Mathematical Logic*, S. 346–356.

Quantorentheorie anzusehen, in der die bisher schematischen Prädikatsbuchstaben neu in Quantoren und in andere Stellen hinein zugelassen werden, die bisher für 'x', 'y', usw. vorbehalten waren (also '$\forall F$', '$\exists G$', '$H(F, G)$'). Die Existenzannahmen können merkwürdig unauffällig werden, obwohl sie weitreichend sind; nachdem wir erst einmal Prädikatsbuchstaben in den Stand echter quantifizierbarer Variablen aufgenommen haben, sind diese Annahmen einfach implizit in der gewohnten alten Regel der Einsetzung für Prädikatsbuchstaben in der Quantorentheorie enthalten. Jede Komprehensionsbehauptung, sagen wir von der Form

$$\exists F \, \forall x(Fx \leftrightarrow \ldots x \ldots)$$

folgt durch solche Einsetzung einfach aus

$$\forall G \exists F \, \forall x(Fx \leftrightarrow Gx),$$

was seinerseits wieder aus '$\forall x(Gx \leftrightarrow Gx)$' folgt.[1])

Eine solche Verschmelzung von Mengenlehre und Logik kann man auch in der Terminologie beobachten, die von *Hilbert-Ackermann* und ihren Nachfolgern für die fragmentarischen Theorien benutzt wurde, in denen die Typen nach endlich vielen abbrechen. Eine solche Theorie wurde Prädikatenkalkül (im Englischen: predicate calculus, bei *Church*: functional calculus) n-ter Stufe genannt, wobei die Zahl n angibt, wie weit die Typen gehen. So wurde die Theorie der Individuen, Klassen von Individuen und Relationen von Individuen Prädikatenkalkül zweiter Stufe genannt, und man sah in ihr einfach eine Quantorentheorie, in der Prädikatsbuchstaben zu Quantoren zugelassen sind. Die eigentliche Quantorentheorie wurde dann Prädikatenkalkül erster Stufe genannt.

Dieser Trend war zu bedauern. Gleichzeitig mit der Verschleierung des bedeutsamen Einschnittes zwischen Logik und „Typentheorie" (gemeint ist Mengenlehre mit Typen) nährte er eine übertriebene, wenn auch nebelhafte Unterscheidung zwischen Typentheorie und „Mengenlehre" (gemeint ist Mengenlehre ohne Typen) – so als ob die eine nicht genau so gut wie die andere Annahmen über Mengen enthalte. Und während er einerseits die Existenzannahmen der Typentheorie sozusagen verhüllte, nährte er eine Vorstellung, daß die Quantorentheorie selbst in ihrem 'F' und 'G' bereits eine Theorie über Klassen oder Attribute und Relationen wäre. Er vernachlässigte den lebenswichtigen Gegensatz zwischen schematischen Buchstaben und quantifizierbaren Variablen.

Die Bezeichnungsweisen, die ich beklage, stammen natürlich im wesentlichen von *Russell*, bevor sie von *Hilbert-Ackermann* angenommen wurden. Mit ihnen verbunden waren Versäumnisse, Aussagenfunktionen als offene Aussagen von Aussagenfunktionen als Attributen abzusondern. Verschiedene üble Konsequenzen solcher Versäumnisse wurden auf den letzten Seiten genannt, und die zuletzt beklagten Vorstellungen sind einfach eine verdünnte Fortsetzung der Reihe.

---

[1]) Dieser Punkt, der von *von Neumann* schon 1927 (S. 43) bemerkt wurde, entging *Hilbert* und *Ackermann*; sie nahmen auch Komprehensionsaxiome auf (1938, S. 125). Sie bemerkten, daß sie stattdessen auch Zuflucht zu einem primitiven Abstraktionsbegriff hätten nehmen können (wie *Russell* vorging), aber sie erwähnen nicht, daß sie auch auf beides hätten verzichten können. 1949 (S. 133 ff.) nahm der überlebende Autor vielmehr eine Regel der sogenannten Definition auf, die immer noch gleichwertig mit einem primitiven Abstraktionsbegriff ist. Siehe dazu auch noch meine Arbeit „On universals", S. 78.

nn wir von der Vernachlässigung des Gegensatzes zwischen schematischen Buch-
n und quantifizierbaren Variablen sprechen, so erinnern wir damit an die virtuelle
orie, wo ich schematische Buchstaben 'α' und 'R' Klassen- und Relationsvariablen
ulieren ließ. Diese Mimikri war jedoch das Gegenteil von Verhüllung von Existenz-
nahmen. Sie war eine Simulierung von Existenzannahmen, und sie war offen dargelegt.

6. Die moderne Typentheorie

Die hauptsächliche Verbesserung, die *Russells* Typentheorie im Endergebnis von Kapitel 35 widerfuhr, bestand darin, daß Attribute und intensionale Relationen zu Gunsten von Klassen und extensionalen Relationen fallengelassen wurden. Eine weitere offensichtliche Verbesserung liegt nun auf der Hand: Wir können die extensionalen Relationen auf Klassen zurückführen, indem wir die Wiener-Kuratowskische Definition 9.1 des geordneten Paares hinzuziehen. Das ist ein Hilfsmittel, das jünger ist als *Principia Mathematica.* Gehen wir noch einen Schritt weiter und definieren wir Klassenabstraktion durch Kontext, so bleibt uns schließlich '$\in$' als einziger primitiver Begriff neben Quantoren, Variablen und aussagenlogischen Verknüpfungen.

Nun da wir es im Prinzip nur mit Individuen und Klassen und nicht mit Relationen zu tun haben, werden die Typen wirklich einfach: Individuen sind vom Typ 0, und Klassen, deren Elemente vom Typ n sind, sind vom Typ n + 1. Als Variablen können wir 'x', 'y', usw. mit Indizes, die den Typ angeben, benutzen. Die atomaren Formeln der Theorie werden mit '$\in$' aus Variablen von aufeinanderfolgenden Typen in der Art '$x^n \in y^{n+1}$' gebildet, und die restlichen Formeln werden aus diesen atomaren mittels Quantifizierung und aussagenlogischer Verknüpfungen aufgebaut.

Was ich als Kontextdefinition für Klassenabstraktion im Sinn habe, ist das folgende:

'$y^n \in \{x^n: Fx^n\}$' steht für '$\exists z^{n+1}[\forall x^n(x^n \in z^{n+1} \leftrightarrow Fx^n) \wedge y^n \in z^{n+1}]$', (1)

'$\{x^n: Fx^n\} \in y^{n+2}$' steht für '$\exists z^{n+1}[\forall x^n(x^n \in z^{n+1} \leftrightarrow Fx^n) \wedge z^{n+1} \in y^{n+2}]$'. (2)

Das 'n' ist wie 'F' schematisch. Die tatsächlichen Aussagen des Systems würden immer spezifizierte aufeinanderfolgende arabische Ziffern an Stelle der symbolischen Indizes 'n', 'n + 1', 'n + 2' aufweisen.

An Stelle von (1) könnten wir unser altes unverbindliches 2.1 wie folgt übernehmen:

'$x^n = y^n$' steht für '$\forall z^{n+1}(x^n \in z^{n+1} \rightarrow y^n \in z^{n+1})$'. (3)

Man beachte, daß '$x^m = y^n$' nur dann einen Sinn ergibt, wenn m gleich n ist. Dieser Zwang liegt an den Kombinationen '$x^n \in z^{n+1}$' und '$y^n \in z^{n+1}$', die auf der rechten Seite von (3) erscheinen, denn '$x^m \in z^{n+1}$' ist sinnlos, wenn $m \neq n$.

Von (2) an sollten Definitionen so verstanden werden, daß sie auch mit Abstraktionstermen an Stelle von freien Variablen aufgenommen werden; also (2) auch mit '$\{w^{n+1}: Gw^{n+1}\}$' an Stelle des 'y^{n+2}', und (3) auch mit '$\{w^{n-1}: Gw^{n-1}\}$' an Stelle des 'x^n' oder 'y^n'. Ich brauche aber die Liste der Definitionen sowieso nicht fortzusetzen, weil die Aufnahme von relevanten Definitionen aus früheren Kapiteln offensichtlich ist.

Die jetzt erreichten Ersparnisse an Grundbegriffen verlangen nach Anpassung in dem System der Axiome und Beweisregeln. Solange Abstraktion als Grundbegriff zugelassen war, beruhte die Existenz irgendeiner Klasse $\{x^n\colon Fx^n\}$ implizit auf der Beweisrege die Einsetzung von Abstraktionstermen an die Stelle von Variablen gestattete, und dem Konkretisierungsgesetz, das '$y^n \in \{x^n\colon Fx^n\}$' mit '$Fy^n$' gleichsetzte. Jetzt aber unser Grundbegriff so, daß er für Variablen keine anderen Einsetzungen außer weitere Variablen liefert. Jetzt postuliert man die Existenz von Klassen $\{x^n\colon Fx^n\}$ durch ein Axiomenschema der Komprehension, das folgendermaßen explizit in Variablen ausgedrückt is

$$\exists y^{n+1} \forall x^n (x^n \in y^{n+1} \leftrightarrow Fx^n). \quad (4)$$

Ein weiteres Axiomenschema wird jetzt für die Extensionalität gewünscht:

$$[\forall x^n (x^n \in y^{n+1} \leftrightarrow x^n \in z^{n+1}) \wedge y^{n+1} \in w^{n+2}] \rightarrow z^{n+1} \in w^{n+2}, \quad (5)$$

oder kurz

$$\forall x^n (x^n \in y^{n+1} \leftrightarrow x^n \in z^{n+1}) \rightarrow y^{n+1} = z^{n+1}.$$

Dieses Gesetz konnte *Russell* dank seiner Kontextdefinition des Klassenbegriffs für Klassen beweisen, ohne daß er es für Attribute vorauszusetzen brauchte, aber nun, da wir mit Klassen beginnen, brauchen wir es als Axiomenschema.

Die Theoreme des Systems sind die Formeln, die mit Hilfe der Logik der Quantoren und der aussagenlogischen Verknüpfungen aus diesen Axiomen folgen. Die Quantorenlogik hat aber nicht ganz die Standardausführung, denn unsere Variablen sind immer noch mehrsortig (vgl. Kapitel 34). Die Sätze '$\forall x\, Fx \rightarrow Fy$' und '$Fy \rightarrow \exists x\, Fx$' gelten nur, wenn '$x$' und '$y$' denselben Index tragen.

Diese Systematisierung der Mengenlehre, die eleganter als *Russell*s Original ist, ist das, was man heute geneigt ist, als Russellsche Typentheorie anzuerkennen. Es scheint so, als sei sie zum ersten Mal in dieser Form von *Tarski* und *Gödel* dargestellt worden. [1])

Es muß noch erwähnt werden, daß die Verwendung der Definition des geordneten Paares das Russellsche System in einer Weise berührt, die über bloße Ökonomie hinausgeht. $\langle x^m, y^n\rangle$ ist nämlich gleich $\{\{x^m\}, \{x^m, y^n\}\}$, das $\{x^m, y^n\}$ darin ist seinerseits gleich $\{u^k\colon u^k = x^m \vee u^k = y^n\}$ für geeignetes k, und nach dem, was wir gleich hinter (3) bemerkt haben, muß das k aus '$u^k = x^m \vee u^k = y^n$', um sinnvoll zu sein, sowohl gleich m als auch gleich n sein, und das ergibt $m = n$. Wenn man Relationen als Klassen von Paaren in diesem Sinn auffaßt, so ist es erforderlich, auf alle *heterogenen* Relationen zu verzichten: Auf sämtliche Relationen zwischen Dingen von ungleichem Typ. Dieses Opfer wird durch den Hinweis verteidigt, daß wir immer, wenn wir z.B. von einer Relation $\{\langle x^n, y^{n+1}\rangle\colon Fxy\}$ zwischen Dingen vom Typ n und Dingen vom Typ n + 1 sprechen wollen, genauso gut von der entsprechenden Relation $\{\langle\{x^n\}, y^{n+1}\rangle\colon Fxy\}$ zwischen Dingen, die gleichartig vom Typ n + 1 sind, sprechen können. Indem wir so den Einerklassenoperator so oft wie nötig auf Dinge von niedrigerem Typ anwenden, um Typengleichheit zu erlangen, können wir einen passablen Stellvertreter für jede Relation zwischen Dingen von ungleichem Typ bekommen. Jedoch bleibt die Tatsache bestehen, daß das System in drastischer Weise, wenn auch nicht zum Schlechteren hin, berührt wird, denn $\{\langle x^n, y^{n+1}\rangle\colon Fxy\}$ und $\{\langle\{x^n\}, y^{n+1}\rangle\colon Fxy\}$ unterscheiden sich nicht mehr, und vorher hatte es einen Unterschied zwischen ihnen gegeben.

---

[1]) *Tarski*, S. 110, 113f; *Gödel*, 1931.

Der Satz von *Cantor* liefert ein Beispiel für die Berufung auf Relationen zwischen Dingen von ungleichem Typ. Dazu betrachten wir sein Lemma 28.16. Die Behauptung in 28.16 lautet

$$\text{Funk}\, w \rightarrow \{x\colon x \subseteq z\} \not\subseteq w``z, \tag{6}$$

und dazu kommt jetzt natürlich keine Komprehensionsprämisse mehr. Wir müssen aber in der Lage sein, Indizes anzubringen. Nach der Typentheorie vor *Wiener* wären heterogene Relationen erlaubt, und die Indizes wären so miteinander verbunden wie in diesem Beispiel:

$$\text{Funk}\, w^{(1,0)} \rightarrow \{x^1\colon x^1 \subseteq z^1\} \not\subseteq w^{(1,0)}``z^1. \tag{7}$$

Wir wollen sehen, warum. Wir beginnen willkürlich damit, 'z' den Index '1' zu geben; jeder außer '0' käme in Frage. Wie '$x^m = y^n$' und aus demselben Grund ist '$x^m \subseteq y^n$' nur dann sinnvoll, wenn $m = n$, also muß 'x' in (6) ebenso wie 'z' den Index '1' erhalten. Dann muß $w``z^1$ im Typ zu $\{x^1\colon x^1 \subseteq z^1\}$ passen, damit (6) kohärent ist. Also muß $w``z^1$ eine Klasse sein, deren Elemente vom Typ 1 sind. Ihre Elemente sind aber solche Dinge, die w zu Elementen von z^1 tragen, die vom Typ 0 sind. Also muß w eine heterogene Relation $w^{(1,0)}$ sein.

Sind die geordneten Paare andererseits definiert, so müssen wir w homogen machen, indem wir ihre indexkleinere Seite anheben, also: $w^{(1,1)}$. Die Dinge in ihrem rechten Bereich müssen nun die Einerklassen dessen sein, was vorher zum rechten Bereich gehörte; statt $w^{(1,0)}``z^1$ werden wir jetzt also haben:

$$w^{(1,1)}``\{\{v^0\}\colon v^0 \in z^1\}.$$

Tatsächlich wird $w^{(1,1)}$ einfach w^4, da die Paare, die ihre Elemente sind, Klassen von Klassen von Dingen vom Typ 1 sind. Somit lautet (6) jetzt:

$$\text{Funk}\, w^4 \rightarrow \{x^1\colon x^1 \subseteq z^1\} \not\subseteq w^4``\{\{v^0\}\colon v^0 \in z^1\}. \tag{8}$$

Der Satz von *Cantor* selbst, nämlich 28.17 abzüglich der Komprehensionsprämisse, lautet nun nicht länger '$z^1 \prec \{x^1\colon x^1 \subseteq z^1\}$', sondern wird in Übereinstimmung mit (8) zu

$$\{\{v^0\}\colon v^0 \in z^1\} \prec \{x^1\colon x^1 \subseteq z^1\}. \tag{9}$$

Er sagt nicht mehr aus, daß z^1 weniger Elemente als Teilklassen hat, sondern buchstäblich, daß z^1 weniger Einerklassen als Teilklassen hat. Doch wir können und zweifellos wollen wir auch unsere Definitionen so anpassen, daß wir schließlich die bezeichnungsmäßige Form '$z^1 \prec \{x^1\colon x^1 \subseteq z^1\}$' beibehalten. Da sie sonst als sinnlos wegfallen würde, können wir sie einfach als Abkürzung für (9) erklären. Allgemein können wir '$z^{n+1} \prec u^{n+2}$', '$z^{n+1} \prec u^{n+3}$', '$z^{n+2} \prec u^{n+1}$', usw. als Abkürzung für

$$\{\{v^n\}\colon v^n \in z^{n+1}\} \prec u^{n+2},$$

$$\{\{\{v^n\}\}\colon v^n \in z^{n+1}\} \prec u^{n+3},$$

$$z^{n+2} \prec \{\{v^n\}\colon v^n \in u^{n+1}\},$$

usw. erklären, nachdem wir zunächst die Grundform '$z^{m+1} \prec u^{m+1}$' in der vertrauten Weise von 11.1 und 20.3 definiert haben.

Wir wollen das Schicksal der Cantorschen Antinomie unter den beiden Zugängen verfolgen. Wie in und über 28.20 bemerkt wurde, erhalten wir die Antinomie aus unserem jetzigen (6), indem wir w als I und z als $\mathcal{V}$ nehmen und dann schließen, daß $\{x: x \subseteq \mathcal{V}\} \subseteq I``\mathcal{V}$, also daß $\mathcal{V} \not\subseteq \mathcal{V}$. Um das in (7) durchzuführen, müssen wir die Indizes für 'I' und '$\mathcal{V}$' regeln. Es gibt ein $\mathcal{V}$ für jeden Typ von Klassen; dasjenige, das zu der Stellung von 'z^1' in (7) paßt, ist $\mathcal{V}^1$, die Klasse $\{y^0 : y^0 = y^0\}$ aller Individuen. Was I anbetrifft, so können wir bestenfalls $I^{(1,1)}$ oder $I^{(0,0)}$ erreichen, und keins davon kann für '$w^{(1,0)}$' in (7) eintreten. Offenbar verletzt '$I^{(1,0)}$' trotz der Duldung heterogener Relationen sogar die alte Fassung der Typentheorie, denn die Identität ist ohne Frage homogen.

Die Antinomie wird auf andere Weise in (8) verhindert. Hier können wir in der Tat w^4 als I^4 auffassen, als die Klasse aller Paare $\langle y^1, y^1 \rangle$. Indem wir wie vorher $\mathcal{V}^1$ für z^1 nehmen, erhalten wir aus (8), daß

$$\{x^1 : x^1 \subseteq \mathcal{V}^1\} \not\subseteq \{\{v^0\}: v^0 \in \mathcal{V}^1\}.$$

Das ist aber nicht paradox. $\{x^1 : x^1 \subseteq \mathcal{V}^1\}$ ist gleich $\mathcal{V}^2$, also gleich der Klasse aller Klassen von Individuen, während $\{\{v^0\}: v^0 \in \mathcal{V}^1\}$ gleich der Klasse aller Einerklassen von Individuen ist. Natürlich ist erstere keine Teilklasse der letzten.

Wir können uns leicht ein für allemal vergewissern, daß diese Fassung der Mengenlehre widerspruchsfrei ist. Dazu nehmen wir an, die Typen würden neu als kumulativ in der folgenden Weise definiert. Allein Λ sei vom Typ 0; wiederum Λ und $\{\Lambda\}$ und sonst nichts seien vom Typ 1; allgemein soll der Typ n die und nur die 2^n Mengen umfassen, die zum Typ $n-1$ gehören. So interpretiert bedeckt jede Quantifizierung (dank ihrer Indizes) nur endlich viele Fälle. Jede geschlossene Aussage kann mechanisch bei dieser Interpretation auf Wahrsein oder Falschsein geprüft werden. Hier ist eine Miniaturtheorie, die so unproblematisch wie die Aussagenlogik ist. Doch sieht man leicht ein, daß die Axiomenschemata (4) und (5) in allen Fällen sich als wahr erweisen, wenn sie so trivial interpretiert werden. Offenbar verbergen sie dann keinen logischen Widerspruch.[1])

Unterdrückung der Indizes nach *Russells* Konvention der typenmäßigen Mehrdeutigkeit ist jetzt weniger dringlich, nachdem die Definition des geordneten Paares die heterogenen Relationen eliminiert und die Typen zu einer einfachen Folge reduziert hat. Trotzdem kann die Unterdrückung immer noch bequem sein. Und ironischerweise wird sie nun leicht zu handhaben sein, was nicht der Fall war, als sie weit dringlicher war. Das Übermaß an Flexibilität, das sich im Zusammenhang mit der Antinomie von *Burali-Forti* zeigte (Kapitel 35), ist verschwunden.

In Kapitel 34 betrachteten wir mit *Russell* kurz ein System von Ordnungen, das imprädikative Beschreibungen verhütete. Wir hatten noch nicht, wie *Russell*, die Konstruktivität durch ein Reduzibilitätsaxiom zerschlagen. Es gab Gründe, vor allem die Notwendigkeit, obere Grenzen für beschränkte Klassen von rationalen Zahlen zu erhalten, die dafür sprachen, die Konstruktivität zu zerstören. Es gibt aber auch einen Grund, sie zeitweise zu kultivieren, obwohl sie der klassischen Analysis nicht adäquat ist. Es handelt

---

[1]) Überlegungen, die mehr oder weniger dieser gleichen, sind seit 1928 (*Hilbert* und *Ackermann*) in der Literatur aufgetaucht. Ein so einfacher Beweis der Widerspruchsfreiheit ist natürlich nicht erhältlich, wenn man gezwungenermaßen das Unendlichkeitsaxiom (Kapitel 39) hinzufügt.

sich um einen Teil der Mengenlehre, der wegen dieser konstruktiven Vorstellung, die wir damals anerkannten, besonders überzeugend wirkt. Man kann darüber froh sein, daß gewisse Resultate in der Reichweite einer konstruktiven Mengenlehre liegen, auch wenn man darauf vorbereitet ist, für weitere Zwecke eine nichtkonstruktive Theorie aufzustellen. Deshalb wende ich mich jetzt wieder kurz der konstruktiven Mengenlehre zu, um Vorschläge zu machen, was für sie in der moderneren Darstellung des vorliegenden Kapitels getan werden kann.

Nur in dem Axiomenschema (4) der Komprehension muß ein Unterschied zwischen einer konstruktiven Typentheorie und der nichtkonstruktiven, die wir soeben untersucht haben, gemacht werden. Für die konstruktive Theorie setzen wir nur fest, daß 'Fx^n' von (4) für eine Formel stehen soll, die keine gebundenen Variablen vom Typ größer als n und keine freien Variablen vom Typ größer als n + 1 enthält. Man beachte hierin das Echo der Definition der Ordnung einer Aussagenfunktion. Diese Beschränkung dient exakt dazu, das Komprehensionsschema auf die prädikative Beschreibung von Klassen zu beschränken.

Diese Einschränkung auf Prädikativität zerstört den Satz von *Cantor*. Denn sehen wir uns einmal an, wie (8) bewiesen werden würde. Wenn wir die wesentliche Schlußweise von 28.16 mit der Homogenitätsanpassung in (8) kombinieren, sehen wir, daß der Trick, (8) zu beweisen, darin besteht, für x^1

$$\{v^0 : v^0 \in z^1 \wedge v^0 \notin w^4 `\{v^0\}\}$$

zu wählen. Der Fall des Komprehensionsschemas (4), das wir für die Existenz dieser Klasse gebrauchen würden, lautet aber

$$\exists x^1 \forall v^0 [v^0 \in x^1 \leftrightarrow (v^0 \in z^1 \wedge v^0 \notin w^4 `\{v^0\})],$$

und das 'w^4' hierin verletzt die Einschränkung auf Prädikativität.

Diese Zerstörung des Cantorschen Satzes kann selbst als ein Vorzug angesehen werden. Die Einzelheiten der unendlichen Arithmetik haben unsere Aufmerksamkeit beansprucht, weil sie uns durch dieselben intuitiv annehmbaren Prinzipien aufgezwungen schienen, die auch der klassischen Mathematik zu Grunde liegen. Wäre unsere konstruktive Mengenlehre allen vernünftigen Forderungen der wirklich klassischen Mathematik adäquat, so könnten wir den Umstand, daß sie der unendlichen Arithmetik nicht adäquat ist, als glücklichen Ausweg ansehen.

Aber tatsächlich wird sie den klassischen Forderungen nicht gerecht. Wie die Russellsche Theorie ohne Reduzibilitätsaxiom scheitert sie an den oberen Grenzen beschränkter Klassen von rationalen oder reellen Zahlen. Denn das Komprehensionsaxiom, das die Existenz der kleinsten oberen Schranke $\bigcup z^2$ einer Klasse z^2 sicherstellt, würde lauten:

$$\exists x^1 \forall v^0 [v^0 \in x^1 \leftrightarrow \exists y^1 (v^0 \in y^1 \in z^2)],$$

und das 'y^1' und 'z^2' hierin verletzen die Einschränkung auf Prädikativität.[1])

---

[1]) „Konstruktive" oder „prädikative" Mengenlehren wurden 1918 von *Weyl* und 1924 und 1925 von *Chwistek* verfochten. Kürzlich ist von der Seite der Beweistheorie her neues Licht darauf gefallen. Siehe *Kreisel*; auch *Wang, Survey*, letzter Teil; auch *Fraenkel* und *Bar-Hillel*, S. 150 bis 160, 196 bis 264.

XII. Universelle Variablen und Zermelo

37. Die Typentheorie mit universellen Variablen

Es darf nicht angenommen werden, daß die Konvention der typenmäßigen Mehrdeutigkeit damit, daß sie die Indizes, die die unterscheidenden Merkmale der vielen Variablensorten sind, unterdrückt, auch die Wirkung hat, die Typentheorie der einsortigen oder einfachen Quantorenlogik anzupassen. Eine Formel wie z.B. '$\exists y \forall x(x \in y)$', die als typenmäßig mehrdeutig behandelt wird, ist einfach mit dem Schema

$$\exists y^{n+1} \forall x^n (x^n \in y^{n+1})$$

gleichzusetzen, wobei 'n' ein schematischer Buchstabe für einen nicht weiter spezifizierten Index ist. Seine Allgemeinheit ist die schematische Allgemeinheit, daß es für eine jede aus einer Anzahl von Formeln steht:

$$\exists y^1 \forall x^0 (x^0 \in y^1), \qquad \exists y^2 \forall x^1 (x^1 \in y^2), \ldots,$$

und nicht etwa die Allgemeinheit, die darin besteht, daß ungeteilt über eine erschöpfende Allklasse quantifiziert wird. Im zuletzt genannten Sinn verstanden, würde '$\exists y \forall x (x \in y)$' besagen, daß es eine Klasse y gibt, deren Elemente alle Objekte x aller Typen ausschöpft. Versteht man sie als typenmäßig mehrdeutig, so bedeutet sie das nicht.

Es gibt Gründe, sich zu überlegen, wie eine solche mehrsortige Theorie wohl aussieht, wenn man sie in ein echt einsortiges Idiom übersetzt. Die mehrsortige Logik weicht nämlich von der einfachen Standardquantorenlogik ab. Außerdem sind die Indizes lästig; und wenn wir auf sie in typenmäßiger Mehrdeutigkeit verzichten, werden die Abweichungen von der einfachen Logik noch vertieft, denn die Methode der typenmäßigen Mehrdeutigkeit erfordert, daß eine Formel als sinnlos angesehen wird, wenn sie nicht mit Indizes, die mit der Typentheorie konform sind, ausgerüstet werden kann. Das hat den Effekt, daß sogar die Konjunktion zweier sinnvoller Formeln sinnlos sein kann, was '$x \in y \wedge y \in x$' bezeugt. Die Abweichungen können auch noch von subtilerer Art sein, wie in dem folgenden Beispiel. Das Formelschema der Quantorenlogik

$$\forall x\, Fxy \rightarrow \exists z\, Fyz \tag{1}$$

ist gültig, denn es folgt aus '$\forall x\, Fxy \rightarrow Fyy$' und '$Fyy \rightarrow \exists z\, Fyz$'. Darüber hinaus ist der scheinbare Spezialfall

$$\forall x(x \in y) \rightarrow \exists z(y \in z) \tag{2}$$

dieses gültigen Schemas eine nach den Richtlinien der typenmäßigen Mehrdeutigkeit sinnvolle Formel. Doch wäre es trügerisch, (2) unter Hinweis auf (1) zu rechtfertigen, denn das 'Fyy' in dem allgemeinen Beweis von (1) macht es unmöglich, diesen Beweis sinnvoll zu interpretieren, so daß er (2) ergibt. Der springende Punkt liegt darin, daß (2) bei typenmäßiger Mehrdeutigkeit nicht wirklich von der Form (1) ist, sondern nur so aussieht. Beim Beweis von (2) muß man unabhängig von (1) vorgehen, z.B. indem man das Sukzedenz '$\exists z(y \in z)$' direkt aus dem Spezialfall

$$\exists z \forall x (x \in z \leftrightarrow x = y)$$

des typenmäßig mehrdeutigen Komprehensionsschemas beweist.

Bequemlichkeit beim Beweisen ist nicht der einzige Grund, um an der einfachen Quantorenlogik festzuhalten. Auch abgesehen von der Bequemlichkeit hat man das Gefühl, daß es einfach eine armselige Strategie ist, die allgemeine Logik auseinanderzureißen, um Antinomien zu vermeiden, die dem speziellen Thema der Mengenlehre eigen sind. Das ist der Grundsatz der minimalen Verstümmelung, der schon in Kapitel 7 vorgebracht wurde. Und schließlich ist eine Standardisierung auch noch bei Vergleichen von Wert. Wenn wir Mengenlehren im Hinblick auf ihren Gehalt miteinander vergleichen wollen, oder im Hinblick auf die Form mit Theorien über andere Gegenstände, ist es gut, eine einzige zugrunde liegende Logik zu haben.

Die mehrsortige Formulierung ist für die Typentheorie nicht wesentlich, wenn man in ihr nur eine Lehrmeinung zu der Frage sieht, welche Klassen es gibt. Wir können, ohne universelle Variablen zu verbieten, sehr wohl beibehalten, daß Klassen auf Typen verteilt sind. Wie in Kapitel 4 bemerkt, können wir immer mehrfache Variablensorten auf eine einzige Sorte reduzieren, wenn wir nur geeignete Prädikate aufnehmen. Wo immer wir eine eigene Variablensorte benutzt haben mögen, wir können stattdessen eine universelle Variable verwenden und sie auf das geeignete Prädikat *beschränken* (Kapitel 33).

Anstatt also Buchstaben mit Indizes als Variable für Dinge speziell vom Typ n zu benutzen, können wir eine Bezeichnung '$T_n x$' aufnehmen, mit der wir ausdrücken, daß x vom Typ n ist. Was früher durch die Quantifizierungen '$\forall x^n Fx^n$' und '$\exists x^n Fx^n$' ausgedrückt wurde, kann nun nicht weniger gut mit Hilfe der Formen

$$\forall x(T_n x \to Fx), \qquad \exists x(T_n x \wedge Fx)$$

gesagt werden. Freie Variablen brauchen uns nicht zu bekümmern, denn Aussagen mit freien Variablen werden normalerweise nur als Satzglieder längerer Texte verwandt, in denen diese Variablen dann gebunden werden. Möglicherweise auf Kosten der Aufnahme neuer und nicht reduzierter Prädikate 'T_0', 'T_1', 'T_2', ..., die zu '$\in$' hinzukommen, können wir die speziellen indizierten Variablen zu Gunsten der universellen Variablen x, y, ... loswerden.

Tatsächlich kann '$T_n x$', wie wir jetzt sehen werden, einfach mit Hilfe von '$\in$' und der Logik ausgedrückt werden. '$\exists z(x, y \in z)$' versichert Übereinstimmung des Typs bei x und y, und umgekehrt versichert Übereinstimmung des Typs bei x und y, da x^n, $y^n \in \vartheta^{n+1}$, daß $\exists z(x, y \in z)$. So können wir Übereinstimmung des Typs ausdrücken. Ferner, wenn w dem Typ nach y vorangeht, so ist w in diesem und nur in diesem Fall ein Element von etwas, das denselben Typ wie y hat, wenn $w^n \in \vartheta^{n+1}$. Kombinieren wir unsere bisherigen Möglichkeiten, so können wir 'w geht dem Typ nach x unmittelbar voran' wie folgt formulieren:

$$\exists y(w \in y \wedge \exists z(x, y \in z)),$$

d.h. $\exists z(w \in^2 z \wedge x \in z)$. So wollen wir definieren:

'wVTx' steht für '$\exists z(w \in^2 z \wedge x \in z)$'. (3)

Nun liegt es auf der Hand, wie wir '$T_n x$' für jedes n zu fassen haben.

'$T_0 x$' steht für '$\forall w \neg wVTx$', (4)

'$T_{n+1} x$' steht für '$\forall w(T_n w \to wVTx)$'. (5)

Die indizierte Variable mit einem speziellen Wertebereich kann durch Definition wieder eingeführt werden:

'$\forall x^n Fx^n$' steht für '$\forall x(T_n x \rightarrow Fx)$', (6)

und '$\exists x^n$' steht für '$\neg \forall x^n \neg$', woraus mit elementarer Logik

$$\exists x^n Fx^n \leftrightarrow \exists x(T_n x \wedge Fx) \tag{7}$$

folgt.

Bei diesem Vorgehen verschwindet *Russell*s grammatikalische Einschränkung, die '$x^m \in y^n$' als sinnlos erklärte, wenn $m + 1 \neq n$. '$x^m \in y^n$' wird nun für alle m und n sinnvoll. Wenn $m + 1 \neq n$, so wird '$x^m \in y^n$' einfach falsch. Daß wir nun mit *Russell*s grammatikalischer Einschränkung so sorglos umgehen können, läßt die Frage aufkommen, ob er sie machen mußte.

Die Antwort lautet, daß er es nicht mußte. Man sieht, wie er auf sie kam. Es war eine bestechende Idee, zu erreichen, daß die Antinomien sich weder als wahr noch als falsch, sondern als sinnlos erwiesen, und der Gedanke, daß ein Versagen der Definition auf Grund eines *circulus vitiosus* vorlag, war ein Teil dieser Idee. Aber auch sein System arbeitete unabhängig von diesen Gedanken, nachdem er es zum Arbeiten gebracht hatte. Ein Hinweis zu diesem Punkt findet sich schon am Ende von Kapitel 34 in unserer Bemerkung über die Russellsche Antinomie: daß sie durch *zweierlei* verhindert würde: durch *Russell*s Anschuldigung, sie sei sinnlos, *und* durch die Beschränkung des Wertebereichs der Variablen. Dieser Punkt wird dann endgültig für die Typentheorie mit der Wienerschen Vereinfachung durch die Widerspruchsfreiheitsüberlegung von Kapitel 36 erhärtet. Das Modell in endlichen Klassen, dem wir uns dort zuwandten, hängt nämlich in keiner Weise von der Sinnlosigkeit der Verletzung von Typenbedingungen ab; '$x^n \in x^n$' und Ähnliches kann dort einfach falsch genannt werden.

*Russell*s grammatikalische Einschränkung erfüllte tatsächlich doch einen Zweck in seinem System: Sie gab Anlaß zu seinem Hilfsmittel der typenmäßigen Mehrdeutigkeit. Aber das wird für uns auch hinfällig, wenn wir zu universellen Variablen konvertieren.

Wir wollen unser Verfahren, die Typentheorie in die Sprache universeller Variablen zu übersetzen, jetzt bei den Axiomenschemata der Theorie, nämlich (4) und (5) von Kapitel 36, zum Tragen bringen. Übersetzen wir sie, indem wir uns stillschweigend Allquantoren hinzudenken, so erhalten wir

$$\exists y(T_{n+1}y \wedge \forall x\,[T_n x \rightarrow (x \in y \leftrightarrow Fx)]), \tag{8}$$

$$T_{n+2}z \wedge T_{n+1}x \wedge T_{n+1}y \wedge \forall w[T_n w \rightarrow (w \in x \leftrightarrow w \in y)] \wedge x \in z) \rightarrow y \in z. \tag{9}$$

Können wir aber sicher sein, daß alle die Theoreme, die mit der mehrsortigen Quantorenlogik aus (4) und (5) von Kapitel 36 abgeleitet werden können, auch mit einsortiger Logik aus (3) bis (9) erhalten werden können? Die kennzeichnenden Sätze der mehrsortigen Logik (Kapitel 34) waren:

$$\forall y^n(\forall x^n Fx^n \rightarrow Fy^n), \qquad \forall y^n(Fy^n \rightarrow \exists x^n Fx^n).$$

Gemäß (6) und (7) bedeuten diese nun:

$$\forall y[T_n y \rightarrow \forall x(T_n x \rightarrow Fx) \rightarrow Fy],$$

$$\forall y(T_n y \rightarrow [Fy \rightarrow \exists x(T_n x \wedge Fx)]),$$

und sind somit auch in der einsortigen Logik gültig. In der mehrsortigen Logik lag aber auch noch eine andere und subtilere Kraftquelle, die wir nicht aus den Augen verlieren dürfen. Jeder Logikstudent lernt, daß die Quantorenlogik implizit annimmt, daß die Wertebereiche der Variablen nicht leer sind, denn sie gestattet solche Schlüsse wie '$\exists x\, Fx$' aus '$\forall x\, Fx$'. In einer mehrsortigen Quantorenlogik, in der die logischen Standardsätze aufs Neue für jede Variablensorte akzeptiert werden, bewirkt diese implizite Annahme für jede Variablensorte, daß der Wertebereich auf Grund der zugelassenen Schlüsse als nicht leer garantiert wird. Infolgedessen müssen wir, wenn wir bei unserer Wende zur einsortigen Logik nicht einige Theoreme verlieren wollen, die vorher zur Verfügung standen, auf jeden Fall hierfür explizit in einem Theorem, das für jedes n ausgesprochen wird, sorgen:[1])

$$\exists x\, T_n x. \tag{10}$$

Beweis: Wenn $\forall x \neg T_n x$, so $\forall x\, T_{n+1} x$ nach (5), und somit gibt es nach (8) ein y mit $\forall x(x \in y \leftrightarrow Fx)$, woraus die Russellsche Antinomie folgt.

Nun werden alle Theoreme der Typentheorie mit speziellen Variablen bei der Übersetzung in der Typentheorie mit universellen Variablen beibehalten. Doch ist das letzte System in auffälligerer Weise unvollständig als das erste, weil es alle die neuerdings sinnvollen Formeln enthält, für deren Beweis oder Widerlegung wir noch nicht vorgesorgt haben. Im folgenden geben wir einige von ihnen an, die in der Typentheorie, so wie wir sie vorgestellt haben, offenbar gültig sind:

$$x \in y \rightarrow (T_n x \leftrightarrow T_{n+1} y), \tag{11}$$

$$\exists y \forall x[x \in y \leftrightarrow (x \in z \wedge Fz)], \tag{12}$$

$$\exists y \forall x(x \in y \leftrightarrow x \in^2 z). \tag{13}$$

Nehmen wir (11) als weiteres Axiom an, so können wir (8) und (9) zu

$$\exists y(T_{n+1} y \wedge \forall x[x \in y \leftrightarrow (T_n x \wedge Fx)]), \tag{14}$$

$$[T_{n+1} x \wedge T_{n+1} y \wedge \forall w(w \in x \leftrightarrow w \in y) \wedge x \in z] \rightarrow y \in z \tag{15}$$

vereinfachen. (8) ist nämlich äquivalent zu

$$\exists y(T_{n+1} y \wedge \forall x[(T_n x \wedge x \in y) \leftrightarrow (T_n x \wedge Fx)]),$$

und das '$T_n x \wedge x \in y$' reduziert sich in der Gegenwart von '$T_{n+1} y$' gemäß (11) auf '$x \in y$'. Eine ähnliche Schlußweise stellt (9) und (15) gleich.

---

[1]) Diesem Punkt wurde bei *Herbrand*, 1930, S. 62 Rechnung getragen. In dem folgenden Beweis bin ich *David Kaplan* und *Bruce Renshaw* zu Dank verpflichtet.

Von (14) her können wir an (12) und (13) nur so nahe herankommen, wie in den beiden folgenden Zeilen ausgedrückt wird:

$$\exists y \forall x[x \in y \leftrightarrow (T_n x \wedge x \in z \wedge Fx)], \tag{16}$$

$$\exists y \forall x[x \in y \leftrightarrow (T_n x \wedge x \in^2 z)]. \tag{17}$$

Die Überlegung, die hier '$T_n x$' eliminieren und somit (12) und (13) ergeben würde, lautet wie folgt: In (16) nehme man n so, daß $T_{n+1} z$, oder man nehme $n = 0$, falls $T_0 z$. In (17) nehme man n so, daß $T_{n+2} z$, oder man nehme 0 für n, falls $T_0 z$ oder $T_1 z$. Diese Zeilen sind uns aber verschlossen, weil wir kein Axiom haben, mit dem wir zeigen können, daß jedes z von dem einen oder anderen Typ ist. *Kaplan* hat einen Beweis dafür, daß wir solch ein Axiom oder Axiomenschema nicht ausdrücken können; '$\exists n\, T_n z$' ist nicht zulässig, denn das 'n' ist schematisch und daher in dem Quantor nicht statthaft. Wenn wir wollen, können wir aber (12) und (13) selbst als Axiomenschema und Axiom hinzufügen.

Das war ihr Status in *Zermelo*s bahnbrechender Mengenlehre, die aus demselben Jahr wie *Russell*s Typentheorie datiert: 1908.[1]) An das Axiomenschema (12) kann man sich von Kapitel 5 her erinnern; dort heißt es das *Aussonderungsschema*, so genannt, weil es auf einer gegebenen Klasse z die Wirkung hat, einen Teil y aus ihr auszusondern. Das Axiom (13) ist als *Vereinigungsmengenaxiom* bekannt. Das Zermelosche System weicht von der Typentheorie in anderen seiner Axiome ab, wie wir in Kapitel 39 sehen werden.

Es erhebt sich die Frage, '$T_{n+1} x$' und '$T_{n+1} y$' aus (15) wegzulassen. Sie werden aus zwei Gründen benötigt. Einmal braucht man sie um zu verhindern, daß x und y Individuen sind. Individuen x und y würden immer, weil sie keine Elemente haben, miteinander und mit den Nullklassen aller Typen identifiziert werden, wenn (15) ohne '$T_{n+1} x$' und '$T_{n+1} y$' aufgenommen würde. Zum anderen braucht man sie, um Übereinstimmung des Typs sicherzustellen und so zu verhindern, daß die Nullklassen verschiedener Typen miteinander identifiziert werden.

Ebenso braucht man '$T_{n+1} y$' in (14) um sicherzustellen, daß in jedem Klassentyp eine Nullklasse existiert. Die Bedingung ist in der Tat dann überflüssig, wenn y Elemente hat, denn der Typ von y ist dann durch den ihrer Elemente festgelegt, der wiederum in der Bedingung '$T_n x$' spezifiziert ist.[2])

38. Kumulative Typen und Zermelo

Nachdem nun einmal die Typentheorie in universelle Variablen eingebettet ist, bieten sich Vereinfachungen an, die ihrem Charakter nach wesentlich sind. Nehmen wir einmal an, wir seien willens, die Nullklassen aller Klassentypen einander gleichzustellen. Dann

---

[1]) Beide Annahmen wurden von *Cantor* in einem Brief aus dem Jahre 1899 vorweggenommen; dieser Brief wurde erst 1932 veröffentlicht (S. 444).

[2]) Die letzten Seiten dieses Kapitels und die ersten aus dem folgenden sind mit freundlicher Erlaubnis der Herausgeber des *Journal of Symbolic Logic* teilweise von den Seiten 272 bis 275 meiner Arbeit aus dem Jahre 1956 übernommen worden.

würde einer der beiden Gründe für die Bedingungen '$T_{n+1}x \wedge T_{n+1}y$' in (15) oben entfallen. Dem verbleibenden Grunde für diese Bedingungen, festzulegen, daß x und y Klassen und nicht etwa Individuen sind, kann danach ebenso gut durch '$\neg T_0 x \wedge \neg T_0 y$' Rechnung getragen werden. Das ist eine Vereinfachung, da die Kompliziertheit von '$T_{n+1}x \wedge T_{n+1}y$', ausgedrückt mit Hilfe von '$\in$', mit wachsendem n ansteigt.

Das Gleichsetzen der Nullklassen versetzt uns ebenso in die Lage, in (14) '$T_{n+1}y$' gegen '$\neg T_0 y$' auszuwechseln. Somit wird aus (14) und (15):

$$\exists y(\neg T_0 y \wedge \forall x(x \in y \leftrightarrow (T_n x \wedge Fx))), \tag{1}$$

$$(\neg T_0 x \wedge \neg T_0 y \wedge \forall w(w \in x \leftrightarrow w \in y) \wedge x \in z) \rightarrow y \in z. \tag{2}$$

(2) ist jetzt nicht länger ein Axiomenschema, sondern ein einziges Axiom.

Das Gleichsetzen der Nullklassen nötigt uns, (11) von S. 197 fallenzulassen. Sonst könnte Λ nicht zu Klassen x und y mit aufeinanderfolgenden Typen gehören.[1]) Man schließt wie folgt. Wenn Λ zu Klassen von aufeinanderfolgendem Typ gehören würde, dann wäre Λ nach (11) von zwei aufeinanderfolgenden Typen. Dann sei n die kleinste Zahl mit $T_n\Lambda$ und $T_{n+1}\Lambda$. Also $T_{n+1}\{\Lambda\}$ und $T_{n+1}\Lambda$. Also existiert nach (1) oben $\{\{\Lambda\}, \Lambda\}$. Wegen $T_n\Lambda$ dann nach (11) $T_{n+1}\{\{\Lambda\}, \Lambda\}$. Also nach (11) $T_n\{\Lambda\}$. Aber nach den Definitionen (3) und (4) von S. 195 Λ VT $\{\Lambda\}$ und somit $\neg T_0\{\Lambda\}$. Also $n > 0$. Wegen $T_n\{\Lambda\}$ dann nach (11) $T_{n-1}\Lambda$ – im Gegensatz zur Annahme, daß n minimal ist.

Die Bedingung '$\neg T_0 y$' in (1) bleibt weiterhin erforderlich, um die Existenz von Λ sicherzustellen; für letzteres sorgt der folgende Fall von (1):

$$\exists y(\neg T_0 y \wedge \forall x[x \in y \leftrightarrow (T_0 x \wedge \neg T_0 x)]). \tag{3}$$

Auch ohne '$\neg T_0 y$' würde (3) noch die Existenz elementloser Objekte y festsetzen, aber diese könnten einfach Individuen sein und nicht etwa Λ, wenn '$\neg T_0 y$' nicht dafür sorgt. '$\neg T_0 y$' in (3) hat, kurz gesagt, den Zweck, Individuen gegen Λ abzugrenzen. Wie wir schon sahen, war der entsprechende Zweck von '$\neg T_0 x \wedge \neg T_0 y$' in (2) zu verhindern, daß die Individuen mit Λ oder miteinander identifiziert werden. Wir aber wissen aus Kapitel 4, wie wir mit diesen Notwendigkeiten fertigwerden können. Tatsächlich können wir *Fraenkel* nicht darin folgen, einfach auf Individuen zu verzichten, denn unter der Typentheorie würde damit unendlichen Klassen und auch der klassischen Zahlentheorie die Tür verschlossen (vgl. Kapitel 39). Wir können aber mit Gewinn den anderen Ausweg von Kapitel 4 aufnehmen: nämlich Individuen mit ihren Einerklassen identifizieren.

Zu Beginn unserer Bemühungen, die Typentheorie auf universelle Variablen umzurüsten, standen wir der Notwendigkeit gegenüber, zusätzlich solche Ausdrücke '$x \in y$' interpretieren zu müssen, in denen x und y nicht Objekte von aufeinanderfolgendem Typ darstellen. Wir wählten für sie einfach die Interpretation 'falsch'. Der Ausweg, den wir nun wählen wollen, Individuen mit ihren Einerklassen zu identifizieren, erfordert

---

[1]) Oder überhaupt nicht zu zwei verschiedenen Typen. Aber das hier ist schlimm genug und schneller zu beweisen. Ich bin *Kaplan* zu Dank verpflichtet.

nun, bei dieser Interpretation eine Ausnahme zu machen: Wenn x ein Individuum ist, soll '$x \in x$' als wahr zählen. Nun reduzieren sich (1) und (2) auf

$$\exists y \forall x(x \in y \leftrightarrow (T_n x \wedge Fx)), \tag{4}$$

$$(\forall w(w \in x \leftrightarrow w \in y) \wedge x \in z) \rightarrow y \in z. \tag{5}$$

Darüber hinaus muß die Definition von '$T_n x$' revidiert werden, damit sie zu der neuen Vorstellung vom Individuum paßt. 'x VT y' übergehend, können wir definieren

$$\text{'}T_0 x\text{'} \quad \text{steht für} \quad \text{'}\forall y(y \in x \leftrightarrow y = x)\text{'}, \tag{6}$$

$$\text{'}T_{n+1} x\text{'} \quad \text{steht für} \quad \text{'}\forall y(y \in x \rightarrow T_n y)\text{'}.$$

Typen werden kumulativ: $T_m x \rightarrow T_n x$ für alle $m < n$.

Der Beweis für (10) auf S. 197 läßt sich nun unter diesen Definitionen nicht erbringen. Wir müssen jetzt '$\exists x\, T_0 x$' als Axiom nehmen, aber wir können immer noch '$\exists x\, T_{n+1} x$' beweisen, und zwar wie folgt: Nach (4) erhalten wir, mit '$x \neq x$' für 'Fx', $\exists y \forall x(x \notin y)$, und somit nach (6) $\exists y\, T_{n+1} y$.

So sieht nun die kumulative Typentheorie mit universellen Variablen aus. Sie hat (4), (5), '$\exists x\, T_0 x$' und die Definitionen (6). Das (11) von Kapitel 37 entfällt; zur Hälfte liegt es in (6), und die andere Hälfte ist für kumulative Typen falsch. (12) und (13) aber von Kapitel 37, das Aussonderungsaxiom und das Vereinigungsmengenaxiom, sind genau so gut für kumulative Typen. Wir könnten sie als zusätzliche Axiome nehmen.

Ein weiteres Zermelosches Axiom, das ich bisher noch nicht in Erwägung gezogen habe, ist das *Potenzmengenaxiom.* Es fordert für jede Klasse z die Klasse $\{x: x \subseteq z\}$, und es hat seinen Namen aus der Tatsache, daß $\{x: x \subseteq z\}$ $2^{\bar{\bar{z}}}$ Elemente hat (vgl. Kapitel 30). Da Individuen für *Zermelo* elementlos waren, mußte er für das Potenzmengenaxiom die folgende Form wählen:

$$\exists y \forall x[x \in y \leftrightarrow (x \text{ ist eine Klasse} \wedge x \subseteq z)].$$

Die Klassenbedingung findet sich hier, damit nicht alle Individuen in y hineingezogen werden.

In der Typentheorie von Kapitel 37, zwar mit universellen Variablen, aber ohne weitergehende Liberalisierung, war das Äußerste, was wir in dieser Richtung hätten zulassen können:

$$\exists y \forall x[x \in y \leftrightarrow (T_n x \wedge x \subseteq z)].$$

Die Homogenitätsbedingung '$T_n x$' wird gebraucht, damit nicht die Nullklassen aller Typen und alle Individuen in y hineingezogen werden. (Wenn $n = 0$, gehen alle Individuen in y ein, aber sonst nichts.) Ich hielt mich in Kapitel 37 nicht mit diesem Satz auf, denn man erhält ihn unmittelbar aus (14) dieses Kapitels.

Nun aber, nachdem Individuen aufgehört haben, elementlos zu sein, wird '$T_n x$' nicht mehr benötigt, um y vor der Flut der Individuen zu schützen; und nun, da die Nullklassen aller Typen miteinander identifiziert sind, ist '$T_n x$' nicht mehr gewünscht, um die Flut der Nullklassen abzuwehren. Wir könnten mit Gleichmut für unsere kumulative Typentheorie das ungeschützte Potenzmengenaxiom

$$\exists y \forall x (x \in y \leftrightarrow x \subseteq z)$$

aufnehmen, und damit in der Liberalisierung sogar noch *Zermelo* übertreffen.

Das so ergänzte Axiomensystem kann noch eleganter gemacht werden. Zuvor wollen wir noch unsere Bezeichnungsweise verbessern. Es ist jetzt angenehm und bequem, die unverbindliche Definition 2.1 von '$x \in \{y: Fy\}$' wieder zu aktivieren, sie (1) von Kapitel 36 vorzuziehen und so wieder die Freiheit zu virtuellen Klassen zu gewinnen. In der Tat können alle dezimal numerierten Definitionen früherer Kapitel wieder aktiviert werden. Sogar die Definition der Identität, 2.7, ist jetzt in Ordnung, da alle Individuen sich selbst als Elemente haben. Demzufolge können die bisher angesammelten Axiomenschemata und Axiome, nämlich (4), (5), das Potenzmengenaxiom, '$\exists x\, T_0 x$' und (12) und (13) von Kapitel 37, die folgende gedrängte Form annehmen:

$$\alpha \cap \{x: T_n x\} \in \vartheta, \qquad (x = y \wedge x \in z) \rightarrow y \in z,$$
$$\{x: x \subseteq z\} \in \vartheta, \quad \exists x\, T_0 x, \quad z \cap \alpha \in \vartheta, \quad \bigcup z \in \vartheta.$$

An Stelle des Axiomenschemas '$\alpha \cap \{x: T_n x\} \in \vartheta$' könnten wir hier jetzt genauso gut '$\{x: T_n x\} \in \vartheta$' nehmen, denn '$\{x: T_n x\} \in \vartheta$' folgt aus '$\alpha \cap \{x: T_n x\} \in \vartheta$', indem wir $\alpha = \{x: T_n x\}$ setzen, und umgekehrt folgt '$\alpha \cap \{x: T_n x\} \in \vartheta$' aus '$\{x: T_n x\}$' auf Grund des Axiomenschemas '$z \cap \alpha \in \vartheta$' der Aussonderung. Statt '$\{x: T_n x\} \in \vartheta$' genügt es wiederum, '$\{x: T_0 x\} \in \vartheta$' zu postulieren, denn aus diesem, aus dem Potenzmengenaxiom '$\{x: x \subseteq z\} \in \vartheta$' und aus der Definition von '$T_{n+1} y$' erhalten wir '$\{x: T_1 x\} \in \vartheta$', und durch fortwährende Wiederholung erhalten wir '$\{x: T_n x\} \in \vartheta$' für jedes n. Nachdem wir nun unser Axiomensystem bis zu dem Punkt gebracht haben, wo die Bezeichnungsform '$T_n x$' nur noch in dem Fall '$T_0 x$' gebraucht wird, können wir auch auf die ganze Bezeichnungsform und auf ihre Definition (6) verzichten und zu '$x = \{x\}$' für diesen einen Fall zurückkehren. So ist unser Axiomensystem jetzt auf die folgende Form gebracht:

$$(x = y \wedge x \in z) \rightarrow y \in z, \qquad \exists x (x = \{x\}),$$
$$\{x: x = \{x\}\}, \{x: x \subseteq z\}, z \cap \alpha, \bigcup z \in \vartheta.$$

Nachdem nun die Typen kumulativ sind, ist es angebracht, auch noch ein anderes Axiom von *Zermelo* hinzuzufügen: das *Paarmengenaxiom.* In der Theorie der gewöhnlichen, sich ausschließenden Typen war es nicht allgemein wahr, aber es paßt zur kumulativen Typentheorie, denn je zwei Dinge sind von einem gemeinsamen kumulativen Typ.

Eine Folgerung aus den Axiomen '$\{x, y\}, \bigcup z \in \vartheta$' ist $x \cup y \in \vartheta$, denn man nehme z als $\{x, y\}$. Hier haben wir wieder etwas, das für gewöhnliche Typen falsch ist, aber für kumulative gilt.

Die Axiome, die wir nun für kumulative Typen angesammelt haben, lassen sich am besten in zwei Listen ordnen. Da gibt es einmal die *Zermeloschen Axiome* der Potenzmenge, der Paarmenge, der Aussonderung, der Vereinigungsmenge und der Extensionalität:

$$\{x: x \subseteq z\}, \{x, y\}, z \cap \alpha, \bigcup z \in \vartheta, (x = y \wedge x \in z) \rightarrow y \in z, \tag{7}$$

und zum anderen die *Axiome der Individuen:*

$$\exists x(x = \{x\}), \quad \{x: x = \{x\}\} \in \vartheta. \tag{8}$$

Zermelo selbst teilte sein System nicht in Typen ein. Wenn man sich jedoch durch diesen Kanal hindurch zu seinem System begibt, so verhilft uns das dazu, diese beiden bahnbrechenden Systeme miteinander in Beziehung zu setzen.

Zermelo erkannte noch einige wenige zusätzliche Axiome an. Da ist einmal das Auswahlaxiom, dessen Urheber er war und das er hinzuzählte, ferner ein Unendlichkeitsaxiom, das wir in Kapitel 39 aufnehmen werden. Auch gab es da noch '$\{x\} \in \vartheta$', aber das ist überflüssig, da '$\{x, y\} \in \vartheta$' auch '$\{x, x\} \in \vartheta$' liefert. Dann gab es noch '$\Lambda \in \vartheta$', aber das kann man aus dem Fall '$z \cap \Lambda \in \vartheta$' des Aussonderungsschemas '$z \cap \alpha \in \vartheta$' erhalten.

Wie wir schon anmerkten, als wir dem Potenzmengenaxiom zum ersten Mal begegneten, wurde das Originalsystem von *Zermelo* durch die Unterscheidung von Klassen und Individuen verkompliziert. Daher die Klassenbedingung in unserer ersten Formulierung des Potenzmengenaxioms. Entsprechend mußte *Zermelo* in dem Extensionalitätsaxiom '$(x = y \land x \in z) \rightarrow y \in z$' 'x' und 'y' auf Klassen beschränken. Und es sollte zu *Zermelo*s Gunsten gesagt werden, daß das, was bei ihm '$\Lambda \in \vartheta$' entsprach,

$$\exists y[y \text{ ist eine Klasse} \land \forall x(x \notin y)]$$

bewirken sollte und somit nicht überflüssig ist, solange Individuen elementlos sind. Aussonderung stellt ein elementloses Objekt, aber nicht notwendig eine elementlose Klasse sicher. Ich habe diesen ganzen Aspekt durch meine Auffassung der Individuen ($x = \{x\}$) vereinfacht, und dabei bin ich von *Zermelo* abgewichen.

Leser, die zuerst *Zermelo*s System kennengelernt haben, mußten auch den durchgreifenden stilistischen Unterschieden in der Darstellung, die daraus resultierten, daß ich 2.1 und unverbindliche Abstraktion verwendete, Zugeständnisse machen. *Zermelo*s System erlaubt keine Allklasse ϑ, und *Zermelo* konnte keine Klassensymbole ohne Klassen gebrauchen; so würde meine Fassung des Aussonderungsaxioms: $z \cap \alpha \in \vartheta$ sowohl wegen des 'ϑ' als auch wegen des 'α' ihm und seinen Lesern in der Tat merkwürdig vorkommen. Die für die Literatur charakteristische Version des Aussonderungsaxioms ist eher (12) von Kapitel 37. (Und auch sie stammt teilweise von *Skolem* (1922 bis 1923), der sich über den schematischen Status von 'Fx' klarer war als *Zermelo*.) Man muß aber immer daran denken, daß virtuelle Klassen und unverbindliche Abstraktion, so bequem sie auch sind und so weit sie auch führen, einfach Definitionssache sind: *Zermelo*s System wird dadurch kein anderes System, daß man es auf diese Weise darlegt.

Was in (7) aufgeführt wird, sind also *Zermelo*s Axiome, zwar durchgreifend im Stil der Darstellung modifiziert, aber in der Substanz nur dadurch verändert, daß die Vorstellung vom Individuum revidiert und Überflüssiges und die durchgreifenden Auswahl- und Unendlichkeitsaxiome ausgeschlossen wurden. In (8) sind Extras aufgeführt, die nicht von *Zermelo* stammen: die Individuenaxiome. Diese haben als Abkömmlinge der Typentheorie Einlaß gefunden, die durch meine spezielle Individuenlehre umgeformt wurde. *Zermelo*s eigenes System läßt zwar Individuen zu, erfordert sie aber nicht, weder in meinem noch in irgendeinem anderen Sinne.

*Fraenkel*s Bemerkung, daß *Zermelo*s System keine Individuen, sondern nur „reine" Klassen (Kapitel 4) benötigt, kann insoweit verschärft werden, als die Axiome (7) betroffen sind: Es brauchen nur endliche reine Klassen zu existieren. Das sind die Klassen, die zu dem trivialen Modell gehören, mit dem wir in Kapitel 36 die Widerspruchsfreiheit der Typentheorie garantierten. Also ist uns auch die Widerspruchsfreiheit der Zermeloschen Axiome (7) sicher. Man braucht auch nicht zu befürchten, daß Hinzunahme der Individuenaxiome (8) einen Widerspruch bewirken könnte, denn ein einziges Individuum reicht schon aus.

Nachdem wir uns nun soweit von der Typentheorie, wie sie normalerweise verstanden wird, entfernt haben, wollen wir uns einer Bewährungsprobe unterziehen und sehen, wie es nun um die Russellsche Antinomie und um den Satz von *Cantor* steht. Der Widerspruch in der Russellschen Antinomie liegt mit einem Wort in '$\{x: \notin x\} \in \vartheta$'. Man könnte höchstens hoffen, dieses Resultat durch das Aussonderungsschema '$z \cap \alpha \in \vartheta$' zu erhalten, das '$z \cap \{x: x \notin x\} \in \vartheta$' liefert. Aber um von hier aus zu '$\{x: x \notin x\} \in \vartheta$' zu gelangen, brauchen wir ein hinreichend großes z, so daß $\{x: x \notin x\} \subseteq z$', und es gibt keinen sichtbaren Weg zu solch einem z. *Zermelo*s Schutz vor Antinomien besteht im wesentlichen darin, daß er zu große Klassen meidet.

Der Satz von *Cantor* sieht sich keinem solchen Hindernis gegenüber. Das Aussonderungsschema '$z \cap \alpha \in \vartheta$' liefert

$$\forall z \forall w (z \cap \{y: y \notin w\text{‘}y\} \in \vartheta), \tag{9}$$

und hieraus können wir genau wie in 28.17 schließen, daß

$$\forall z (z \prec \{x: x \subseteq z\}).$$

Aber wir brauchen uns hier nicht vor der Cantorschen Antinomie zu fürchten, die sich ergeben würde, wenn man hier ϑ für z wählt, '$\vartheta \in \vartheta$' haben wir hier nämlich nicht. Wir können für jedes n beweisen, daß $\vartheta^{n+1} \in \vartheta$, d.h. daß $\{x^n: x^n = x^n\} \in \vartheta$, denn das besagt einfach, daß $\{x: T_n x\} \in \vartheta$, und wir sahen, daß das aus *Zermelo*s Axiomen (7) folgt, wenn sie durch (8) ergänzt werden, doch es gibt keinen Weg, '$\vartheta \in \vartheta$' oder '$\{x: x = x\} \in \vartheta$' zu beweisen. Hier sehen wir wieder, wie *Zermelo*s Schutz vor Antinomien, Vermeidung zu großer Klassen, sich auswirkt: Es gibt keine Klasse, die alles enthält.

In der Gestalt, wie er soeben bewiesen wurde, hing der Satz von *Cantor* von der gewöhnlichen Definition von '$\prec$' ab, es waren nicht, wie in Kapitel 36, spezielle Manöver für heterogene Relationen erforderlich. Eine Wirkung des Übergangs zu kumulativen Typen besteht nämlich darin, daß das Verbot heterogener Relationen entfällt, ja die Heterogenität selbst entfällt, denn jetzt ist von je zwei Typen die eine in der anderen enthalten. Entscheidend ist, daß uns jetzt '$\{x, y\} \in \vartheta$' zur Verfügung steht, denn das liefert '$\langle z, w \rangle \in \vartheta$' für alle z und w.

In mancher Beziehung ist es verwirrend, von kumulativen Typen zu reden. Man kann nicht mehr eindeutig von *dem* Typ einer Klasse sprechen. Mehr noch: Da nun ein Typ alle niedrigeren Typen umfaßt, gehört ein Ding eines bestimmten Typs damit auch zu allen höheren Typen. So könnte es vorzuziehen sein, als den Typ einer Klasse jetzt das zu definieren, was wir früher den niedrigsten Typ im kumulativen Sinne genannt haben.

So würde es von einem Individuum heißen, es sei vom Typ 0, die Nullklasse wäre jetzt vom Typ 1, und der Typ einer jeden anderen Klasse wäre um eins höher als der höchste vorkommende Typ eines ihrer Elemente. Danach würde '$T_n x$' von (6) jetzt als 'x ist höchstens vom Typ n' gelesen. Was Kumulativität von Typen war, müßte jetzt stattdessen als endliche Heterogenität von Klassen beschrieben werden: Man gestattet, daß die Elemente einer Klasse von endlich vielen verschiedenen Typen sind (jeder Typ unterhalb des Typs der Klasse ist erlaubt). Das alles wäre jedoch nur wieder eine andere Weise, ein und dieselbe Theorie zu beschreiben: die in (7) und (8) zusammengefaßte Klassentheorie.

Was auch immer die bequemere Bezeichnung der Theorie ist, die Theorie selbst stellt gegenüber der gewöhnlichen Typentheorie bestimmt einen Gewinn an Bequemlichkeit dar. Das wurde z.B. in der uneingeschränkten Tolerierung geordneter Paare, also auch heterogener Relationen, deutlich. Man kann auch sagen, daß die von Neumannsche und die Zermelosche Fassung der natürlichen Zahlen hier ein wenig besser fahren als in *Russells* Typentheorie. Bei *von Neumann* war $x \cup \{x\}$ der Nachfolger von x, und damit kommt er offenbar mit der Typentheorie in Konflikt. Die Zermelosche Fassung kommt sofort mit der Typentheorie in Konflikt, wenn man zwei Zahlen, beispielsweise x und seinen Nachfolger, in eine Klasse stecken möchte. Mit seiner Tolerierung der endlichen Heterogenität in Klassen kommt der neue Entwurf nicht in dieser Weise mit den von Neumannschen und den Zermeloschen Zahlen in Konflikt.

39. Unendlichkeitsaxiome und andere

Die Typentheorie hatte sogar mit der Fregeschen Zahlauffassung Schwierigkeiten. Um diese Schwierigkeit sichbar werden zu lassen, wollen wir uns an eine Stelle in Kapitel 12 erinnern. Dort stellte sich heraus, daß wir für eine klassische Theorie der natürlichen Zahlen lediglich eine beliebige Funktion S brauchen, die immer wieder auf ihre eigenen Werte angewandt wird und dabei stets etwas Neues ergibt. Man versetze ein beliebiges Argument von S in die Rolle von 0, und man kann alle übrigen Zutaten der Zahlentheorie in der in Kapitel 11 gezeigten allgemeinen Weise definieren. Doch werden die Erfordernisse der Zahlentheorie nicht erfüllt werden, wenn S in dem Punkt versagt, jedesmal etwas Neues zu liefern. Und tatsächlich wird das Fregesche S in der Typentheorie genau von diesem Versagen bedroht.

Der Fregesche Nachfolger einer Zahl x ist nämlich

$$\{z: \exists y(y \in z \wedge z \cap {}^{-}\{y\} \in x)\};$$

und was soll nun verhindern, daß S'x = x? Nehmen wir einmal an, wir würden in dem für Zahlen niedrigsten Typ, nämlich Typ 2, arbeiten, so daß eine Zahl, sagen wir 5, die Klasse aller Klassen aus fünf Individuen ist. Nehmen wir weiter an, daß es in dem Universum nur fünf Individuen gibt. Also ist 5 im Typ 2 gleich $\{\vartheta^1\}$. Dann ist 6, oder S'5, im Typ 5 gleich

$$\{z^1: \exists y^0(y^0 \in z^1 \wedge z^1 \cap {}^{-}\{y^0\} = \vartheta^1)\},$$

das, weil '$y \in z \wedge z \cap \overline{\{y\}} = \mathfrak{V}$' widerspruchsvoll ist, gleich Λ^2 ist. Dann ist aber 7, oder S'6, gleich $S'\Lambda^2$, was sich auch auf Λ^2 reduziert. Also S'x = x, wenn x gleich 6 vom Typ 2 ist, vorausgesetzt,daß es nicht mehr als fünf Individuen gibt.

Diese Beweisführung läßt sich verallgemeinern. Wenn ein Typ weniger als k Elemente hat, so ist die Zahl k zwei Typen weiter oben gleich ihrem Nachfolger (und zwar sind beide gleich Λ). Unter diesen Umständen bricht die elementare Zahlentheorie zusammen. Insbesondere versagt das Subtraktionsaxiom von *Peano* '$S'x = S'y \rightarrow x = y$'. So nehme man das vorangegangene Beispiel, worin $5 \neq \Lambda$, aber $S'6 = 6 = S'5 = \Lambda$; hierin ist $S'6 = S'5$ und doch $6 \neq 5$.

Am schlimmsten ist, daß jeder Typ nur endlich viele Elemente hat, wenn auch nur ein einziger endlich ist, und so kann dann echte Arithmetik in keinem Typ entwickelt werden. Um die Arithmetik, jedenfalls in dieser Fassung, zu stützen, ist es notwendig und hinreichend, unendlich viele Elemente zu postulieren. Eine Möglichkeit, dieses Unendlichkeitsaxiom zu formulieren, besteht darin zu sagen, daß es eine nicht leere Klasse x^2 gibt, derart daß jedes ihrer Elemente Teilklasse eines weiteren Elementes ist.[1])

$$\exists x^2(\exists y^1(y^1 \in x^2) \wedge \forall y^1[y^1 \in x^2 \rightarrow \exists z^1(y^1 \subset z^1 \in x^2)]). \qquad (1)$$

Dieses Axiom ist mit der Begründung verschrieen worden, daß die Frage, ob es unendlich viele Individuen gibt, eher eine Frage der Physik oder Metaphysik als eine Frage der Mathematik sei und daß es unangemessen sei, die Arithmetik davon abhängen zu lassen. *Whitehead* und *Russell* zeigten Bedauern über dieses Axiom wie über das Auswahlaxiom; sie führten beide jeweils als explizite Hypothesen in solche Theoreme ein, die es benötigten, so wie ich es in den Abschnitten VII bis X mit den meisten Komprehensionsannahmen gehalten habe.

Die Notwendigkeit dieses Unendlichkeitsaxioms plagt die Fregesche Zahlvorstellung auch dann, wenn wir die Typentheorie wie in Kapitel 38 liberalisieren und kumulative Typen oder endlich heterogene Klassen zulassen. Denn innerhalb jedes Typs, selbst wenn er so liberalisiert ist, gibt es eine endliche Schranke, wie groß eine Klasse sein kann, es sei denn, es gibt unendlich viele Individuen.

Wenn wir einen Trost darin finden, daß die liberalisierte Theorie uns stattdessen erlaubt, bei *Zermelos* Zahlbegriff Zuflucht zu suchen, so endet dieser Trotz seinerseits bei Schwierigkeiten mit der vollständigen Induktion. In klassischer Weise definiert man

$$\text{'}\mathbb{N}\text{'} \quad \text{steht für} \quad \text{'}\{x\text{: } \forall y[(0 \in y \wedge S\text{''}y \subseteq y) \rightarrow x \in y]\}\text{'}, \qquad (2)$$

und dann nimmt man {z: Fz} für y und schließt

$$(F0 \wedge \forall z[Fz \rightarrow F(S'z)] \wedge x \in \mathbb{N}) \rightarrow Fx. \qquad (3)$$

Die inzwischen wohlbekannte Schwierigkeit besteht darin, daß man im allgemeinen nicht sicher ist, ob $\{z\text{: } Fz\} \in \mathfrak{V}$.

---

[1]) Diese Version stammt von *Tarski,* S. 243. *Whitehead* und *Russell* formulierten es so, daß es zu jedem $x^2 \in \mathbb{N}^3$ eine Klasse y^1 mit x^2 Elementen gibt; kurz: $\Lambda^2 \notin \mathbb{N}^3$.

In Abschnitt IV überwanden wir diese Schwierigkeit, indem wir (2) wie folgt revidierten:

$$\text{'}\mathbb{N}\text{'} \quad \text{steht für} \quad \text{'}\{x\colon \forall y[(x \in y \wedge \breve{S}\text{''}y \subseteq y) \rightarrow 0 \in y]\}\text{'}. \tag{4}$$

Dann bewiesen wir (3), indem wir nicht $\{z\colon Fz\}$, sondern stattdessen die endliche Klasse $\{z\colon z \leqslant x \wedge \neg Fz\}$ für y einsetzten. In 7.10 und 13.1 postulierten wir endliche Klassen, und alles war in Ordnung. Nun erwartet man, daß dieser Ausweg in gleicher Weise auch in dem gegenwärtigen System der liberalisierten Typen oder dem Zermeloschen System offen steht, denn auch hier ist die Existenz aller endlichen Klassen garantiert. Wir sahen, wie sich 'Λ, $\{z\}$, $x \cup y \in \vartheta$' alle aus (7) von Kapitel 38 ergaben; die beiden letzten liefern '$x \cup \{z\} \in \vartheta$', und aus '$\Lambda \in \vartheta$' können wir durch n-malige Anwendung von '$x \cup \{z\} \in \vartheta$' beweisen, daß jede Klasse aus n Elementen existiert.

Im einzelnen stößt dieser Plan jedoch auf Hindernisse. Unsere Ableitung von (3) aus der Definition (4) beruhte auf 13.1, das nicht aus (7) von Kapitel 38 folgt.[1]) Die Zermeloschen Zahlen kann man auch in anderen und abweichenden Definitionen als (2) und (4) einfangen, und *Zermelo* zeigte 1909, wie man (3) von solch einer Definition ableiten kann, ohne daß man außer (7) von Kapitel 38 noch andere Komprehensionsaxiome benötigt. (Siehe S. 56, Fußnote) Die natürlichen Zahlen von *Zermelo* und die von *von Neumann* haben vor den Fregeschen den großen Vorteil, kein Unendlichkeitsaxiom zu benötigen.

Für eine größere Reichweite, für die Theorie der reellen Zahlen und darüber hinaus, braucht man natürlich bei jedem Zugang noch unendliche Klassen, und dementsprechend fügte *Zermelo* ein Unendlichkeitsaxiom an. Es bewirkte '$\mathbb{N} \in \vartheta$' und lautete wie folgt:

$$\exists x[\Lambda \in x \wedge \forall y(y \in x \rightarrow \{y\} \in x)]. \tag{5}$$

Es postuliert eine Klasse, zu der zumindest alle natürlichen Zahlen in *Zermelo*s Sinn gehören. Es ist äquivalent zu '$\mathbb{N} \in \vartheta$', denn $\mathbb{N}$ ist selbst ein x, das (5) erfüllt, und umgekehrt, wenn x (5) erfüllt, so $\mathbb{N} \subseteq x$, und somit $\mathbb{N} \in \vartheta$ nach dem Aussonderungsschema.

Jetzt folgt natürlich das Induktionsschema (3); man nehme einfach für y in (2) $\mathbb{N} \cap \{z\colon Fz\}$, das nach '$\mathbb{N} \in \vartheta$' und dem Aussonderungsschema existiert. Das ist in *Zermelo*s System der leichte Weg zur Induktion, wenn man nicht darauf aus ist, die Zahlentheorie vor Unendlichkeitsannahmen zu bewahren, die schließlich doch in anderen Teilen gebraucht werden.

So extravagant es als Basis für die Induktion erscheinen mag, ist '$\mathbb{N} \in \vartheta$' doch kaum mehr als eine minimale Vorsorge für die reellen Zahlen (vgl. Kapitel 19). Und es ist ein Unendlichkeitsaxiom, das anders als das von *Whitehead* und *Russell* nichts über Individuen aussagt.

Aber es trennt die letzten Verbindungen zur Typentheorie. Eine unendliche Klasse von natürlichen Zahlen der Zermeloschen oder der von Neumannschen Art ist sogar zur kumulativen Typentheorie antithetisch, denn eine solche Klasse sprengt die Grenzen

---

[1]) Das Zermelosche System wird sogar dann, wenn man es so erweitert, daß es das Ersetzungsaxiomenschema (unten), das Auswahlaxiom, aber nicht das Fundierungs- und das Unendlichkeitsaxiom enthält, von einem Modell erfüllt werden, das 13.1 verletzt. Dieses Modell ist das letzte der von *Bernays*, 1954, S. 83 gegebenen. Diese Beobachtung verdanke ich *Kenneth Brown*.

aller Typen.[1]) Tatsächlich war es einfach nicht wahr, daß selbst die kumulative Typentheorie natürliche Zahlen der von Neumannschen oder Zermeloschen Art in irgendeinem interessanten Sinn unterbringt; denn gewiß möchten wir nicht den Weg für unendliche Klassen von Zahlen versperren, wenn wir auch ihre Postulierung noch zurückstellen.

Wie wir sahen, wurde das Unendlichkeitsaxiom von *Whitehead* und *Russell* durch das Subtraktionsgesetz 'S'x = S'y → x = y' hervorgerufen. Um es anders herum zu sagen: Es wurde gebraucht, damit die natürlichen Zahlen nicht abbrechen. In gleicher Weise wurde es gebraucht, damit die reellen Zahlen nicht abbrechen. Und seine Bedeutung macht hier noch nicht halt. Jeder nachfolgende Typ ist die Klasse aller Teilklassen seines Vorgängers und ist somit nach dem Satz von *Cantor* größer als sein Vorgänger. Unendlich viele Individuen anzunehmen, bedeutet daher, höhere Unendlichkeiten ohne Ende anzunehmen ((4) von Kapitel 38 vorausgesetzt).

Das Zermelosche Unendlichkeitsaxiom hat in seinem System für höhere Unendlichkeiten dieselbe Bedeutung wie das von *Whitehead* und *Russell* in dem ihrigen. Wenn nämlich $\mathbb{N} \in \mathcal{V}$ gegeben ist, so haben wir nach dem Potenzklassenaxiom in (7) von Kapitel 38, daß $\{x: x \subseteq \mathbb{N}\} \in \mathcal{V}$, und diese letzte Klasse ist nach dem Satz von *Cantor* größer als $\mathbb{N}$. Und so geht es weiter nach oben.

Das Zermelosche Unendlichkeitsaxiom sprengt die Typengrenzen. Das ist eine gute Tat, die uns von einer Bürde befreit, die den Typenindizes vergleichbar ist, wenn wir auch die Indizes selbst schon losgeworden waren. Denn selbst in der Typentheorie mit universellen Variablen wurden wir zu der Fregeschen Fassung der natürlichen Zahlen getrieben. Das bedeutete Anerkennung einer unterschiedlichen 5 in jedem Typ (über Klassen von Individuen), einer unterschiedlichen 6 in jedem Typ (über Klassen von Individuen), einem unterschiedlichen $\mathbb{N}$ in jedem Typ (über Klassen von Individuen). Und dazu kommt noch, durch die ganze Typenhierarchie hindurch, eine Vervielfachung jedes Details der Theorie der reellen Zahlen: $\frac{3}{5}$ erweist sich in jedem nachfolgenden Typ als etwas anderes, dasselbe geschieht mit π, mit $\mathbb{Q}$, mit $\mathbb{R}$. Obwohl wir die zu Grunde liegende Bezeichnungsweise auf universelle Variable reduziert haben, ist für alle diese Konstanten praktisch eine Beibehaltung der Typenindizes erforderlich. Andererseits entfallen in *Zermelos* System mit seinem Unendlichkeitsaxiom und der nachfolgenden Aufgabe der Typengrenzen solche Vervielfachungen.

Wir sahen, daß *Zermelos* Schutz gegen Antinomien darin bestand, daß er zu große Klassen vermied.[2]) Für die umgekehrte Zusicherung, daß Klassen *nur* dann nicht existieren können, wenn sie größer wären als alle existierenden, wurden in *Zermelos* Aussonderungsschema nur sehr wenig Vorkehrungen getroffen. Umfassende Vorkehrungen trafen

---

[1]) Ich spreche von endlich hohen Typen. Eine Vorstellung von transfiniten Typen, die von *von Neumann* stammt, taucht am Anfang von Kapitel 45 auf.

[2]) Kapitel 38. Die Idee, die Antinomien zu vermeiden, indem man zu große Klassen vermeidet, ist sogar noch älter als *Zermelos* System. Sie wurde von *Russell* in seiner Arbeit aus dem Jahre 1906 erwähnt und von *Cantor* in seinem lange Zeit unveröffentlichtem Brief aus 1899 (*Cantor,* S. 444).

erst *Fraenkel* und *Skolem* in dem Axiomenschema der Ersetzung. Dieses Schema lautet in der gedrängten Form, die unsere Technik der virtuellen Klassen und der unverbindlichen Abstraktion gestattet:

$$\text{Funk}\,\alpha \rightarrow \alpha``x \in \mathcal{V}, \tag{6}$$

und wurde schon in Kapitel 13 angemerkt. Das so verschärfte Zermelosche System wird Zermelo-Fraenkelsches System genannt.

Das ist ein Prinzip, zu dem die Typentheorie nicht paßt. In der Theorie der gewöhnlichen oder ausschließenden Typen kann selbst eine zweielementige Klasse verboten sein, wenn die Elemente im Typ differieren, während innerhalb ein und desselben Typs eine unendliche Klasse existieren kann. Und selbst in der kumulativen Typentheorie kann eine unendliche Klasse wegen unendlichen Anstiegs der Typen verboten sein, während eine andere, die diese Eigenart nicht aufweist, erlaubt ist; so wäre auch hier wieder das Axiomenschema der Ersetzung fehl am Platze.

Wir sahen, daß die Typentheorie bei den Zermeloschen und den von Neumannschen Zahlen Schwierigkeiten macht. Wir mußten auch eine umgekehrte Unverträglichkeit anerkennen: Die Zermelosche Mengenlehre macht Schwierigkeiten bei den Fregeschen Zahlen. Denn wenn wir die Fregeschen Zahlen ohne Gedanken an Typen konstruieren, so daß n einfach die Klasse aller n-elementigen Klassen von welchen Objekten auch immer ist, dann hat jede Zahl außer 0 genauso viele Elemente wie $\mathcal{V}$, eine so große Klasse kann aber unmöglich in *Zermelo*s System (zu dem auch das Axiomenschema der Ersetzung gehört) existieren, denn seine Existenz würde wegen (6) auch die Existenz von bewirken. Nehmen wir uns einmal *Frege*s 1, die die Klasse $\iota``\mathcal{V}$ aller Einerklassen ist; wir haben $\iota``1 = \mathcal{V}$ und somit nach (6) $\mathcal{V} \in \mathcal{V}$, wenn $1 \in \mathcal{V}$. So können wir dankbar sein, daß stattdessen *Zermelo*s und *von Neumann*s Zahlen ohne irgendwelche Vorbehalte verfügbar geworden sind.

Wenn man das Axiomenschema (6) der Ersetzung annimmt, so achte man darauf, daß jetzt das Aussonderungsschema '$x \cap \alpha \in \mathcal{V}$' als überflüssig entfällt. Denn nimmt man als α von (6) die Funktion $I \restriction \alpha$, so erhalten wir, daß $(I \restriction \alpha)``x \in \mathcal{V}$, was besagt, daß $x \cap \alpha \in \mathcal{V}$. Bei den Bemühungen, die Axiome weiterhin zu verdichten, hat *Ono* gezeigt, daß wir, wenn wir (6) wie folgt verkomplizieren:

$$\text{Funk}\,\alpha \rightarrow \alpha``\{y: \exists z(y \subseteq z \in x)\} \in \mathcal{V},$$

nicht nur '$z \cap \alpha \in \mathcal{V}$', sondern auch '$\bigcup z \in \mathcal{V}$' und '$\{x: x \subseteq z\} \in \mathcal{V}$' als überflüssig hinauswerfen können. *Onos* Schema ist zu diesen Axiomen und zu (6) äquivalent, wenn Paarklassen oder '$\{x\} \in \mathcal{V}$' gegeben sind.

Wir sahen, daß sowohl das Axiomenschema der Ersetzung (6) als auch *Zermelo*s Axiom (5) oder '$\mathbb{N} \in \mathcal{V}$', das Unendlichkeitsaxiom, Gesetze sind, die die Abweichungen von *Zermelo*s System von der Typentheorie (auch in ihrer liberalisierten kumulativen Form) markieren. Umgekehrt sind die Individuenaxiome (8) von Kapitel 38 umgewandelte Spuren der Typentheorie, die in *Zermelo*s System keinen Zweck mehr verfolgen, nachdem letzteres diese abweichenden Wege eingeschlagen hat, um seine Stärke zu erhöhen.

Das Axiomenschema der Ersetzung ist einer von zwei wohlbekannten Zusätzen, die zu dem Zermeloschen System von nachfolgenden Autoren hinzugefügt wurden. Der andere Zusatz ist das *Fundierungsaxiom* von *von Neumann:*

$$\forall x[x \neq \Lambda \rightarrow \exists y(y \in x \wedge x \cap y = \Lambda)],$$

oder, wenn man einige unserer Abkürzungen ausnutzt: 'Fnd ∈'. Das impliziert $\forall z(z \notin z)$, wir wir schon in 20.4 gesehen haben. Mehr noch: Es verbietet jeden endlosen Abstieg, ob mit oder ohne Wiederholungen, in Bezug auf die Elementbeziehung.[1] Offenbar ist es allein wegen seiner Konsequenz '$\forall z(z \notin z)$' nichts für uns, die wir die Individuen mit der Eigenschaft '$x = \{x\}$' ausstatten. Und selbst wenn wir uns dazu entschließen, Individuen in diesem oder einem anderen Sinn abzuschwören, bleibt 'Fnd ∈' in anderer Hinsicht eine Einschränkung. Es impliziert z.B., daß $\mathcal{V} \notin \mathcal{V}$, auch daß $\overline{\{x\}} \notin \mathcal{V}$, auch daß $\overline{\mathbb{N}} \notin \mathcal{V}$, da jede dieser Klassen ein Element von sich selbst wären, wenn sie existieren würden.

Zugegeben, diese Nicht-Existenzen werden auf jeden Fall auch von anderen Axiomen von *Zermelo* impliziert und das Fundierungsaxiom erspart uns Schritte; es hätte unsere Definition 22.15 von 'NO' und einige verwandte Beweise verkürzt, und es hätte '$\neg(x < x)$' von der Prämisse '$x \in \mathbb{N}$' befreit, die in 13.20 benötigt wurde. Es ist ein Weg, wie man es machen kann, eines der verschiedenen mengentheoretischen Hilfsmittel, von denen man wissen sollte. Wenn die Klassen, die dieses Axiom ausschließt, nicht erwünscht sind, so macht es in erfreulicher Weise reinen Tisch. Wenn andererseits ein Komprehensionsprinzip, das seinerseits wünschenswerte Eigenschaften hat, mit ihm in Konflikt gerät, so besteht kein *a priori* Grund, es beizubehalten.

Man könnte sogar noch über das Fundierungsaxiom hinausgehen und dafür das entsprechende Axiomenschema

$$\alpha \neq \Lambda \rightarrow \exists y(y \in \alpha \wedge \alpha \cap y = \Lambda)$$

aufnehmen. Ein anderes Schema, das auf dasselbe hinausläuft, lautet

$$\{x\colon x \subseteq \beta\} \subseteq \beta \rightarrow \beta = \mathcal{V},$$

was man einsieht, wenn man β als $\overline{\alpha}$ annimmt.

Zweimal konnten wir kürzlich Widerspruchsfreiheitsbeweise für Anfangsstücke von Mengenlehren führen, indem wir ein einfaches Modell in endlichen Mengen angaben.

---

[1]) Diese Folgerung nennt man ebenfalls Fundierungsaxiom oder eine schwache Fassung davon. *Mendelson* nennt die stärkere Form *axiom of restriction.* Man kann zeigen, daß sie äquivalent sind, wenn man das Auswahlaxiom benutzt, sonst nicht, es sei denn, das System ist widerspruchsvoll. Siehe *Mendelson,* S. 201 f. Die Idee, endlose Abstiege auszuschließen, stammt von *Mirimanoff* (1917). Er machte diese Einschränkung (restriction) nicht durch ein direktes Axiom, aber wir finden sie auch bei ihm: Seine Axiome, die für die Existenz von $\bigcup x$, $\{y\colon y \subseteq x\}$, u.ä. Vorkehrungen trafen, waren auf Klassen x begrenzt, die keine endlosen Abstiege im Hinblick auf die Elementbeziehung zuließen. *Von Neumann* gab dem Axiom in seinem System von 1929 seine allgemeine Formulierung, und er zeigte, daß sein System nach Hinzufügen dieses Axioms immer noch widerspruchsfrei ist, falls es vorher widerspruchsfrei war. (Siehe auch *von Neumann,* 1925, § VI.) *Zermelo* fügte es 1930 zu seinem System hinzu.

Dieses spezielle Modell entfällt, wenn wir erst einmal ein Unendlichkeitsaxiom aufgenommen haben, sei es das der Typentheorie oder das '$\mathbb{N} \in \mathcal{V}$' des Zermeloschen Systems. Widerspruchsfreiheit wird fraglicher, und Widerspruchsfreiheitsbeweise werden dringlicher. Aber sie werden auch schwieriger und weniger überzeugend. Je aufwendiger die Methoden sind, deren solch ein Widerspruchsfreiheitsbeweis bedarf, um so mehr drängt sich die Frage auf, ob die Methoden selbst widerspruchsfrei sind, und um so fraglicher wird die Entscheidung, diese Methoden für den Beweis zu verwenden. In den spekulativeren Axiomatisierungen der Mengenlehre, besteht das Höchste, was wir in der Richtung eines Widerspruchsfreiheitsbeweises gewöhnlich anstreben können, darin, zu beweisen, daß ein solches System widerspruchsfrei ist, falls ein anderes, dem man weniger mißtraut, widerspruchsfrei ist. Einiges von dieser Art werden wir in Kapitel 44 sehen.

XIII. Stratifizierung und äußerste Klassen

40. New foundations

Wir sahen, daß Klassenexistenz in *Zermelo*s System, besonders wenn das Ersetzungsaxiom hinzugefügt wird, eine Frage der Größe ist. Also $\mathcal{V} \notin \mathcal{V}$. Ferner $\forall x(\bar{x} \notin \mathcal{V})$, denn sonst $x \cup \bar{x} \in \mathcal{V}$, und somit $\mathcal{V} \in \mathcal{V}$. Also ist das Universum nicht abgeschlossen im Hinblick auf die Funktionen der Booleschen Klassenalgebra. Die Boolesche Algebra überlebt nur in relativierter Form (Kapitel 33): Eine Klasse x hat als Komplement nur $y \cap \bar{x}$ relativ zu einer beliebigen Klasse y, die an die Stelle von $\mathcal{V}$ tritt. Dieselbe Situation trat auch in der Typentheorie auf, nur war sie dort weniger auffällig, da jeder Typ gegenüber den Booleschen Operationen abgeschlossen war und jeder Gedanke an eine Klasse, die Typen durchdringt, selbstverständlich ausgeschlossen war.

In seinen Hauptzügen ergab sich *Zermelo*s System (in Abschnitt XII, nicht historisch gesehen) mit der Wendung zu universellen Variablen und kumulativen Typen aus der Typentheorie. Nun kann man aber auch noch in einer anderen Weise von der Typentheorie abweichen. Um uns auf diese andere Richtung vorzubereiten, werden wir uns in zwei Abschnitten noch einmal vor Augen führen, wie es kam, daß die Typentheorie die Antinomien ausschließen konnte.

Das Komprehensionsgesetz

$$\exists y \forall x (x \in y \leftrightarrow Fx) \quad (1)$$

ist im allgemeinen das, was wir zur Vermeidung der Antinomien einschränken. In der Typentheorie jedoch war die Logik selbst auf eine mehrsortige Form abgeschwächt worden, und von (1) verlangte man dann nur dasselbe wie von anderen Formeln: Daß nämlich '$\in$' immer von Variablen, die zu zwei aufeinanderfolgenden, aufsteigenden Typen gehören, eingefaßt wird. Unter der typenmäßigen Mehrdeutigkeit lief diese Forderung darauf hinaus, daß es eine Möglichkeit geben sollte, Indizes derart ***anzubringen***, daß '$\in$'

in der genannten Weise eingefaßt wird. Wir wollen eine Formel ohne Indizes *stratifiziert* nennen, wenn sie in dieser Weise aufgebaut ist, d.h. wenn es einen Weg gibt, Indizes einzubringen, so daß '$\in$' immer zwischen zwei aufeinanderfolgenden aufsteigenden Indizes auftritt.

Die offenkundige Einschränkung, die die Typentheorie (mit typenmäßiger Mehrdeutigkeit) dem Komprehensionsgesetz auferlegt, besteht also darin, daß jeder Spezialfall dieses Gesetzes stratifiziert sein soll. In äquivalenter Weise können wir diese Einschränkung noch enger fassen: Die Formel, die für 'Fx' in das Komprehensionsgesetz eingesetzt wird, soll stratifiziert sein. Der Grund für die Äquivalenz liegt in folgendem: Wenn die von 'Fx' dargestellte Formel stratifiziert ist, dann ist auch '$x \in y \leftrightarrow Fx$' stratifiziert, denn 'y' kann man immer den auf den Index von 'x' folgenden größeren Index geben. 'y' kann deshalb immer diesen Index erhalten, weil 'y' in der von 'Fx' dargestellten Formel nicht vorkommt (jedenfalls nicht frei, und wenn gebunden, so kann sie umbenannt werden). Und daß 'y' keine freie Variable der von 'Fx' in (1) dargestellten Formel sein kann, ist allen Lesern klar, die die Bemerkung über Substitution in der Mitte von Kapitel 1 sorgfältig gelesen haben.

Die andere Abweichung von der Typentheorie, die sich aufdrängt, sieht nun wie folgt aus: Wir fassen nichtindizierte Variablen wieder als echte universelle Variablen (und nicht als typenmäßig mehrdeutige) auf, doch behalten die Einschränkung bei (1) bei, daß die speziellen, für 'Fx' einzusetzenden Formeln stratifiziert sein müssen. Das ist das System, daß nach dem Titel einer Arbeit, in der ich es vorschlug, „NF" oder *„New foundations"* genannt wird. Es hat nur das Extensionalitätsaxiom und für stratifizierte 'Fx' das Axiomenschema (1). Die Version der Individuen ist wieder $x = \{x\}$, die Definition von '$x = y$' wieder '$\forall z(z \in x \leftrightarrow z \in y)$' und in der Tat können generell die Definitionen der Abschnitte I bis III übernommen werden. Insbesondere das Axiom verdichtet sich zu

$$(x = y \wedge x \in z) \rightarrow y \in z, \qquad (2)$$

und das ist dasselbe wie 4.1 und wie in (7) von Kapitel 38. Das Axiomenschema verdichtet sich zu

$$\{x\colon\ Fx\} \in \mathcal{V} \qquad (\text{'Fx' ist stratifiziert})^{1}). \qquad (3)$$

Wegen dieser Stratifizierungsbedingung sind die Definitionen in Kapitel 12 und Kapitel 22, die mit Zahlen zu tun haben, für NF schlecht geeigent. Wir haben in NF eher Erfolg mit Existenzbeweisen für erforderliche Klassen, wenn wir Zahlen nach *Frege-Whitehead-Russell* und nicht nach *von Neumann* oder *Zermelo* konstruieren.[2]) Glücklicherweise erhebt sich das Hindernis, daß in der Zermeloschen Mengenlehre die Fregeschen Zahlen als übergroße Mengen auftauchen, nicht in NF.

---

[1]) Der Leser wird erkennen, daß dieser Klammerausdruck selbst eine Verdichtung ist. Ausführlich bedeutet er: „Man setze für 'Fx' hier nur stratifizierte Formeln ein".

[2]) Die Theorie der Kardinal- und Ordinalzahlen im Sinne von *Whitehead* und *Russell* wird von NF aus in großer Ausführlichkeit von *Rosser* in *Logic for Mathematicians* entwickelt.

Zu dem Stratifizierungstest sollten noch ein paar Punkte erwähnt werden. Wie beschrieben besagt der Test, daß einer Variablen immer, wenn sie wieder auftritt, derselbe Index zugewiesen werden soll, jedoch können wir eine gebundene Variable, wenn wieder über sie quantifiziert wird, als eine andere Variable ansehen und somit die Formel

$$\forall x(x \in y) \rightarrow \exists x(y \in x)$$

als stratifiziert ansehen. Bei dieser Regelung geht es nur um Bequemlichkeit, denn sonst könnte man zu demselben Zweck bei gebundener Umbenennung Zuflucht suchen.

Der andere Punkt besagt, daß Stratifizierung nur auf primitive Notation anzuwenden ist. Wenn eine Formel definierte Begriffe enthält, dann muß man sich diese so weit eliminiert vorstellen, daß alle impliziten primitiven Epsilons für Stratifizierungsteste offen liegen.

In NF gibt es keine Typen. Es wird auch nicht gefordert, daß Formeln stratifiziert sein müssen, um sinnvoll zu sein. Stratifizierung ist nur eine letzte, nicht reduzierbare Bedingung, der eine Formel entsprechen muß, wenn sie sich in dem speziellen Axiomenschema (1) als Spezialfall für 'Fx' qualifizieren will. Die Klassen, die somit von (1) geliefert werden, duplizieren sich nicht von Typ zu Typ, sie sind absolut. $\mathcal{V}$ beispielsweise, deren Existenz von (1) sichergestellt wird, weil '$x = x$' stratifiziert ist, ist das ganze Universum. $\bar{z}$, deren Existenz von (1) sichergestellt wird, weil '$x \notin z$' stratifiziert ist, ist das wahre und uneingeschränkte Komplemente von z. Das Universum von NF erfüllt in der Tat die Boolesche Klassenalgebra.

Stratifizierung ist nicht notwendig für die Existenz einer Klasse. Sie ist nur notwendig, um mit (1) (oder (3)) einen Existenzbeweis zu führen. Indirekt können wir oft auch die Existenz von Klassen beweisen, die durch nicht stratifizierte Elementbeziehungen gegeben sind. So haben wir z.B. nach (1), daß

$$\forall z \forall w \exists y \forall x [x \in y \leftrightarrow (x \in z \vee x \in w)],$$

oder kurz, daß $\forall z \forall w(z \cup w \in \mathcal{V})$, da '$x \in z \vee x \in w$' stratifiziert ist. Dann können wir aber fortfahren und $\{z\}$ für w nehmen, denn nach (3) $\{z\} \in \mathcal{V}$, und überdies sind unsere Variablen universell. Auf diese indirekte Weise schließen wir, daß $z \cup \{z\} \in \mathcal{V}$. Wir hätten dies nicht in nur einem Schritt aus (1) oder (3) beweisen können, da '$x \in z \vee x = z$' nicht stratifiziert ist. Durch indirekte Schlüsse dieser Art erhalten wir einen Teil der Vorzüge einer kumulativen Typentheorie.

Es entgeht uns aber auch ein Teil. Geordnete Paare kommen in der Tat uneingeschränkt heraus: (3) liefert, daß '$\forall z \forall w(\langle z, w\rangle \in \mathcal{V})$', und dann ergibt Substitution nicht stratifizierte Fälle wie '$\forall z(\langle z, \{z\}\rangle \in \mathcal{V})$'. Aber auch so bleibt in NF etwas zurück, das dem Bann über heterogene Relationen sehr ähnlich ist: Wir erhalten aus (3) weder direkt noch mittels anschließender Substitution auch nur ein einziges Theoremschema der Art '$\{\langle z, \{z\}\rangle\colon Fz\} \in \mathcal{V}$'. In dieser Hinsicht ist NF weniger liberal als die kumulative Typentheorie.

In wesentlichen Punkten ist aber auf der anderen Seite NF liberaler als die kumulative Typentheorie. Es gibt keine begrenzende Decke nach oben, immerhin ist $\mathcal{V} \in \mathcal{V}$. Weit entfernt von der Notwendigkeit, wie *Whitehead-Russell* und *Zermelo* speziell eine unendliche Klasse postulieren zu müssen, bekommt NF in $\mathcal{V}$ sogleich eine solche, und

(3) sichert, daß es mit ihren Elementen kein Ende nimmt, z.B. Λ, $\{\Lambda\}$, $\{\{\Lambda\}\}$, usw. Nach dieser letzten Überlegung trifft das ϑ von NF tatsächlich buchstäblich die in *Zermelo*s Unendlichkeitsaxiom ((5) von Kapitel 39) an 'x' gestellte Bedingung.

Es steht nicht von vornherein fest, daß NF die Antinomien vermeidet, einfach weil auch die Typentheorie das bewirkt.[1]) Können wir letzten Endes wirklich sagen, daß NF dem Axiomenschema der Komprehension der Typentheorie folgt? Nur wenn wir schnell hinzufügen, daß NF dadurch, daß es die typenmäßig mehrdeutigen Variablen in universelle umwandelt, in gefährlicher Weise die Schlußregeln verstärkt. Wir sagen ja, daß die Formel

$$\forall x(x \in y) \rightarrow \exists z(y \in z) \qquad (4)$$

((2) von Kapitel 37) geradewegs als ein Fall des gültigen Schemas '$\forall x\, Fxy \rightarrow \exists z\, Fyz$' der Quantorenlogik bestätigt werden kann, wenn unsere Variablen als universell genommen werden, nicht aber dann, wenn sie nur als typenmäßig mehrdeutig aufgefaßt werden.

Wir bemerkten, daß das Beispiel (4) zufällig auch mit typenmäßig mehrdeutigen Variablen wahr bleibt, aber wahr auf Grund der Mengenlehre und nicht allein auf Grund der Quantorenlogik. Man fasse die Variablen als universell auf, und (4) ist logisch gültig; man fasse sie als typenmäßig mehrdeutig auf, und (4) ist nicht logisch gültig, aber in der Typentheorie immerhin noch beweisbar. Nun können wir uns fragen, ob es sich immer so verhält, oder ob im Gegenteil

(A) eine gewisse stratifizierte Formel zwar logisch gültig ist, wenn ihre Variablen als universell aufgefaßt werden, doch in der Typentheorie nicht beweisbar ist, wenn ihre Variablen als typenmäßig mehrdeutig angenommen werden.

Äquivalent zu (A) ist

(B) Ein gewisses stratifiziertes Theorem von NF ist nicht in der Typentheorie beweisbar, wenn die Variablen als typenmäßig mehrdeutig aufgefaßt werden.

Wenn (A) wahr ist, dann offensichtlich auch (B), denn die logisch gültige Formel ist *ipso facto* ein Theorem von NF. Nehmen wir umgekehrt (B) an und versuchen, (A) zu beweisen. T sei das in (B) erwähnte stratifizierte Theorem. Also ist T mit Hilfe der Logik aus einigen Axiomen von NF beweisbar: Aus (2) und einigen Fällen von (3), die wir $(3)_1, \ldots, (3)_n$ nennen. Also ist die Subjunktion C, deren Antezedenz aus (2), $(3)_1, \ldots, (3)_n$ besteht und deren Sukzedenz T ist, logisch gültig. Ferner ist C stratifiziert; denn (2), $(3)_1, \ldots, (3)_n$ und T sind alle stratifiziert, und wir können ein jedes von den anderen isolieren, indem wir über seine freien Variablen universell quantifizieren. Nun gelten (2) und die Fälle von (3) auch in der Typentheorie, wenn die Definitionen eliminiert und die Variablen als typenmäßig mehrdeutig aufgefaßt werden (vgl. (5) und (4) von Kapitel 36). T ist aber mit entsprechend aufgefaßten Variablen dort nicht beweisbar (vgl. (B)). C ist dann auch nicht beweisbar, und also gilt (A).

Wenn (A) und (B) falsch sind, wie uns das Beispiel (4) nahelegt, dann folgt die Widerspruchsfreiheit von NF aus der der Typentheorie. Denn wenn ein Widerspruch in

[1]) Ich meine immer die Typentheorie ohne Unendlichkeitsaxiom, wenn nichts anderes gesagt wird.

NF beweisbar ist, so sind es alle, einschließlich der stratifizierten, und diese wären dann, da (B) nicht gilt, genauso in der Typentheorie beweisbar.

Wir wollen uns aber auch nicht ohne weiteres durch das Anzeichen von Stärke von NF, das sich im Hervorbringen des Zermeloschen Unendlichkeitsaxioms zeigt, zu dem entgegengesetzten Schluß verleiten lassen. Dieses Axiom ist schließlich nicht stratifiziert. NF könnte in stratifizierten Angelegenheiten genauso schwach wie die Typentheorie bleiben. In der Tat ist das nicht der Fall; (B) erweist sich als wahr, aber um das einzusehen, müssen wir bis Kapitel 41 warten.

(B) schließt einen leichten Beweis der Widerspruchsfreiheit von NF aus, aber es bedeutet nicht, daß NF widerspruchsvoll ist. So wollen wir hoffnungsvoll weitereilen. *Specker* (1958, 1962) zeigt, daß die Frage nach der Widerspruchsfreiheit von NF äquivalent zu der Frage ist, ob die Typentheorie in der Form (4) und (5) von Kapitel 36 widerspruchsfrei bleibt, wenn wir wie folgt ein Bündel von Axiomen der typenmäßigen Mehrdeutigkeit hinzufügen. In jeder Aussage ohne freie Variablen erhöhe man die Indizes um 1, dann qualifiziert sich die Bisubjunktion, die die Originalaussage mit der erhaltenen Aussage gleichsetzt, als ein Axiom der typenmäßigen Mehrdeutigkeit. Intuitiv bedeuten diese Axiome, daß ein Typ formal gleich dem anderen ist.

*Specker*s Resultat ist eher interessant als beruhigend, denn der Satz von *Cantor*, der bewirkt, daß sich alle Typen in der Größe unterscheiden, läßt die Axiome der typenmäßigen Mehrdeutigkeit nicht plausibel erscheinen. Es geht hier jedoch nicht um die Wahrheit dieser Axiome, sondern darum, ob sie mit (4) und (5) von Kapitel 36 widerspruchsfrei sind. Das ist wie *Specker* nahelegt (1962, S. 117 bis 119), weniger implausibel.

41. Nicht-Cantorsche Klassen. Noch einmal Induktion

Um in den Zeilen von 28.16 und 28.17 zu beweisen, daß $z \prec \{x\colon x \subseteq z\}$, brauchten wir

$$\forall w(z \cap \{y\colon y \notin w`y\} \in \vartheta);$$

während sich das aus *Zermelo*s System und aus der kumulativen Typentheorie ergibt (vgl. (9) von Kapitel 38), folgt es nicht aus (3) von Kapitel 40, denn '$y \notin w`y$' ist nicht stratifiziert. Hier wird noch einmal illustriert, inwiefern NF weniger liberal als die kumulative Typentheorie ist. In diesem Punkte ist NF weitgehend in derselben Situation wie die gewöhnliche Typentheorie mit definierten Paaren (vgl. (8) und (9), Kapitel 36). Was wir in NF beweisen können, ist also nicht '$z \prec \{x\colon x \subseteq z\}$', sondern eher das Gegenstück von (9) von Kapitel 36, kurz '$\iota``z \prec \{x\colon x \subseteq z\}$'.

Aber es gibt in diesem Punkte doch noch einen Unterschied zwischen NF und der Typentheorie mit definierten Paaren. In der Typentheorie mit definierten Paaren kam '$z \prec \{x\colon x \subseteq z\}$'nach der gewöhnlichen Definition nicht als falsch, sondern als sinnlos heraus, infolgedessen hatten wir die Freiheit, (9) von Kapitel 36 (tatsächlich '$\iota``z \prec \{x\colon x \subseteq z\}$') als neue Definition von '$z \prec \{x\colon x \subseteq z\}$' aufzuführen und schließlich doch den Satz von *Cantor* beizubehalten. In NF dagegen ist '$z \prec \{x\colon x \subseteq z\}$' nach der gewöhnlichen Definition (11.1, 20.3) genauso sinnvoll wie '$\iota``z \prec \{x\colon x \subseteq z\}$', und die beiden dürfen nicht durcheinander gebracht werden. Letzteres ist ein Theorem von NF. Ersteres jedoch – der eigentliche Satz von *Cantor*, '$z \prec \{x: x \subseteq z\}$' – ist in NF für einige z wahr und für andere falsch. Offenbar ist er falsch, wenn z gleich ϑ ist. '$\vartheta \prec \{x: x \subseteq \vartheta\}$' oder '$\vartheta \prec \vartheta$' bleibt NF erspart, weil einfach der Beweis von '$z \prec \{x: x \subseteq z\}$' zusammenbricht. In *Zermelo*s System konnte es nicht vorkommen, weil ϑ dort nicht vorkommt.

Sehr gut. In NF entgehen wir '$\vartheta \prec \vartheta$', weil wir '$z \prec \{x: x \subseteq z\}$' nicht haben. Aber '$\iota``z \prec \{x: x \subseteq z\}$' haben wir sehr wohl als Theorem, und deshalb entgehen wir auch nicht '$\iota``\vartheta \prec \{x: x \subseteq \vartheta\}$', d.h. '$\iota``\vartheta \prec \vartheta$'. Ist das paradox? Gewiß erscheint '$\iota``z \prec z$' für jedes z paradox, da Funk $\breve{\iota}$ und $z \subseteq \breve{\iota}``(\iota``z)$ und somit vermutlich '$z \preceq \iota``z$', im Widerspruch zu '$\iota``z \prec z$'. Doch *non sequitur* : Der Schritt zu '$z \preceq \iota``z$' setzte $\breve{\iota} \in \vartheta$ voraus. Aus dem Gegenbeispiel '$\iota``\vartheta \prec \vartheta$' für '$z \preceq \iota``z$' müssen wir dann im Gegenteil schließen, daß $\breve{\iota} \notin \vartheta$. Dann ebenfalls $\iota \notin \vartheta$ (denn nach (3) von Kapitel 40 $\forall x(\breve{x} \in \vartheta)$).

Man erwartet aber $z \simeq \iota``z$, somit tritt hier etwas Merkwürdiges, wenn auch nicht Widersprüchliches auf. Doch war die Typentheorie mit definierten Paaren in dem Punkte nicht besser, nur weniger ausdrücklich. Dort war '$\iota$' oder '$\{\langle x, y\rangle: x = \{y\}\}$' sinnlos, und ebenso '$z \simeq \iota``z$' oder '$z \simeq \{\{v\}: v \in z\}$', und ferner '$z \preceq \{\{v\}: v \in z\}$' und '$\{\{v\}: v \in z\} \prec z$', bis wir, um den Anschein zu bewahren, diese beiden letzten systematisch neu konstituierten und ihnen jeweils denselben Sinn wie

$$\{\{v\}: v \in z\} \preceq \{\{v\}: v \in z\}. \qquad \{\{v\}: v \in z \prec \{\{v\}: v \in z\}$$

gaben. NF ist in dieser Angelegenheit nicht merkwürdiger als die Typentheorie mit definierten Paaren, nur daß NF in der Lage ist, mehr auszusagen.

Natürlich nicht, daß $\forall z(\iota``z \prec z)$. Es hängt alles von z ab. Ja, $\iota``\vartheta \prec \vartheta$; doch $z \simeq \iota``z$ für viele oder gar die meisten z. Jedes z, das sich in dieser Weise gut benimmt, heißt in *Rosser*s Terminologie *Cantorsch.* Eine Klasse z ist also Cantorsch, wenn $z \simeq \iota``z$. Für Cantorsche z gilt der Satz von *Cantor* '$z \prec \{x: x \subseteq z\}$' wie üblich. Es ist nur, daß ϑ zusammen mit allerlei anderen übergroßen Klassen (darunter NO) nicht Cantorsch ist.

Klassen, die nicht Cantorsch sind, benehmen sich in verschiedenen Zusammenhängen recht unkonventionell. *Specker* hat gezeigt, daß sie bewirken, daß die Kleiner-Relationen der Kardinalzahlen nicht mehr Wohlordnungen sind.[1]) Ich werde etwas von der Idee dieses bemerkenswerten Beweises aufweisen.

Gegen Ende des Kapitels 30 bemerkten wir, daß $^{=}\{z: z \subseteq x\} = 2^{\bar{\bar{x}}}$. *Specker* führt einen abweichenden Sinn von '2^y' ein, um '$y < 2^y$' zu stratifizieren, er identifiziert $^{=}\{z: z \subseteq x\}$ mit $2^{=(\iota``x)}$ – was dasselbe wie $z^{\bar{\bar{x}}}$ ist, wenn x Cantorsch ist. Ausführlicher, er sorgt dafür, daß

$$y = {}^{=}(\iota``x) \rightarrow 2^y = {}^{=}\{z: z \subseteq x\}, \tag{1}$$

$$y > {}^{=}(\iota``\vartheta) \rightarrow 2^y = \Lambda. \tag{2}$$

---

[1]) 1953. *Rosser* und *Wang* hatten schon gezeigt, daß es keine Modelle von NF gibt – keine Interpretationen von '$\in$', die mit den Axiomen verträglich sind – in denen sowohl die Kleiner-Relation der Ordinalzahlen als auch die der endlichen Kardinalzahlen Wohlordnungen sind, es sei denn, '=' von NF wird nicht als Identität interpretiert. Man beachte, daß hier die Version der Kardinal- und Ordinalzahlen von *Whitehead* und *Russell* benutzt werden.

Wenn y genau $\overline{\overline{(\iota``\mathfrak{V})}}$ ist, dann gibt (1) $2^y = \overline{\overline{\mathfrak{V}}}$ und (2) gibt $2^{2^y} = \Lambda$. Wenn $y < \overline{\overline{(\iota``\mathfrak{V})}}$, haben wir sowohl $2^y \neq \Lambda$ als auch $2^{2^y} \neq \Lambda$. Allgemein nennt *Specker* die Klasse, deren Elemente gleich y, 2^y, 2^{2^y}, usw. bis ausschließlich Λ sind, $\varphi(y)$. Somit für jede Kardinalzahl y

$$y \leqslant \overline{\overline{(\iota``\mathfrak{V})}} \rightarrow y, 2^y \in \varphi(y), \tag{3}$$

$$y > \overline{\overline{(\iota``\mathfrak{V})}} \rightarrow \{y\} = \varphi(y). \tag{4}$$

Ty drückt nach *Specker* aus, wie viele Einerteilklassen in einer Klasse von y Elementen sind. Also

$$T\overline{\overline{x}} = \overline{\overline{(\iota``x)}}. \tag{5}$$

Wenn x Cantorsch ist, gilt natürlich $T\overline{\overline{x}} = \overline{\overline{x}}$. *Specker* beweist für jede Kardinalzahl

$$y \leqslant \overline{\overline{(\iota``\mathfrak{V})}} \rightarrow T2^y = 2^{Ty}, \tag{6}$$

$$\varphi(y) \text{ ist endlich} \leftrightarrow \varphi(Ty) \text{ ist endlich} \tag{7}$$

$$x < y \leftrightarrow Tx \leqslant Ty, \tag{8}$$

$$y < Tz \rightarrow \exists x(y = Tx). \tag{9}$$

Als nächstes nehme man (a) an, daß $\varphi(y)$ nur ein Element hat. Immer noch ist $Ty \leqslant \overline{\overline{(\iota``\mathfrak{V})}}$ nach (5), und somit haben wir nach (3), daß Ty, $2^{Ty} \in \varphi(Ty)$; in diesem Fall also $\varphi(y) \prec \varphi(Ty)$. Oder man nehme (b) an, daß $\varphi(y)$ mehrere Elemente hat. Diese sind y und die Elemente von $\varphi(2^y)$; wenn also $\varphi(2^y) \prec \varphi(2^{Ty})$, so folgt, daß $\varphi(y) \prec \varphi(Ty)$. Nach (6) aber $2^{Ty} = T2^y$. Also

$$\varphi(2^y) \prec \varphi(T2^y) \rightarrow \varphi(y) \prec \varphi(Ty).$$

Hieraus und aus dem unter (a) gefundenen Ergebnis folgt mit Induktion, daß für alle Kardinalzahlen y, für die $\varphi(y)$ endlich ist, $\varphi(y) \prec \varphi(Ty)$. Nehmen wir nun indirekt an, daß die Relation vom Kleineren zum Größeren unter Kardinalzahlen eine Wohlordnung ist, dann soll z die kleinste Kardinalzahl sein, für die $\varphi(z)$ endlich ist (wie $\overline{\overline{\mathfrak{V}}}$ oder $\overline{\overline{(\iota``\mathfrak{V})}}$). Dann $\varphi(z) \prec \varphi(Tz)$, wie wir soeben sahen. Also $z \neq Tz$. $\varphi(Tz)$ ist aber nach (7) endlich, also wegen der Minimalität von z: $z < Tz$. Nach (9) also $z = Tx$ für ein bestimmtes x. Also $Tx < Tz$. Also nach (8) $x \leqslant z$. Wegen $z = Tx$ ist aber $\varphi(Tx)$ auch endlich. Also ist $\varphi(x)$ nach (7) endlich. Also $x = z$ wegen der Minimalität von z. Also $Tx = Tz$. Das bedeutet $z = Tz$, also einen Widerspruch.

Wir erwähnten schon in Kapitel 40, daß *Frege*s Version der Kardinalzahlen diejenige ist, die für NF in Frage kommt. Und in Kapitel 33 würde erwähnt, daß der Beweis, daß die Kleiner-Relation über diesen Kardinalzahlen eine Wohlordnung ist, im Gegensatz zu dem Beweis der entsprechenden Aussage für *von Neumann*s Kardinalzahlen vom Auswahlaxiom abhängt. Aus diesem Grunde ist *Specker*s negatives Theorem kein Widerspruch. Aber es ist, wie er betont, eine Widerlegung des Auswahlaxioms in NF.

Das Resultat kann, wie *Rosser* (1954) bemerkt hat, auch dadurch berücksichtigt werden, daß man zugibt, daß das Auswahlaxiom für Nicht-Cantorsche Klassen nicht gilt, sich aber das Recht vorbehält, es für Cantorsche Klassen anzunehmen. Damit liegt uns dann ein weiterer, geradezu schöner Fall unkonventionellen Verhaltens auf der Seite Nicht-Cantorscher Klassen vor. Es ist die Frage, ob es stärker als 'ι"z $\prec$ z' zu beklagen ist, was auch schon unkonventionell ist. Klassische Resultate kann man immer noch in NF erhalten, indem man, wenn nötig, eine Prämisse einfügt, daß die in Rede stehende Klasse Cantorsch ist. Man könnte NF in dieser Hinsicht einfach allgemeiner als solche Mengenlehren ansehen, in denen alles Cantorsch ist.

Unser nächstes wesentliches Thema im Zusammenhang mit NF ist ein abrupter Abstieg von unendlichen Kardinalzahlen und dem Auswahlaxiom. Es handelt sich um das öde Thema der vollständigen Induktion über die natürlichen Zahlen. Diese Geschichte fängt an wie in (2) und (3) von Kapitel 39: Klassisch würden wir wie in (2) von Kapitel 39 $\mathbb{N}$ mit Hilfe von 0 und S definieren; dann würden wir das Induktionsschema (3) erhalten, wenn wir $\{z: Fz\}$ für y nehmen. Wie üblich, besteht die Schwierigkeit darin zu zeigen, daß $\{z: Fz\} \in \vartheta$. Speziell in NF tritt diese Schwierigkeit dann auf, wenn die Formel in der Rolle von 'Fz' nicht stratifiziert ist. Die nächste Phase der Geschichte verläuft wie in Kapitel 39: Wir versuchen, (2) in (4) umzukehren, um somit Induktion auf endliche Klassen zu gründen, denn unser Komprehensionsschema liefert 'Λ, $x \cup \{y\} \in \vartheta$' und garantiert also alle endlichen Klassen. Und wieder geraten wir in dieselbe Sackgasse wie in Kapitel 39: Wir benötigen trotz der endlichen Klassen einen Beweis, daß

$$x \in \mathbb{N} \rightarrow \{z: z \leqslant x \wedge \neg Fz\} \in \vartheta, \qquad (10)$$

und es liegt kein Weg auf der Hand, das ohne Induktion zu erhalten.

In *Zermelo*s System, mit dem wir uns auf den entsprechenden Seiten von Kapitel 39 befaßten, wurde dieses Hindernis durch die Forderung '$\mathbb{N} \in \vartheta$' überwunden; dann konnte man (10) oben oder sogar '$\mathbb{N} \cap \{z: Fz\} \in \vartheta$' mit dem Aussonderungsschema erschließen. Dieser Ausweg steht aber NF nicht offen, denn das Aussonderungsschema selbst gilt offenbar nicht in NF; mit '$\vartheta \in \vartheta$' würde es '$\vartheta \cap \alpha \in \vartheta$' und somit '$\alpha \in \vartheta$' ohne weitere Bedingung liefern. Wir könnten (10) oben einfach als weiteres Axiomenschema hinzufügen, oder wir könnten auch eine Form von 13.1 anhängen, aber das alles nicht ohne ein Gefühl der Niederlage.

Hier in NF müssen wir mit den Fregeschen Zahlen und nicht mit den Zahlen von *von Neumann* oder *Zermelo* arbeiten, und zwar aus den kürzlich angegebenen Stratifikationsmotiven. Nun waren die Fregeschen Zahlen gegen den Ärger mit der Induktion von Kapitel 39 gefeit, zumindest in der Typentheorie. Das lag aber daran, daß die Arithmetik in jedem Typ getrennt durchgeführt wurde. NF ist aber im Gegensatz dazu gerade stolz darauf, daß die Neuauflage der Zahlen von Typ zu Typ aus der Welt geschafft ist. Diese Fusion der Typen lädt einige unstratifizierte Formeln ein, und so kann der Induktionsärger wieder auftreten.

Andererseits wird NF vermutlich frei von dem Endlichkeitsärger sein, der die Fregesche Arithmetik in der Typentheorie berührte. Ein Unendlichkeitsaxiom, (1) von Kapitel 39, wurde dort gebraucht, um die Eindeutigkeit der Subtraktion zu gewährleisten. Vermutlich ist NF hiermit im Reinen. NF hat, wie wir sahen, unendliche Klassen – vor allem ϑ – ohne *ad hoc* Forderungen.

Endlichkeit und Unendlichkeit sind jedoch trügerisch. Wir stellten schon zu unserer Verwunderung fest, daß Ärger mit der Induktion sowohl in *Zermelo*s System als auch in NF auftrat, obwohl beide Systeme alle endlichen Klassen (Λ, $x \cup \{y\} \in \mathfrak{V}$) liefern und obwohl die vollständige Induktion keine unendlichen Klassen erfordert (vgl. Abschnitt IV). Können wir nun sicher sein, daß der Zugang, den NF den unendlichen Klassen eröffnet, gerade die Eindeutigkeit der Subtraktion gewährleistet? Es soll daran erinnert werden, daß die Schwierigkeiten mit der Subtraktion dann in die Arithmetik von *Frege-Russell* eintreten, wenn eine natürliche Zahl n sich als Λ erweist, weil keine Klasse genug (nämlich n) Elemente hat, um als Element von n in Frage zu kommen. Wenn wir im Gegensatz dazu zeigen können, daß keine natürliche Zahl sich in dieser Weise als Λ herausstellt, kurz daß $\Lambda \notin \mathbb{N}$, dann sind unsere Sorgen um die Eindeutigkeit der Subtraktion überstanden.[1]) Aber können wir in NF beweisen, daß $\Lambda \notin \mathbb{N}$? Zugegeben, $\mathfrak{V} \in \mathfrak{V}$, zugegeben, in $\mathfrak{V}$ gibt es endlos viele Elemente Λ, $\{\Lambda\}$, $\{\{\Lambda\}\}$, ... , die alle verschieden sind, doch man versuche einmal zu beweisen, daß $\Lambda \notin \mathbb{N}$.

Es läge natürlich nahe, es mit Induktion zu beweisen. Wir beweisen leicht, daß $0 \neq \Lambda$ (für *Frege*s 0, nämlich $\{\Lambda\}$). Wenn wir für *Frege*s S weiter beweisen können, daß $\forall x(x \neq \Lambda \rightarrow S`x \neq \Lambda)$, dann können wir mit vollständiger Induktion schließen, daß $\forall x(x \in \mathbb{N} \rightarrow x \neq \Lambda)$, oder kurz $\Lambda \notin \mathbb{N}$. Mit der Induktion ist hier alles in Ordnung, da die Stratifizierung nicht versagt; $\{x: x \neq \Lambda\} \in \mathfrak{V}$. Problematisch ist, wie man $\forall x(x \neq \Lambda \rightarrow S`x \neq \Lambda)$, d.h. $S``\{\Lambda\} \subseteq \{\Lambda\}$ beweisen soll.

Kein Weg bietet sich an, wie man Fuß fassen kann. So bemühen wir uns um eine inhaltsreichere Induktion: Wir versuchen, für jedes $x \in \mathbb{N}$ nicht einfach zu beweisen, daß $x \neq \Lambda$, sondern daß eine bestimmte, durch x festgelegte Klasse ein Element von x ist. Aber welche Klasse? Unter allen Umständen $\{y: y < x\}$; es gibt x Zahlen $< x$. So fahren wir fort und beweisen

$$\{y: y < 0\} \in 0,$$

$$\forall x((x \in \mathbb{N} \wedge \{y: y < x\} \in x) \rightarrow \{y: y < S`x\} \in S`x).$$

Das ist keine schlimme Aufgabe. Aber dann mißlingt uns der verbleibende Schritt, der induktive Schritt zu

$$z \in \mathbb{N} \rightarrow \{y: y < z\} \in z.$$

Die Schwierigkeit besteht nämlich jetzt darin, daß sich '$\{y: y < x\} \in x$' als nicht stratifiziert erweist, wenn man in dieser Formel die Abkürzungen gemäß den den Fregeschen Zahlen angemessenen Definitionen eliminiert, und somit mißlingt die Induktion. *Orey* zeigt, daß sich diese Induktion nicht in NF durchführen läßt, wenn NF widerspruchsfrei ist.

Man könnte meinen, daß das Versagen der Induktion in NF für nicht stratifizierte Bedingungen wahrscheinlich solchen Schlüssen, wie wir sie machen wollen, nicht im Wege stehen würde. Das obige Beispiel belehrt uns dann eines Besseren.

Die Frage, ob '$\Lambda \notin \mathbb{N}$' in NF bewiesen werden könnte, wurde in verschiedenen Publikationen eine Zeitlang als offene Frage angesehen. In der Tat mußte '$\Lambda \notin \mathbb{N}$' solange

---

[1]) '$\Lambda \notin \mathbb{N}$' erinnert an eine Version des Unendlichkeitsaxioms in Kapitel 39, Anmerkung 1.

unbewiesen bleiben, wie (B) von Kapitel 40 eine offene Frage war. '$\Lambda \notin \mathbb{N}$' ist nämlich in der Typentheorie nicht beweisbar. Das kann durch den Nachweis gezeigt werden, daß es in dem Modelluniversum der endlichen Klassen, das in Kapitel 36 für den Beweis der Widerspruchsfreiheit der Typentheorie verwendet wurde, nicht wahr ist ($\Lambda \in \mathbb{N}$' ist dort wahr). Darüber hinaus ist '$\Lambda \notin \mathbb{N}$' stratifiziert. Wenn es also ein Theorem von NF ist, so ist (B) wahr.

Auf der Grundlage seines Beweises, daß das Auswahlaxiom nicht mit NF verträglich ist, stellt *Specker (ibid.)* fest, daß '$\Lambda \notin \mathbb{N}$' tatsächlich ein Theorem von NF ist. (Also ist (B) wahr.[1]) Wie die Ideen zusammenhängen, kann man ein wenig wie folgt einsehen: Das Auswahlaxiom ist wahr für endliche Klassen (31.3), doch falsch in NF; also gibt es in NF unendliche Klassen, also $\Lambda \notin \mathbb{N}$. Natürlich ist diese Skizze aus sich selbst heraus noch nicht schlüssig; wir wußten bereits, daß es eine unendliche Klasse ϑ in NF gibt und waren dadurch noch nicht in der Lage zu beweisen, daß $\Lambda \notin \mathbb{N}$. Aber unsere Begründung, ϑ unendlich zu nennen, war nur die unerhört unstratifizierte Überlegung gewesen, daß $\Lambda, \{\Lambda\}, \{\{\Lambda\}\}, \ldots \in \vartheta$. *Speckers* Weg führt zum Ziel, weil wesentliche Formeln entlang des Weges stratifiziert sind.[2])

Die Beweisbarkeit von '$\Lambda \notin \mathbb{N}$' legt nahe, daß die nicht-Cantorschen Klassen mit all ihrem unkonventionellen Verhalten nicht einfach ein harmloser Anhang an ein ansonsten gesittetes Universum sind, sondern daß sie ein wertvolles Zwischenglied darstellen, wenn es darum geht, wünschenswerte Theoreme über die gesitteten Objekte selbst zu beweisen. Denn das Versagen des Auswahlaxioms für nicht-Cantorsche Klassen setzte *Specker* in die Lage, '$\Lambda \notin \mathbb{N}$' zu beweisen, was selbst gar nichts über nicht-Cantorsche Klassen aussagt.

Allerdings muß zugegeben werden, daß NF im Hinblick auf vollständige Induktion zu wünschen übrig läßt. Auch wenn wir anerkennen, daß das am stärksten wahrnehmbare Versagen der vollständigen Induktion von *Specker* in '$\Lambda \notin \mathbb{N}$' gerettet wurde, so bleibt doch die Tatsache, daß vollständige Induktion für nicht stratifizierte Bedingungen in NF nicht allgemein zur Verfügung steht. Diese Auslassung erscheint unnötig und willkürlich. Sie gibt den Hinweis, daß die Normen der Klassenexistenz in NF schließlich doch nur ungenügend die Überlegungen approximieren, die für die Antinomien und ihre Vermeidung wirklich zentral sind.

42. Hinzufügen äußerster Klassen

Das primitive Prädikat '$\in$' teilt die Bestimmung von Klassen (a), hinter dem Epsilon, in die Bestimmung, Elemente zu haben, und (b), vor dem Epsilon, in die Bestimmung, Element zu sein. Unser anfänglicher und kürzlicher Verdruß mit der vollständigen Induktion war immer ein Verdruß mit der Existenz von Klassen, die nur für die Bestimmung (a) gebraucht wurden. Um das Schema der vollständigen Induktion aus der Definition

---

[1]) Daß (B) wahr ist, wurde mir zuerst von *Putnam* bewußt gemacht, siehe meine „*Unification of universes*", S. 270. Seine Argumentation benutzt gleichermaßen *Speckers* Resultate.

[2]) *Nicholas Goodman* hat die Einzelheiten in einer „*Honors Thesis*", Harvard, 1961 ausgeführt.

von $\mathbb{N}$ ableiten zu können, brauchen wir, je nachdem welchen Zugang wir ausgewählt haben, eine Klasse $\{x: Fx\}$ oder $\mathbb{N} \cap \{x: Fx\}$ oder $\{x: x \leqslant z \wedge \neg Fx\}$ als Wert einer Variablen dieser Definition, und es handelt sich dabei um eine Variable, die nur rechts von '$\in$' steht. So bietet sich die Idee an, NF dadurch gegen das Versagen der Induktion und gegen anderes Versagen von diesem Rechts-vom-Epsilon-Typ zu stützen, daß man die fehlenden Klassen mit einem halben Status, der auf die Bestimmung (a) beschränkt ist, postuliert. Nun, die virtuellen Klassen von 2.1 dienen nur der Bestimmung (a), aber mit ihnen haben wir den Ärger, daß sie nicht Werte von Variablen sind. Für die Induktion brauchen wir $\{x: Fx\}$ oder etwas Ähnliches als Wert der Variablen in der Definition von $\mathbb{N}$. Das, was wir wünschen, sind also genau die *äußersten Klassen* (Kapitel 2 und Kapitel 6).

Ohne dabei die Antinomien wieder zum Leben zu erwecken, können wir ohne Einschränkung für jede Elementbedingung eine Klasse (vielleicht eine äußerste) postulieren, deren Elemente genau die Mengen sind, die diese Elementbedingung erfüllen. Da die Eigenschaft von x, eine Menge zu sein, nur bedeutet, daß $\exists z(x \in z)$, heißt das

$$\exists y \forall x(x \in y \leftrightarrow (\exists z(x \in z) \wedge Fx)). \tag{1}$$

Da

$$\exists z(x \in z) \leftrightarrow x \in \bigcup \mathcal{V}, \tag{2}$$

können wir für (1) auch noch knapper sagen

$$\alpha \cap \bigcup \mathcal{V} \in \mathcal{V}. \tag{3}$$

Von den zu Grunde liegenden Definitionen kann man immer noch annehmen, daß sie wie in den Abschnitten I bis III sind, daß sie also nicht die Annahme enthalten, daß $\alpha \in \mathcal{V}$ oder $\mathcal{V} \in \mathcal{V}$ oder $\bigcup \mathcal{V} \in \mathcal{V}$. Aus (3) erhalten wir natürlich, daß $\bigcup \mathcal{V} \in \mathcal{V}$, indem wir für α $\bigcup \mathcal{V}$ oder $\mathcal{V}$ nehmen. Ob aber $\exists z(\bigcup \mathcal{V} \in z)$, d.h. $\bigcup \mathcal{V} \in \bigcup \mathcal{V}$, oder ob $\bigcup \mathcal{V}$ eine äußerste Klasse ist, ist eine andere Frage, die durch ein weiteres Postulat zu klären wir noch die Freiheit haben.

$\bigcup \mathcal{V}$ ist dann die Klasse aller Mengen. Sie ist die umfassendste aller Klassen. Zugegeben, $\mathcal{V}$ ist noch umfassender, wenn es äußerste Klassen gibt, denn sie gehören zu $\mathcal{V}$ (wie alles) und nicht zu $\bigcup \mathcal{V}$. Der Witz ist aber, daß $\mathcal{V} \notin \mathcal{V}$ (sofern es äußerste Klassen gibt), also ist $\bigcup \mathcal{V}$ immer noch die umfassendste Klasse, die *existiert.* Wenn es keine äußersten Klassen gibt, so $\bigcup \mathcal{V} = \mathcal{V}$; so war es in NF ohne Ergänzung. So war in diesem Zusammenhang 8.8, worin 7.11 ausgesagt werden sollte, doch man erinnere sich daran, daß das '$\{x\} \in \mathcal{V}$', von dem 7.11 abhing, verworfen wird, wenn wir äußerste Klassen fordern. Letzten Endes sagt '$x \in \{x\}$' nur, daß $x = x$, denn wir verwenden Klassenabstraktion immer noch in unverbindlicher Weise wie in 2.1; daher haben wir immer noch $\forall x(x \in \{x\})$ und, falls x eine äußerste Klasse ist, $x \in \{x\}$ und doch $\forall y(x \notin y)$, und somit $\{x\} \notin \mathcal{V}$.

Die Bezeichnung $\bigcup \mathcal{V}$ für die Klasse aller Mengen findet sich nicht anderweitig in der Literatur, da sie auf meiner unverbindlichen Verwendung der Klassenabstraktion beruht, insbesondere auf der von '$\mathcal{V}$'. Manchmal wird ein spezielles Symbol '$\mathcal{M}$' für die Klasse aller Mengen definiert. In *Mathematical Logic* verwandte ich ‘V’, was dort nicht für unser ‘$\{u: u = u\}$’ sondern für ‘$\hat{u}(u = u)$’, also für ‘$\bigcup\mathcal{V}$’ stand. Allgemein

‘$\hat{u}Fu$’ steht für ‘$\{u: Fu\} \cap \bigcup\mathcal{V}$’, (4)

wie in Kapitel 6 erklärt.

Diese Unterscheidung zwischen $\mathcal{V}$ und V und der entsprechende Punkt über $\{x\}$ (vgl. Kapitel 6) hätten selbst dann Beachtung erfordert, wenn es nicht zuvor eine *Mathematical Logic* gegeben hätte, die zu beachten gewesen wäre, und wenn die Idee, NF durch äußerste Klassen zu ergänzen, hier zum erstenmal vorgeschlagen worden wäre. Schließlich ergab NF ganz für sich allein mit $\mathcal{V}$ als $\{u: u = u\}$ oder $\hat{u}(u = u)$, wie Sie wollen, (diese stimmen überein, wenn es keine äußersten Klassen gibt), daß $\mathcal{V} \in \mathcal{V}$. Man füge äußerste Klassen hinzu, und man erhält immer noch $\mathcal{V} \in \mathcal{V}$ oder $\mathcal{V} \notin \mathcal{V}$, je nachdem ob man das Symbol ‘$\mathcal{V}$’ mit dem Objekt – alles in allem die Klasse $\hat{u}(u = u)$ aller Mengen – verknüpft oder mit dem unverbindlichen Abstraktionsausdruck ‘$\{u: u = u\}$’, wie ich es halte. Entsprechendes gilt für ‘$\{x\}$’ und andere Beispiele.

Wir erhalten unser erweitertes Universum, indem wir äußerste Klassen zu dem Universum von NF hinzufügen. Das resultierende System könnte man eine Vergrößerung des Systems von NF nennen. Aber es ist keine Erweiterung des Systems im technischen Sinne des Wortes, man erhält es nicht dadurch, daß man zu den Axiomen von NF weitere Axiome hinzufügt. Zwar setzten wir (3) oder ‘$\hat{u}Fu \in \mathcal{V}$’ hinzu, aber wir können nicht einfach das alte Komprehensionsschema von NF, nämlich ‘$\{x: Fx\} \in \mathcal{V}$’ (‘Fx’ stratifiziert) beibehalten. Wir sahen soeben, daß beispielsweise ‘$\{x: x = x\} \in \mathcal{V}$’ jetzt falsch wird. Das gleiche gilt, wie wir sahen, für ‘$\{y: y = x\} \in \mathcal{V}$’. Um den ontologischen Inhalt des alten Komprehensionsschemas von NF unverdorben beizubehalten, müssen wir ihn (vgl. Kapitel 33) auf ‘$\bigcup\mathcal{V}$’ relativieren; was für NF Existenz war, wird nun die Eigenschaft, eine Menge zu sein. Wo NF also ‘$\{x: Fx\} \in \mathcal{V}$’ sagte, müssen wir nun ‘$\hat{u}Fu \in \bigcup\mathcal{V}$’ sagen und auch alle Variablen, die in dem ‘F’ versteckt sein können, auf Mengen (d.h. auf ‘$\bigcup\mathcal{V}$’) beschränken. Was wir unsere *Mengenaxiome* nennen können, umfaßt, kurz gesagt, Relativierung von ‘$\hat{u}Fu \in \bigcup\mathcal{V}$’, mit stratifizierten Formeln an der Stelle von ‘Fu’, auf ‘$\bigcup\mathcal{V}$’.

So besteht nun unser neues System aus diesen Mengenaxiomen und zusätzlich aus dem im ganzen uneingeschränkten Komprehensionsschema ‘$\hat{u}Fu \in \mathcal{V}$’ und aus dem Extensionalitätsaxiom. Letzteres lautet immer noch ‘$(x = y \wedge x \in z) \rightarrow y \in z$’ ((2) von Kapitel 40) und setzt immer noch die alte Definition von ‘$x = y$’ voraus: ‘$\forall z(z \in x \leftrightarrow z \in y)$’ oder 2.7. Man beachte, daß jetzt eine neue Betonung auf dieser Definition liegt, da jetzt äußerste Klassen vorhanden sind. ‘$\forall z(x \in z \leftrightarrow y \in z)$’ ist nicht mehr eine mögliche Alternative, denn sie würde alle äußersten Klassen miteinander identifizieren.

So sieht das System in den späteren Auflagen meiner *Mathematical Logic* aus. In der ersten Auflage relativierte ich die Mengenbedingung in ungenügender Weise; ich versäumte es, die gebundenen Variablen auf Mengen einzuschränken, und als Ergebnis führte das

System zur Antinomie von *Burali-Forti*, wie *Rosser* zeigte (1942). Die rettende Einschränkung der gebundenen Variablen verdanke ich *Wang* (1950). Die Idee, überhaupt äußerste Klassen zuzulassen, geht auf *von Neumann* (1925) zurück, in gewisser Weise auch auf *König* (1905) und *Cantor* (1899).[1]

Wir wollen dieses System, nicht das Buch, mit ML bezeichnen. Dazu gehört nur das, was sich mit '$\in$', Quantoren und aussagenlogischen Verknüpfungen sagen läßt. Alles, was mit virtuellen Klassen und unverbindlicher Abstraktion zu tun hat, ist, wie in Kapitel 38 betont, eine Frage des Stils. Ob 'x ist eine Menge' zu '$x \in V$' wie in *Mathematical Logic* oder zu '$x \in \bigcup \vartheta$', wie auf diesen Seiten, wird, ist ein Unterschied, der in Definitionen liegt, die nicht zu ML gehören. Tatsächlich paßt '$\exists y(x \in y)$' ohne Definitionen zu jedem Milieu.

Was uns zu Beginn dieses Kapitels zu ML führte, war der Ärger, den es in NF mit der vollständigen Induktion gab. Offenbar räumt ML diese Schwierigkeit aus dem Wege. Wir können $\mathbb{N}$ wieder wie in (2) von Kapitel 39 definieren:

$$\text{'}\mathbb{N}\text{'} \quad \text{steht für} \quad \text{'}\{x\colon \forall y[(0 \in y \wedge S``y \subseteq y) \rightarrow x \in y]\}\text{'} \tag{5}$$

und dann das Induktionsschema, (3) von Kapitel 39, ableiten, indem wir $\hat{u}Fu$ für y nehmen, nachdem wir nun sicher sind, daß kategorisch $\hat{u}Fu \in \vartheta$. Es muß aber bemerkt werden, daß sich $\mathbb{N}$ in dem Prozeß einer subtilen Veränderung unterzogen hat. Die obige Definition von $\mathbb{N}$ bedeutet für ML etwas anderes als für NF, weil der Wertebereich von 'y' nun äußerste Klassen umfaßt.[2] Hätten wir sicherstellen wollen, daß $\mathbb{N}$ für ML dasselbe Ding ist wie für NF, so hätten wir die Quantifizierung auf Mengen beschränkt. Daß wir das nicht getan haben, liegt auf derselben Linie wie unser kürzlich erwähntes Vorgehen bei 'ϑ' und '$\{x\}$': Ein Beispiel dafür, ein definiertes Symbol mit dem Abstraktionsausdruck und nicht mit dem Objekt zu verbinden. Dieser Plan ist besonders im gegenwärtigen Moment attraktiv, denn falls es da wirlich einen Unterschied gibt – falls

$$\begin{aligned} &\{x\colon \forall y[(0 \in y \wedge S``y \subseteq y) \rightarrow x \in y\} \\ &\quad \neq \{x\colon \forall y[(y \in \bigcup \vartheta \wedge 0 \in y \wedge S``y \subseteq y) \rightarrow x \in y]\} \end{aligned} \tag{6}$$

– dann ist die Klasse zur Linken offenbar die knappere, und die Klasse zur Rechten enthält Extras. Ersichtlich gehören 0, 1, 2 und ihre Nachfolger zu beiden Klassen. Eine Ungleichheit müßte daher den rechten Ausdruck und nicht den linken als Version von '$\mathbb{N}$' diskreditieren.

---

[1]) Die Quelle bei *Cantor* ist der Brief, der bis 1932 unveröffentlicht geblieben ist (S. 443 ff.). Das Paar sich gegenüberstehender Begriffe, 'Menge' und 'Klasse', kommt schon dort und auch bei *König* vor. Ob man die Cantorschen Klassen (die keine Mengen sind) als virtuell oder als real ansehen soll, ist, wie in Kapitel 2 oben bemerkt, für den Kontext gleichgültig. Sie als real anzusehen, ist vielleicht am wenigsten weit hergeholt, und gewiß paßt es am besten zu *König*s Ausdrucksweise. Doch weder *Cantor* noch *König* zitierten die genaue Bedingung, eine Menge zu sein: '$\exists y(z \in y)$'. Wäre das geschehen, so wäre damit klar zum Ausdruck gekommen, daß Klassen, die keine Mengen sind, unter den realen Werten der Variablen beabsichtigt waren. Genau genommen, kommt '$\exists y(x \in y)$', was das anbetrifft, auch bei *von Neumann* nur indirekt vor, aber das liegt nur daran, daß er in unkonventioneller Weise seinen Ausgangspunkt bei Funktionen nimmt (vgl. Kapitel 43 unten). Es tritt ans Tageslicht, wenn der Zugang standardisiert wird.

[2]) Von *Rosser*, 1952, bemerkt.

Die Klasse zur Rechten enthält natürlich keine Extras, wenn es eine Menge y gibt, deren Elemente genau 0, 1, 2 und ihre Nachfolger sind. Im Gegenteil, die Klasse zur Rechten wird dann genau diese Klasse y sein, so wie es erwünscht ist. Gibt es umgekehrt keine solche Menge y, dann enthält die Klasse zur Rechten Extras. Denn die Formel erweist sich als stratifiziert (wenn 'S' Nachfolger im Fregeschen Sinn ist), also qualifiziert sich die Klasse nach den Mengenaxiomen als Menge, also würde sie selbst als Menge y gelten, die genau 0, 1, 2 und ihre Nachfolger enthält, es sei denn, sie enthält Extras. Zusammenfassend kann gesagt werden, daß die Klasse zur Rechten in jedem Fall eine Menge ist und daß sie genau 0, 1, 2 und ihre Nachfolger enthält, wenn es eine derartige Klasse gibt. Die Klasse zur Linken unterscheidet sich nur dann von der zur Rechten, wenn es umgekehrt keine Menge gibt, die genau 0, 1, 2 und ihre Nachfolger enthält.

Können wir uns in jedem Fall darauf verlassen, daß die Klasse zur Linken, die knappere der beiden, genau 0, 1, 2 und ihre Nachfolger enthält? Nein, *Henkin* fand einen hübschen Beweis, daß keine irgendwie geartete Definition von $\mathbb{N}$ uns in die Lage versetzt zu beweisen, daß $\mathbb{N}$ gerade 0, 1, 2 und ihre Nachfolger ohne Extras enthält. Seine Beweisführung zeigt, daß solange '$0 \in \mathbb{N}$', '$1 \in \mathbb{N}$', '$2 \in \mathbb{N}$', usw. alle gelten, kein Widerspruch in der Annahme auftreten kann, daß außerdem noch ein $x \in \mathbb{N}$ existiert mit

$$x \in \mathbb{N},\ x \neq 0,\ x \neq 1,\ x \neq 2, \ldots \tag{7}$$

ad infinitum. Er schließt praktisch so: Da ein Beweis nur endlich viele Prämissen verwenden kann, benutzt jeder Beweis eines Widerspruchs aus (7) nur endlich viele der Prämissen (7); jede solche *endliche* Menge ist aber für ein gewisses x *wahr.*

Wir bemerkten schon in Abschnitt II, daß Quantifizierung über Klassen uns in die Lage versetzt, Begriffe zu formulieren, die sonst außerhalb unserer Reichweite lägen. Das Hauptbeispiel dafür war in der Tat die Wendung 'und ihre Nachfolger', so in '0, 1, 2 und ihre Nachfolger' oder im Begriff des Vorfahren. Von jenem Abschnitt an bemerkten wir auch, daß das Universum der Klassen, über das wir quantifizieren, eine ungeregelte Angelegenheit ist, die von Theorie zu Theorie anders aussieht. Eine ähnliche Variationsbreite muß dann bei den Begriffen befürchtet werden, die mit Hilfe solcher Quantifizierung definiert werden. Diese Relativität wurde von *Skolem* (1922 bis 1923) betont. Insbesondere betrifft sie die so täuschend vertrauten Worte 'und ihre Nachfolger', das ist die bestürzende Folgerung aus *Henkin*s simpler Überlegung.

Wo Widersprüche nicht abgeleitet werden können, existieren Modelle: Das erzwingt der Gödelsche Vollständigkeitssatz der Logik (1930). Nach *Henkin*s Überlegung muß dann jede Menge von Bedingungen, die von den natürlichen Zahlen erfüllt werden, auch etwas zulassen, was er ein *Nichtstandardmodell* nennt: Eine Interpretation, die Extras hineinläßt. Man kann sehen, daß '$<$' die Extras noch nicht einmal wohlordnen wird, wenn die Peanoschen Axiome präsent sind.

Gödel (1931) nannte ein System ω-widerspruchsvoll, wenn es eine Formel, nennen wir sie 'Fx' gibt, derart daß jede einzelne der Aussagen 'F0', 'F1', 'F2', ... *ad infinitum* in dem System bewiesen werden kann, aber gleichermaßen auch '$\exists x(x \in \mathbb{N} \wedge \neg Fx)$'.[1])

---

[1]) *Gödel,* 1931, S. 187. Siehe auch *Tarski,* S. 279 n, 287 f.

In dieser Terminologie zeigt *Henkins* Überlegung die Widerspruchsfreiheit eines ω-widerspruchsvollen Systems.[1]) Man interpretiere nämlich einfach 'F' als wahr für alle außer solchen Objekten x, die (7) erfüllen.

Eine Theorie, die ω-widerspruchsvoll ist, erscheint selbst dann unannehmbar, wenn sie widerspruchsfrei ist. Aber man sieht aus *Henkins* Überlegung leicht (wie *Henkin* auch sah), daß der Begriff und seine Definition irreführend sind. Wenn ein System widerspruchsfrei ist und trotzdem '$\exists x(x \in \mathbb{N} \wedge \neg Fx)$' und 'F0', 'F1', 'F2', ... alle als Theoreme zuläßt und wenn wir die Interpretation von '0', '1', ... als Namen von Zahlen garantieren, dann liegt die Schwierigkeit offenbar darin, '$\mathbb{N}$' als 'Zahl' zu interpretieren und nicht umfassender. So ist es auch mit der ω-Widersprüchlichkeit. *Henkins* Überlegung im Zusammenhang mit (7) zeigte, daß selbst unter den günstigsten Umständen '$\mathbb{N}$' so interpretiert werden *kann*, daß $\mathbb{N}$ extra Elemente enthält. Ist das System ω-widerspruchsvoll, so liegt die Situation vor, in der '$\mathbb{N}$' auf diese Weise interpretiert werden *muß*. In dieser Situation ist es manchmal möglich, eine eingeengte Definition von '$\mathbb{N}$' zu ersinnen, die einer derartigen Aufzwingung von Extras ein Ende bereitet (obwohl nach *Henkins* Überlegung das eingeengte $\mathbb{N}$ immer noch widerspruchsfrei so neuinterpretiert werden könnte, daß es Extras einschließt). Manchmal ist es nicht möglich, denn wir können uns vorstellen, daß in einem speziellen System folgendes eintritt: Zu jeder formulierbaren Bedingung, die nachweisbar von 0, 1, 2, usw. *ad infinitum* erfüllt ist, gibt es eine andere Bedingung, von der wir beweisen können, daß sie auch noch von 0, 1, 2, usw. erfüllt ist und trotzdem nicht von allen Dingen, die die erste Bedingung erfüllen. Das ist die chronische Form der ω-Widersprüchlichkeit, die nicht durch Verbesserung der Version von '$\mathbb{N}$' geheilt werden kann; jede verbesserte Version widersteht ihrerseits einer Verbesserung. Derart berührte Systeme habe ich *zahlenmäßig insegregativ* genannt.[2]) Hiermit läßt sich das, von dem wir als ω-Widersprüchlichkeit gesprochen haben, leichter darstellen.[3])

Jetzt zurück zu (6). *Henkins* Überlegung zeigt, daß ML oder auch jedes andere System, falls widerspruchsfrei, eine perverse Interpretation zuläßt, nach der beide Ausdrücke in (6) mehr als die Zahlen umfassen. Seine Überlegung zeigt jedoch nicht, daß ML nicht auch eine gutartige Interpretation zuläßt, nach der einer der Ausdrücke oder auch beide genau die Zahlen umfassen. Wir wissen nicht, daß ML zahlenmäßig insegregativ ist.

Wenn keine der in (6) beschriebenen Klassen genau 0, 1, 2 und ihre Nachfolger enthalten, so liegt das natürlich an der fehlenden Existenz von Klassen oder Mengen, die

---

[1]) *Tarski* und *Gödel* zeigten auch jeder die Widerspruchsfreiheit eines ω-widerspruchsvollen Systems, und *Henkin* zitiert damit zusammenhängende Beobachtungen von *Skolem* und *Malcev*. Das Besondere an *Henkins* Überlegung ist ihre Direktheit und Einfachheit.

[2]) *„On ω-consistency"*.

[3]) *Rosser* bemerkte 1952, daß eine ω-widerspruchsfreie Theorie einen ω-widerspruchsvollen Teil enthalten könnte. Das hört sich paradox an. Aber es ist nichts Seltsames an einem zahlenmäßig segregativen System mit einem zahlenmäßig insegregativen Teil; das umfassende System hat eine größere Maschinerie für zahlenmäßige Segregation.

als Werte des 'y' benötigt werden. Was geschieht, wenn wir wieder Zuflucht zu dem Hilfsmittel der Umkehrung von Kapitel 11 nehmen? Das würde bedeuten, $\mathbb{N}$ als

$$\{x: \forall y [(x \in y \wedge \breve{S}``y) \rightarrow 0 \in y]\}$$

zu definieren und unseren Fall auf der Existenz endlicher Klassen beruhen zu lassen. Doch *Henkins* Überlegung ist generell durchführbar. Wie kann diese Definition versagen? Die Frage ist nicht klar. Wenn wir glauben, daß in dieser umgekehrten Definition nur endliche Klassen von Belang sind, so liegt das daran, daß wir schon an 0, 1, 2 und ihre Nachfolger ohne Extras denken.

Ein Punkt dieser letzten Diskussion, der auch abgesehen von *Henkin*s Theorem Beachtung erfordert, ist die Frage, ob $\mathbb{N}$ eine Menge ist. Es wurde bemerkt, daß die Klasse zur Rechten in (6) eine Menge ist, aber wie steht es um die zur Linken, die gemäß (5) gleich $\mathbb{N}$ ist? Die Quantifizierung in (5) ist nicht auf Mengen beschränkt, was bei einem Mengenaxiom erforderlich wäre. Wir könnten natürlich noch in ML nach einem indirekten Beweis suchen, daß $\mathbb{N}$ eine Menge ist, denn gerade so, wie die Existenz in NF manchmal indirekt gezeigt werden kann, obwohl Stratifizierung nicht möglich ist, kann in ML manchmal die Eigenschaft, eine Menge zu sein, indirekt bewiesen werden, und zwar trotz fehlender Stratifizierung oder fehlender Einschränkung der Quantoren. Aber nein, *Rosser* hat bemerkenswerterweise bewiesen, daß die Eigenschaft von $\mathbb{N}$ (definiert wie in (5)), eine Menge zu sein, in ML weder direkt noch indirekt beweisbar ist, es sei denn, ML ist widerspruchsvoll.[1])

Das bedeutet nicht, daß wir nicht *ad hoc* '$\mathbb{N} \in \mathsf{U}\mathcal{V}$' widerspruchsfrei zu ML als weiteres Mengenaxiom hinzufügen können. Das ästhetische Gefühl wehrt sich natürlich gegen eine solche Wende. Aber bei der Theorie der reellen Zahlen kann nicht viel herauskommen, es sei denn, $\mathbb{N}$, oder jedenfalls ihre unendlichen Teilklassen ohne Einschränkung, sind Mengen. Die reellen Zahlen sind nämlich mit einer Ausnahme unendliche Teilklassen von $\mathbb{N}$, und sie müssen Mengen sein, wenn wir sie in Klassen stecken oder Funktionen unterwerfen wollen. Zugegebenermaßen könnten reelle Zahlen auch anders konstruiert werden, doch sehe ich keinen Grund dafür anzunehmen, daß sie so konstruiert werden könnten, daß diese Art von Problemen erleichtert wird.

Eine von der Induktion verschiedene Stelle, wo sich äußerste Klassen nützlich machen, sieht man, wenn man den nicht-Cantorschen Klassen aus NF (Kapitel 41) nach ML hinein folgt. Beim Übergang von NF nach ML erleidet die Definition von '$\preceq$' eine unsichtbare, doch wesentliche Veränderung wie die, die bei der Definition von '$\mathbb{N}$' beobachtet wurde. Mit 'unsichtbar' meine ich, daß der Wortlaut der Definition unverändert ist, mit 'wesentlich', daß der Inhalt auf Grund der Verbreiterung des Wertebereichs der gebundenen Variablen nichtsdestoweniger verändert ist. Die Definition

'$y \preceq z$' steht für '$\exists w(\text{Funk}\, w \wedge y \subseteq w``z)$'

hat in ML den Effekt, daß $y \preceq z$ sogar dann, wenn es keine Menge w, sondern nur eine äußerste Klasse w mit $\text{Funk}\, w \wedge y \subseteq w``z$ gibt; in solch einem Fall würde NF verneinen, daß $y \preceq z$, obwohl die Definition buchstäblich dieselbe ist. Eine nicht-Cantorsche Klasse

[1]) 1952, S. 241.

war nun eine Klasse z mit ι"z $<$ z. In ML gibt es ein solches Ding nicht (nach dem unsichtbar, aber wesentlich veränderten Sinn von '$<$'), im Gegenteil, $\forall z(z \prec \iota\text{"}z)$ – tatsächlich $\forall z(z \simeq \iota\text{"}z)$ – da $z = \breve{\iota}\text{"}(\iota\text{"}z)$, Funk $\breve{\iota}$ und – in ML – $\breve{\iota} \in \mathcal{V}$ (wenn auch $\breve{\iota} \notin \bigcup \mathcal{V}$). Die äußerste Klasse $\breve{\iota}$, die (zusammen mit ι) zum Universum hinzugenommen wurde, als NF zu ML erweitert wurde, macht den Unterschied aus.

Alles aus NF überlebt in den Mengen von ML, nur daß das, was aus den nicht-Cantorschen Klassen wird, nicht mehr anomal erscheint. Wenn x in NF nicht Cantorsch ist, so ist x eine Menge in ML, derart daß '$x \subseteq w\text{"}(\iota\text{"}x)$' für jede Funktion $w \in \bigcup \mathcal{V}$ versagt (obwohl es gilt, wenn $w = \breve{\iota}$). Immer noch $x \leq \iota\text{"}x$ in dem Sinne, den '$\leq$' in ML hat, also gibt es keine Anomalie.

Ein weiterer Segen der äußersten Klassen liegt darin, daß mit dem Verschwinden des nicht-Cantorschen auch das bemerkenswerte Versagen des Auswahlaxioms vorbei ist, ein Versagen, das zu nicht-Cantorschen Klassen führte. Intuitiv sieht die Angelegenheit so aus: Das Auswahlaxiom versagte in NF insofern, als eine nicht-Cantorsche Menge x von einander ausschließenden Mengen existierte, die keine Auswahlmenge hatte. In ML ist dieses x immer noch eine Menge von einander ausschließenden Mengen ohne Auswahlmenge, aber möglicherweisehat sie jetzt eine Auswahlklasse. Das Auswahlaxiom versagt immer noch in der starken Fassung: 'Jede Menge von einander ausschließenden Mengen hat eine Auswahlmenge', aber es gibt keinen Hinweis dafür, daß für ML nicht widerspruchsfrei angenommen werden kann, daß 'jede Menge (sogar jede Klasse) von einander ausschließenden Mengen eine Auswahlklasse hat'.

Und wie steht es nun um den Satz von *Cantor* selbst? Um mit den Zeilen 28.16 und 28.17 zu beweisen, daß $z \prec \{x: x \subseteq z\}$, brauchen wir, daß

$$\forall w(z \cap \{u: u \notin w\text{'}u\} \in \mathcal{V}).$$

ML liefert das. Denn jedes Element von z (oder alles, was real ist) ist eine Menge, also

$$z \cap \{u: u \notin w\text{'}u\} = \hat{u}(u \in z \wedge u \notin w\text{'}u),$$

und wir haben kategorisch, daß $\hat{u}Fu \in \mathcal{V}$. Damit ist *Cantors* Satz in ML ohne besondere Prämisse oder andersartige Einschränkung bewiesen.

Was wird dann aus *Cantors* Antinomie? Es geht dabei darum, $\mathcal{V}$ als z in *Cantors* Satz '$z \prec \{x: x \subseteq z\}$' zu nehmen und somit '$\mathcal{V} \prec \{x: x \subseteq \mathcal{V}\}$', d.h. '$\mathcal{V} \prec \mathcal{V}$' zu erhalten. Das können wir aber nicht, da in ML $\mathcal{V} \notin \mathcal{V}$. ML entgeht der Cantorschen Antinomie nicht in derselben Weise wie NF, nämlich durch ein Platzen des Beweises von '$z \prec \{x: x \subseteq z\}$', sondern in derselben Weise wie *Zermelos* System: $\mathcal{V}$ ist nicht vorhanden.

Diese Darstellung von ML wird Leser von *Mathematical Logic* stutzig machen, bis sie über das nachdenken, was über das Verwechseln von $\{u: Fu\}$ mit $\hat{u}Fu$ gesagt wurde. ML liefert im allgemeinen nicht '$z \prec \hat{u}(u \subseteq z)$', eine Ausnahme ergibt sich, wenn $z = \bigcup \mathcal{V}$, denn $\hat{u}(u \subseteq \bigcup \mathcal{V})$ ist gleich $\bigcup \mathcal{V}$, und natürlich ist '$\bigcup \mathcal{V} \prec \bigcup \mathcal{V}$' falsch.

Wir wollen sehen, wie man – vergebens – versuchen könnte, in ML die abgewandelte Version '$z \prec \hat{u}(u \subseteq z)$' des Satzes von *Cantor* zu beweisen. Man würde versuchen, für jede Funktion w ein Element von $\hat{u}(u \subseteq z)$ zu bilden, das nicht zu $w\text{"}z$ gehört. Nach dem Plan von 28.16 und 28.17 wäre der Kandidat dafür wieder $z \cap \{u: u \notin w`u\}$, mit anderen Worten $\hat{u}(u \in z \wedge u \notin w`u)$. Problematisch ist nur, daß diese Teilklasse von z möglicherweise keine Menge und somit kein Element von $\hat{u}(u \subseteq z)$ ist. Der Schluß, daß sie immer eine Menge ist, wird durch den unstratifizierten Charakter von '$u \notin w`u$' zerstört.

So können wir sagen, daß die Cantorsche Antinomie entweder durch eine fehlende Existenz oder durch die Eigenschaft, keine Menge zu sein, umgangen wird, je nachdem ob man die Antinomie in Richtung von '$\{u: Fu\}$' oder '$\hat{u}Fu$' sucht.

Eine ähnliche Doppelgeschichte findet sich für die Russellsche Antinomie. Einerseits

$$\{u: u \notin u\} \in \{u: u \notin u\} \leftrightarrow \{u: u \notin u\} \in \vartheta \wedge \{u: u \notin u\} \notin \{u: u \notin u\},$$

(vgl. 6.13), woraus wir wie gewöhnlich bei Strafe eines Widerspruchs schließen, daß $\{u: u \notin u\} \notin \vartheta$. Andererseits

$$\hat{u}(u \notin u) \in \hat{u}(u \notin u) \leftrightarrow \hat{u}(u \notin u) \in \mathsf{U}\vartheta \wedge \hat{u}(u \notin u) \notin \hat{u}(u \notin u),$$

woraus wir schließen, daß $\hat{u}(u \notin u) \notin \mathsf{U}\vartheta$. Auch ein Mengenaxiom sagt nichts anderes dank des unstratifizierten Charakters von '$u \notin u$'. Also existiert die Klasse $\{u: u \notin u\}$ aller Klassen, die nicht Element von sich selbst sind, nicht, während die Klasse $\hat{u}(u \notin u)$ aller Mengen, die nicht Element von sich selbst sind, tatsächlich existiert, jedoch eine äußerste Klasse ist.

XIV. Das System von von Neumann und andere Systeme

43. Das System von von Neumann – Bernays

Ich nahm äußerste Klassen zu Hilfe, um NF zu vergrößern. *Von Neumann* benutzte sie 1925, um *Zermelo*s System zu vergrößern. Doch die von Neumannsche Vergrößerung von *Zermelo*s System machte Halt, unmittelbar bevor sich die volle Kraft des Axiomenschemas '$\hat{u}Fu \in \vartheta$' (oder (3) von Kapitel 42) entfaltete. Sein System liefert '$\hat{u}Fu \in \vartheta$', wenn die gebundenen Variablen in der Formel für 'Fu' alle auf Mengen eingeschränkt sind, sonst gilt es nicht allgemein. Ich folge *Wang*, wenn ich diese eingeschränkte Art von Vergrößerung, die sich gegen die uneingeschränkte Art, die von NF zu ML führte, abhebt, *prädikativ* nenne. *Poincaré*s Gebrauch von 'prädikativ' (Kapitel 34) wird so in gewisser Weise ausgedehnt, denn wenn er die gebundenen Variablen des Klassenabstraktionsterms auf Mengen einschränkt, läßt *von Neumann* nicht notwendig $\hat{u}Fu$ aus dem Wertebereich seiner gebundenen Variablen heraus. Diese Bezeichnung ist aber trotzdem angebracht, wie in Kapitel 44 herauskommen wird.

*Von Neumann*s Art, das Zermelosche System mit äußersten Klassen zu vergrößern, hält sich, wie wir sehen, in Schranken. Eine Liberalisierung wird bald auf der Seite der

Mengen festgestellt werden. Wenn die Mengen genau *Zermelos* Klassen sein sollen, könnten sie spezifiziert werden, indem man *Zermelos* Komprehensionsaxiome auf '$\mathsf{U}\vartheta$' relativiert. Insbesondere würde aus dem Zermeloschen Aussonderungsschema '$x \cap \alpha \in \vartheta$'

$$x \in \mathsf{U}\vartheta \rightarrow x \cap \alpha \in \mathsf{U}\vartheta,$$

doch jeder Abstraktionsterm, den wir für 'α' einsetzen würden, würde zusätzlich auf '$\mathsf{U}\vartheta$' relativiert. Dazu äquivalent: Da eine derartige Relativierung nach dem vorangegangenen Abschnitt gewährleistet, daß $\alpha = z$ für ein gewisses z, könnten wir einfach das einzelne Aussonderungsaxiom

$$x \in \mathsf{U}\vartheta \rightarrow x \cap z \in \mathsf{U}\vartheta \tag{1}$$

aufnehmen.

Die anderen Komprehensionsaxiome von *Zermelo*

$$\{x, y\}, \{u: u \subseteq x\}, \mathsf{U}x \in \vartheta$$

(vgl. (7) von Kapitel 38) gehen durch unmittelbare Relativierung auf '$\mathsf{U}\vartheta$' in *von Neumanns* System ein, also

$$x, y \in \mathsf{U}\vartheta \rightarrow \{x, y\}, \hat{u}(u \subseteq x), \mathsf{U}x \in \vartheta. \tag{2}$$

Entsprechend *Zermelos* Unendlichkeitsaxiom '$\mathbb{N} \in \vartheta$' hat *von Neumann* effektiv ein Mengenaxiom:[1])

$$\mathbb{N} \in \mathsf{U}\vartheta. \tag{3}$$

Er hat das gewöhnliche Extensionalitätsaxiom. Er hat auch das Fundierungsaxiom (Kapitel 39), aber wir wollen darin ein wahlfreies Beiwerk sehen.

Überlegungen, die genau parallel zu denen verlaufen, die uns von dem Zermeloschen Aussonderungsschema '$x \cap \alpha \in \vartheta$' zu dem einzelnen Axiom (1) führten, bringen uns von dem Ersetzungsschema ((6) von Kapitel 39) zu dem folgenden einzelnen Axiom:

$$(x \in \mathsf{U}\vartheta \wedge \text{Funk}\, y) \rightarrow y``x \in \mathsf{U}\vartheta.$$

Wenn wir unsere Definition 11.1 wieder heranziehen, können wir dieses Axiom auch in der folgenden Form bringen:

$$z \leq x \in \mathsf{U}\vartheta \rightarrow z \in \mathsf{U}\vartheta. \tag{4}$$

Eine Klasse ist eine Menge – d.h., wenn sie nicht größer als eine gewisse Menge ist; so ist es auch bei *von Neumann.* Aber am Ende entschließt er sich zu einem stärkeren Ersetzungsaxiom, nach dem eine Klasse genau dann eine Menge ist, wenn sie nicht so groß wie die Klasse aller Mengen ist. D.h.

$$x \in \mathsf{U}\vartheta \leftrightarrow x \prec \mathsf{U}\vartheta. \tag{5}$$

Dies impliziert (1) und eliminiert es somit als Axiom. Denn nach (5) und nach der Voraussetzung von (1) $x \prec \mathsf{U}\vartheta$. Nach 28.2 aber $\mathsf{U}\vartheta \leq x \cap z \rightarrow \mathsf{U}\vartheta \leq x$. Also

---

[1]) Wie im Zusammenhang mit (5) von Kapitel 39 bemerkt wurde, wich *Zermelos* Axiom in Wirklichkeit in trivialer Weise von '$\mathbb{N} \in \vartheta$' ab. *Von Neumanns* Axiom wich mehr von '$\mathbb{N} \in \mathsf{U}\vartheta$' ab, siehe S. 230.

$x \cap z \prec \mathsf{U}\mathfrak{V}$. Ferner $x \cap z \in \mathfrak{V}$, sogar nach *von Neumann*s prädikativer Form von '$\hat{u}Fu \in \mathfrak{V}$', also können wir '$x \cap z$' in (5) einsetzen und aus '$x \cap z \prec \mathsf{U}\mathfrak{V}$' schließen, daß $x \cap z \in \mathsf{U}\mathfrak{V}$, q.e.d.

Aus (5) können wir sogar, wie *von Neumann* zeigte, das Auswahlaxiom erhalten. Der wesentliche Gedanke ist der folgende. Wir erhalten aus *von Neumann*s prädikativem '$\hat{u}Fu \in \mathfrak{V}$', wenn auch etwas indirekt, daß $NO \in \mathfrak{V}$. Die Schlußweise aus der Antinomie von *Burali-Forti*, die uns in 24.4 zu '$NO \notin \mathfrak{V}$' führte, führt hier nur zu '$NO \notin \mathsf{U}\mathfrak{V}$'. Das wiederum liefert nach (5), daß $\mathsf{U}\mathfrak{V} \preceq NO$. *Per definitionem* gibt es also eine Funktion, die jede Menge einer bestimmten Ordinalzahl zuordnet. Das gewährleistet aber im Hinblick auf die Wohlordnung von NO die Wohlordnung des gesamten Mengenuniversums $\mathsf{U}\mathfrak{V}$. Daraus erhalten wir das Auswahlaxiom.

Wir können dem Axiom (5) noch eine elementarere Fassung geben. Da $\forall y(y \subseteq \mathsf{U}\mathfrak{V})$, erhalten wir leicht, daß

$$\mathsf{U}\,\mathfrak{V} \preceq x \rightarrow \forall y(y \preceq x)$$

(vgl. 28.1). Umgekehrt erhalten wir leicht aus *von Neumann*s prädikativem '$\hat{u}Fu \in \mathfrak{V}$', daß $\mathsf{U}\mathfrak{V} \in \mathfrak{V}$, so daß nach 6.11

$$\forall y(y \preceq x) \rightarrow \mathsf{U}\mathfrak{V} \preceq x.$$

Fassen wir zusammen, so sehen wir, daß wir '$\forall y(y \preceq x)$' an die Stelle von '$\mathsf{U}\mathfrak{V} \preceq x$' setzen können, also auch '$\exists y(x \prec y)$' an die Stelle von '$x \prec \mathsf{U}\mathfrak{V}$'. Also reduziert sich '$x \in \mathsf{U}\mathfrak{V}$' auf $\exists y(x \in y)$'. Somit wird aus (5)

$$\exists y(x \in y) \leftrightarrow \exists y(x \prec y). \tag{6}$$

Der Gedanke, daß eine Klasse eine Menge ist, es sei denn, sie ist zu groß, paßt sich witzigerweise im Deutschen umgangssprachlichem Denken an: Mit „Unmenge" bringt man eine übermäßig große Anzahl zum Ausdruck.

*Von Neumann*s System unterschied sich in Wirklichkeit dem Äußeren nach weitgehend von dem, was ich beschrieben habe. Er behandelte in erster Linie nicht Klassen, sondern Funktionen, und leitete seine Klassen aus diesen ab. Erst *Bernays* (1937, 1941) überarbeitete das System und brachte es in die geläufigere Form einer Mengenlehre, in der die Elementbeziehung im Brennpunkt steht. Das System, das ich beschrieben habe, wird daher am besten die von Neumann-Bernayssche Mengenlehre genannt, besonders wenn wir mit *Bernays* das Axiom (5), welches das Auswahlaxiom impliziert, vermeiden und uns auf das Schema (4) beschränken. Fassen wir alles zusammen und lassen auch das Fundierungsaxiom beiseite, so umfaßt das von Neumann-Bernayssche System (2) bis (4), das Extensionalitätsaxiom '$(x = y \wedge x \in z) \rightarrow y \in z$' und das prädikativ genommene Schema '$\hat{u}Fu \in \mathfrak{V}$'.

Das stimmt aber nur im Hinblick auf seine Auswirkungen. Tatsächlich kommt *von Neumann* mit einer endlichen Axiomenliste aus, Schemata bleiben ausgeschlossen, und *Bernays* folgt ihm hierin. Speziell das Komprehensionsschema '$\hat{u}Fu \in \mathfrak{V}$' kann, prädikativ genommen, als Theoremschema bewiesen werden, wenn wir statt seiner einfach die sieben Komprehensionsaxiome

$$\mathfrak{E},\ \lceil \mathsf{U}\mathfrak{V},\ \breve{x},\ cnv_2 x,\ cnv_3 x,\ x``\mathfrak{V},\ x \times \mathsf{U}\mathfrak{V},\ x \cap \bar{y} \in \mathfrak{V} \tag{7}$$

aufnehmen, wobei wir unter $cnv_2 x$ und $cnv_3 x$

$$\{\langle u, \langle v, w\rangle\rangle: \langle v, \langle w, u\rangle\rangle \in x\} \quad \text{und} \quad \{\langle u, \langle v, w\rangle\rangle: \langle u, \langle w, v\rangle\rangle \in x\}$$

verstehen.

Immer noch folge ich *Bernays* nicht buchstabengetreu. *Bernays* wählt unterschiedliche Variablen für Mengen und für Klassen und behandelt Mengen nicht als spezielle Klassen, sondern als etwas, dem Klassen nur noch entsprechen. In diesem Punkte halte ich es eher mit *von Neumann*, der Mengen mit den entsprechenden Klassen identifiziert.[1]) Beim Unendlichkeitsaxiom gehen wir alle drei einen anderen Weg: Ich gab '$\mathbb{N} \in \mathsf{U}\mathfrak{V}$' an, *Bernays* postulierte eine unendliche Menge im Dedekindschen Sinne (Kapitel 32) und *von Neumann* postulierte eine Kette ohne umfassendes Element. Das macht aber nichts, jedes von diesen können wir leicht aus jedem anderen ableiten, wenn der Rest des Systems gegeben ist (nur daß wir das Auswahlaxiom oder (5) für *Bernays'* Fall brauchen). Mein Sortiment von Komprehensionsaxiomen in (7) weicht wiederum von dem Bernaysschen ab und steht *Gödel*s Version (1940) näher, die Auswirkungen sind jedoch dieselben.

Schließlich gibt meine Zuflucht zu '$\hat{u}Fu$, '$\mathfrak{V}$' und '$\mathsf{U}\mathfrak{V}$' dem System einen Guß, der in anderen Darstellungen nicht anzutreffen ist. Wie aber schon zweimal bemerkt, handelt es sich hierbei nur um Darstellungshilfen, und so werde ich das System, so wie ich es formuliert habe, das von Neumann-Bernayssche System nennen.

Dieses System bestätigt nicht wie ML in allen Fällen die vollständige Induktion, denn dieses System gewährleistet nicht wie ML die imprädikativen Fälle von '$\hat{u}Fu \in \mathfrak{V}$'. Das macht aber nichts aus, denn in *Zermelo*s System wurde dem Induktionsproblem schon direkt mit *Zermelo*s Unendlichkeitsaxiom entgegengekommen, aus diesem wurde (3) in *von Neumann-Bernays'* System. Das ist nicht ein Axiom, das man entbehren könnte, selbst wenn das imprädikative '$\hat{u}Fu \in \mathfrak{V}$', das die Induktion sicherstellt, gegeben wäre. Denn ohne das Unendlichkeitsaxiom gäbe es in *Zermelo*s System keinen Beweis für die Existenz unendlicher Klassen, und ohne sein Analogon gäbe es in *von Neumann-Bernays'* System keinen Beweis für die Existenz unendlicher Mengen.

Der Beweis für den Satz von *Cantor* '$z \prec \{x: x \subseteq z\}$' versagt in dem von Neumann-Bernaysschen System, wenn wir '$y \preceq z$' wieder wie in 11.1 und Kapitel 42 definieren. Der Beweis erfordert nämlich die Existenz von $z \cap \{u: u \notin w`u\}$ für Funktionen w, wohingegen die prädikative Form des Komprehensionsschemas '$\hat{u}Fu \in \mathfrak{V}$' diese Existenz nicht sicherstellt, es sei denn $w \in \mathsf{U}\mathfrak{V}$. Wenn wir andererseits die Definition von '$y \preceq z$' wie folgt modifizieren:

'$y \preceq z$' steht für '$\exists w(\text{Funk}\, w \wedge w \in \mathsf{U}\mathfrak{V} \wedge y \subseteq w``z)$',

dann kann der Beweis von '$z \prec \{x: x \subseteq z\}$' für ML, den wir in Kapitel 42 angaben, parallel dazu im von Neumann-Bernaysschen System geführt werden. Darüber hinaus wird die Ableitung der Cantorschen Antinomie '$\mathfrak{V} \prec \mathfrak{V}$' aus '$z \prec \{x: x \subseteq z\}$' hier wie dort durch die Tatsache abgewendet, daß $\mathfrak{V} \notin \mathfrak{V}$.

---

[1]) Dazu entschloß sich auch *Gödel*, als er 1940 das von Neumann-Bernayssche System übernahm. *Gödel* hatte besondere Variablen für Mengen, aber die Mengen waren Klassen. Siehe oben, Kapitel 33, Anmerkung 1.

Der Beweis des Satzes von *Cantor* in der Form ‘$z \prec \hat{x}(x \subseteq z)$’ bricht hier wie in ML zusammen, weil $\hat{u}(u \in z \wedge u \notin w‘u)$ für gewisse Funktionen w keine Menge ist. Der einzige Unterschied zwischen diesem System und ML besteht in diesem Punkte darin, *wie* es kommt, daß es nicht immer gewährleistet ist, daß $\hat{u}(u \in z \wedge u \notin w‘u)$ eine Menge ist. In ML lag das daran, daß ‘$u \notin w‘u$’ nicht stratifiziert ist. Hier liegt es daran, daß im allgemeinen keine Menge herauskommt, von der wir zeigen können, daß sie $\hat{u}(u \in z \wedge u \notin w‘u)$ als Teilklasse umfaßt oder zumindest nicht kleiner als diese ist. Wenn insbesondere z eine Menge ist, dann erhalten wir die Mengeneigenschaft von $\hat{u}(u \in z \wedge u \notin w‘u)$, indem wir ‘z’ und ‘$\hat{u}(u \notin w‘u)$’ für ‘x’ und ‘z’ in (1) substituieren. Somit erscheint dann der Satz von *Cantor* in der Form

$$z \in \mathbf{U}\vartheta \rightarrow z \prec \hat{x}(x \subseteq z), \tag{9}$$

zusätzlich zu ‘$z \prec \{x\colon x \subseteq z\}$’. Hier droht wieder die Cantorsche Antinomie, nun in der neuen Form ‘$\mathbf{U}\vartheta \prec \mathbf{U}\vartheta$’, denn $\hat{x}(x \subseteq \mathbf{U}\vartheta)$ ist tatsächlich gleich $\mathbf{U}\vartheta$. Diese drohende Antinomie erfordert jedoch mit (9) einfach einen Beweis durch *reductio ad absurdum*, daß $\mathbf{U}\vartheta \notin \mathbf{U}\vartheta$: Die Klasse aller Mengen ist in diesem System keine Menge (in ML war sie es). Natürlich wußten wir das auch schon aus (5), als (5) noch dabei war.

Die Russellsche Antinomie muß wieder in zweierlei Gestalt inspiziert werden. Der Form, die ‘$\{u\colon u \notin u\}$’ benutzt, ergeht es, wie für ML in Kapitel 42 beschrieben. Die Form, die ‘$\hat{u}(u \notin u)$’ benutzt, verlangt von uns, wie in Kapitel 42 zu schließen, daß $\hat{u}(u \notin u) \notin \mathbf{U}\vartheta$. In Ermangelung einer Menge, von der wir zeigen können, daß sie $\hat{u}(u \notin u)$ als Teilklasse umfaßt oder nicht kleiner als diese ist, gibt es auch keinen evidenten Weg, das Gegenteil zu beweisen.

44. Abweichungen und Vergleiche

Das Aussonderungsaxiom ‘$\alpha \cap z \in \vartheta$’ ist das kennzeichendste Merkmal des Zermeloschen Systems. ‘$\mathbf{U}\vartheta \in \vartheta$’ ist zusammen mit den Axiomen von *Zermelo*s System widerspruchsvoll. Doch ist ‘$\mathbf{U}\vartheta \in \vartheta$’ widerspruchsfrei mit ‘$\alpha \cap z \in \vartheta$’ selbst. ‘$\mathbf{U}\vartheta \in \vartheta$’ und ‘$\alpha \cap z \in \vartheta$’ summieren sich einfach zu ‘$\alpha \cap \mathbf{U}\vartheta \in \vartheta$’. Denn offensichtlich implizieren sie es, und umgekehrt können wir beides daraus wie folgt erhalten. Um ‘$\mathbf{U}\vartheta \in \vartheta$’ aus ‘$\alpha \cap \mathbf{U}\vartheta \in \vartheta$’ zu erhalten, substituiere man ‘$\mathbf{U}\vartheta$’ für ‘α’. Um ‘$\alpha \cap z \in \vartheta$’ aus ‘$\alpha \cap \mathbf{U}\vartheta \in \vartheta$’ zu erhalten, substituiere man ‘$\alpha \cap z$’ für ‘α’ und überlege sich, daß $z \cap \mathbf{U}\vartheta = z$.

‘$\alpha \cap \mathbf{U}\vartheta \in \vartheta$’ läuft aber wiederum auf das imprädikative Komprehensionsschema ‘$\hat{u}Fu \in \vartheta$’ heraus, vgl. (3) von Kapitel 42. So sehen wir, daß das, was man das Gerüst der imprädikativen Theorie der Mengen und äußersten Klassen nennen könnte, nämlich ‘$\hat{u}Fu \in \vartheta$’ zusammen mit dem Extensionalitätsaxiom ‘$(x = y \wedge x \in z) \rightarrow y \in z$’, in einer sehr einfachen Relation zu dem steht, was man das Gerüst des Zermeloschen Systems nennen könnte, nämlich ‘$\alpha \cap z \in \vartheta$’ zusammen mit dem Extensionalitätsaxiom. Die Relation ist einfach die, daß das eine gleich dem anderen plus ‘$\mathbf{U}\vartheta \in \vartheta$’ ist. Das Gerüst der imprädikativen Theorie der Mengen und Klassen ist das, was wir aus dem Gerüst des Zermeloschen Systems erhalten, wenn wir, anstatt die weiteren Zermeloschen Axiome hinzuzufügen, eine andere Wendung nehmen und das andersartige Axiom ‘$\mathbf{U}\vartheta \in \vartheta$’ hinzufügen.

Im Augenblick stelle ich die gerüstartige imprädikative Theorie der Mengen und Klassen nur deshalb in diesem Lichte dar, weil wir es gewöhnlich nicht so machen. Gewöhnlich sehen wir in ihr nicht etwas, was *Zermelo*s System oder NF oder Ähnlichem gleichgeordnet ist, sondern eher etwas, was solchen Systemen zu überlagern ist. Die gerüsthafte imprädikative Theorie der Mengen und Klassen läßt die Frage offen, was als $\bigcup\vartheta$, die Klasse der Mengen, zu nehmen ist, und bei der einen Überlagerung nehmen wir als $\bigcup\vartheta$ das Universum von NF, bei einer anderen das von *Zermelo* oder das von welchem System auch immer. Wenn wir es als das von NF wählen, haben wir ML. Wenn wir es als das von *Zermelo* wählen, haben wir ein System, das dem von Neumannschen in etwa ähnlich ist.

Eine solche Überlagerung ist natürlich nicht bloß ein Hinzufügen von Axiomen. Vergrößerung heißt nicht Erweiterung (siehe Kapitel 42). Die gerüsthafte imprädikative Theorie einfach mit *Zermelo*s vollem System zusammenzufügen, hieße, '$\bigcup\vartheta \in \vartheta$' zu *Zermelo*s vollem System hinzuzufügen und damit einen Widerspruch zu erzeugen. *Zermelo*s System durch Überlagerung der gerüsthaften imprädikativen Theorie zu vergrößern, würde bedeuten, die Zermeloschen Komprehensionsaxiome auf '$\bigcup\vartheta$' zu relativieren und dann das Ergebnis zu der gerüsthaften imprädikativen Theorie hinzuzufügen. Als wir NF auf ML vergrößerten, relativierten wir das Komprehensionsschema von NF auf '$\bigcup\vartheta$' und fügten das Ergebnis zu der gerüsthaften imprädikativen Theorie hinzu. So sieht, kurz gesagt, imprädikative Vergrößerung aus.

Eine auf *Wang* (1950) zurückgehende Überlegung zeigt, daß eine solche Vergrößerung niemals einen Widerspruch erzeugt. Sei eine widerspruchsfreie Mengenlehre ohne äußerste Klassen gegeben. Wenn man ihre Axiome auf '$\bigcup\vartheta$' relativiert und das '$\hat{u}Fu \in \vartheta$' und '$(x = y \wedge x \in z) \rightarrow y \in z$' der gerüsthaften imprädikativen Theorie der Mengen und Klassen überlagert, ist das Ergebnis widerspruchsfrei. Das bedeutet insbesondere, daß, wenn NF widerspruchsfrei ist, ML es gleichermaßen ist. Um konkret zu sein, will ich *Wang*s Überlegung für den Fall von NF und ML skizzieren, aber sie sieht in anderen Fällen genauso aus.

Er beruft sich auf den Satz von *Löwenheim* und *Skolem*, der besagt, daß jede widerspruchsfreie Menge von Quantifizierungsschemata sich unter einer Interpretation im Universum der natürlichen Zahlen als wahr erweist. Nehmen wir also an, NF sei widerspruchsfrei. Es folgt dann, daß es eine Zahlenrelation R gibt, derart, daß alle Theoreme von NF sich als wahr erweisen, wenn die Variablen neu so aufgefaßt werden, daß sie als Wertebereich die natürlichen Zahlen haben, und wenn '$\in$' so neuinterpretiert wird, daß es R ausdrückt. Insbesondere wird bei dieser Neuinterpretation das Korollar

$$\forall z(z \in x \leftrightarrow z \in y) \rightarrow (x \in w \leftrightarrow y \in w)$$

des Extensionalitätsaxioms wahr. Wenn Zahlen x und y so beschaffen sind, daß genau dieselben Zahlen zu x und zu y in der Relation R stehen, so sehen wir, daß x und y in Bezug auf R völlig ununterscheidbar sind. Daher wird die Neuinterpretation, die '$\in$' als R und das Universum als Zahlen interpretiert, weiterhin NF erfüllen, auch wenn wir unter den Zahlen die folgende Auslese treffen: [1]) Wenn genau dieselben Zahlen zu jeder

[1]) In diesem Teil der Überlegung lehne ich mich an *Wang*, 1951, S. 289 an, wo er eine Lücke in seinem Beweis von 1950 ausfüllt.

der verschiedenen Zahlen $x_1, x_2, \ldots$ in der Relation R stehen, so werfen wir alle außer der kleinsten der Zahlen $x_1, x_2, \ldots$ hinaus. Die hinausgeworfenen Zahlen sind nämlich in Bezug auf R von den zurückbehaltenen nicht zu unterscheiden. Nun formuliert *Wang* des weiteren eine zweisortige Fassung von ML, mit kleinen Variablen für Mengen und großen Variablen für Klassen. Mengen zählen nicht mehr als Klassen, sondern, wie bei *Bernays* (1937), entsprechen sie nur noch Klassen. Nur Mengenvariablen sind links von '$\in$' erlaubt. Aus dem Komprehensionsschema, den Mengenaxiomen und dem Extensionalitätsaxiom (siehe Kapitel 42) wird jeweils:

$$\exists Y \forall x (x \in Y \leftrightarrow Fx), \tag{1}$$

$$\exists y \forall x (x \in y \leftrightarrow Fx) \quad (\text{'Fx' stratifiziert und ohne große Variablen}), \tag{2}$$

$$[\forall z (z \in x \leftrightarrow z \in y) \wedge Fx] \rightarrow Fy. \tag{3}$$

Wir wollen als nächstes eine andere Interpretation dieser zweisortigen ML betrachten. Der Wertebereich der kleinen Variablen soll die obige Auslese der natürlichen Zahlen sein, der Wertebereich der großen Variablen soll die Teilklassen des Wertebereichs der kleinen Variablen umfassen. '$\in$' vor kleinen Buchstaben sei R, vor Großbuchstaben sei es die Elementbeziehung. Diese Neuinterpretation erfüllt (3), dank der Auslese ist nämlich x gleich y, wenn $\forall z(z \in x \leftrightarrow z \in y)$. Ferner erfüllt die Neuinterpretation (2), denn NF erweist sich als wahr, wenn '$\in$' als R und das Universum als die auserlesenen Zahlen aufgefaßt wird. Schließlich erfüllt die Neuinterpretation auch (1), denn wir setzen die Widerspruchsfreiheit der naiven Theorie der Klassen von Zahlen voraus. Also erweist sich die zweisortige ML als widerspruchsfrei. Als Rest der Überlegung verbleibt die langweilige Angelegenheit zu zeigen, daß auch die eigentliche ML widerspruchsfrei ist, wenn die zweisortige ML es ist.

Dieses Ergebnis – daß ML widerspruchsfrei ist, wenn NF es ist – verkörpert den Hauptgrund für fortgesetztes Interesse an NF. Denn ML ist befriedigender als NF. Sie ist frei von Beschränkungen in Bezug auf die Induktion, sie ist frei von der Anomalie nicht-Cantorscher Mengen, sie kennt keine Einschränkungen des Satzes von *Cantor* und sie überwindet das Versagen des Auswahlaxioms. Und diese Vorzüge sind nur Illustrationen der Vorteile, die allenthalben durch Hinzufügen der äußersten Klassen beigetragen werden. ML ist soviel bequemer als NF, daß sie gewiß vorzuziehen ist, es sei denn, man scheut das erhöhte Risiko fehlender Widerspruchsfreiheit, das diese zusätzliche Stärke scheinbar mit sich zieht. Wie willkommen ist dann der Beweis, daß ML widerspruchsfrei ist, falls NF es ist. Und wenn man einen Beweis dafür sucht, daß ML widerspruchsfrei ist, vorausgesetzt, daß gewisse Theorien, die noch plausibler als NF sind, es sind, so besteht die beste Strategie bei der Suche nach einem solchen Beweis darin, den Nachweis zu versuchen, daß NF widerspruchsfrei ist, falls diese anderen Theorien es sind.

Wenn ein System ohne äußerste Klassen widerspruchsfrei ist, so ist auch die imprädikative Vergrößerung widerspruchsfrei – das ist das Theorem von *Wang*, das soeben exemplarisch an NF und ML gezeigt wurde. Eine Überlegung, die in anderem Zusammenhang von *Mostowski* (S. 112, Fußnote) vorgebracht wird, kann dazu benutzt werden, noch das folgende zu zeigen: *Jede Formel ist bereits ein Theorem des ursprünglichen*

Systems, wenn sie, relativiert auf '$\cup\mathfrak{V}$' *ein Theorem des vergrößerten Systems wird.* Erneut dargelegt in Anwendung auf NF und die zweisortige ML von (1) bis (3), ist das Entscheidende dabei, daß jedes Theorem des letzteren Systems auch ein Theorem von NF ist, falls in ihm keine Großbuchstaben sind. In dieser Weise angewandt, sieht *Mostowskis* Beweis wie folgt aus. Sei $\mathcal{F}$ irgendeine Formel ohne Großbuchstaben, die in NF nicht beweisbar ist. Dann ist NF zuzüglich der Negation von $\mathcal{F}$ als zusätzlichem Axiom widerspruchsfrei. Nach dem Theorem von *Wang* ist dann auch die imprädikative Vergrößerung dieses Systems widerspruchsfrei. Das ist aber die zweisortige ML zuzüglich der Negation von $\mathcal{F}$. Also ist $\mathcal{F}$ kein Theorem der zweisortigen ML.

Das System von *von Neumann-Bernays* steht zu dem System von *Zermelo-Fraenkel* nicht in derselben Relation wie ML zu NF. Das von Neumann-Bernayssche System läßt Stärke vermissen, die das Theorem von *Wang* erlauben würde: nämlich das imprädikative '$\hat{u}Fu \in \mathfrak{V}$'. Daß das von Neumann-Bernayssche System widerspruchsfrei ist, falls das System von *Zermelo-Fraenkel* es ist, war unabhängig von *Wangs* Theorem bekannt. Eine Überlegung mit diesem Ergebnis lieferte Miss *Novak,* eine andere *Rosser* und *Wang* (S. 124f.), die *Mostowski* zugestanden, es unabhängig entdeckt zu haben. Der springende Punkt bei dem Beweis von *Rosser* und *Wang* ist der, daß Prädikativität seitens '$\hat{u}Fu \in \mathfrak{V}$' für die Klassen, die so zu einer Mengenlehre hinzugefügt werden, *Poincarés* Ziel (Kapitel 34) geordneter Erzeugung erreicht. Wie schon in (7) von Kapitel 43 bemerkt wurde, ist jede so hinzugefügte Klasse entweder gleich $\mathfrak{E} \upharpoonright \cup \mathfrak{V}$, oder $\check{x}$ oder $cnv_2 x$ oder $cnv_3 x$ oder $x``\mathfrak{V}$ oder $x \times \cup\mathfrak{V}$ für ein gewisses vorgegebenes x oder gleich $x \cap \overline{y}$ für gewisse vorgegebene x und y. Wenn wir mit einer Mengenlehre beginnen, die ein Modell in natürlichen Zahlen zuläßt, dann kann ihrer in der obigen Weise durch geordnete Erzeugung von Klassen durchgeführten Vergrößerung durch eine einfache Neuordnung auch ein Modell in natürlichen Zahlen gegeben werden. Jede widerspruchsfreie Theorie hat aber ein Modell in natürlichen Zahlen. Wenn also die zu Grunde liegende Mengenlehre widerspruchsfrei ist, dann ist es auch die Vergrößerung.

Alle Klassen des Zermelo-Fraenkelschen Systems sind offensichtlich Mengen im System von *von Neumann-Bernays.* Die Umkehrung, daß nur diese Klassen Mengen in dem von Neumann-Bernaysschen System sind, ist nicht offensichtlich; sie folgt aber leicht aus den Konstruktionen von *Rosser, Wang* und *Mostowski*, wie diese Autoren gezeigt haben. Genauer gesagt, zeigten sie, daß eine Formel in dem System von *Zermelo-Fraenkel* bewiesen werden kann, wenn die Relativierung dieser Formel auf '$\cup\mathfrak{V}$' in dem System von *von Neumann-Bernays* bewiesen werden kann. 1954 ging *Shoenfield* noch weiter und gab eine direkte Regel an (eine „primitiv rekursive" im Jargon der Beweistheorie), nach der man im System von *Zermelo-Fraenkel* einen Beweis für eine Formel finden kann, wenn ein Beweis für ihre Relativierung im System von *von Neumann-Bernays* gegeben ist.

Durch die Art dieser Überlegungen kommt heraus, welch geringe Last im von Neumann-Bernaysschen System die äußersten Klassen tragen. Das Theorem von *Wang* über die andere, die imprädikative, Situation ist in stärkerem Maße überraschend. Kein Wunder, daß sein Beweis eine so inhaltsschwere Annahme erfordert wie die, daß die naive Theorie der

Klassen von natürlichen Zahlen widerspruchsfrei ist. Aber auch diese Annahme wog natürlich leicht im Vergleich zu der Frage nach der Widerspruchsfreiheit von NF oder ML oder ähnlichem.

Daß das prädikative '$\hat{u}Fu \in \mathfrak{V}$' wie in (7) von Kapitel 43 in sieben einzelne Axiome auflösbar ist, schein ein Widerschein der Schwäche der prädikativen Annahme zu sein. Vermutlich kann das imprädikative '$\hat{u}Fu \in \mathfrak{V}$', wie das von ML, nicht in dieser Weise auf eine endliche Ansammlung von Fällen reduziert werden.

Doch NF ist endlich axiomatisierbar. *Hailperin* hat gezeigt, wie man ihr Komprehensionsschema, praktisch '$\{u: Fu\} \in \mathfrak{V}$' mit stratifiziertem 'Fu', aus zehn Einzelfällen gewinnen kann. *Putnam* geht noch weiter und zeigt, wie es aus einem einzigen seiner Fälle zu erhalten ist, er zeigt, daß man jede endliche Zahl von Komprehensionsaxiomen auf eines herunterbekommen kann. Seine Begründung ist, daß man je zwei wie folgt auf eins reduzieren kann. Die beiden können als Ausgangspunkt folgendermaßen dargestellt werden:

$$\{x: Fxy_1 \ldots y_m\},\ \{x: Gxz_1 \ldots z_n\} \in \mathfrak{V},$$

wobei '$Fxy_1 \ldots y_m$' und '$Gxz_1 \ldots z_n$' für spezielle Aussagen stehen, deren freie Variablen die angegebenen sind. Wenn dann 'p' eine Abkürzung von

$$\forall y_1 \ldots \forall y_m (\{x: Fxy_1 \ldots y_m\} \in \mathfrak{V})$$

ist, können die beiden in diesem dazu äquivalenten einzelnen kombiniert werden:

$$\{v: (Fvw_1 \ldots w_m \wedge \neg p) \vee (Gvz_1 \ldots z_n \wedge p)\} \in \mathfrak{V}.$$

Andererseits kann ein Stückchen Mengenlehre erstaunlich bescheiden sein und trotzdem keine endliche Axiomatisierung zulassen. Eine Entdeckung von *Kreisel* und *Wang*, die von *Montague* erweitert wurde,[1]) besagt, daß eine widerspruchsfreie Mengenlehre, die auf dem einzelnen primitiven Prädikat '$\in$' basiert, nicht endlich axiomatisierbar ist, wenn sie zuläßt, daß

$$x \cap \alpha,\ x \cup \{y\} \in \mathfrak{V}, \quad (x = y \wedge x \in z) \rightarrow y \in z.$$

Da dieser Vorrat ein Teil von *Zermelo*s System ist, folgt insbesondere, daß *Zermelo*s System selbst, falls widerspruchsfrei, nicht endlich axiomatisierbar ist.[2]) Das ist verwunderlich, wenn man bedenkt, daß *von Neumann*s endlich axiomatisiertes System eine Vergrößerung von *Zermelo*s System ist. Doch sei daran erinnert, daß es nur eine Vergrößerung, keine Erweiterung ist; das würde in der Tat nach *Montague*s Resultat beide Systeme widerspruchsvoll machen.

---

[1]) 1957, 1961. Der Anschein von Diskrepanz in meiner Formulierung geht wieder auf meinen Gebrauch unverbindlicher Abstraktion zurück. – Die Bedingung, daß es keine weiteren Prädikate gibt, ist wesentlich im Hinblick auf ein Theorem von *Kleene* („Two papers ... "): Jedes widerspruchsfreie System kann zu einem widerspruchsfreien, endlich axiomatisierten System erweitert werden, wenn wir Prädikate hinzufügen.

[2]) Dieses Resultat geht, wie *Montague* aufweist, auf 1954 (*McNaughton*) oder, mit inadäquaten Beweisen, auf 1952 und 1953 (*Wang, Mostowski*) zurück.

Wenn ich die zweifellos vorhandenen Vorzüge endlicher Axiomatisiertheit einmal beiseite schiebe, dann finde ich das von Neumann-Bernayssche System, so wie es in Kapitel 43 beschrieben wurde, nicht unattraktiv, wenn '$\hat{u}Fu \in \mathfrak{V}$' für imprädikative Fälle freigemacht wird. Zusätzlicher Schönheit wegen können wir (4) von Kapitel 43 wieder durch (5) ersetzen. Diese imprädikative *Erweiterung,* wie wir sie nun in korrekter Weise nennen können, des von Neumann-Bernaysschen Systems hat die Mengenaxiome

$$\mathbb{N} \in \bigcup \mathfrak{V}, \qquad x \in \bigcup \mathfrak{V} \leftrightarrow x \prec \bigcup \mathfrak{V},$$

$$x, y \in \bigcup \mathfrak{V} \rightarrow \{x, y\},\ \hat{u}(u \subseteq x),\ \bigcup x \in \bigcup \mathfrak{V},$$

das imprädikative Komprehensionsschema '$\hat{u}Fu \in \mathfrak{V}$' und das Extensionalitätsaxiom.[1]) Ein wenig Spielraum haben wir, falls ein Widerspruch droht, noch in dem '$\prec$' der obigen Axiome; man kann seine Definition auf 11.1 oder auf (8) von Kapitel 43 gründen.

Dieses System teilt jedoch mit ML, mit *von Neumanns* unerweitertem System und jedem anderen System, das äußerste Klassen anruft, einen ernstzunehmenden Nachteil: Den in Kapitel 7 beklagten Nachteil, 7.10 zu verletzen (um nichts von 13.1 zu sagen). Zwei Werte geraten hier in Konflikt miteinander. Wir möchten endliche Klassen bilden können, in jeder Weise, von allen Dingen, von denen man annimmt, daß sie existieren, sogar von allen unendlichen Klassen, deren Existenz man annimmt, und das Pech will es, daß äußerste Klassen nicht dazugehören.

Vielleicht lassen sich diese Ziele etwas vereinen, wenn man die Bedeutung von 'äußerst' abschwächt, wenn man äußerste Klassen doch zu einigen Klassen gehören läßt, allerdings nur zu den kleineren. Daß x eine Menge ist, hieße nicht länger $\exists y(x \in y)$, sondern $\exists y(x \in y \wedge x \preceq y)$.

Soeben haben wir eine Variante des Mengenbegriffs $\mathfrak{M}$ betrachtet, die von $\bigcup \mathfrak{V}$ abweicht. Eine solche Abweichung ist nicht ganz ohne Vorbild. *Ackermann* hat ein System vorgeschlagen, in dem $\mathfrak{M}$ weder als $\bigcup \mathfrak{V}$ noch in der zuletzt betrachteten Alternative genommen wird, es bleibt zusammen mit '$\in$' undefiniert.

Für *Ackermanns* System können wir $\hat{u}Fu$ als $\mathfrak{M} \cap \{u: Fu\}$ definieren. Eins der Axiomenschemata läuft dann auf '$\hat{u}Fu \in \mathfrak{V}$' hinaus. Ein anderes der Axiomenschemata ist dann effektiv das Mengenschema:

$$y_1, \ldots, y_n \in \mathfrak{M} \rightarrow \hat{u}Fuy_1 \ldots y_n \in \mathfrak{M} \tag{4}$$

('$Fuy_1 \ldots y_n$' ohne weitere freie Variablen und ohne '$\mathfrak{M}$').

Es erfordert nicht die Beschränkung der versteckten gebundenen Variablen auf Mengen, und es ist auch nicht die Rede von Stratifizierung, stattdessen wird '$\mathfrak{M}$' ausgeschlossen. Zusätzlich hat *Ackermann* effektiv die beiden Mengenaxiome:

$$\bigcup \mathfrak{M} \subseteq \mathfrak{M} \quad \text{und} \quad x \subseteq y \in \mathfrak{M} \rightarrow x \in \mathfrak{M},$$

und das gewöhnliche Extensionalitätsaxiom. Dieses System gewinnt an Wertschätzung, da *Ackermann* zeigt, wie man die Zermeloschen Axiome aus ihm ableiten kann – und

---

[1]) So sieht approximativ das System NQ (*von Neumann-Quine*) von *Wang* (1949) oder BQ (*Bernays-Quine*) von *Stegmüller* (1962) aus.

zwar nicht nur alle Axiome (7) aus Kapitel 38, sondern auch das Unendlichkeitsaxiom.[1]) Diese kommen in dem Maße abgeschwächt heraus, als sie Voraussetzungen enthalten, die etliche der Variablen auf Mengen beschränken. Doch wir erhalten noch ein Modell für *Zermelo*s System, indem wir *Zermelo*s Universum mit *Ackermanns* $\mathfrak{M}$ identifizieren.

Im Gegensatz zu *Zermelo*s System teilt das Ackermannsche mit ML und dem System von *von Neumann* den Nachteil, daß es nicht uneingeschränkt die Existenz endlicher Klassen garantiert. Doch was an von *Ackermann*s System am schwersten zu akzeptieren ist, das ist die mangelnde Eleganz des zusätzlichen primitiven Begriffs '$\mathfrak{M}$' (bzw. des entsprechenden Prädikats). Darüber hinaus sieht das auch noch irreparabel aus. Wenn man sieht, wie (4) am Vorhandensein oder am Fehlen von '$\mathfrak{M}$' in einer Formel hängt, dann hat man wenig Hoffnung, '$\mathfrak{M}$' durch Definition eliminierbar zu machen.

45. Die Stärke der verschiedenen Systeme

Wenn ein deduktives System in dem Sinne eine Erweiterung eines anderen ist, daß seine Theoreme sämtliche des anderen Systems und noch weitere umfassen, so ist in einer bestimmten Weise das eine stärker als das andere. Doch diese Vergleichsgrundlage ist in zweierlei Hinsicht schwach. Erst einmal versagt sie, wenn jedes der beiden Systeme Theoreme hat, die nicht in dem anderen zu finden sind. Zweitens hängt sie an Zufälligkeiten der Interpretation und nicht einfach an Struktureigenschaften. Für eine triviale Illustration wollen wir annehmen, wir hätten ein System mit genau '=' und 'R' als primitiven zweistelligen Prädikaten, die den gewöhnlichen Identitätsaxiomen und einem Transitivitätsaxiom für 'R' unterliegen. Nehmen wir an, wir würden das System durch Hinzufügen der Reflexivität '$\forall x(xRx)$' erweitern. Das erweiterte System ist nur dann stärker, wenn wir sein 'R' mit dem ursprünglichen 'R' gleichsetzen. Wenn wir aber sein 'xRy' mit Hilfe des ursprünglichen 'R' als '$x = y \vee xRy$' neuinterpretieren, dann sind alle seine Theoreme in dem nicht erweiterten System beweisbar.

Eine weniger triviale Illustration wird durch *Russell*s, in (1) bis (4) von Kapitel 35 erwähnte Methode nahegelegt, Extensionalität für Klassen zu gewährleisten, ohne sie für Attribute annehmen zu müssen. Gegeben sei eine Mengenlehre ohne Extensionalität. Wir könnten sie durch Hinzufügen dieses Axioms erweitern, und doch könnten wir zeigen, daß alle Theoreme des erweiterten Systems mit *Russell*s Methode als Theoreme neu zu interpretieren wären, die bereits in dem nicht erweiteren System beweisbar sind.

Ein bedeutungsvollerer Standard für Stärkevergleich ist das, was man *Vergleich durch Neuinterpretation* nennen könnte. Wenn wir die primitiven nicht logischen Zeichen des einen Systems – also, typisch für die Mengenlehre, nur '$\in$' – so neu interpretieren können, daß wir damit alle Theoreme dieses Systems zu Übersetzungen der Theoreme des anderen Systems werden lassen, dann ist das letztgenannte System mindestens genau so stark wie das erste. Wenn man einen ähnlichen Kunstgriff nicht in anderer Richtung

[1]) Angeblich auch das Ersetzungsschema, doch fand *Lévy*, „On Ackermann's set theory", einen Fehler im Beweis. *Lévy* zeigte ferner, daß *Ackermann*s System widerspruchsfrei ist, wenn das System von *Zermelo-Fraenkel* widerspruchsfrei ist.

durchführen kann, dann ist das eine System stärker als das andere. Natürlich hat man im allgemeinen Mühe zu zeigen, daß ein ähnlicher Trick nicht in anderer Richtung funktioniert.

Stärke in einem anderen bedeutungsvollen Sinn – *ordinale* Stärke, wie man sie nennen könnte – läßt folgendes überraschend zahlenmäßige Maß zu: Die kleinste transfinite Ordinalzahl, deren Existenz man im System nicht mehr beweisen kann. Jede nicht in auffälliger Weise mangelhafte Mengenlehre kann natürlich die Existenz endlos vieler transfiniter Zahlen beweisen, aber das bedeutet nicht, daß man sie alle erhält. Was am Transfiniten so charakteristisch ist, ist, daß wir dann weiter die Iteration iterieren und das Iterieren von Iterationen iterieren, bis unser Apparat irgendwie blockiert. Die kleinste transfinite Zahl nach dem Blockieren des Apparats gibt dann an, wie stark der Apparat war.

Ein Axiom, das zu einem System mit dem sichtbaren Ziel vergrößerter Ordinalstärke hinzugefügt werden kann, ist das Axiom, daß es jenseits von ω eine unerreichbare Zahl gibt (siehe Schluß von Kapitel 30). Eine endlose Serie weiterer Axiome dieser Art ist möglich; sie fordern immer weitere unerreichbare Zahlen und erhöhen jedesmal die ordinale Stärke.

Es gibt noch eine andere Möglichkeit, Ordinalzahlen als Maß für die Stärke von Systemen zu verwenden. Als erstes wollen wir nach *von Neumann* [1]) die Theorie der kumulativen Typen (Kapitel 38) auf transfinite Typen erweitern, indem wir zum x-ten Typ, für jede Ordinalzahl x, alle Klassen akkreditieren, deren Elemente alle einen Typ unter x haben. So ist das Universum der Theorie der kumulativen Typen in Kapitel 38, der transfinite Typen fehlen, selbst der ω-te Typ. Wenn die Axiome einer Mengenlehre erfüllt werden, falls man ihr Universum als solch einen Typ nimmt, dann nennen *Montague* und *Vaught* diesen Typ ein *natürliches Modell* der Mengenlehre. So hat *Zermelo*s Mengenlehre ohne das Unendlichkeitsaxiom den ω-ten Typ als natürliches Modell, das ist in unserer gegenwärtigen Sprache das, was sich in Kapitel 38 ereignete. [2]) Schließlich ist die ordinale Stärke (in einem zweiten Sinn) einer gegebenen Mengenlehre die kleinste Ordinalzahl x, derart daß der x-te Typ ein natürliches Modell der Theorie ist. Also ist die ordinale Stärke von *Zermelo*s Mengenlehre ohne Unendlichkeitsaxiom höchstens ω, offensichtlich auch nicht kleiner als ω, also ω. Die von *Zermelo*s Mengenlehre mit Unendlichkeitsaxiom ist, wie *Tarski* bemerkt (1956) gleich $\omega + \omega$. Die des Systems von *von Neumann-Bernays* ist nach *Shepherdson* eins mehr als die erste unerreichbare Zahl nach ω.

Als nächstes wende ich mich dem beweistheoretischen Kriterium relativer Stärke zu. In seinem Beweis für die Unmöglichkeit einer vollständigen Zahlentheorie (1931) führte *Gödel* ein inzwischen wohlbekanntes Numerierungsverfahren ein, das es ihm ermöglichte, in Wirklichkeit über Formeln und Ableitungskalküle zu sprechen, während er buchstäblich in rein arithmetischem Stil über Zahlen redete. Da die Zahlentheorie in der Mengenlehre entwickelt werden kann, bedeutet das, daß die Klasse aller Theoreme (in Wirklich-

---

[1]) 1929. Siehe auch *Bernays*, 1948; *Mendelson*, S. 202.

[2]) Auch in meiner „Unification of universes".

keit aller Gödelnummern von Theoremen) einer vorliegenden Mengenlehre in dieser selben Mengenlehre definiert werden kann, und verschiedene Dinge können darin über sie bewiesen werden. Als Folge seines Unvollständigkeitssatzes zeigte *Gödel* aber, daß die Mengenlehre (falls sie widerspruchsfrei ist) eines nicht über die Klasse ihrer eigenen Theoreme beweisen kann, nämlich daß sie widerspruchsfrei ist, d.h. z.B., daß '0 = 1' nicht in ihr liegt. Wenn die Widerspruchsfreiheit einer Mengenlehre in einer anderen bewiesen werden kann, ist letztere die stärkere (es sei denn – natürlich – daß beide widerspruchsvoll sind). *Kemeny* zeigte in dieser Weise, daß *Zermelo*s System stärker als die Typentheorie ist.[1])

Es ist dann schnell ein Verfahren zur Hand, wie man ausgehend von einer beliebigen Mengenlehre eine endlose Serie weiterer erzeugen kann, von denen jede im beweistheoretischen Sinne stärker als ihre Vorgängerinnen ist und von denen jede widerspruchsfrei ist, falls ihre Vorgängerinnen widerspruchsfrei waren. Alles, was man zu tun hat, besteht darin, via Gödelnumerierung ein neues arithmetisches Axiom des Inhalts hinzuzufügen, daß die vorangegangenen Axiome widerspruchsfrei sind. Man kann auch aus dieser ganzen Folge von Axiomen ein einziges starkes System machen, aber dann kann man wie vorher ein neues Axiom hinzunehmen, das die Widerspruchsfreiheit vôn all dem fordert. Wir sehen, wie hier das gewohnte Muster transfiniter Rekursion hereinkommt. Die Stärke eines Systems akkumulierter Axiome, wie es in diesen Zeilen beschrieben wurde, wird nur durch die Möglichkeiten transfiniter Rekursion begrenzt, wiederum durch die ordinale Stärke des Kommunikationsmediums, mit dessen Hilfe wir diesen unendlichen Axiomenvorrat beschreiben.[2])

Wenn wir an die Stärke eines Systems der Mengenlehre denken, so denken wir zuerst an die Reichhaltigkeit des Universums. Das ist die ordinale Stärke. Das ist die Stärke, die durch ein Unendlichkeitsaxiom oder durch das Ersetzungsschema gewonnen wird. Das ist die Stärke, die für *von Neumann*s Theorie der Mengen und äußersten Klassen gewonnen wird, wenn er das Ersetzungsschema verstärkt (Kapitel 43) oder wenn man die imprädikative Erweiterung (Kapitel 44) vornimmt.

Doch die Erweiterung eines Systems braucht sein Universum nicht zu bereichern. Das zusätzliche Axiom kann genauso gut eine offene Existenzfrage in der umgekehrten Weise, durch die Entscheidung zur Armut, klären. Das tat das Fundierungsaxiom und auch die Kontinuumshypothese.

Das war auch die Tendenz eines *Beschränktheitsaxioms*, das *Fraenkel* für *Zermelo*s System befürwortete: Das war ein Axiom mit der Wirkung, daß das Unviersum nichts enthalten sollte außer dem, was auf Grund der anderen Axiome dort zu sein hatte.

---

[1]) Hier ist *Zermelo*s System ohne das Ersetzungsschema, die Typentheorie ist natürlich ohne transfinite Typen, und beide haben ihre Unendlichkeitsaxiome. Siehe *Kemeny*, auch *Wang* und *McNaughton*, S. 35.

[2]) Zur Verstärkung von Systemen durch Hinzufügen von Widerspruchsfreiheitsaxiomen oder ähnlichem siehe *Gödel*, 1931, Fußnote 48a, *Rosser* und *Wang*, S. 122 ff., *Wang*, „Truth definitions", *Feferman*.

Fraenkel brachte es nicht in eine scharfe Formulierung, und *von Neumann* machte Bemerkungen über Schwierigkeiten auf dem Wege dorthin.[1]) Mit Hilfe des Relativierungsbegriffs, der zu Ende des Kapitels 33 auftauchte, können wir in '$\mathfrak{A}\alpha \to \alpha = \mathfrak{V}$' ein rigoroses Beschränktheitsschema formulieren, wobei '$\mathfrak{A}\alpha$' für die Relativierung der Konjunktion der restlichen Axiome auf '$\{x: x \subseteq \alpha\}$' steht. Diese Version erfordert aber, daß die restlichen Axiome von endlicher Zahl sind, so funktioniert es nicht als Zusatz zu *Zermelo*s System. Es ist jedoch als Zusatz zu *von Neumann*s System und zu NF brauchbar, da diese endlich axiomatisierbar sind (Kapitel 44).

*Gödel*s '$U\mathfrak{V} = L$', das am Ende von Kapitel 33 diskutiert wurde, ist diesem Beschränktheitsschema nahe verwandt. Wie dieses Schema plädiert es für Armut. Natürlich betrachtet *Gödel* '$U\mathfrak{V} = L$' nur im Verlauf seines Beweises der Widerspruchsfreiheit von Auswahlaxiom und Kontinuumshypothese, er *favorisierte* es nicht, so wie man das Auswahlaxiom und andere grundlegendere Axiome favorisiert. Doch Liebhaber einer begriffsmäßigen und ontologischen Ökonomie könnten es in dieser Weise favorisieren, und tatsächlich beruft man sich manchmal darauf unter dem Namen *Konstruktibilitätsaxiom.* Wie in Kapitel 33 bemerkt, impliziert es das Auswahlaxiom und die Kontinuumshypothese.

Es ist schwer zu sagen, ob das Auswahlaxiom für Armut oder für Reichhaltigkeit steht. Es weist alle die selektionslosen Klassen von paarweise fremden Klassen zurück. Doch andererseits garantiert es Selektionen. Es wird von *Gödel*s auf Armut gerichtetem '$U\mathfrak{V} = L$' impliziert.

Axiome, die den Gedanken von einem inneren Modell (Kapitel 33) ausnutzen, sind nicht immer wie das Beschränktheitsaxiom und '$U\mathfrak{V} = L$' auf Armut gerichtet. Einige bewirken ordinale Stärke. Wenn man das Universum mit einem bestimmten inneren Modell identifiziert, hält man die Sache niedrig. Wenn man aber innere Modelle postuliert oder sie zu Mengen erklärt, dann kann man die Dinge in die Höhe treiben. Es soll jetzt wieder ein System der Mengenlehre mit einer endlichen Axiomenmenge gegeben sein, und '$\mathfrak{A}x$' stehe wieder für die auf '$\{y: y \subseteq x\}$' relativierte Konjunktion dieser Axiome. Das Schema der Beschränktheit würde '$\mathfrak{A}x \to x = \mathfrak{V}$', also auch '$\forall x \neg \mathfrak{A}x$' geben, falls $\mathfrak{V} \notin \mathfrak{V}$. Stattdessen könnten wir im entgegengesetzten Geiste postulieren, daß $\exists x\, \mathfrak{A}x$, oder sogar, daß $\exists x(x \in U\mathfrak{V} \wedge \mathfrak{A}x)$, und dabei die Existenz einer Klasse x oder vielleicht sogar einer Menge x implizieren, die ansonsten im Universum des Systems nicht zu entdecken und vielleicht größer als alle sonst vorhandenen ist.

Für Theorien, die man wie die von *Zermelo* nicht auf endlich viele Axiome herunterbekommen kann, funktioniert dieser Plan natürlich nicht. Doch dann haben wir die folgende Modifikation. Wir können nicht mehr eine Konjunktion aller Axiome betrachten, doch wir können immer noch für sich jede endliche Konjunktion von Axiomen ohne Einschränkung betrachten, oder, noch einfacher, wir können jedes Theorem für sich betrachten, das aus den Axiomen folgt, und '$\mathfrak{A}_1 x$', '$\mathfrak{A}_2 x$', ... stehen gesondert für die Relativierungen dieser Theoreme. Dann können wir für jedes n '$\exists x\, \mathfrak{A}_n x$' (oder '$\exists x(x \in U\mathfrak{V} \wedge \mathfrak{A}_n x)$') als zusätzliches Axiom aufnehmen, und somit ein Axiomenschame nehmen

[1]) *Fraenkel*, Einleitung, S. 355 f, *von Neumann*, 1925, S. 230 f.

das die Gesamtheit beinhaltet. *Lévy* („Axiom schemata") hat, aufbauend auf Arbeiten von *Mahlo* und *Shepherdson*, gezeigt, daß Axiomenschemata dieser Art äquivalent zu solchen sein können, die tiefe Fluchten unerreichbarer Zahlen postulieren.

Gut illustriert wird dieser interessante Trend von *Bernays'* System aus dem Jahre 1961, das eine Verbesserung des Lévyschen Systems darstellt.[1]) Im Gegensatz zu *Bernays'* System von 1958, wo die sogenannten Klassen nur virtuell waren, ist das nun eine Theorie von Mengen und realen, quantifizierbaren Klassen. Sein entscheidendes Axiomenschema ist in dreierlei Hinsicht noch stärker als '$\exists x(x \in \bigcup \mathfrak{V} \wedge \mathfrak{A}_n x)$': Es liefert auch, daß $\bigcup x \subseteq x$ und

$$\forall y \forall z(y \subseteq z \in x \rightarrow y \in x),$$

und es läßt '$\mathfrak{A}_n x$' nicht nur für die Relativierung eines Theorems, sondern für die Relativierung einer jeden Wahrheit stehen. Wir können es in unserer Sprache der unverbindlichen Abstraktion wie folgt formulieren:

$$p \rightarrow \exists x[\bigcup x \subseteq x \in \bigcup \mathfrak{V} \wedge Px \wedge \forall y \forall z(y \subseteq z \in x \rightarrow y \in x)], \quad (1)$$

wobei jede Aussage für 'p' und ihre Relativierung auf '$\{y: y \subseteq x\}$' für 'Px' in Frage kommt. Zusätzlich nimmt *Bernays* noch das Extensionalitätsaxiom auf und praktisch auch das Mengenaxiom '$\{y, x\} \in \bigcup \mathfrak{V}$'. Er zeigt praktisch, daß das vollständige imprädikative Komprehensionsschema (wie in ML) folgt: '$\alpha \cap \bigcup \mathfrak{V} \in \mathfrak{V}$' oder '$\hat{u}Fu \in \mathfrak{V}$' (vgl. Kapitel 42). Ähnliches gilt für die Mengenaxiome, die *Zermelo*s Komprehensionsaxiomen der Vereinigungs- und Potenzklasse, der Aussonderung und Unendlichkeit (hier '$\mathbb{N} \in \bigcup \mathfrak{V}$') und dem Ersetzungsschema entsprechen. Er zeigt, daß sein System, was die Ausbeute an unerreichbaren Zahlen angeht, dem von *Lévy* gleich ist.

Für eine konstruktivistische Mengenlehre mit ihren sparsamen Mitteln gibt es sowohl eine philosophische als auch eine ästhetische Motivation. Ferner ist da auch noch ein methodologisches Motiv, da wir uns ja drohender Antinomien bewußt sind. Daneben finden wir all die Ratschläge, die Dinge so niedrig wie möglich zu halten, ohne die klassische Mathematik ganz zu ersticken. Auf der anderen Seite gibt es die Motive, die Dinge in die Höhe zu treiben. Daß es auch da wieder ein ästhetisches Moment gibt, kann kaum bezweifelt werden. Auch wird ein praktisches Motiv für die Großzügigkeit in der Ontologie der Mengenlehre von der Seite der abstrakten Algebra und Topologie her fühlbar, und zwar, wie *MacLane* betont hat (S. 25), wegen der „großen Gesamtheiten, die dabei ins Spiel kommen (alle Gruppen, alle Räume, alle ...)". In diesem Zusammenhang kann sich auch eine relativ großzügige Mengenlehre als inadäquat erweisen, wenn es eine solche ist, die auf die größten Mengen verzichtet. Das könnte den Ausschlag geben für etwas wie ML oder NF, wo Existenzfragen oder die Eigenschaft, eine Menge zu sein,

---

[1]) Meine Darstellung wird in auffälliger Weise von der seinen abweichen. Das liegt zum Teil daran, daß ich die unverbindliche Abstraktion einer bequemen Darstellungsweise wegen beibehalte. Man breche ein Studium seiner Arbeit nicht vor den Wendepunkten auf S. 21 und S. 47 ab!

nicht von Größenbeschränkungen abhängen. Man könnte versuchen, solch ein System mit den Hilfsmitteln von *Lévy* und *Bernays*, auf die wir zuletzt angespielt haben, zu kombinieren, denn diese Hilfsmittel treiben die ordinale Stärke gewaltig herauf, obwohl sie gegenwärtig im Rahmen von Mengenlehren operieren, die die größten Klassen zurückweisen. *MacLane* skizziert auch eine Idee, wie man einige größte Klassen, so wie sie gebraucht werden, organisieren kann. Ich möchte die Gelegenheit ergreifen und in dem Leser ein Gefühl hinterlassen, wie offen das Problem einer besten Begründung der Mengenlehre noch bleibt.

Vierter Teil: **Anhang**

I. Zusammenstellung von fünf Axiomensystemen

Moderne Typentheorie:

Komprehension (Kapitel 36 (4)): $\exists y^{n+1} \forall x(x^n \in y^{n+1} \leftrightarrow Fx^n)$.

Extensionalität (Kapitel 36 (5)):
$[\forall x^n(x^n \in y^{n+1} \leftrightarrow x^n \in z^{n+1}) \wedge y^{n+1} \in w^{n+2}] \rightarrow z^{n+1} \in w^{n+2}$.

Zusatz (außer dem Auswahlaxiom): Unendlichkeit (Kapitel 39 (1)):
$\exists x^2(\exists y^1(y^1 \in x^2) \wedge \forall y^1[y^1 \in x^2 \rightarrow \exists z^1(y^1 \subset z^1 \in x^2)])$.

Zermelo:

Potenzmenge, Paarmenge, Aussonderung, Vereinigung (Kapitel 38 (7)):
$\{z: z \subseteq x\}, \{x, y\}, x \cap \alpha, \bigcup x \in \mathfrak{V}$.

Extensionalität (Kapitel 38 (7)): $(x = y \wedge x \in z) \rightarrow y \in z$.

Unendlichkeit (Kapitel 39 (5)): $\exists x[\Lambda \in x \wedge \forall y(y \in x \rightarrow \{y\} \in x)]$ oder $\mathbb{N} \in \mathfrak{V}$.

Zusätze (außer dem Auswahlaxiom):

Ersetzung (Kapitel 39 (6), sie verdrängt die Aussonderung): $\text{Funk}\,\alpha \rightarrow \alpha``x \in \mathfrak{V}$.

Fundierung (Kapitel 39): $\text{Fnd}\ \mathfrak{E}$.

New Foundations (NF):

Komprehension (Kapitel 40 (3)): $\{x: Fx\} \in \mathfrak{V}$ ('Fx' ist stratifiziert).

Extensionalität: $(x = y \wedge x \in z) \rightarrow y \in z$.

Mathematical Logic (ML):

Komprehension (Kapitel 42 (3)): $\hat{u}Fu \in \mathfrak{V}$.

Mengeneigenschaft (Kapitel 42): '$\hat{u}Fu \in \bigcup \mathfrak{V}$' relativiert auf '$\bigcup \mathfrak{V}$', mit stratifiziertem 'Fu'.

Extensionalität: $(x = y \wedge x \in z) \rightarrow y \in z$.

Von Neumann-Bernays:

Komprehension (Kapitel 43): $\hat{u}Fu \in \mathcal{V}$ ('Fu' relativiert auf '$\mathsf{U}\mathcal{V}$') oder, in endlich vielen Axiomen (Kapitel 43 (7)): $\in \restriction \mathsf{U}\mathcal{V}$, $\breve{x}$, $cnv_2 x$, $cnv_3 x$, $x``\mathcal{V}$, $x \times \mathsf{U}\mathcal{V}$, $x \cap \bar{y} \in$.

Potenzmenge, Paarmenge, Vereinigung (Kapitel 43 (2)):
$(x, y \in \mathsf{U}\mathcal{V}) \rightarrow [\hat{u}(u \subseteq x),\ \{x, y\},\ \mathsf{U}x \in \mathsf{U}\mathcal{V}]$.

Extensionalität: $(x = y \wedge x \in z) \rightarrow y \in z$.

Unendlichkeit (Kapitel 43 (3)): $\mathbb{N} \in \mathsf{U}\mathcal{V}$.

Ersetzung (Kapitel 43 (4)): $z \preceq x \in \mathsf{U}\mathcal{V} \rightarrow z \in \mathsf{U}\mathcal{V}$.

Zusatz: Fundierung Fnd $\in$.

Möglichkeiten zur Verstärkung:

Komprehension: $\hat{u}Fu \in \mathcal{V}$ (ohne Nebenbedingungen).

Ersetzung (Kapitel 43 (5)): $x \in \mathsf{U}\mathcal{V} \leftrightarrow x \prec \mathsf{U}\mathcal{V}$.

II. Liste durchnumerierter Formeln

Ein Lesezeichen auf diesen Seiten spart Zeit und Mühe, wenn man Rückverweisungen auf dezimal numerierte Formeln nachprüfen will. Theoreme und Theoremschemata aber, die außerhalb ihrer eigenen Kapitel nicht mit ihrer Nummer zitiert werden, werden hier ausgelassen; diese Liste sollte also nicht benutzt werden, wenn Rückverweisungen innerhalb eines Kapitels nachzuprüfen sind.

2.1 '$y \in \{x: Fx\}$' steht für 'Fy'.

2.2 '$\alpha \subseteq \beta$' steht für '$\forall x(x \in \alpha \rightarrow x \in \beta)$'.

2.3 '$\alpha \subset \beta$' steht für '$\alpha \subseteq \beta \not\subseteq \alpha$'.

2.4 '$\alpha \cup \beta$' steht für '$\{x: x \in \alpha \vee x \in \beta\}$'.

2.5 '$\alpha \cap \beta$' steht für '$\{x: x \in \alpha \wedge x \in \beta\}$'.

2.6 '$\bar{\alpha}$' oder '$^{-}\alpha$' steht für '$\{x: x \notin \alpha\}$'.

2.7 '$\alpha = \beta$' steht für '$\forall x(x \in \alpha \leftrightarrow x \in \beta)$' oder '$\alpha \subseteq \beta \subseteq \alpha$'.

2.8 'Λ' steht für '$\{z: z \neq z\}$'.

2.9 '$\mathcal{V}$' steht für '$\{z: z = z\}$' oder '$^{-}\Lambda$'.

4.1 *Axiom.* $(y = z \wedge y \in w) \rightarrow z \in w$.

5.1 $\alpha = \{x: Fx\} \leftrightarrow \forall x(x \in \alpha \leftrightarrow Fx)$.

5.3 $\neg \forall x(x \in y \leftrightarrow x \notin x)$.

5.4 $\neg \forall x[x \in y \leftrightarrow \neg(x \in^2 x)]$.

5.5 '$\{x: Fx\} \in \beta$' steht für '$\exists y(y = \{x: Fx\} \wedge y \in \beta)$'.

6.1 $Fy \leftrightarrow \exists x(x = y \wedge Fx)$.

6.2	$Fy \leftrightarrow \forall x(x = y \rightarrow Fx)$.
6.4	$\alpha = \alpha$.
6.6	$(\alpha = \beta \wedge F\alpha) \rightarrow F\beta$.
6.7	$\alpha = \beta \rightarrow (F\alpha \leftrightarrow F\beta)$.
6.8	$x \in \mathfrak{V}$.
6.9	$\alpha \in \mathfrak{V} \leftrightarrow \exists x(x = \alpha)$.
6.11	$(\alpha \in \mathfrak{V} \wedge \forall x\, Fx) \rightarrow F\alpha$, $(\alpha \in \mathfrak{V} \wedge F\alpha) \rightarrow \exists x\, Fx$.
6.12	$\alpha \in \beta \rightarrow \alpha \in \mathfrak{V}$.
6.13	$\alpha \in \{x: Fx\} \leftrightarrow (\alpha \in \mathfrak{V} \wedge F\alpha)$.
6.14	$\alpha \notin \Lambda$.
6.15	$\forall x(x \in \alpha) \leftrightarrow \alpha = \mathfrak{V}$, $\forall x(x \notin \alpha) \leftrightarrow \alpha = \Lambda$.
6.16	$\forall x\, Fx \leftrightarrow \{x: Fx\} = \mathfrak{V} \leftrightarrow \{x: \neg Fx\} = \Lambda$.
7.1	'$\{\alpha\}$' steht für '$\{z: z = \alpha\}$', '$\{\alpha, \beta\}$' steht für '$\{\alpha\} \cup \{\beta\}$'.
7.4	$\{x\} \subseteq \alpha \leftrightarrow x \in \alpha$.
7.6	$x \in \{x\}$, $x, y \in \{x, y\}$.
7.7	$\{x\} = \{y\} \leftrightarrow x = y$.
7.8	$\{x, y\} = \{z\} \leftrightarrow x = y = z$.
7.9	$\{x, y\} = \{x, w\} \leftrightarrow y = w$.
7.10	*Axiom.* $\Lambda, \{x, y\} \in \mathfrak{V}$.
7.11	$\exists y(x \in y)$.
7.12	$\{\alpha\} \in \mathfrak{V}$.
7.13	$\{\alpha, \beta\} \in \mathfrak{V}$.
7.14	$\alpha = z \leftrightarrow \forall x(z \in x \rightarrow \alpha \in x)$.
8.1	'$\bigcup\alpha$' steht für '$\{x: x \in^2 \alpha\}$'.
8.2	$\bigcup\{x\} = x$.
8.3	$\bigcup(\alpha \cup \beta) = \bigcup\alpha \cup \bigcup\beta$.
8.5	$\bigcup\alpha \subseteq \beta \leftrightarrow \forall x(x \in \alpha \rightarrow x \subseteq \beta)$.
8.6	$x \in \alpha \rightarrow x \subseteq \bigcup\alpha$.
8.8	$\bigcup\mathfrak{V} = \mathfrak{V}$.
8.9	'$\bigcap\alpha$' steht für '$\{x: \forall y(y \in \alpha \rightarrow x \in y)\}$'.
8.13	$\beta \subseteq \bigcap\alpha \leftrightarrow \forall x(x \in \alpha \rightarrow \beta \subseteq x)$.
8.14	$x \in \alpha \rightarrow \bigcap\alpha \subseteq x$.
8.15	$\bigcap\Lambda = \mathfrak{V}$.
8.18	'$\iota x\, Fx$' steht für '$\bigcup\{y: \forall x(Fx \leftrightarrow x = y)\}$'.
8.20	$\forall x(Fx \leftrightarrow x = y) \rightarrow (Fz \leftrightarrow z = \iota x\, Fx)$.
8.21	$y = \iota x(x = y)$.
8.22	$\neg \exists y \forall x(Fx \leftrightarrow x = y) \rightarrow \iota x\, Fx = \Lambda$.
9.1	'$\langle\alpha, \beta\rangle$' steht für '$\{\{\alpha\}, \{\alpha, \beta\}\}$'.

9.2 $\langle x, y\rangle = \langle z, w\rangle \rightarrow (x = z \wedge y = w)$.

9.3 $\langle x, y\rangle = \langle z, w\rangle \leftrightarrow (x = z \wedge y = w)$.

9.4 '$\{\ldots x_1 \ldots x_2 \ldots x_n \ldots : Fx_1x_2 \ldots x_n\}$' steht für '$\{z: \exists x_1 \exists x_2 \ldots \exists x_n (Fx_1x_2 \ldots x_n \wedge z = \ldots x_1 \ldots x_2 \ldots x_n \ldots)\}$'.

9.5 $\langle z, w\rangle \in \{x, y: Fxy\} \leftrightarrow Fzw$.

9.6 '$\dot{}\alpha$' steht für '$\{\langle x, y\rangle: \langle x, y\rangle \in \alpha\}$'.

9.7 $\dot{}\alpha = \alpha \cap \dot{}\vartheta$.

9.8 $\dot{}\alpha \subset \beta \leftrightarrow \forall x \forall y(\langle x, y\rangle \in \alpha \rightarrow \langle x, y\rangle \in \beta)$.

9.9 $\dot{}\alpha = \dot{}\beta \leftrightarrow \forall x \forall y(\langle x, y\rangle \in \alpha \leftrightarrow \langle x, y\rangle \in \beta)$.

9.11 '$\alpha \times \beta$' steht für '$\{\langle x, y\rangle: x \in \alpha \wedge y \in \beta\}$'.

9.12 '$\breve{\alpha}$' oder '$\breve{}\alpha$' steht für '$\{\langle x, y\rangle: \langle y, x\rangle \in \alpha\}$'.

9.13 '$\alpha|\beta$' steht für '$\{\langle x, z\rangle: \exists y(\langle x, y\rangle \in \alpha \wedge \langle y, z\rangle \in \beta)\}$'.

9.14 '$\alpha``\beta$' steht für '$\{x: \exists y(\langle x, y\rangle \in \alpha \wedge y \in \beta)\}$'.

9.15 'I' steht für '$\{\langle x, y\rangle: x = y\}$'.

9.16 '$\alpha \upharpoonright \beta$' steht für '$\alpha \cap (\vartheta \times \beta)$'.

9.17 '$\beta \upharpoonleft \alpha$' steht für '$\alpha \cap (\beta \times \vartheta)$'.

10.1 '$\mathrm{Funk}\,\alpha$' steht für '$\alpha|\breve{\alpha} \subseteq I \wedge \alpha = \dot{}\alpha$', oder für '$\forall x \forall y \forall z(\langle x, z\rangle, \langle y, z\rangle \in \alpha \rightarrow x = y) \wedge \alpha = \dot{}\alpha$'.

10.2 '$\arg \alpha$' steht für '$\{x: \exists y(\alpha``\{x\} = \{y\})\}$', oder für '$\{x: \forall y \forall z(\langle z, x\rangle \in \alpha \leftrightarrow z = y)\}$'.

10.3 $\mathrm{Funk}\,\Lambda$.

10.4 $\mathrm{Funk}\,I$, $\arg I = \vartheta$.

10.5 $\mathrm{Funk}\,\{\langle x, y\rangle\}$.

10.6 $(\mathrm{Funk}\,\alpha \wedge \mathrm{Funk}\,\beta) \rightarrow \mathrm{Funk}\,\alpha|\beta$.

10.7 $(\mathrm{Funk}\,\alpha \wedge y \notin \breve{\alpha}``\vartheta) \rightarrow \mathrm{Funk}\,\alpha \cup \{\langle x, y\rangle\}$.

10.8 $\mathrm{Funk}\,\alpha \rightarrow \mathrm{Funk}\,\alpha \cap \beta$.

10.10 $\mathrm{Funk}\,\dot{}\alpha \leftrightarrow \breve{\alpha}``\vartheta \subseteq \arg \alpha$
$\leftrightarrow \breve{\alpha}``\vartheta = \arg \alpha$.

10.10a $(\mathrm{Funk}\,\alpha \wedge \breve{\alpha}``\vartheta \subseteq \breve{\beta}``\vartheta \wedge \beta \subseteq \alpha) \rightarrow \alpha = \beta$.

10.11 '$\alpha`\beta$' steht für '$\iota y(\langle y, \beta\rangle \in \alpha)$'.

10.15 $w \notin \arg \alpha \rightarrow \alpha`w = \Lambda$.

10.17 $\mathrm{Funk}\,\dot{}\alpha \leftrightarrow \forall x(\alpha``\{x\} \subseteq \{\alpha`x\})$.

10.18 $x \in \arg \beta \rightarrow (\alpha|\beta)`x = \alpha`(\beta`x)$.

10.20 $\Lambda`\alpha = \Lambda$.

10.21 '$\lambda_x(\ldots x \ldots)$' steht für '$\{\langle y, x\rangle: y = \ldots x \ldots\}$'.

10.22 $\mathrm{Funk}\,\lambda_x(\ldots x \ldots)$.

10.23 $\ldots y \ldots \in \vartheta \leftrightarrow y \in \arg \lambda_x(\ldots x \ldots)$.

10.24 $\ldots y \ldots \in \vartheta \rightarrow \lambda_x(\ldots x \ldots)`y = \ldots y \ldots$.

10.25 ‘ι’ steht für ‘$\lambda_x\{x\}$’.

10.26 ι‘$x = \{x\} \neq \Lambda$.

10.27 $x \in \arg \iota$.

10.28 $\langle\{x\}, y\rangle \in \iota \leftrightarrow x = y$.

10.29 ι‘$\{x\} = x$.

11.1 ‘$\alpha \preceq \beta$’ steht für ‘$\exists x(\text{Funk}\, x \wedge \alpha \subseteq x$“$\beta)$’.

11.2 ‘$\alpha \simeq \beta$’ steht für ‘$\alpha \preceq \beta \preceq \alpha$’.

12.1 ‘$\beta \leqslant \alpha$’ oder ‘$\alpha \geqslant \beta$’ steht für ‘$\forall z((\alpha \in z \wedge \iota$“$z \subseteq z) \to \beta \in z)$’.

12.2 ‘$\beta < \alpha$’ oder ‘$\alpha > \beta$’ steht für ‘$\{\beta\} \leqslant \alpha$’.

12.3 ‘$\mathbb{N}$’ steht für ‘$\{x\colon \Lambda \leqslant x\}$’.

12.4 $x \leqslant x$.

12.5 $x \leqslant y \leqslant z \to x \leqslant z$.

12.6 $x \leqslant \{x\}$.

12.7 $x < \{x\}$.

12.8 $x < y \leqslant z \to x < z$.

12.9 $x < y \to x \leqslant y$.

12.10 $x < y < z \to x < z$.

12.11 $x \leqslant y \to (x = y \vee \exists z(y = \{z\}))$.

12.12 $w \leqslant x \leftrightarrow \forall z[(x \in z \wedge \forall y(\{y\} \in z \to y \in z)) \to w \in z]$.

12.14 $\Lambda \in \mathbb{N}$.

12.15 $x \in \mathbb{N} \to \{x\} \in \mathbb{N}$ (d.h. ι“$\mathbb{N} \subseteq \mathbb{N}$).

12.16 $x \in \mathbb{N} \to (x = \Lambda \vee \exists y(x = \{y\}))$.

12.17 $x \leqslant \Lambda \leftrightarrow x = \Lambda$.

12.18 $\neg(x < \Lambda)$.

12.19 ‘$\{,,,\alpha\}$’ steht für ‘$\{x\colon x \leqslant \alpha\}$’.

12.20 $x \in \{,,,x\}$.

12.21 $\{,,,\Lambda\} = \{\Lambda\}$.

13.1 *Axiomenschema.* $\text{Funk}\,\alpha \to \alpha$“$\{,,,x\} \in \mathfrak{V}$.

13.2 $(\text{Funk}\,\alpha \wedge \beta \subseteq \alpha$“$\{,,,x\}) \to \beta \in \mathfrak{V}$.

13.3 $\{,,,x\} \cap \alpha \in \mathfrak{V}$.

13.4 $(\text{Funk}\,\alpha \wedge \alpha$“$\mathfrak{V} \subseteq \{,,,x\}) \to \alpha \in \mathfrak{V}$.

13.5 $[x \in \alpha \wedge \forall y(\{y\} \in \alpha \to y \in \alpha)] \to \{,,,x\} \subseteq \alpha$.

13.7 $[Fw \wedge \forall y(Fy \to F\{y\}) \wedge w \leqslant x] \to Fx$.

13.9 $[F\Lambda \wedge \forall y(Fy \to F\{y\}) \wedge x \in \mathbb{N}] \to Fx$.

13.10 $(F\Lambda \wedge \forall y[(y \in \mathbb{N} \wedge Fy) \to F\{y\}] \wedge x \in \mathbb{N}) \to Fx$.

13.11 $x \leqslant y \leftrightarrow (x = y \vee x < y)$.

13.12 $x < \{y\} \leftrightarrow x \leqslant y$.

13.13 $x \leqslant \{y\} \leftrightarrow (x = \{y\} \vee x \leqslant y)$ (d.h. $\{,,,\{y\}\} = \{,,,y\} \cup \{\{y\}\}$).

13.16 $x \in \mathbb{N} \leftrightarrow (x = \Lambda \vee \Lambda < x)$.
13.17 $x \in \mathbb{N} \rightarrow (\Lambda < x \leftrightarrow x \neq \Lambda)$.
13.18 $x \leqslant y \in \mathbb{N} \rightarrow x \in \mathbb{N}$.
13.19 $x \in \mathbb{N} \leftrightarrow \{x\} \in \mathbb{N}$.
13.20 $x \in \mathbb{N} \rightarrow \neg (x < x)$.
13.21 $x \in \mathbb{N} \rightarrow (x \leqslant y \leqslant x \leftrightarrow x = y)$.
13.22 $x, y \in \mathbb{N} \rightarrow (x \leqslant y \leftrightarrow \neg(y < x)$..
14.1 'Seq' steht für '$\{x: \text{Funk}\, x \wedge \exists y(\breve{x}``\vartheta = \{,,, y\})\}$'.
14.2 '$\alpha^{|\beta}$' steht für '$\{\langle x, y\rangle: \exists z(z \in \text{Seq} \wedge \langle x, \beta\rangle, \langle y, \Lambda\rangle \in z \wedge z|\iota|\breve{z} \subseteq \alpha)\}$'.
14.3 $\alpha^{|\Lambda} = I$.
14.6 $\alpha^{|\{x\}} = \alpha | \alpha^{|x}$.
14.7 $\alpha^{|\{\Lambda\}} = \alpha$.
14.9 $x \notin \mathbb{N} \rightarrow \alpha^{|x} = \Lambda$.
14.10 $\alpha^{|\{x\}} = \alpha^{|x} | \alpha$.
14.11 $(x \in \mathbb{N} \wedge \arg \alpha = \vartheta) \rightarrow \arg \alpha^{|x} = \vartheta$.
14.12 $\text{Funk}\, \alpha \rightarrow \text{Funk}\, \alpha^{|x}$.
14.13 $I^{|x}`\Lambda = \Lambda$.
15.1 '$*\alpha$' steht für '$\{w: \exists z(w \in \alpha^{|z})\}$'.
15.2 $\langle x, x\rangle \in *\alpha$ (d.h. $I \subseteq *\alpha$).
15.5 $(\langle x, y\rangle \in \alpha \wedge \langle y, z\rangle \in *\alpha) \rightarrow \langle x, z\rangle \in *\alpha$ (d.h. $\alpha | *\alpha \subseteq *\alpha$).
15.7 $\alpha``\beta \subseteq \beta \leftrightarrow *\alpha``\beta = \beta$.
15.10 $(Fz \wedge \forall x \forall y[(\langle y, x\rangle \in \alpha \wedge Fx) \rightarrow Fy] \wedge \langle w, z\rangle \in *\alpha) \rightarrow Fw$.
15.11 $*\alpha = I \cup (\alpha | *\alpha)$.
15.13 $x \geqslant y \leftrightarrow \langle x, y\rangle \in *\iota$.
15.14 $\mathbb{N} = *\iota``\{\Lambda\}$.
16.1 '$\alpha + \beta$' steht für '$\iota^{|\beta}`\alpha$'.
16.2 '$\alpha \cdot \beta$' steht für '$[\lambda_x(\alpha + x)]^{|\beta}`\Lambda$'.
16.3 'α^{β}' steht für '$[\lambda_x \alpha \cdot x)]^{|\beta}`\{\Lambda\}$'.
16.4 $x \notin \mathbb{N} \rightarrow \alpha + x = \alpha \cdot x = \alpha^x = \Lambda$.
16.7 $x \cdot \Lambda = \Lambda$.
16.8 $y \in \mathbb{N} \rightarrow x \cdot \{y\} = x + x \cdot y$.
16.12 $x \in \mathbb{N} \rightarrow x \cdot y \in \mathbb{N}$.
16.14 $y \in \mathbb{N} \rightarrow x \leqslant x + y$.
16.18 $x, y \in \mathbb{N} \rightarrow x + y = y + x$.
16.19 $x, y, z \in \mathbb{N} \rightarrow (x + y) + z = x + (y + z)$.
16.20 $(x, y, z \in \mathbb{N} \wedge x + z = y + z) \rightarrow x = y$.
16.25 $x \in \mathbb{N} \rightarrow \{\Lambda\} \cdot x = x$.
16.26 $x, y \in \mathbb{N} \rightarrow x \cdot y = y \cdot x$.

16.28 $x, y, z \in \mathbb{N} \rightarrow (x \cdot y) \cdot z = x \cdot (y \cdot z).$

16.29 $x, y \in \mathbb{N} \rightarrow [x \cdot y = \Lambda \leftrightarrow (x = \Lambda \vee y = \Lambda)].$

16.30 $(x, y \in \mathbb{N} \wedge y \neq \Lambda) \rightarrow x < x + y.$

16.31 $(x, y, z \in \mathbb{N} \wedge x \leqslant y) \rightarrow x \cdot z \leqslant y \cdot z.$

16.32 $(x, y, z \in \mathbb{N} \wedge x \cdot z < y \cdot z) \rightarrow x < y.$

16.33 $(x, y, z \in \mathbb{N} \wedge z \neq \Lambda \wedge x < y) \rightarrow x \cdot z < y \cdot z.$

16.34 $(x, y \in \mathbb{N} \wedge x \cdot x < y \cdot y) \rightarrow x < y.$

17.1 ‘$\alpha;\beta$’ steht für ‘$\alpha + (\alpha + \beta) \cdot (\alpha + \beta)$’.

17.4 $z, w \in \mathbb{N} \rightarrow (z;w \in \{x;y\colon x, y \in \mathbb{N} \wedge Fxy\} \leftrightarrow Fzw).$

18.1 ‘α/β’ steht für ‘$\{z;w\colon z, w \in \mathbb{N} \wedge z \cdot \beta < \alpha \cdot w\}$’.

18.8 $[x, y, z, w \in \mathbb{N} \wedge \neg (z = w = \Lambda)] \rightarrow (x/y \subseteq z/w \leftrightarrow z;w \notin x/y).$

18.10 ‘$\mathbb{Q}$’ steht für ‘$\{x/y\colon x, y \in \mathbb{N} \wedge y \neq \Lambda\}$’.

18.12 ‘$\mathbb{R}$’ steht für ‘$\{\bigcup z\colon z \subseteq \mathbb{Q}\} \cap {}^{-}\{\{\Lambda\}/\Lambda\}$’.

18.13 $\mathbb{Q} \subseteq \mathbb{R}.$

20.2 ‘$\mathrm{Fnd}\,\alpha$’ steht für ‘$\forall x(x \subseteq \breve{\alpha}\text{“}x \rightarrow x = \Lambda)$’.

20.3 ‘$\alpha \prec \beta$’ oder ‘$\beta \succ \alpha$’ steht für ‘$\neg(\beta \preceq \alpha)$’.

20.4 $\mathrm{Fnd}\,\alpha \rightarrow \langle x, x\rangle \notin \alpha.$

20.5 $(\{x\colon \neg Fx\} \in \mathfrak{V} \wedge \mathrm{Fnd}\,\alpha \wedge \forall y(\forall x(\langle x, y\rangle \in \alpha \rightarrow Fx) \rightarrow Fy)) \rightarrow Fz.$

20.6 $(\{x\colon x \in (\alpha \cup \breve{\alpha})\text{“}\mathfrak{V} \wedge \neg Fx\} \in \mathfrak{V} \wedge \mathrm{Fnd}\,\alpha \wedge \forall y([\forall x(\langle x, y\rangle \in \alpha \wedge Fx)$
$\wedge\, y \in (\alpha \cup \breve{\alpha})\text{“}\mathfrak{V}] \rightarrow Fy) \wedge z \in (\alpha \cup \breve{\alpha})\text{“}\mathfrak{V}) \rightarrow Fz.$

20.7 $(\alpha \subseteq \beta \wedge \mathrm{Fnd}\,\beta) \rightarrow \mathrm{Fnd}\,\alpha.$

21.1 ‘$\mathrm{Konnex}\,\alpha$’ steht für ‘$\forall x\forall y(x, y \in (\alpha \cup \breve{\alpha})\text{“}\mathfrak{V} \rightarrow \langle x,y\rangle \in \alpha \cup \breve{\alpha} \cup I)$’.

21.2 ‘$\mathrm{Ordg}\,\alpha$’ steht für ‘$\alpha|\alpha \subseteq \alpha\,{}^{-}I \wedge \mathrm{Konnex}\,\alpha$’.

21.4 ‘$\mathrm{Wohlord}\,\alpha$’ steht für ‘$\mathrm{Fnd}\,\alpha \wedge \mathrm{Ordg}\,\alpha$’.

21.5 $(\mathrm{Ordg}\,\alpha \wedge x, y \in (\alpha \cup \alpha)\text{“}\mathfrak{V} \wedge \alpha\text{“}\{x\} = \alpha\text{“}\{y\}) \rightarrow x = y.$

21.7 ‘$\beta 1 \alpha$’ steht für ‘$\beta \in \alpha\text{“}\mathfrak{V} \wedge \beta \notin \breve{\alpha}\text{“}\mathfrak{V}$’.

21.8 $(\mathrm{Ordg}\,\alpha \wedge x 1 \alpha \wedge y 1 \alpha) \rightarrow x = y.$

21.9 $\mathrm{Wohlord}\,\alpha \rightarrow \mathrm{Wohlord}\,\alpha \cap (\beta \times \beta).$

22.1 ‘$\acute{S}$’ steht für ‘$\lambda_x(x \cup \{x\})$’.

22.2 ‘C’ steht für ‘$\lambda_x(\acute{S}^{|x}\text{‘}\Lambda)$’.

22.8 ‘ω’ steht für ‘${}_{*}\acute{S}\text{“}\{\Lambda\}$’.

22.9 $\Lambda \in \omega.$

22.10 $\acute{S}\text{“}\omega \subseteq \omega.$

22.11 $x \in \omega \rightarrow x \cup \{x\} \in \mathfrak{V}.$

22.12 $x \in \omega \rightarrow x \cup \{x\} \in \omega.$

22.13 ‘$\dot{\mathfrak{E}}$’ steht für ‘$\{\langle y, z\rangle\colon y \in z\}$’.

22.14 $\bigcup\beta \subseteq \beta \rightarrow \mathfrak{E} \restriction \beta = \mathfrak{E} \cap (\beta \times \beta).$

22.15 ‘NO’ steht für ‘$\{x\colon \bigcup x \subseteq x \wedge \mathrm{Wohlord}\ \mathfrak{E} \restriction x\}$’.

23.1 $\Lambda, \{\Lambda\} \in NO.$

23.2 $\Lambda \neq x \in NO \to \Lambda \in x.$

23.3 $x \in NO \to x = \bigcup(x \cup \{x\}).$

23.4 $x \in NO \to x \notin x.$

23.5 $x \in NO \to \neg(x \in^2 x).$

23.6 $x \in y \in NO \to x \subset y.$

23.8 $x \in NO \to x \subset NO.$

23.9 $\bigcup NO \subseteq NO.$

23.10 $x, y \in z \in NO \to (x \in y \vee y \in x \vee x = y).$

23.11 $\alpha \subseteq NO \to \alpha \cap \bigcap \alpha = \Lambda.$

23.12 *Axiomenschema.* $(\mathrm{Funk}\,\alpha \wedge x \in NO) \to \alpha``x \in \vartheta.$

23.13 $(\mathrm{Funk}\,\alpha \wedge x \in NO \wedge \beta \subseteq \alpha``x) \to \beta \in \vartheta.$

23.15 $(\mathrm{Funk}\,\alpha \wedge \breve{\alpha}``\vartheta \subseteq x \in NO) \to \alpha \in \vartheta.$

23.16 $[\forall y([\forall x(x \in y \to Fx) \wedge y \in NO] \to Fy) \wedge z \in NO)] \to Fz.$

23.18 $\alpha \subseteq \breve{\mathfrak{E}}``\alpha \to \alpha \cap NO = \Lambda.$

23.19 $\bigcup\alpha \subseteq \alpha \subset z \in NO \to \alpha \in z.$

23.21 $x, y \in NO \to (x \subsetneq y \vee y \subseteq x).$

23.22 $x, y \in NO \to (x \subseteq y \vee y \in x).$

23.23 $x, y \in NO \to (x \in y \vee y \in x \vee x = y).$

23.24 $\bigcup\alpha \subseteq \alpha \subset NO \leftrightarrow \alpha \in NO.$

23.25 $\alpha \subseteq NO \to (\bigcup\alpha \in NO \vee \bigcup\alpha = NO).$

23.26 $x \in y \in NO \to (x \cup \{x\} \in y \vee x \cup \{x\} = y).$

23.27 $\Lambda \neq \alpha \subseteq NO \to \bigcap \alpha \in \alpha.$

24.3 $\mathrm{Wohlord}\ \mathfrak{E} \restriction NO.$

24.4 $NO \notin \vartheta.$

24.9 $x \in NO \to x \cup \{x\} \in NO.$

25.1 '$\mathrm{SEQ}\,\alpha$' steht für '$\mathrm{Funk}\,\alpha \wedge (\breve{\alpha}``\vartheta \in NO \vee \breve{\alpha}``\vartheta = NO)$'.

25.2 '$A\gamma$' steht für '$\bigcup\{w\colon \mathrm{SEQ}\ w \wedge \forall y(y \in \breve{w}``\vartheta \to \langle w`y, w\restriction y\rangle \in \gamma)\}$'.

26.1 $(\mathrm{Funk}\,A\gamma\restriction y \wedge \langle x, y\rangle \in A\gamma) \to (\langle x, A\gamma\restriction y\rangle \in \gamma \wedge A\gamma\restriction y \in \vartheta).$

26.3 $\breve{A\gamma}``\vartheta \in NO \vee \breve{A\gamma}``\vartheta = NO.$

26.4 $\mathrm{Funk}\,\gamma \to \mathrm{SEQ}\,A\gamma.$

26.5 $(\mathrm{Funk}\,\gamma \wedge y \in \breve{A\gamma}``\vartheta) \to \langle A\gamma`y, A\gamma\restriction y\rangle \in \gamma.$

26.6 $(\mathrm{Funk}\,\gamma \wedge \breve{A\gamma}``\vartheta \in \vartheta) \to A\gamma \notin \breve{\gamma}``\vartheta.$

27.1 'Φ_α' steht für '$\{\langle x, z\rangle\colon \alpha``\{x\} = z``\vartheta \wedge (`z = \Lambda \to x1\alpha)\}$'.

27.2 '$a\alpha$' steht für '$A\Phi_\alpha$'.

27.3 '$\mathrm{Umk}\,\beta$' steht für '$\mathrm{Funk}\,\beta \wedge \mathrm{Funk}\,\breve{\beta}$'.

28.1 $\alpha \subseteq \beta \preceq \gamma \to \alpha \preceq \gamma.$

28.2 $\alpha \preceq \beta \subseteq \gamma \to \alpha \preceq \gamma.$

28.7 $(\alpha \preceq \{,,, x\} \wedge \mathrm{Funk}\,\beta) \rightarrow \beta``\alpha \preceq \alpha.$

28.10 $\alpha \preceq \{,,, x\} \rightarrow \alpha \in \vartheta.$

28.12 $\alpha \preceq \beta \preceq \{,,, x\} \rightarrow \alpha \preceq \{,,, x\}.$

28.16 $(\alpha \cap \{y\colon y \notin \beta`y\} \in \vartheta \wedge \mathrm{Funk}\,\beta) \rightarrow \{x\colon x \subseteq \alpha\} \nsubseteq \beta``\alpha.$

28.17 $\forall w(\alpha \cap \{y\colon y \notin w`y\} \in \vartheta) \rightarrow \alpha \prec \{x\colon x \subseteq \alpha\}.$

29.1 'C_1' steht für '$\forall x \forall y(x \cap \bar{y}, \breve{x}, x``\vartheta, x \upharpoonright y \in \vartheta)$'.

29.3 $C_1 \rightarrow \forall x \forall y(x \cap y, x``y \in \vartheta).$

30.1 '$\bar{\bar{\alpha}}$' oder '$=\alpha$' steht für '$\{x\colon x \in \mathrm{NO} \wedge x \prec \alpha\}$'.

30.2 'NK' steht für '$\{x\colon x = \bar{\bar{x}}\}$'.

30.3 'ω_α' steht für '$a(\in \cap ((\mathrm{NK} \cap \bar{\omega}) \times \mathrm{NK}))`\alpha$'.

31.1 '$\beta\,\mathrm{Sln}\,\alpha$' steht für '$\forall y((y \in \alpha \wedge y \neq \Lambda) \rightarrow \exists x(\beta \cap y = \{x\}))$'.

31.2 '$\mathrm{Aw}\,\alpha$' steht für '$\mathrm{Funk}\,\breve{}(\in \upharpoonright \alpha) \rightarrow \exists w(w\,\mathrm{Sln}\,\alpha)$'.

32.1 $(C_1 \wedge \mathrm{Funk}\,y \wedge \beta\,\mathrm{Sln}\,\{z\colon \exists w(z = \breve{y}``\{w\})\}) \rightarrow (\mathrm{Umk}\,y \upharpoonright \beta \wedge (y \upharpoonright \beta)``\vartheta = y``\vartheta).$

32.3 $(C_1 \wedge \beta\,\mathrm{Slr}\,\{x\colon x \subseteq z\} \wedge w = \mathrm{A}\Psi_{\beta z}) \rightarrow (\mathrm{Umk}\,w \wedge w``\vartheta = z \wedge \breve{w}``\vartheta \in \mathrm{NO}).$

Man merke sich auch diese Formeln aus Kapitel 6:

'$\hat{u}Fu$' steht für '$\{u\colon \exists z(u \in z) \wedge Fu\}$' oder für '$\bigcup \vartheta \cap \{u\colon Fu\}$'.

'V' steht für '$\hat{u}(u = u)$' oder für '$\bigcup \vartheta$'.

'$\iota\alpha$' steht für '$\hat{u}(u = \alpha)$'.

III. Bibliographie

Diese Liste enthält nur solche Arbeiten, auf die in diesem Buche durch Nennung ihres Titels oder in anderer Weise Bezug genommen wird.

Ackermann, Wilhelm, „Zur Axiomatik der Mengenlehre", Mathematische Annalen **131** (1956), 336–345.

– Siehe auch *Hilbert.*

Bachmann, Heinz, Transfinite Zahlen (Berlin: Springer, 1955).

Bar-Hillel, siehe *Fraenkel.*

Behmann, Heinrich, Mathematik und Logik (Leipzig, 1927).

Bernays, Paul, „A system of axiomatic set theory", Journal of Symbolic Logic **2** (1937), 65–77; **6** (1941), 1–17; **7** (1942), 65–89, 133–145; **8** (1943), 89–106; **13** (1948), 65–79; **19** (1954), 81–96.

– „Zur Frage der Unendlichkeitsschemata in der axiomatischen Mengenlehre", in Essays on the Foundation of Mathematics dedicated to Fraenkel, Hrsg. A. Robinson (Jerusalem, Hebrew University, 1961).

– und A. A. Fraenkel, Axiomatic Set Theory (Amsterdam: North-Holland, 1958).

– Siehe auch *Hilbert.*

Brown, K. R., und *Hao Wang*, „Finite set theory, number theory and axioms of limitation", Mathematische Annalen **164** (1966), 26–29.
– „Short definitions of the ordinals", Journal of Symbolic Logic **31** (1966), 409–414.
Burali-Forti, Cesare, „Una questione sui numeri transfiniti", Rendiconti di Palermo **11**, (1897), 154–164. Übersetzung in van Heijenoort.
Cantor, Georg, Gesammelte Abhandlungen mathematischen und philosophischen Inhalts, hrsg. von E. Zermelo (Berlin, 1932). Die wichtigsten Arbeiten stammen aus den Jahren 1878–1899.
Carnap, Rudolf, The Logical Syntax of Language (London und New York, 1937; paperback, Paterson, N. J.: Littlefield and Adams, 1960).
Church, Alonzo, The Calculi of Lambda Conversion (Princeton, 1941).
– Introduction to Mathematical Logic (Princeton: Princeton University Press, 1956).
Chwistek, Leon, „The theory of constructive types", Annales de la Société Polonaise de Mathématique **2** (1924), 9–48; **3** (1925), 92–114.
Cohen, P. J., Set Theory and the Continuum Hypothesis (New York: Benjamin, 1966).
Dedekind, Richard, Stetigkeit und irrationale Zahlen (Braunschweig, 1872).
– Was sind und was sollen die Zahlen? (Braunschweig, 1888; 8. unveränderte Auflage 1960).
Feferman, Solomon, „Transfinite recursive progressions of axiomatic theories", Journal of Symbolic Logic **27** (1963 für 1962), 259–316.
Fraenkel, A. A., Einleitung in die Mengenlehre (3. Auflage, Berlin, 1928).
– Abstract Set Theory (Amsterdam: North-Holland, 1953; 2. Auflage 1961).
– „Der Begriff 'definit' und die Unabhängigkeit des Auswahlaxioms", Sitzungsberichte der Preußischen Akademie der Wissenschaften, phys.-math. Kl., 1922, 253–257.
– „Zu den Grundlagen der Cantor-Zermeloschen Mengenlehre", Mathematische Annalen **86** (1922), 230–237.
– und *Y. Bar-Hillel*, Foundations of Set Theory (Amsterdam: North-Holland, 1959).
– Siehe auch *Bernays*.
Frege, Gottlob, Begriffsschrift (Jena, 1879).
– Die Grundlagen der Arithmetik (Breslau, 1884); engl. Übersetzung von J. L. Austin, The Foundations of Arithmetic (2. Auflage Oxford: Blackwell, 1953; paperback, New York: Harper, 1960).
– Grundgesetze der Arithmetik (Jena: Bd. 1, 1893; Bd. 2, 1903; Nachdruck 1. und 2. Bd. Hildesheim, 1966).
Gal, siehe *Novak*.
Gödel, Kurt, The Consistency of the Continuum Hypotheses (Princeton, 1940).
– „Die Vollständigkeit der Axiome des logischen Funktionenkalküls", Monatshefte für Mathematik und Physik **37** (1930), 349–360. Engl. Übers. in van Heijenoort.
– „Über formal unentscheidbare Sätze der Principia Mathematica und verwandter Systeme", Monatshefte für Mathematik und Physik **38** (1931), 173–198. Engl. Übers. in van Heijenoort.
– „Consistency-proof for the generalized continuum hypothesis", Proceedings of the National Academy of Sciences **25** (1939), 220–224.

Grelling, Kurt, Mengenlehre (Leipzig, 1924).
– und *L. Nelson,* „Bemerkungen zu den Paradoxien von Russell und Burali-Forti“. Abhandlungen der Fries’schen Schule **2** (1907–8), 300–334.
Hailperin, Theodore, „A set of axioms for logic“, Journal of Symbolic Logic **9** (1944), 1–19.
Halmos, Paul, Naive Set Theory (Princeton: van Nostrand, 1960; deutsche Übersetzung: Naive Mengenlehre, Göttingen, 1968).
Hausdorff, F., Grundzüge der Mengenlehre (Leipzig, 1914).
Henkin, Leon, „Completeness in the theory of types“, Journal of Symbolic Logic **15** (1950), 81–91.
Herbrand, Jacques, Recherches sur la Théorie de la Démonstration (Warschau, 1930).
Hessenberg, Gerhard, Grundbegriffe der Mengenlehre (Göttingen, 1906).
Hilbert, D. und *W. Ackermann,* Grundzüge der theoretischen Logik (Berlin, 1928; 2. Auflage, Berlin: Springer, 1938; 3. Auflage, 1949); engl. Übers. der 2. Auflage, Principles of Mathematical Logic (New York: Chelsea, 1950).
– und *P. Bernays,* Grundlagen der Mathematik (Berlin, Bd. 1, 1934; Bd. 2, 1939; Bd. 1, 2. Auflage, Berlin-Heidelberg-New York, 1968).
Kemeny, J. G., „Type Theory versus Set Theory“, Dissertation Princeton, 1949; Abstract in Journal of Symbolic Logic **15** (1950), 78.
Kleene, S. C., Introduction to Metamathematics (New York: van Nostrand, 1952).
– „Two papers on the predicate calculus“, Memoirs of the American Mathematical Society (1952), No. 10.
König, Julius, „Über die Grundlagen der Mengenlehre und das Kontinuumproblem“, Mathematische Annalen **61** (1905), 156–160. Engl. Übers. in van Heijenoort.
Kreider, D. L. und *H. Rogers,* jr., „Constructive versions of ordinal number classes“. Transactions of the American Mathematical Society **100** (1961), 325–369.
Kreisel, G., „La prédicativité“, Bulletin de la Société Mathématique de France **88** (1960), 371–391.
– und *H. Wang,* „Some applications of formalized consistency proofs“, Fundamenta Mathematicae **2** (1920), 161–171.
Lévy, Azriel, „On Ackermann’s set Theory“, Journal of Symbolic Logic **24** (1960 für 1959), 154–166.
– „Axiom schemata of strong infinity in axiomatic set theory“, Pacific Journal of Mathematics **10** (1960), 223–238.
Lindenbaum, A. und *A. Mostowski,* „Über die Unabhängigkeit des Auswahlaxioms und einiger seiner Folgerungen“, Comptes rendus des séances de la Société des Sciences et des Lettres de Varsovie, Classe III, **31** (1928), 27–32.
– Siehe auch *Tarski.*
MacLane, Saunders, „Locally small categories and the foundations of set theory“, in Infinitistic Methods, Proceedings of a 1959 symposium (Warschau, 1961), S. 25–43.
McNaughton, Robert, „A non-standard truth definition“, Proceedings of the American Mathematical Society **5** (1954), 505–509.
– Siehe auch *Wang.*

Mahlo, P., „Zur Theorie und Anwendung der ρ_0-Zahlen", Berichte über die Verhandlungen der Sächsischen Akademie der Wissenschaft zu Leipzig (math.-phys. K.) **64** (1912), 108–112; **65** (1912–3), 268–282.

Martin, R. M., „A homogeneous system for formal logic", Journal of Symbolic Logic **8** (1943), 1–23.

Mendelson, Elliott, Introduction to Mathematical Logic (Princeton: van Nostrand, 1964).

– „The axiom of Fundierung and the axiom of choice", Archiv für mathematische Logik und Grundlagenforschung **4** (1958), 65–70).

Mirimanoff, D., „Les antinomies de Russell et de Burali-Forti et le problème fondamental de la théorie des ensembles", L'Enseignement Mathématique **19** (1917), 37–52.

Montague, Richard, „Non-finite axiomatizability", in Summaries of Talks at Summer Institute for Symbolic Logic (Ithaca: Mimeographie, 1957), S. 256–259.

– „Semantical closure and non-finite axiomatizability", in Infinitistic Methods, Proceedings of a 1959 symposium (Warschau, 1961), S. 45–69.

– und *R. L. Vaught*, „Natural models of set theories", Fundamenta Mathematicae **47** (1959), 219–242.

Mostowski, Andrzej, „Some impredicative definitions in the axiomatic set theory", Fundamenta Mathematicae **37** (1950–51), 111–124.

– „On models of axiomatic systems", Fundamenta Mathematicae **39** (1953 für 1952), 133–158.

– Siehe auch *Lindenbaum.*

Myhill, John, „A derivation of number theory from ancestral theory", Journal of Symbolic Logic **17** (1952), 192–197.

Nelson, siehe *Grelling.*

Neumann, J. von, „Zur Einführung der transfiniten Zahlen", Acta Litterarum ac Scientiarum Regiae Universitatis Hungaricae Francisco-Josephinae (sect. scient. math.) **1** (1923), 199–208. Engl. Übersetzung in van Heijenoort.

– „Eine Axiomatisierung der Mengenlehre", Journal für reine und angewandte Mathematik **154** (1925), 219–240; **155** (1926), 128. Engl. Übers. in van Heijenoort.

– „Zur Hilbertschen Beweistheorie", Mathematische Zeitschrift **26** (1927), 1–46.

– „Die Axiomatisierung der Mengenlehre", Mathematische Zeitschrift **27** (1928), 669–752.

– „Über die Definition durch transfinite Induktion und verwandte Fragen der allgemeinen Mengenlehre", Mathematische Annalen **99** (1928), 373–391.

– „Über eine Widerspruchsfreiheitsfrage in der axiomatischen Mengenlehre", Journal für reine und angewandte Mathematik **160** (1929), 227–241.

Novak, I. L., (Mrs. *Steven Gal*), „A construction for models of consistent systems", Fundamenta Mathematicae **37** (1950–51), 87–110.

Oberschelp, Arnold, „Untersuchungen zur mehrsortigen Quantorenlogik", Mathematische Annalen **145** (1962), 297–333.

Ono, Katuzi, „A set theory founded on unique generating principle", Nagoya Mathematical Journal **12** (1957), 151–159.

Orey, Steven, „New Foundations and the Axiom of Counting", Duke Mathematical Journal, vol. **31** (1964), 655–660.

Parsons, Charles, „A note on Quine's treatment of transfinite recursion", Journal of Symbolic Logic **29** (1964), 179–182.

Peano, Guiseppe, Arithmetices Principia (Turin, 1889). Engl. Übers. in van Heijenoort.
– Formulaire de Mathématiques (Paris, 1901).
– „Super theorema de Cantor-Bernstein", Rendiconti di Palermo **21** (1906), 360–366; Nachdruck mit „Additione" in Revista de Mathematica **8** (1902–6), 136–157.
– „Sulla definizione di funzione", Atti della Reale Accademia dei Lincei (Rendiconti, classe di szienza) **20** (1911), 3–5.

Poincaré, Henri, „Les mathématiques et la logique". Revue de Métaphysique et de Morale **13** (1905), 815–835; **14** (1906), 17–34, 294–317.

Putnam, Hilary, „Axioms of class existence", in Summaries of Talks at Summer Institute for Symbolic Logic (Ithaca: Mimeographie, 1957), S. 271–274.

Quine, W, V., A System of Logistic (Cambridge, Mass., 1934).
– Mathematical Logic (New York, 1940; rev. ed. Cambridge, Mass.: Harvard University Press, 1951; paperback, New York: Harper, 1962).
– O Sentido da Nova Lógica, Brasilianische Vorlesungen von 1942 (Sao Paulo: Martins, 1944); spanische Übers. von Mario Bunge, El Sentido de la Nueva Lógica (Buenos Aires: Nueva Visión, 1958).
– Methods of Logic (New York: Holt, 1950; rev. ed., Holt, Rinehart, and Winston, 1959; deutsche Übersetzung von D. Siefkes: Grundzüge der Logik (Frankfurt: Suhrkamp Verlag 1969).
– Word and Object (Cambridge, Mass.: M.I.T. Press, 1960).
– Selected Logic Papers (New York: Random House, 1966).
– „A theory of classes presupposing no canons of type", Proceedings of the National Academy of Sciences **22** (1936), 320–326.
– „On the axiom of reducibility", Mind **45** (1936). 498–500.
– „New foundations for mathematical logic", American Mathematical Monthly **44** (1937), 70–80; nachgedruckt mit Zusätzen in Quine, From a Logical Point of View (Cambridge, Mass.: Harvard University Press, 2. Auflage, 1961).
– „Whitehead and the rise of modern logic", in The Philosophy of A. N. Whitehead, hrsg. von P. A. Schilpp, (Evanston, Ill., 1941), S. 125–163. Nachgedruckt in Selected Logic Papers.
– „Element and Number", Journal of Symbolic Logic **6** (1941), 135–149. Nachgedruckt in Selected Logic Papers.
– „On Universals", Journal of Symbolic Logic **12** (1947), 74–84.
– „On ω-inconsistency and a so-called axiom of infinity", Journal of Symbolic Logic **18** (1953), 119–124. Nachgedruckt in Selected Logic Papers.
– „Unification of universes in set theory", Jornal of Symbolic Logic **21** (1956), 267–279.
– „A basis for number theory in finite classes", Bulletin of the American Mathematical Society **67** (1961), 391 f.
– und *Hao Wang,* „On ordinals", Bulletin of the American Mathematical Society **70** (1964), 297 f.

Ramsey, F. P., „The foundations of mathematics", Proceedings of the London Mathematical Society **25** (1925), 338–384; nachgedruckt in Ramsey, The Foundations of Mathematics and other Logical Essays (London, 1931; paperback, Paterson, N.J.: Littlefield and Adams, 1960).

Richard, Jules, „Les principes des mathématiques et le problème des ensembles", Revue générale des sciences pures et appliquées **16** (1905), 541. Engl. Übers. in van Heijenoort.

Robinson, R. M., „The theory of classes. A Modification of van Neumann's system", Journal of Symbolic Logic **2** (1937), 29–36.

Rogers, siehe *Kreider.*

Stegmüller, Wolfgang, „Eine Axiomatisierung der Mengenlehre, beruhend auf den Systemen von Bernays und Quine", in Logik und Logikkalkül, W. Britzelmayr gewidmet, hrsg. von A. Käsbauer u.a. (Freiburg: Verlag Alber, 1962), S. 57–103.

Suppes, Patrick, Axiomatic Set Theory (Princeton: van Nostrand, 1960).

Tarski, Alfred, Logic, Semantics, Metamathematics: Arbeiten aus den Jahren 1923–38, ins Engl. übers. von J. H. Woodger (Oxford: Clarendon Press, 1956).

– „Über unerreichbare Kardinalzahlen", Fundamenta Mathematicae **30** (1938), 68–89.

– „Notions of proper models for set theories", Bulletin of the American Mathematical Society **62** (1956), 601.

– und *A. Lindenbaum*, „Communication sur les recherches de la théorie des ensembles", Comptes Rendus de la Société des Sciences et des Lettres de Varsovie (classe III), **19** (1926), 299–330.

Rosser, J. B., Logic for Mathematicians (New York: McGraw-Hill, 1953).

– „The Burali-Forti paradox", Journal of Symbolic Logic **7** (1942), 1–17.

– „The axiom of infinity in Quine's New Foundations", Journal of Symbolic Logic **17** (1952), 238–242.

– Review of Specker, Journal of Symbolic Logic **19** (1954), 127 f.

– und *Hao Wang*, „Non-standard models for formal logic", Journal of Symbolic Logic **15** (1950), 113–129.

Rubin, Herman und *J. E.*, Equivalents of the Axiom of Choice (Amsterdam: North-Holland, 1963).

Russell, Bertrand, The Principles of Mathematics (Cambridge, England, 1903; 2. Auflage, New York, 1938).

– Introduction to Mathematical Philosophy (London, 1919).

– „On denoting", Mind **14** (1905), 479–493; nachgedruckt in Russell, Logic and Knowledge (London: Allen and Unwin, 1956) und in Readings in Philosophical Analysis, hrsg. von Feigl und Sellars (New York: Appleton-Century-Crofts, 1949).

– „On some difficulties in the theory of transfinite numbers and order types", Proceedings of the London Mathematical Society **4** (1906), 29–53.

– „Mathematical logic als based on the theory of types", American Journal of Mathematics **30** (1908), 222–262; nachgedruckt in Russell, Logic and Knowledge (London: Allen and Unwin, 1956).

– Siehe auch *Whitehead.*

Scott, Dana, „Quine's individuals", in Logic, Methodology and Philosophy of Science, hrsg. von E. Nagel u.a. (Stanford: Stanford University Press, 1962), S. 111–115.

Shepherdson, J. C., „Inner models for set theory", Journal of Symbolic Logic **16** (1951), 161–190; **17** (1952), 225–237; **18** (1953), 145–167.

Shoenfield, J. R., „A relative consistency proof", Journal of Symbolic Logic **19** (1954), 21–28.

– „The independance of the axiom of choice" (Abstract), Journal of Symbolic Logic **20** (1955), 202.

Sierpiński, Waclaw, Cardinal and Ordinal Numbers (Warschau, 1958).

– „Une remarque sur la notion d'ordre", Fundamenta Mathematicae **2** (1921), 199 f.

– „L'hypothèse généralisée du continu et l'axiome du choix", Fundamenta Mathematicae **34** (1947), 1–5.

Skolem, Thoralf, „Einige Bemerkungen zur axiomatischen Begründung der Mengenlehre", Conférences au 5e. Congrès 1922 des Mathématiques Scandinaves (Helsingfors, 1923), S. 218–232. Engl. Übers. in van Heijenoort.

– „Über einige Grundlagenfragen der Mathematik", Skrifter Utgitt av Det Norske Videnskaps-Akademi i Oslo, Kl. I (1929) No. 4.

Specker, Ernst, „The axiom of choice in Quine's New foundations for mathematical logic", Proceedings of the National Academy of Sciences **39** (1953), 972–975.

– „Dualität", Dialectica **12** (1958), 451–465.

– „Typical ambiguity", in Logic, Methodology, and Philosophy of Sciences (Stanford: Stanford University Press, 1962), S. 116–124, hrsg. von E. Nagel u.a.

van Heijenoort, J. (Hrsg.), From Frege to Gödel: A Source Book in Mathematical Logic, 1879–1931 (Cambridge, Mass.: Harvard University Press, 1967).

Vaught, siehe *Montague.*

von Neumann, siehe *Neumann.*

Wang, Hao, A Survey of Mathematical Logic (Peking, 1962; Amsterdam: North-Holland, 1963).

– „On Zermelo's and von Neumann's axioms for set theory", Proceedings of the National Academy of Sciences **35** (1949), 150–155.

– „A formal system of logic", Journal of Symbolic Logic **15** (1950). 25–32.

– „Arithmetic translations of axiom systems", Transactions of the American Mathematical Society **71** (1951), 283–293.

– „The irreducibility of impredicative principles", Mathematische Annalen **125** (1952), 56–66.

– „Truth definitions and consistency proofs", Transactions of the American Mathematical Society **73** (1952), 243–275; nachgedruckt in Wang, Survey.

– „The axiomatization of arithmetic", Journal of Symbolic Logic **22** (1957), 145–158; nachgedruckt in Wang, Survey.

– „Eighty years of foundational studies", Dialectica **12** (1958), 466–497; nachgedruckt in Wang, Survey.

– und *R. McNaughton,* Les Systèmes Axiomatiques de la Théorie des Ensembles (Paris: Gauthier-Villars, 1953).

– Siehe auch *Brown, Kreisel, Quine, Rosser.*

Weyl, Hermann, Das Kontinuum (Leipzig, 1918).
Whitehead, A. N., „The logic of relations, logical substitution groups, and cardinal numbers", American Journal of Mathematics **25** (1903), 157–178.
– und *B. Russell,* Principia Mathematica (Cambridge, England: Bd. 1, 1910; Bd. 2, 1912; Bd. 3, 1913; 2. Auflage, 1925–1927; paperback bis *56: New York: Cambridge University Press, 1961).
Wiener, Norbert, „A simplification of the logic of relations", Proceedings of the Cambridge Philosophical Society **17** (1912–14), 387–390. Nachgedruckt in van Heijenoort.
Zermelo, Ernst, „Beweis, daß jede Menge wohlgeordnet werden kann", Mathematische Annalen **59** (1904), 514–516. Engl. Übers. in van Heijenoort.
– „Untersuchungen über die Grundlagen der Mengenlehre", Mathematische Annalen **65** (1908), 261–281. Eng. Übers. in van Heijenoort.
– „Sur les ensembles finis et le principe de l'induction complète", Acta Mathematica **32** (1909) 185–193.
– „Über Grenzzahlen und Mengenbereiche", Fundamenta Mathematicae **16** (1930), 29–47.
Zorn, Max, „A remark on method in transfinite algebra", Bulletin of the American Mathematical Society **41** (1935), 667–670.

Sachwortverzeichnis

(F bedeutet Fußnote)